高等教育智能建造专业新形态教材

U0662403

计算机视觉与图像处理

主　编　朱前坤　刘彦辉
副主编　李万润　王　英　王琳琳　张道博

清华大学出版社
北京

内 容 简 介

本书全面系统地介绍了计算机视觉与图像处理在智能建造与土木工程领域的核心理论与关键技术，结合丰富的实际案例和开源代码，为读者提供从基础到应用的全方位学习资源。全书共 9 章，涵盖计算机视觉的基础知识、核心技术与实际应用。

本书适用于土木工程和智能建造领域的学生、研究人员及工程师。

图书在版编目（CIP）数据

计算机视觉与图像处理 / 朱前坤，刘彦辉主编. -- 北京 ：清华大学出版社，2025.8.
（高等教育智能建造专业新形态教材）. -- ISBN 978-7-302-69969-9

Ⅰ. TP302.7；TP391.413

中国国家版本馆 CIP 数据核字第 2025JJ3845 号

责任编辑：秦　娜　赵从棉
封面设计：陈国熙
责任校对：赵丽敏
责任印制：曹婉颖

出版发行：清华大学出版社
　　　　网　　　址：https://www.tup.com.cn，https://www.wqxuetang.com
　　　　地　　　址：北京清华大学学研大厦 A 座　　　邮　　编：100084
　　　　社　总　机：010-83470000　　　　　　　　邮　　购：010-62786544
　　　　投稿与读者服务：010-62776969，c-service@tup.tsinghua.edu.cn
　　　　质量反馈：010-62772015，zhiliang@tup.tsinghua.edu.cn
印　装　者：三河市科茂嘉荣印务有限公司
经　　销：全国新华书店
开　　本：185mm×260mm　　印　张：22　　　　　字　　数：530 千字
版　　次：2025 年 8 月第 1 版　　　　　　　　　印　　次：2025 年 8 月第 1 次印刷
定　　价：69.80 元

产品编号：106584-01

前　言

在智能建造与土木工程的快速发展中，计算机视觉与图像处理技术已成为解决复杂工程问题的关键工具。无论是自动化检测、结构健康监测，还是无人机和机器人辅助施工，计算机视觉正在提升建筑领域的效率与安全，为精细化建造和管理提供全新手段。

全书共 9 章，涵盖计算机视觉的基础知识、核心技术与实际应用。第 1 章介绍计算机视觉的历史背景与发展现状，探讨其在建筑规划、设计、施工和运营中的应用场景，Python 与 MATLAB 环境配置指南及 OpenCV 核心模块解析；第 2 章解析射影几何与图像形成的原理，涵盖二维/三维几何变换、相机投影模型及透镜畸变校正原理，结合数码相机的光学采样、色彩空间转换与压缩编码技术，构建从物理成像到数字信号转化的完整知识体系；第 3 章讲解图像处理技术，涵盖图像金字塔、色彩空间转换、傅里叶变换等，帮助读者掌握图像操作流程；第 4 章介绍视频处理技术，包括视频读取、摄像机调用和压缩编码，为目标识别、追踪和三维重建打基础；第 5 章重点讨论目标识别与追踪技术，涵盖颜色的分割、轮廓特征分析与矩计算、特征点检测与运动估计算法等，广泛应用于施工场景中构件定位、位移监测与异常行为预警；第 6 章探讨单目、双目和多目视觉系统，讲解立体视觉的物体定位与姿态估计；第 7 章介绍计算摄影技术，包括高动态范围、超分辨率和去模糊技术，为高质量视觉数据采集提供支持；第 8 章阐述三维重建技术，如运动恢复结构（SfM）和多视图立体（MVS），提升建筑模型数字化和可视化效率；第 9 章探讨机器学习与深度学习在计算机视觉中的应用，赋予建筑智能化更多可能性。

本书旨在为土木工程和智能建造领域的学生、研究人员及工程师提供一份简明易懂的入门教材。通过介绍基础理论、算法和实际应用，读者将学习如何将计算机视觉技术应用于如图形处理、结构跟踪、三维重建、裂缝识别等实际问题。无论是初学者还是有经验的工程师，都能通过本书掌握前沿技术，应对智能建造领域的挑战。

计算机视觉技术自 20 世纪 60 年代兴起，早期研究集中在图像的边缘检测、形状识别等基础算法。如今，随着人工智能的发展，计算机视觉已在各行业广泛应用，并不断推进数字化和智能化进程。

作者在英国访学期间接触到计算机视觉在结构振动监测中的应用，发现这一技术在国内土木工程中的应用尚不充分，更多的研究和应用集中在其他行业。近年来，随着市场需求的变化，土木工程专业逐渐向智能化、数字化和网络化转型升级，重劳动力的需求显著减少，工程行业亟须解放劳动力、提高效率。智能建造的理念应运而生，计算机视觉作为智能建造中的重要新质生产力，发挥着不可或缺的作用。

土木工程的转型不仅是技术层面的革新，更是生产力的提升与社会需求的适应。因此，土木工程专业的培养目标应当充分考虑当前行业的发展需求与未来的职业挑战，除了扎实的土木工程基础知识和技能，学生还需要培养跨专业能力与创新能力，以应对智能建造和结构智慧运维带来的新要求,同时推动自身的综合素质提升。

当前计算机视觉教材多集中于数学或计算机科学领域,缺乏针对土木工程的应用指导。为填补这一空白,本书侧重于实际算法和代码实现,帮助读者快速上手,并将技术应用于智能建造和结构智慧运维中。通过本书,读者不仅能掌握计算机视觉与图像处理的基础知识,还能推动土木工程的智能化转型和可持续发展。

课程安排建议

本书为土木工程、智能建造或其他工程专业提供一个学期的计算机视觉与图形处理的入门课程。根据本书的内容,本课程可以规划为 32 学时或 64 学时。以下是建议的两种不同学时规划的课程表。

章　节	章节内容	32 学时分配	64 学时分配
第 1 章	计算机视觉概论	2	4
第 2 章	射影几何与图像形成	2	4
第 3 章	图像处理	6	10
第 4 章	视频形成与处理	2	4
第 5 章	识别与追踪	4	8
第 6 章	立体视觉与标定	4	6
第 7 章	计算摄影	2	4
第 8 章	三维重建	4	8
第 9 章	机器学习	4	10
大作业	授课老师自行布置	2	6

配套与开源

资源文件

本书在编写过程中,注重理论与实践的结合,力求为读者提供系统化的学习路径。本书的所有示例代码都已开源,并托管在清华大学出版社平台和 Github 平台上。读者可以通过访问 Github 平台、具体章节的二维码,获取最新的代码以及配套资源。"资源文件"二维码中的内容为例题所需资源文件,运行例题代码前请先下载资源文件。

Anaconda 清华大学开源软件镜像站

致谢

本书得以顺利完成并呈现于读者面前,离不开各方的支持与协作。在此,向所有在本书创作与出版过程中贡献智慧与力量的个人及机构致以诚挚的感谢。

本书由兰州理工大学朱前坤教授和广州大学刘彦辉教授作为主编,兰州理工大学李万润教授、南京工业大学王英副教授、沈阳建筑大学王琳琳老师和清华大学博士张道博作为副主编。具体编写分工方面,朱前坤负责第 1～5 章,刘彦辉负责第 6 章,李万润负责第 7 章,王英负责第 8 章,王琳琳、张道博负责第 9 章。

Github 平台

同时,衷心感谢参与本书编写的学生,感谢研究生白雪松和谢辰辉作为主要参与者贯穿全程;以及研究生顾雨馨、王军营和周叙霖等的积极参与和贡献。此外,感谢清华大学出版社编辑团队的大力支持与协助,他们专业的编辑与校对工作确保了本书的顺利出版与阅读体验。感谢在本书编写过程中提供资料和代码支持的所有参考内容作者，以及 OpenCV 库等的开源代码，他们的慷慨分享为本书奠定了坚实基础。

最后，感谢所有关注与支持本书的读者，由于编者的水平和时间有限，书中难免有不当之处，敬请广大读者评判指正，期望本书能为相关领域的研究者与实践者提供有价值的参考与启示。

作 者

2025 年 6 月

目 录

第 1 章

计算机视觉概论

思维导图

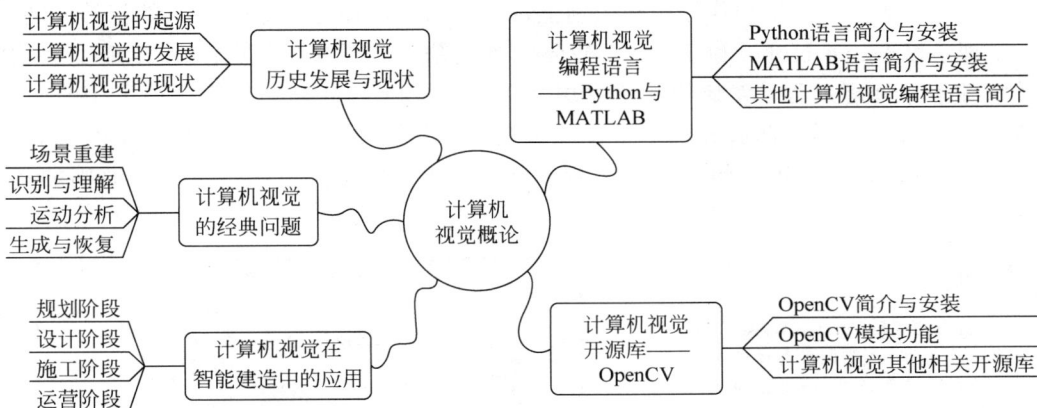

本书的第 1 章从了解计算机视觉开始：计算机视觉概论。

计算机视觉(computer vision,CV)是人工智能领域的一个核心分支,它致力于使机器能够"看见"和"理解"图像或视频内容,从而模拟或超越人类视觉的能力。在土木领域的智能制造中,计算机视觉涵盖了从质量控制到施工自动化、从维护管理到数据分析的多个方面。

掌握计算机视觉技术不仅可以提高土木工程的效率和质量,还可以推动这一领域的创新和发展。因此,学习计算机视觉对于土木工程专业的学生和从业者来说是非常有价值的。

本章分成 5 节讲解计算机视觉概论。

(1) 探索计算机视觉的历史发展与现状,从其起源开始,经过多年的发展演变到当前的应用场景,对应 1.1 节。

(2) 了解计算机视觉要解决的经典问题,以及每个时期对该问题的解决方法,对应 1.2 节。

(3) 了解计算机视觉在智能建造中的应用,对应 1.3 节。

(4) 介绍计算机视觉编程语言,并主要介绍 Python 与 MATLAB 语言,了解这两种语言的特点以及安装方法,对应 1.4 节。

(5) 了解 OpenCV 开源库,包括其简介、安装方法以及核心模块的架构与功能,对应 1.5 节。

1.1 计算机视觉历史发展与现状

计算机视觉是研究如何使计算机能够"看见"和"理解"图像和视频内容的科学,其历史起源可以追溯到 20 世纪 50 年代。经过数十年的发展,计算机视觉已经成为人工智能和机器学习领域的重要分支。本节将介绍计算机视觉的起源、发展与现状。

1.1.1 计算机视觉的起源

20 世纪 50 年代,随着计算机技术的发展,科学家们开始探索使用计算机处理图像的可能性。他们研制了一台将图像转化为二进制的仪器,使得图像能够被计算机理解。这一时期的工作主要集中在二维图像分析和识别上,如字符识别、图像测量和显微图像等。同时,神经生理学家 David Hubel 和 Torsten Wiesel 通过猫的视觉实验(图 1-1),发现了生物视觉系统的信息处理过程:大脑的视觉皮层是分级的。这一发现让他们获得了 1981 年诺贝尔生理学或医学奖。此研究揭示了神经系统工作过程中的不断迭代和抽象的机制,为计算机视觉技术在 40 年后的突破性发展奠定了基础,并成为深度学习核心原则的重要启示。

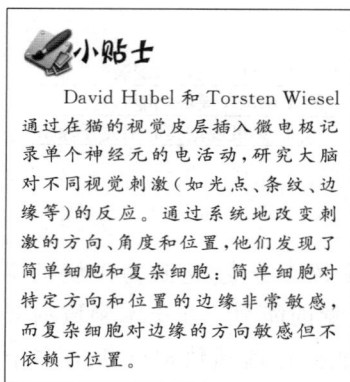

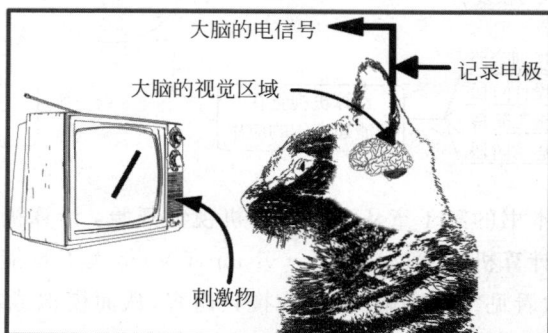

小贴士

David Hubel 和 Torsten Wiesel 通过在猫的视觉皮层插入微电极记录单个神经元的电活动,研究大脑对不同视觉刺激(如光点、条纹、边缘等)的反应。通过系统地改变刺激的方向、角度和位置,他们发现了简单细胞和复杂细胞:简单细胞对特定方向和位置的边缘非常敏感,而复杂细胞对边缘的方向敏感但不依赖于位置。

图 1-1 David Hubel 和 Torsten Wiesel 的猫视觉实验

到了 20 世纪 60 年代,研究者开始探索三维场景下的计算机视觉,让计算机理解三维场景的图像。Lawrence Roberts 的博士论文《三维实体的机器感知》,讨论了从多面体的二维透视图中提取三维几何信息的可能性。因为这篇论文,他被大多数人称为计算机视觉之父。他提到了摄像机转换和透视效果,讨论相机和物体在二维平面上投影之间的关系,如图 1-2 所示。类似的图广泛出现在计算机视觉相关书籍中。

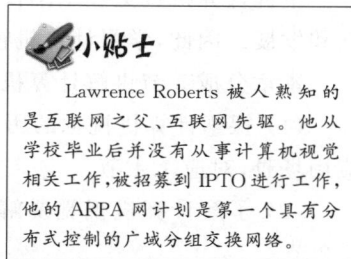

小贴士

Lawrence Roberts 被人熟知的是互联网之父、互联网先驱。他从学校毕业后并没有从事计算机视觉相关工作,被招募到 IPTO 进行工作,他的 ARPA 网计划是第一个具有分布式控制的广域分组交换网络。

20 世纪 60 年代,AI(artificial intelligence)成为一门学科,研究人员对于这个领域的未来非常乐观,相信用不了 25 年时间就能造出和人类一样智能的计算机。这时期,麻省理工学院(MIT)AI 实验室的研究人员,启动夏季视觉项目,让学生几个月内解决机器视觉问题,实现图像的背景和前景分割。但直到 2010 年之后,才取得了良好的结果。由此可见,夏季视觉项目失败了,AI 的发展速度也不像研究人员认为的那么迅速。同时期,贝尔实验室的两位科学家 Willard S. Boyle 和 George E. Smith 开始研发电荷耦合器件(CCD),这是一种将光子转化为电脉冲的器件,很快应用于工业相机传感器,标志着计算机视觉走上应用舞台。

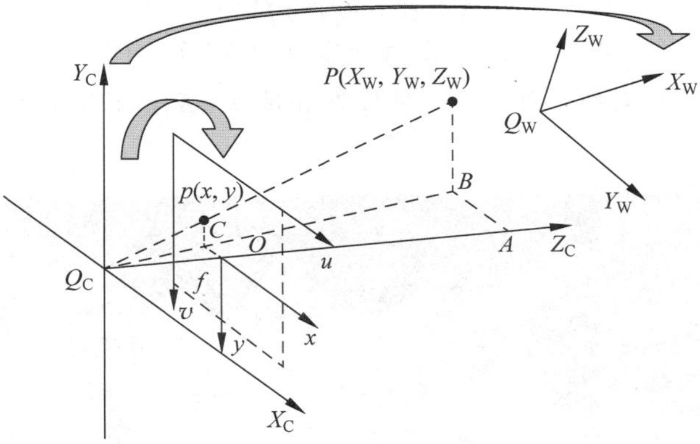

图 1-2 像坐标系和物体坐标系在二维平面上的投影关系

20 世纪 70 年代,MIT 的 AI 实验室面对夏季视觉项目的失败,认为计算机视觉是值得长期研究的课题方向,因此正式开设计算机视觉课程。夏季视觉项目也是计算机视觉作为一个科学领域正式诞生的标志。1977 年,David Marr 在 MIT 的 AI 实验室提出了第一个完善的视觉系统框架。

20 世纪 80 年代,计算机科学家 Kunihiko Fukushima 受猫视觉实验启发建立了第一个神经网络 Neocognitron。该网络包含几个卷积层,其滤波器在输入的二维数组上滑动,执行某些计算。而 Marr 将提出的视觉系统框架撰写到一本开创性著作《视觉:对人类视觉信息表示和处理的计算调查》中。该图像理解框架的核心是以"层"的方式自下而上地看待图像,使用低级图像处理算法作为获得高级信息的垫脚石。Marr 的理论为计算机视觉的发展奠定了基础,并启发了许多后续的研究工作。其中,自下而上的框架也是当今深度学习系统的核心。Marr 的这一著作的问世,也标志着计算机视觉成为一门独立学科。

> **小贴士**
>
> David Marr 提出的视觉框架将视觉信息处理分为 3 个层次:初级视觉(原始素描)、中级视觉(2.5 维素描)和高级视觉(三维模型表示)。初级视觉通过边缘检测和纹理分析提取图像的基本特征;中级视觉利用深度线索推测物体的相对深度和表面方向,形成对场景的初步三维理解;高级视觉则构建物体的三维模型,进行物体识别和场景理解。

1.1.2 计算机视觉的发展

在 Marr 的视觉框架被提出后,学术界兴起了计算机视觉的研究热潮,想通过该框架给工业机器人赋予视觉能力。但由于算法的局限性,该框架下的视觉能力的"鲁棒性"(robustness)满足不了工业界的要求,没有在工业界得到广泛应用。同时也受到了不少质疑和批评。主要批评点包括认为其理论过于自下而上,缺乏高层反馈;以及三维重建过程缺乏目的性和主动

> **小贴士**
>
> 鲁棒性指的是一个系统、算法或模型在面临异常、干扰、噪声或输入数据的非预期变化时,仍然能够保持其性能的稳定性和可靠性的能力。它体现了系统对不利条件的抵抗力和适应能力。

性。提出批评的代表性人物 J. Y. Aloimonos 认为视觉要有目的性，在很多应用中不需要严格三维重建，并提出了"目的和定性视觉"；R. Bajcsy 认为视觉过程必然存在人与环境的交互，并提出了"主动视觉"；A. K. Jaini 认为应该重点强调应用，故提出了"应用视觉"。但批评者都没有提出完整的理论框架，计算机视觉进入了萧条阶段。

20 世纪 90 年代初，计算机视觉从工业界转向精度和鲁棒性要求不高的应用领域，如远程视频会议、考古、虚拟现实、视频监控等，并且同时期多视几何理论、摄像机自标定与分层三维重建的出现，能有效提高三维重建的鲁棒性和精度，这让萧条阶段的计算机视觉走向了繁荣（图 1-3）。

图 1-3　基于视觉的三维重建结果

1997 年，Jitendra Malik 发表了一篇论文，描述了他试图让机器使用图论算法识别像素，并将物体与周围环境区分开来，解决感性分组的问题。这改变了计算机视觉领域的关注点。2000 年前后许多研究人员停止三维重建研究，转向基于特征的对象识别。2001 年，Paul Viola 和 Michael Jones 推出了第一个实时工作的人脸检测框架，该算法基于机器学习的传统图像处理算法，极大地提高了人脸检测的速度和准确率。2010 年，深度学习在计算机视觉得到广泛的应用。2012 年，AlexNet 在 ImageNet 竞赛中成功展示了卷积神经网络（CNN）在图像识别中的巨大潜力。2014 年 Goodfellow 等提出了生成对抗网络（GAN），它由生成器 G 与判别器 D 构成，其中生成器接收输入（如随机噪声 z）并输出模拟数据 $G(z)$，判别器接收真实数据 X_{data} 和生成器输出的 $G(z)$，通过计算 $D(x)$ 来判断数据属于"真实"（Real）还是"伪造"（Fake），以此实现对复杂数据的生成和模拟，其示意图如图 1-4 所示。2016 年计算机视觉利用深度学习在图像物体识别方面取得了变革性的成果，但在空间视觉，如三维重建、物体定位等方面，仍无法与基于几何的方法相媲美。

1.1.3　计算机视觉的现状

近几年，计算机视觉领域的科研人员在继续完善卷积神经网络（CNN）。此外，生成对抗网络（GAN）在图像生成和增强方面展现出强大的能力，同时 Transformer 模型架构的提出颠覆了循环神经网络（RNN），产生了如 GPT 的大模型，AI 进入了三个月一个时代高速发展时期。在计算机视觉深度学习领域，研究焦点在零样本学习、无监督学习、迁移学习与多模态学习。除此之外，在其他的计算机视觉领域，研究人员集中在立体视觉、光流、SLAM

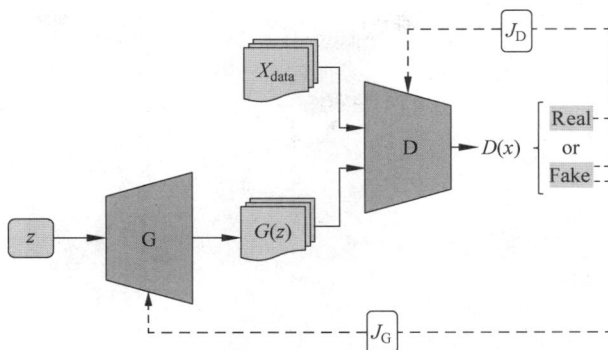

图 1-4　生成对抗网络的图像生成

等技术,重建三维场景,并推动机器人导航和增强现实(AR)技术的发展。可以说,现在计算机视觉的主旋律是跨领域融合,在实际应用领域中加速了落地和发展。

如今,计算机视觉在医疗、自动驾驶汽车、智能制造、农业和城市运营等领域的融合最为显著。在医疗领域,计算机视觉深入医疗影像分析,自动化诊断 CT、MRI 和 X 射线影像,帮助医生快速捕捉潜在疾病信号,提升诊断精准度和效率。同时,计算机视觉还能助力个性化治疗规划和药物研发,加速新药筛选与评估流程。在自动驾驶领域,计算机视觉是核心技术,能够识别交通标志、车道检测、车辆定位,并实时监测道路上的行人及障碍物,确保安全行驶。在智能制造中,计算机视觉用于生产线质量检测、产品分类与分拣以及智能仓储管理,通过图像分析实现缺陷识别与剔除,优化库存管理,提升生产效率与灵活性。在农业领域,则可利用计算机视觉进行农田监测和农作物生长状态监测,提供精准的农业数据支持,并快速识别病虫害,帮助实现精准施药与防治。在城市运营方面,计算机视觉在智慧交通和公共安全中发挥重要作用,通过交通图像分析提升交通管理效率,利用面部识别与行为分析增强监控与预警能力,并结合物联网和大数据技术,实现城市管理智能化与精细化,提升市民生活质量(图 1-5)。

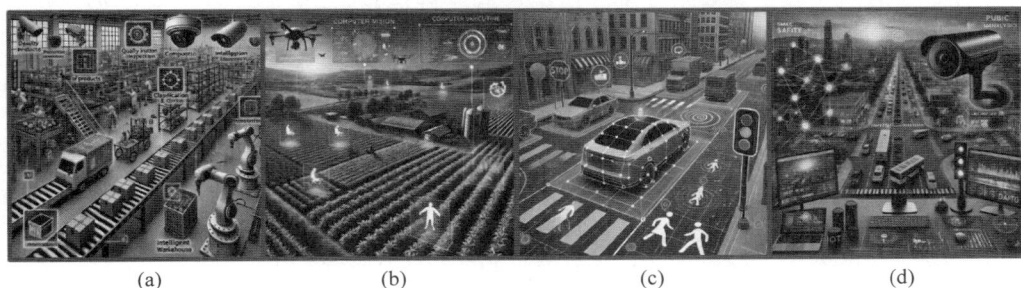

图 1-5　计算机视觉应用领域
(a)智能制造领域;(b)农业领域;(c)自动驾驶领域;(d)城市运营领域

对于土木工程专业而言,计算机视觉是新兴的研究方向,目前主要集中在结构健康监测与智能建造方面,通过计算机视觉技术对结构进行全生命周期的智能化管理和控制,确保建设和维护过程的高效与安全(图 1-6)。

图 1-6　结构健康监测中的计算机视觉应用

1.2　计算机视觉的经典问题

　　1.1 节讲述了计算机视觉发展的主流历史。然而,计算机视觉的历史并不是单线叙事,而是由于摄影机和计算机的高速发展后,多个领域的需求共同推进的。计算机视觉的目标是利用摄影机和计算机代替人眼与大脑完成一系列任务。不同领域的需求催生了一系列具有共同特征的问题。为了应对这些问题,逐步形成了计算机视觉研究领域。由于多个领域的发展各不相同,"计算机视觉问题"始终没有得到正式定义,也没有形成统一的理论框架。可以说,计算机视觉领域的突出特点是其多样性与不完善性。

　　本节将计算机视觉中具有共同特征的问题归纳为 4 个经典问题,这些问题构成了计算机视觉领域的核心内容,分别是场景重建、识别与理解、运动分析以及生成与恢复。下面将详细介绍这些经典问题。

1.2.1　场景重建

　　场景重建的问题源于需要从二维图像中提取三维信息,以生成三维场景模型。这在虚拟现实、增强现实、机器人导航和建筑等领域中有着广泛的应用需求。

　　20 世纪 70 年代,多视图立体(multi-view stereo,MVS)和运动恢复结构(structure from motion,SfM)方法出现,利用多张不同视角的图像重建三维场景。20 世纪 80 年代,利用几何方法来重建场景。20 世纪 90 年代,分层三维重建实现恢复度量空间下的三维点云。21 世纪初出现了稀疏重建与密集重建,以及使用卷积神经网络进行场景重建。近期生成对抗网络进一步增强了场景重建的能力,在处理复杂场景和动态变化时表现出色(图 1-7)。

1.2.2　识别与理解

　　识别与理解的问题源于需要计算机能够像人类一样识别和理解图像中的物体、场景和文本。这在安防、医疗诊断、自动驾驶等领域有广泛需求。

　　20 世纪 60 年代,物体识别问题开始被研究,早期的方法主要基于模板匹配和特征提取。20 世纪 70 年代,模式识别和统计方法开始应用于物体识别,推动了图像识别技术的发展。20 世纪 80 年代,神经网络首次被引入计算机视觉领域,但由于计算资源有限,进展缓

图 1-7　其他重建图像

慢。21 世纪初,深度学习技术,尤其是卷积神经网络的引入,标志着识别与理解的重大突破。近期深度学习方法进一步发展,应用于更广泛的识别任务,如语义分割、实例分割和全景分割等(图 1-8)。

图 1-8　建筑表面损伤识别

1.2.3　运动分析

运动分析的问题源于需要检测和理解图像或视频中的物体运动,以实现实时监控、检测和人机交互等应用。

20 世纪 70 年代,运动分析开始引起研究人员的关注,早期的方法主要集中在光流(optical flow)计算,通过分析连续帧之间的像素运动,估计图像中物体的运动场。20 世纪80 年代,运动检测和运动估计技术逐渐成熟,视频监控和运动捕捉应用开始出现。20 世纪90 年代,运动跟踪技术取得显著进展,能够更准确地跟踪物体的运动轨迹。21 世纪初,深度学习方法开始应用于运动分析,提升了运动检测和跟踪的精度和实时性。近期,运动分析开始广泛地应用于结构振动识别(图 1-9)、自动驾驶物体检测中。

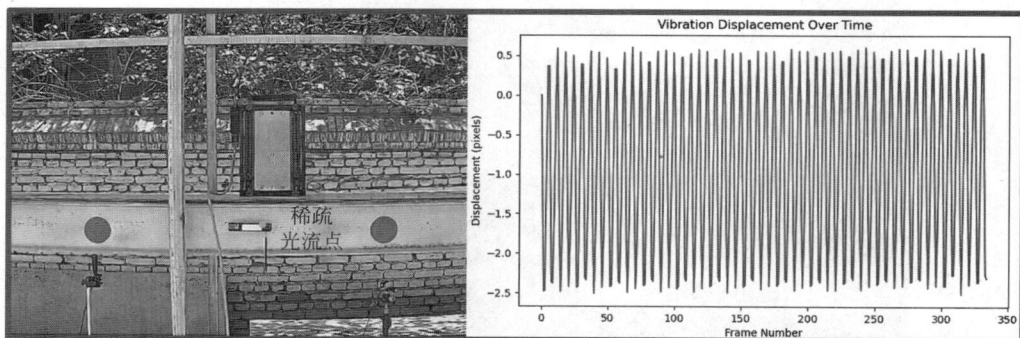

图 1-9　桥梁振动识别

1.2.4　生成与恢复

生成与恢复的问题源于需要从受损或低质量图像中恢复原始信息,以及生成新的图像内容。这在医学影像、古文物修复和计算摄影学等领域有着重要应用。

图像恢复的早期研究可以追溯到 20 世纪 60 年代,最早的方法集中在图像去噪和去模糊上。20 世纪 70 年代,基于傅里叶变换和小波变换的图像恢复方法出现。20 世纪 80 年代,统计模型和优化算法被引入图像恢复领域,极大地提升了图像恢复效果。21 世纪初,深度学习技术方法的出现,标志着图像生成与恢复的重大进展。近期,生成对抗网络和扩散模型的引入,在图像修复、超分辨率和风格迁移等任务中表现出色,能够生成更高质量的图像,解决更复杂的图像恢复问题(图 1-10)。

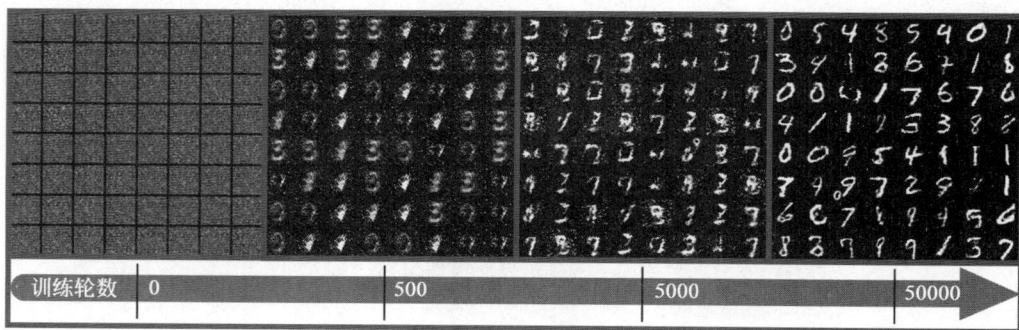

图 1-10　图像生成

1.3　计算机视觉在智能建造中的应用

计算机视觉在智能建造专业中的应用已经逐渐成为现代土木工程行业的重要组成部分。通过将计算机视觉技术融入智能建造的各个阶段,从规划到运营,不仅提高了效率和准确性,还大大降低了经济成本和时间成本。以下章节将详细介绍计算机视觉在智能建造中的各个应用阶段,包括规划、设计、施工和运营。

1.3.1　规划阶段

在规划阶段,计算机视觉技术用于环境评估、场地分析和规划可视化。无人机搭载的摄像头可以进行高空拍摄,生成高精度的地形图和三维模型,帮助规划师评估场地条件和周边环境。此外,通过图像识别技术,可以快速识别土地使用情况、植被覆盖率和水体分布等。主要涉及的计算机视觉经典问题是场景重建、识别与理解。

利用无人机和计算机视觉技术进行场地分析,提前识别和解决潜在的场地问题。无人机可以迅速覆盖大面积场地,捕获详细的地形数据和植被信息。通过计算机视觉算法,对无人机采集的数据进行处理和分析,可以生成精确的数字地形模型。通过对地形和植被数据的精确分析,设计团队可以识别出容易发生土壤侵蚀的区域,并采取相应的防护措施,减少水土流失。对于排水不良的问题,可以通过数字地形模型识别低洼积水区,优化排水系统设计,防止积水对植被和基础设施的影响。滑坡视觉预警系统则利用地形数据和降雨量等信息,预测可能发生滑坡的高风险区域,提前采取加固措施,保障场地的安全性。可以在规划阶段了解潜在的场地问题,提升项目的可知性和安全性。

通过高精度的三维建模和图像识别技术进行环境评估和规划,可以全面了解项目区域的生态特征,进而在规划过程中充分考虑环境保护和生态可持续性。三维建模技术能够将项目区域的地形、植被、水文等自然特征以三维形式呈现,提供全面、直观的视觉信息。结合图像识别技术,可以对区域内的动植物种类、数量及其分布情况进行详细分析。通过这些技术手段,项目规划团队可以获得丰富的环境数据和生态信息,准确评估项目对环境的潜在影响,并制定相应的缓解措施。例如,在生态敏感区域,可以设计生态走廊和保护区,确保项目的开发与自然生态系统的保护相结合。此外,利用这些技术进行环境评估和规划,还可以优化项目的布局和设计,提高资源利用效率,减少对自然环境的干扰,推动项目的长期发展与环境和谐共存。这种以生态为导向的规划方法,不仅有助于提升项目的社会和环境效益,还能增强其在可持续发展方面的竞争力(图 1-11)。

图 1-11　计算机视觉在智能建造规划阶段中的应用

(a)无人机场地分析;(b)环境评估与规划

1.3.2　设计阶段

在设计阶段,计算机视觉技术用于创建精确的建筑信息模型(BIM),以及进行虚拟现实(VR)和增强现实(AR)演示,通过扫描现有建筑物或施工现场,生成高精度的三维模型,为设计师提供详细的参考资料。此外,计算机视觉技术还可以进行设计方案的自动化检测,发现设计中的潜在问题,并可替代设计师生成全新的设计方案。主要涉及的计算机视觉经典问题是场景重建、生成与恢复、识别与理解。

通过虚拟现实技术进行设计演示和方案优化,设计师可以直观地展示设计意图,提高设计的可视化效果和沟通效率。使用 VR 和 AR 技术,设计师能够创建虚拟的建筑环境,让客户和施工团队提前"走进"设计中的建筑,体验空间布局和装饰效果。这种沉浸式的体验可以有效减少由于设计理解失误引起的施工错误和返工,确保设计意图得到准确执行。例如,在一个大型公共建筑项目中,设计团队可以利用 VR 技术展示不同设计方案的效果,帮助客户做出更明智的决策。

计算机视觉技术可用于设计方案的自动化检测,并借助深度学习识别设计中的潜在问题。例如,系统可以自动扫描建筑设计图纸,发现结构上的冲突或不合理的材料使用,并给出修改建议。此外,通过图像生成算法,计算机能够根据设计要求生成全新的设计方案。这种自动化设计不仅提高了设计效率,还为设计师提供了新的创意和灵感。例如,在一个住宅小区的规划设计中,计算机视觉系统可以自动生成多种不同的设计方案,供设计师和客户选择和优化(图 1-12)。

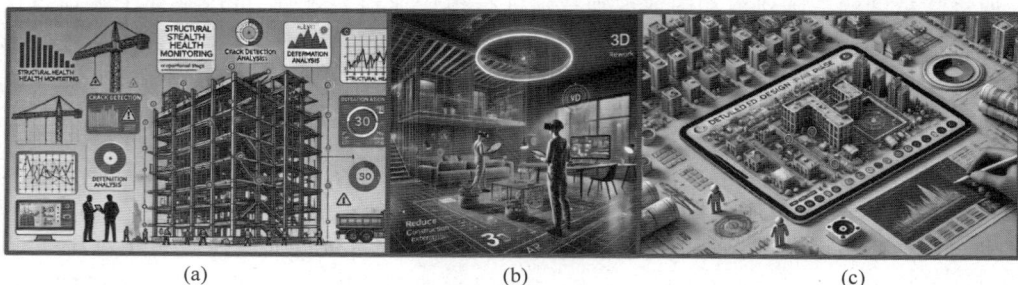

图 1-12　计算机视觉在智能建造设计阶段的应用
(a)建筑信息模型;(b)虚拟现实技术;(c)生成设计方案

1.3.3　施工阶段

在施工阶段,计算机视觉技术用于进度监控、质量检测和安全管理。通过现场摄像头和无人机进行实时监控,捕捉施工现场的图像和视频数据,自动检测施工进度和识别潜在的安全隐患。此外,计算机视觉技术还可以进行构件识别和安装质量检测,确保施工质量符合设计要求。在未来,可以利用机器人自动化施工,计算机视觉用于导航和定位,帮助机器人准确地执行任务,如砌砖、焊接或混凝土浇筑,主要涉及的计算机视觉经典问题是运动分析、识别与理解。

无人机搭载高清摄像头,定期拍摄施工现场的全景图和局部细节图,利用计算机视觉算法分析图像数据,实时监控施工进展。通过对比施工进度计划和实际进度,管理人员可以及时发现施工中存在的延误或偏差,并采取相应的调整措施。在大型基础设施建设项目中,使用无人机定期拍摄施工现场的高分辨率图像,生成施工进度报告,帮助项目经理实时掌握施工进展情况,并及时做出调整。在高层建筑施工中,计算机视觉技术可以实时监控每一层的施工进展,通过对比图像数据,发现施工中的不一致和潜在问题,确保施工按计划进行。

通过计算机视觉技术进行构件识别和安装质量检测,不仅能提高施工精确性,还能在早期发现并解决潜在的质量问题,确保施工过程中的安全性和最终建筑物的质量。计算机视觉技术可以自动识别和分类各种构件,如钢筋、混凝土预制件等,并对其安装位置和质量进行检测,确保每一个构件都符合设计要求和质量标准。如在桥梁建设中,计算机视觉技术可以自动识别和检测钢筋的安装位置和密度,通过图像比对和算法分析,发现钢筋安装中的错误或缺陷,并及时通知施工人员进行修正,确保桥梁结构的安全性。还有在预制混凝土构件安装中,计算机视觉技术可以自动检测构件的安装位置和角度,发现安装偏差和质量问题,并生成质量检测报告,帮助施工团队在早期发现并解决问题,避免后期的返工和质量隐患(图 1-13)。

图 1-13　计算机视觉在智能建造施工阶段的应用

(a)施工进度监控;(b)施工质量检测

1.3.4　运营阶段

在运营阶段,计算机视觉技术用于设施管理、结构健康监测和维护规划。通过安装在建筑物内外的摄像头,实时监控建筑物的使用情况和结构状态,及时发现和预警潜在的问题。计算机视觉技术还可以进行能耗监测和优化,提高建筑物的能源效率和可持续性。主要涉及的计算机视觉经典问题是运动分析、识别与理解。

利用计算机视觉技术进行设施管理,可以自动检测和识别设备的运行状态和潜在故障,减少人工检查的时间和成本。例如,摄像头可以实时监控电梯、空调和照明系统的运行情况,及时发现故障并通知维修人员。计算机视觉技术通过对设备运行数据和图像的分析,能够准确判断设备的状态和异常情况,从而提高维护的及时性和准确性。在智能楼宇中,安装在电梯和空调系统的摄像头可以实时监控设备的运行状态,发现异常振动、噪声或温度变化等潜在故障,自动生成报警信息并通知相关维护人员。在大型商业综合体,照明系统的摄像头可以监控灯具的亮度和工作状态,及时发现损坏或故障的灯具,并记录维修日志,提高设施管理的效率。

通过对建筑物结构的健康监测,能够及时发现裂缝、变形或其他结构性问题,预防重大事故的发生。计算机视觉技术可以对建筑物的外观和结构进行定期扫描和图像分析,识别和跟踪结构变化。借助高分辨率摄像头和图像处理算法,建筑物的裂缝、变形和腐蚀等问题可以被早期检测和预警。在桥梁和隧道等重要基础设施的监测中,利用无人机搭载高分辨率摄像头进行定期巡检,通过图像分析发现和跟踪结构裂缝和变形,及时进行维护和加固。在高层建筑中,利用安装在关键位置的摄像头进行连续监测,识别和记录结构变化,生成健康监测报告,帮助管理者及时做出维护决策,防止潜在的安全隐患。

利用计算机视觉技术进行能耗监测和优化,可以分析建筑物的能源使用情况,识别能源浪费的环节,提出相应的节能措施,提高整体能源利用效率。计算机视觉技术通过对能耗数据和设备运行状态的分析,能够发现不合理的能源使用行为,并提供优化建议。在智能办公楼中,摄像头监控各个办公区域的人员活动和设备使用情况,通过分析人员流动和设备运行状态,优化照明和空调系统的运行时间和模式,减少能源浪费。在大型工厂和仓储设施,计算机视觉技术结合能耗监测系统,实时分析生产设备和物流系统的能耗数据,识别高能耗环节,提出节能改进方案,提高能源利用效率(图1-14)。

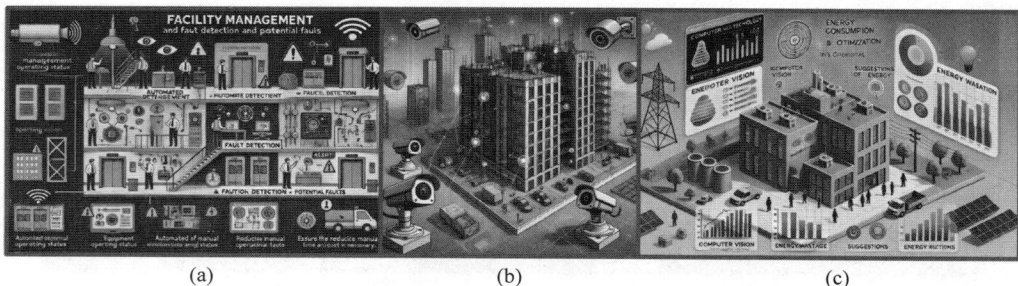

图 1-14　计算机视觉在智能建造运营阶段的应用
（a）设施管理和故障检测；（b）结构健康监测；（c）能耗监测和优化

1.4　计算机视觉编程语言——Python 与 MATLAB

编程语言为开发和实现视觉算法、处理图像与视频数据,以及进行实验和应用提供了必要的基础,是重要工具。Python 和 MATLAB 是计算机视觉领域最常用的语言。Python 以其丰富的库和广泛的应用场景成为首选,而 MATLAB 在学术研究和图像处理方面具有优势。本节将着重介绍 Python 和 MATLAB 语言,由于 Python 的语法简单易懂,跨平台支持,以及丰富的深度学习框架,适合初学者和专业开发者,因此本书的算法将以 Python 语言呈现。

1.4.1　Python 语言简介与安装

Python 是多范型编程语言,完全支持结构化编程、面向对象编程和函数式编程,以及通过扩展支持更多的范型。Python 使用动态类型,在内存管理上采用引用计数和环检测相结合的垃圾回收器,能够自动管理内存。Python 的设计理念是"优雅、明确、简单",方法论是"用一种方法来做一件事"。Python 本身设计为开放的、可扩展的,提供了丰富的 API 和工具来扩展模块,并可以通过外界函数接口,对用其他语言编写的函数进行集成和封装,然后进行使用。

Python 是计算机高级编程语言,执行语言的程序称为解释器。通常的 Python 解释器为 CPython,用 C 语言编写而成。Anaconda 是一个集成的 Python 发行版,自带 Python 解释器和一些常用的 Python 库并集成了 Conda 环境,用于对 Python 环境和库进行管理。本书将演示 Anaconda 安装方法来实现对 Python 解释器的安装与环境的配置。

首先是进入 Anaconda 的官网下载安装包；其次是打开下载的安装程序(图 1-15)，完成安装；再次是配置环境变量，在 Windows 系统的设置→系统→系统信息里，单击"高级系统"设置，然后单击"环境变量"，弹出环境变量窗口(图 1-16)；最后是在系统变量栏里，编辑 Path 变量，通过单击"浏览"按钮，添加地址，添加"Anaconda3""Anaconda3\Scripts""Anaconda3\Library\bin"3 个环境变量。如果运行 Conda 命名时提示不是内部或外部命令，则是环境变量没配置好。

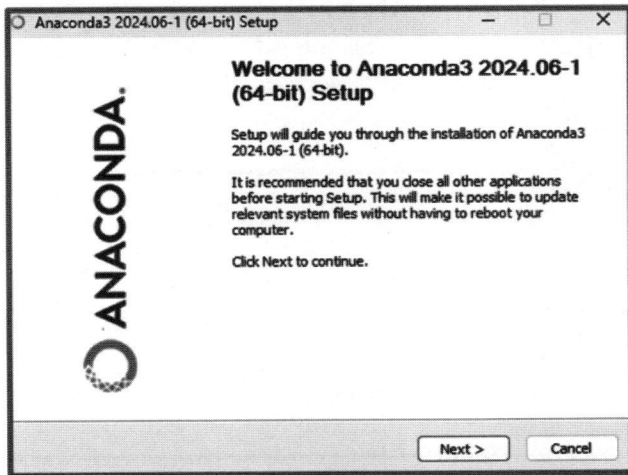

1-1
Anaconda
官方下载
地址

图 1-15　Anaconda 安装程序

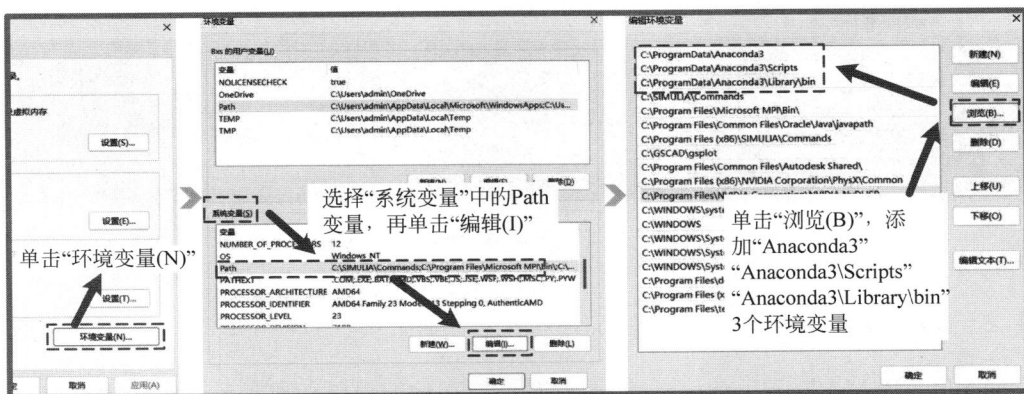

图 1-16　配置 Anaconda 环境变量

完成 Anaconda 安装与环境变量设置后，可以编写和运行代码。但为了方便开放项目，需要集成开发环境(integrated development environment，IDE)。Anaconda 也提供了 IDE，但比较简陋，本书将推荐 2 个 IDE，分别是 PyCharm 与 Visual Studio Code (VSCode)。

PyCharm 专注于 Python 开发，提供了丰富的 Python 特定功能。VSCode 轻量级、快速、开源且支持多种编程语言。如果从事 Python 开发，特别是涉及大型项目，PyCharm 是更好的选择，其丰富的功能和集成工具可以显著提高开发效率。如果需要一个轻量级且高度可扩展的编辑器,同时涉及其他编程语言,VSCode 是一个很好的选择。

　　PyCharm 的安装与配置:首先进入 PyCharm 官网下载安装包,完成安装。在用 PyCharm 运行 Python 时,默认设置是基本系统解释器,这时需要选择上面安装的 Anaconda 里的 Python 解释器与环境。

　　在 PyCharm 的"创建项目"对话框中,配置解释器,选择 Conda 工具创建新解释器 (图 1-17),Conda 可执行文件选择安装在 Anaconda 地址下的"Anaconda3\Scripts\conda. exe",配置完成解释器后,就可以在该项目下创建". py"文件,编写 Python 程序。

　　VSCode 的安装与配置:首先进入 VSCode 官网下载安装包,完成安装。在资源管理器 里创建一个项目文件夹,然后创建一个". py"文件,再在搜索栏输入"> select interpreter" 后,选择 Anaconda 环境下的 Python 解释器,如图 1-18 所示。

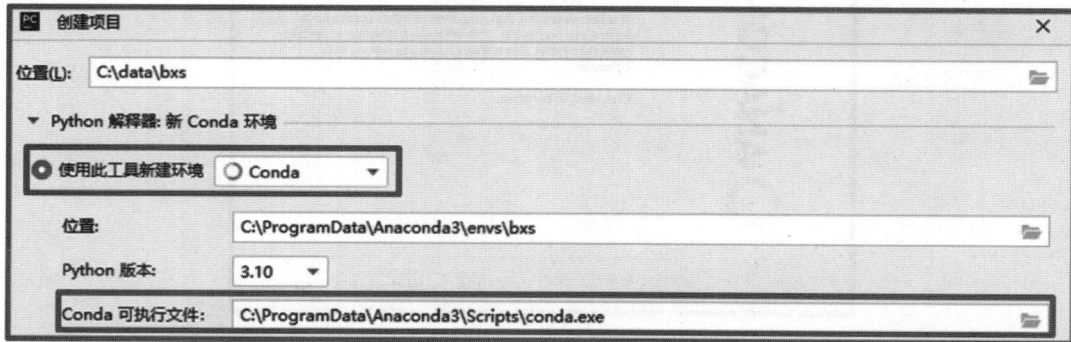

图 1-17　PyCharm 配置 Anaconda 环境

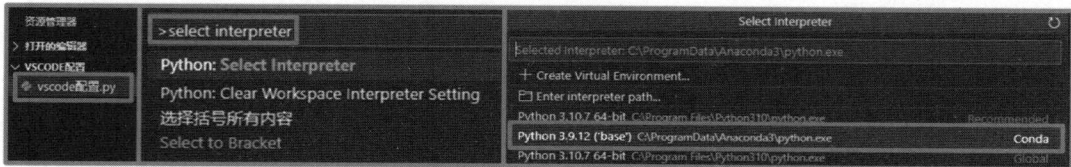

图 1-18　VSCode 配置 Anaconda 环境

1.4.2　MATLAB 语言简介与安装

　　MATLAB(MATrix LABoratory)是一种高层次的编程语言和交互式环境,主要用于数 值计算、可视化和编程,在工程、科学和经济领域广泛应用。土木工程领域的研究人员也常 将 MATLAB 作为主要的编程语言,许多结构数值模拟与岩土数值模拟也常用该语言进行 计算和分析。

　　MATLAB 以矩阵为基本数据类型,擅长处理矩阵和向量运算,并内置强大的图形和可 视化工具,可以方便地生成二维(2D)和三维(3D)图形。MATLAB 不仅仅是编程语言,也 是一个集成开发环境,包括代码编辑器、命令窗口、工作空间、文件管理器等工具,并提供多 种工具箱(Toolbox)。这些工具箱包含预定义函数和应用程序,极大地简化了特定领域的 开发过程。

首先,在官网下载 MATLAB 安装包,进行安装。值得注意的是,MATLAB 是商业软件,其代码并不是开源的。软件里有官方提供的计算机视觉工具箱,包含多种图像处理和计算机视觉算法,如图 1-19 所示。除此之外,MATLAB 也支持导入第三方工具箱,可以从官方的附加功能中搜寻下载,或者从网上下载开源的函数,放置在本地当作工具箱使用。

1-4
MATLAB 官方下载地址

图 1-19　MATLAB 的计算机视觉工具箱

1.4.3　其他计算机视觉编程语言简介

C++在计算机视觉领域广泛应用,主要因为其高性能和高效的内存管理能力。作为一种低级编程语言,C++允许开发者进行精细的性能优化,适合对实时处理和嵌入式系统要求较高的应用场景。许多计算机视觉库最初就是用 C++编写的,提供了全面的功能和高度优化的性能,使得 C++成为实时视频处理、计算机视觉算法开发,以及嵌入式系统中计算机视觉应用的首选语言。

Java 以其跨平台特性和丰富的库支持,在计算机视觉领域也占有一席之地。Java 提供了计算机视觉库的接口,适用于需要在不同操作系统上运行的计算机视觉应用。Java 的跨平台特性使其特别适合开发需要在多个平台上部署的应用程序,特别是在 Android 移动平台上进行计算机视觉开发。

1.5　计算机视觉开源库——OpenCV

计算机视觉除了要有编程语言的支持,也需要集成的代码库,其提供了大量预先编写和测试过的功能和算法,并且也包含复杂且高级的功能。本书在计算机视觉算法中,主要是应用 OpenCV 开源库。OpenCV 具有丰富的功能集,支持多种编程语言和平台,是计算机视觉开发者和研究人员广泛使用的工具。

1.5.1　OpenCV 简介与安装

OpenCV(open source computer vision library)是一个开源计算机视觉和机器学习软件库,提供了广泛的计算机视觉和图像处理功能,有大量的社区和资源支持,是开发计算机视觉应用的首选工具之一。

OpenCV 项目最早由英特尔公司于 1999 年启动,为推进机器视觉的研究,提供一套开源且优化的基础库,以 BSD 许可证授权发行,可以在商业和研究领域中免费使用。OpenCV 当前版本是 4.10,许可协议为 Apache 许可证 2.0。OpenCV 用 C++语言编写,它的主要接口也是 C++语言,同时也有 Python、MATLAB 和 Java 的接口。

本书算法采用 Python 语言呈现,因此这里展示如何在 Python 环境里安装 OpenCV 库。安装 Python 语言的库可以采取两种方法,分别是在"cmd"命令窗口中使用"pip"和"Conda"命令进行安装。

使用"Conda"安装 OpenCV 库时,首先使用快捷键"Win＋R"启动运行窗口,输入"cmd"开启命令窗口,然后输入"conda env list"查看已有的环境名称,或者使用"conda create -n env_name python＝3.9"(其中,env_name 是环境名称,python＝3.9 表示该环境将使用 Python 3.9 版本,也可以根据需要指定其他版本。)创建一个新的 Conda 环境,接着通过"conda activate env_name"激活该环境或者已有环境。之后,输入"conda install -c conda-forge opencv"命令安装 OpenCV 库。如果安装过程中出现"HTTP"错误,可以通过将 Conda 命令中的地址替换为镜像地址来解决网络连接问题,例如添加清华大学的 Conda 镜像源,以确保顺利安装。

使用"pip"安装 OpenCV 库时,首先使用快捷键"Win＋R"启动运行窗口,输入"cmd"开启命令窗口。然后输入"pip install opencv-python"命令安装 OpenCV 库,此处安装的环境是默认的 Anaconda 环境里的基础环境。如果安装过程中同样出现网络连接问题,可以通过添加国内的 pip 镜像源来解决,例如使用清华大学的 pip 镜像源。

1.5.2 OpenCV 模块功能

1-5
OpenCV 帮助手册地址

OpenCV 包含了多个功能强大的模块,每个模块都专注于特定的计算机视觉和图像处理任务。本小节简单介绍一些功能模块,让读者初步熟悉 OpenCV。读者欲详细了解 OpenCV 的模块功能与具体的函数,可以查询官方帮助手册。

核心模块(core module)是所有其他模块的基础,提供了基本的数据结构和核心功能,如矩阵操作、基本的图像处理函数、内存分配和多线程支持。这些功能为 OpenCV 的其他高级功能提供了支持,确保了数据处理的高效性和可靠性。

图像处理模块(imgproc module)包含了丰富的图像处理工具,包括滤波操作(如模糊和锐化)、几何变换(如旋转和缩放)、形态学操作(如腐蚀和膨胀)、图像分割和轮廓检测(如 Canny 边缘检测)以及颜色空间转换(如 RGB 与 HSV 之间的转换),这些功能广泛应用于各种图像处理和计算机视觉任务中。

视频模块(video module)提供了视频捕获、视频编解码和视频处理的功能,支持读取和写入视频文件、对视频帧进行基本操作(如帧差法)以及计算光流(如稠密光流和稀疏光流),是处理和分析视频数据的核心工具。

物体检测模块(objdetect module)包含了多种流行的物体检测算法,如 Haar 级联分类器(用于人脸检测)、HOG(用于行人检测)以及支持深度学习模型(如 Caffe 和 TensorFlow 预训练模型)进行物体检测,广泛应用于安全监控和自动驾驶等领域。

特征检测与描述模块(features2D module)提供了经典的特征检测和描述算法,如 SIFT、SURF、ORB 等,这些算法用于检测图像中的关键点并进行特征匹配,广泛应用于图像拼接、物体识别和跟踪等任务。

3D 重建模块(calib3D module)提供了摄像机标定和 3D 重建的工具,包括摄像机标定、立体匹配和深度图计算、三维重建和点云处理等功能,用于生成和处理三维图像和模型。

机器学习模块(Ml module)提供了多种常见的机器学习算法和工具,如支持向量机(SVM)、决策树、K-近邻(KNN)、随机森林和 K-均值聚类等,支持各种模式识别和数据分类任务,是计算机视觉和数据分析的有力工具。

深度学习模块(Dnn module)支持加载和运行多种深度学习框架(如 Caffe、TensorFlow、Torch、ONNX)训练的模型,执行图像分类、物体检测等任务,为计算机视觉应用提供了强大的深度学习能力。

图像编解码模块(imgcodecs module)包含读取和写入图像文件的功能,支持多种图像文件格式,如 JPEG、PNG、TIFF 等,是进行图像输入输出操作的基础模块。

高级图形用户界面模块(highgui module)提供了图像和视频显示的功能,包括创建窗口、添加轨迹条(滑动条)和处理鼠标事件,方便开发者进行图像和视频的交互式处理和展示。

1.5.3　计算机视觉其他相关开源库

PIL(python imaging library)是一个功能强大的开源图像处理库,但 2011 年停止更新,后被 Pillow 项目接管并持续维护和扩展。该库支持图像格式转换、颜色模式转换以及图像缩放、旋转、裁剪、滤波、增强等操作,也支持图像合成、透明度处理、蒙版操作等高级图像处理功能。

Matplotlib 是一个用于创建静态、动画和交互式可视化的综合性库。在计算机视觉中作为可视化工具之一,该库提供了一种简单而灵活的方式来生成各种类型的图表和图形,常用于绘制 2D 图表,也支持 3D 图表。

NumPy(numerical python)是一个用于科学计算的基础库,提供大量的数组和矩阵的运算算法,此外还包含大量的数学函数库。由于图像本质上是由像素组成的多维数组,NumPy 的高效数组操作能力使其成为处理图像数据的理想工具。

SciPy(scientific python)是一个用于科学和工程计算的开源 Python 库,包括数值积分、优化、信号处理、线性代数、统计等多种功能,提供了一些基本的图像处理功能,如图像滤波、形态学操作等。

Detectron2 是一个由 Meta AI Research 开发的开源计算机视觉库,专注于目标检测、实例分割、关键点检测和全景分割等任务。作为 Detectron 的升级版本,它基于 PyTorch 框架,提供了更高的灵活性、模块化程度和效率。可以通过注册机制自定义模块或模型结构,从而进行扩展和改进。

YOLO(you only look once)是一个用于实时目标检测的深度学习模型系列。核心理念是通过单次神经网络前向传播完成目标检测任务,避免了传统检测方法中的多阶段处理。这使其能够在保持高精度的同时,实现实时性能,适用于多种应用场景。

SAM(segment anything model)是由 Meta AI Research 开发的一种通用图像分割模型。SAM 的核心思想是提供一种能够处理任何类型图像、检测和分割任意物体的全能分割工具。它结合了强大的深度学习技术和广泛的图像数据集,具备高效、准确、通用的分割能力,无需专门训练,可以分割任何类型的物体。

除了上面的开源库,还有许多与计算机视觉相关的开源库。最后 3 个与深度学习相关的开源库都是目标检测与分割类的开源库,还有一些深度学习库会在机器学习章节详细介绍。在超分辨率、人脸修复、深度估计等方面也有许多开源库,这里就不一一介绍了。

本章总结

本章首先介绍了计算机视觉的历史发展与现状,自 20 世纪 50 年代起随着计算机技术的发展而起步,初期主要集中在二维图像分析和识别,如字符识别和图像测量。20 世纪 60 年代,研究者开始探索三维场景理解,从二维透视图中提取三维信息的可能性。贝尔实验室的 CCD 研发使计算机视觉走上应用舞台。20 世纪 70 年代,MIT 正式开设计算机视觉课程,标志着其作为科学领域的诞生。80 年代,Marr 提出的视觉系统框架为计算机视觉奠定了基础。90 年代,计算机视觉从工业应用转向视频会议、虚拟现实等领域,多视几何理论和分层三维重建提高了重建精度。进入 21 世纪,基于特征的对象识别成为研究重点,人脸检测框架和深度学习在图像识别中的应用推动了计算机视觉的发展。至 2020 年,研究热点包括卷积神经网络、生成对抗网络、零样本学习等,计算机视觉在医疗、自动驾驶、智能制造、农业和城市运营等领域取得显著进展。在土木工程中的结构健康监测和智能建造方面,计算机视觉正处于起步阶段,正在推动土木工程领域的创新和发展。

其次,介绍了计算机视觉中具有共同特征的问题,分别是场景重建、识别与理解、运动分析以及生成与恢复。4 个经典问题构成了计算机视觉领域的核心研究内容。

再次,介绍了计算机视觉技术融入智能建造的各个阶段,在规划、设计、施工和运营中不同的应用场景。在规划阶段,计算机视觉技术用于环境评估、场地分析和规划可视化;在设计阶段,计算机视觉技术用于创建精确的建筑信息模型(BIM),进行虚拟现实(VR)和增强现实(AR)演示,替代设计师生成全新的设计方案;在施工阶段,计算机视觉技术用于进度监控、质量检测和安全管理;在运营阶段,计算机视觉技术用于设施管理、结构健康监测和维护规划。

最后,介绍计算机视觉编程语言,其中详细介绍了 Python 与 MATLAB 及其安装与环境配置。Python 利用 Anaconda 进行环境配置,通过安装代码库进行功能扩展。MATLAB 本身就是一个集成开发环境,通过工具箱进行功能扩展。此外,还介绍了计算机视觉相关的代码库,并详细介绍了 OpenCV 及其安装方法和核心模块。

思考题与练习题

思考题

1-1　哪项工作成为深度学习核心原则的重要启示?简要介绍其工作内容与发现。

1-2　谁提出了第一个完善的视觉系统框架?简要介绍该框架的内容与其核心思想。

1-3　如今计算机视觉在实际领域中的应用情况如何?请举 3 个例子详细说明。

1-4　计算机视觉的经典问题有哪些?请一一介绍其内容。

1-5　计算机视觉在智能建造的规划、设计、施工和运营阶段的应用有哪些?请一一介绍其内容。

1-6　Python 和 MATLAB 编程语言之间有什么区别?

1-7　OpenCV 有哪些模块？请简单介绍几个模块的内容。

1-8　除 OpenCV 库，还有哪些计算机视觉相关开源库？请简单介绍几个库的内容。

练习题

1-1　安装 Anaconda 并配置环境。

1-2　安装 PyCharm 或 VSCode 并配置 Anaconda 环境，然后运行一段简单的 Python 代码。

1-3　下载 OpenCV 库到配置的环境里。

第 **2** 章

射影几何与图像形成

思维导图

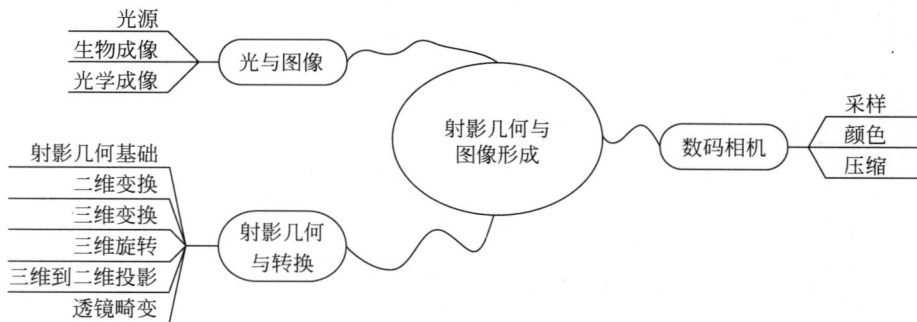

本章开始学习计算机视觉的基础知识：射影几何与图像形成。

射影几何是计算机视觉的基础，为理解和解决许多计算机视觉问题提供了数学框架。射影几何是数学的一个分支，研究的是在投影过程中保持不变的几何图形属性。与关注平面上点、线和角度关系的欧几里得几何不同，射影几何关注的是物体在投影到平面后的表现。射影几何的一个基本概念是平行线在无限远处汇聚。这种观点允许对透视进行建模，这是理解三维物体如何在二维图像中表示的关键。

掌握射影几何可以更精确地建立三维世界与二维图像之间的关系，有助于深入理解图像的形成过程。图像形成的核心是投影过程，即通过相机光心将三维空间中的点投影到二维图像平面上。在现实场景中，人类通过眼睛感知世界，而机器则通常依赖数码相机捕捉光信息。

因此，本章的主要学习内容有三个方面：

（1）光与图像的关系：理解光源的基本性质及其在成像过程中的作用。通过探讨生物成像和光学成像，学习自然界和机器视觉系统如何通过光线感知和捕捉图像，对应2.1节。

（2）射影几何与转换：学习射影几何的基础知识，掌握二维和三维几何变换及其在视觉系统中的应用，特别是三维旋转和三维到二维的投影关系。同时，透镜畸变的现象也将在此部分探讨，以便更好地理解成像过程中可能出现的失真问题，对应2.2节。

（3）数码相机的基本原理：数码相机的运作原理涉及图像采样、颜色处理和压缩技术的学习。这部分内容将帮助理解图像的数字化过程，对应2.3节。

2.1　光与图像

在深入探究图像形成机制之前,首要任务是把握光与图像之间的内在联系,这是理解各种成像系统视觉成像原理的关键。光作为图像形成的核心要素,不仅是将三维世界映射到二维平面的媒介,还影响着图像的细腻度和色彩呈现。因此,深入理解光的构成及其特性,是揭示光如何塑造图像的基础所在。通过对光源基本特性的分析,能够更好地理解其在图像形成过程中的作用机制,以及成像系统如何捕捉并转化这些视觉信息。本节内容将首先聚焦于光的基本属性,随后探索多样的生物成像系统,最终引出光学成像模型的相关内容,为深入理解数码相机成像系统奠定坚实的基础。

2.1.1　光源

光源,即能发射光线的物体或装置,是图像形成的基石。光线在接触物体后,通过反射、折射或散射等方式传播,最终被人眼或相机捕捉,形成所见的图像。无光则无图像,因此,理解光源概念对探讨光线在图像形成中的作用及优化图像视觉效果至关重要。

首先可从光源发出的光线所具有的光谱成分、波粒二象性和传播特性等多角度进行解析。光谱成分决定了光线的颜色和能量分布,涵盖不同波长的颜色表现及各色光的能量差异,是光源特性的重要体现。波粒二象性是光的基本特性,其中波动性表现为光线的电磁波特性,决定其在空间中的传播方式,包括干涉和衍射等现象;粒子性则体现在光子的离散性和随机性上,尤其在微观层面影响图像的亮度和清晰度。而光的传播特性则包括反射、折射和散射等现象,是光线与物质相互作用的基本方式,对图像的亮度、对比度和颜色清晰度产生重要影响。

了解了光线的基本概念后,便可以对光源进行详细的探讨,以便全面掌握其在成像过程中的作用。光源作为光线的起点,其特性至关重要。它不仅决定了光的强度、色彩和分布方式,还直接影响着图像的清晰度、色彩还原和整体视觉效果。为了更系统地理解光源,下文归纳了光源的基本类型及其特点,不仅包括了自然光源和人工光源,还详细列出了它们的几何类型,包括点光源、面光源和体积光源,以及每种类型的特点和应用场景(表 2-1)。同时,对不同类型的光源进行了展示,进一步帮助理解各类光源的特性与应用(图 2-1)。

表 2-1　光源分类

分类维度	类　别	特　　点	举　　例
性质	自然光源	光谱广泛,光照稳定	太阳光、月光、星光
	人工光源	可控性强,可调整	白炽灯、荧光灯、LED 灯、激光
几何类型	点光源	发光区域小,阴影强	手电筒
	面光源	发光区域大,光线柔和	LED 面板、荧光灯
	体积光源	发光区域有一定体积,效果特殊	霓虹灯、发光液体

通过深入了解不同光源的性质,能够根据具体的成像场景和需求,选择最合适的光源,从而优化图像的质量和视觉效果。

图 2-1　不同光源

（a）太阳光；（b）白炽灯；（c）手电筒；（d）LED 面板；（e）霓虹灯

2.1.2　生物成像

动物的视觉系统是自然界中最精妙的成像系统之一，不仅赋予生物体丰富多彩的视觉体验，还蕴含着深奥的成像原理。从人类的单眼到昆虫的复眼，不同动物的眼睛结构在适应各自生存环境的过程中，演化出了多样化的成像机制。这些成像机制不仅体现了光的应用原理，如光的传播、反射、折射以及光谱感知等，还为深入理解图像形成过程提供了重要的科学启示。

1. 人眼视觉成像系统

人眼作为自然界中高度进化的视觉器官，拥有一套复杂且精确的成像系统。光线首先穿透透明的角膜进入眼球。角膜不仅起保护作用，还负责初步折射光线，使其开始聚焦的过程。随后，光线通过瞳孔进入眼球内部，瞳孔的大小由虹膜根据外界光线强弱灵活调节，以确保适量的光线能够进入眼球。接着，晶状体作为一枚可变焦距的透镜，进一步对光线进行折射和聚焦。最终，光线准确地聚焦在视网膜上；视网膜上密布的感光细胞，如视杆细胞和视锥细胞，将光信号转换为电信号，并通过视神经迅速传输到大脑，形成所感知的清晰视觉图像。这一过程充分展示了光学折射和聚焦的复杂机制（图 2-2）。

2. 其他动物视觉成像系统

相较于人眼成像系统，其他动物的成像系统展现出了独特的多样性和适应性。昆虫的复眼由众多独立小眼组成，实现了宽广视野和快速运动感知；鱼类和两栖动物的眼睛结构则高度适应水生和两栖环境，通过优化的晶状体和瞳孔调节机制，它们能够在不同光照条件下形成清晰的图像；鸟类所拥有的双眼视觉系统，能够产生极强的立体视觉效果，高密度的感光细胞和特殊的感光色素使它们在日间和紫外线光谱下都具有极高的视觉敏锐度；深海

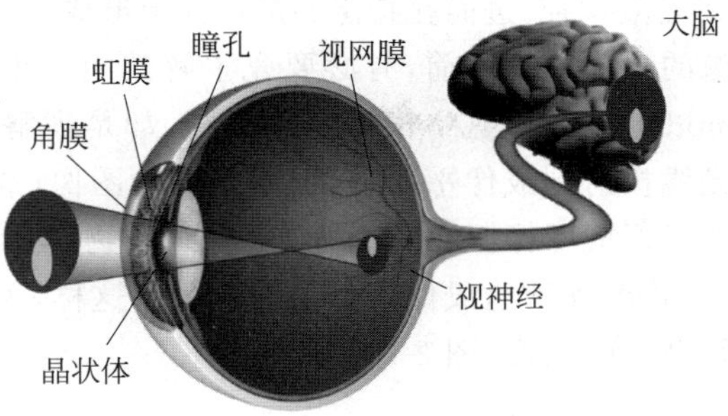

图 2-2　人眼成像系统

生物则发展出了独特的低光成像机制,拥有高度敏感的视杆细胞和生物发光能力,适应了极端低光环境。这些多样化的生物成像机制不仅展示了生物进化的奇妙与多样性,也为人类研究和开发新型成像技术提供了宝贵的灵感和参考。

3. 生物视觉处理机制

视觉信息在视网膜上成像后,会通过视神经迅速传输至大脑皮层,但这仅仅是视觉感知的初步阶段。在大脑皮层,这些视觉信息还需经过一系列复杂的处理机制进行进一步的加工、解码和整合。这一过程涉及大量的神经网络计算以及大脑的高级认知功能,如物体识别、空间定位、运动感知等,共同构成了我们丰富多样的视觉体验。

在计算机视觉领域,特别是深度学习的发展进程中,生物视觉系统的复杂性得到了广泛的借鉴与应用。深度学习模型通过模拟人脑神经网络的层次结构和处理方式,成功实现了对视觉信息的逐层提取和高级理解。具体而言,生物视觉处理机制与深度神经网络的处理步骤之间存在着显著的类比关系:

(1)初级视觉处理(视网膜):视网膜的感光细胞接收光信号并进行初步处理,类似于图像传感器捕捉光线并进行初步信号处理。

(2)低层特征提取(初级视皮层):大脑的初级视皮层负责提取图像的基本特征,如边缘和纹理,这与卷积神经网络(CNN)初级卷积层的功能类似,负责提取图像的基本特征。

(3)中层特征整合(中级视皮层):在大脑的中级视皮层,图像的基本特征被整合成更复杂的形状和物体,这对应于神经网络的中层,通过多个卷积层和池化层的组合,逐步提取并整合更高级别的特征。

(4)高级视觉认知(高级视皮层):大脑的高级视皮层负责对象识别和场景理解,类似于神经网络的高级层,通过全连接层对图像进行最终的分类和识别。

通过对生物成像系统的复杂性和多层次处理机制的了解,可以更好地设计和优化现代光学成像和计算机视觉系统。这不仅提升了成像技术的性能,也为人工智能的发展提供了新的方向和灵感。

2.1.3　光学成像

2.1.2 节中提到的生物成像,无疑是自然界中最为精妙的光学成像范例。受此启发,光学成像技术得以发展,它同样基于光学原理,利用光的折射、反射和散射等传播特性,将物体的形象或信息转化为可视化的图像。这一过程通常依赖于各种精妙的光学元件,如透镜、反射镜等,实现对光线传播路径的有效调控,进而在特定的成像面上形成清晰、真实的物体图像。

在深入理解光学成像的工作原理之前,有必要先了解其中一个基础而重要的模型——针孔成像模型(pinhole model)。尽管这一模型原理简洁,却是理解光学成像核心机制的关键。它通过一个小孔将光线投射到成像平面上,形成倒立的图像,这一过程有效地揭示了光在不使用透镜的情况下如何形成图像。具体而言,当光线从物体的每个点发出并通过针孔时,仅有一束光线能够通过并准确到达成像平面的对应点。这样,无数的光线在成像平面上交织,最终形成一个清晰、倒立的图像(图 2-3)。

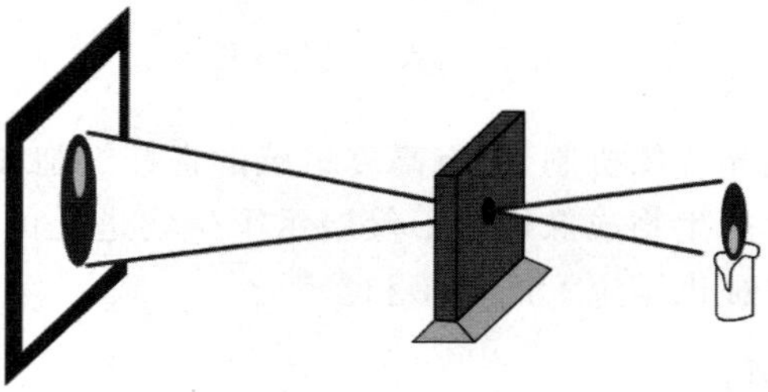

图 2-3 针孔成像

此外,在相机的设计和标定过程中,通过针孔模型还可以推导出相机的内参矩阵和外参矩阵,这些参数对于理解相机的成像特性、进行图像校正和三维重建等任务至关重要。

尽管针孔模型作为光学成像的基本模型之一,对于理解成像原理具有重要帮助,但它忽略了镜头畸变、光线衍射等复杂因素,导致成像亮度低且成像质量受限。因此,实际相机中使用的并非严格意义上的针孔模型,而是采用透镜系统来改进成像效果。透镜通过折射原理,将从物体反射的光线聚焦到传感器或胶片上,从而形成图像。具体而言,光线首先通过由多个透镜组成的镜头系统进入相机,这些透镜共同作用调控光线的方向和聚焦点。镜头的主要参数包括焦距和光圈,它们对成像效果起着至关重要的作用。焦距决定了镜头的视角和放大倍率,而光圈则控制进入镜头的光线量,进而影响图像的曝光和景深。关于数码相机中镜头参数的详细介绍,可见 2.3 节"数码相机"中的内容。

此外,为了提高成像质量,相机还采用了多种技术。例如,自动对焦(AF)系统通过调整镜头的位置,以确保图像的清晰度;防抖技术通过检测相机的抖动并相应地调整镜头或传感器的位置,以减少模糊;高动态范围(HDR)技术通过合成不同曝光的图像,增加图像的细节和对比度。

总的来说,光学成像利用光的物理特性和光学元件的调控,实现了物体图像的可视化。通过透镜系统和图像传感器,相机能够将物体的光学信息转换为数字图像,为现代摄影和成像技术提供了强有力的支持。

2.2 射影几何与转换

在图像形成的过程中,理解射影几何及其转换原理是至关重要的。这些原理涉及图像在二维与三维空间之间的复杂转换关系,以及如何通过旋转、投影等操作来精准地展现图像。进一步说,射影几何不仅关注图像的基本构成元素(点、线、面)如何在不同空间维度中进行表示与转换,还关注这些元素在投影过程中的变化以及可能受到的影响。通过对这一系列概念的深入探讨,能够更加全面地掌握图像形成的原理和过程,从而为后续的图像处理、计算机视觉等领域的内容提供坚实的理论基础。本节将围绕射影几何与转换这一核心主题,以点、线和面为基础,逐步展开二维变换、三维变换、三维旋转、三维到二维投影以及透镜畸变等五部分关键内容。

2.2.1　射影几何基础

射影几何作为几何学的一个重要分支,主要研究在不同空间维度(尤其是二维与三维)之间通过投影进行图形转换的原理和方法。它关注的是点、线、面等基本几何元素在不同投影方式下的表示、性质及其相互关系。

射影几何的核心在于理解"投影"这一概念。简单来说,投影就是通过引入齐次坐标系和射影变换,将一个高维空间中的图形或物体映射到一个低维空间的过程,同时保持某些特定的几何性质不变。在图像形成与处理过程中,这种投影通常是从三维场景到二维平面的转换,如相机拍照或人眼观察三维世界时呈现的平面场景。

1) 齐次坐标系表示

射影几何中的齐次坐标系是表示几何元素的基础。通常在二维欧几里得空间中,一个点 (x,y) 用齐次坐标表示为 $\boldsymbol{x}=(x,y,1)^{\mathrm{T}}$。这种表示形式使得几何变换(如平移、旋转、缩放)可以用矩阵乘法来统一表达。

在三维空间中,一个点 (x,y,z) 的齐次坐标可表示为 $\boldsymbol{X}=(x,y,z,1)^{\mathrm{T}}$,用于描述该点在空间中的位置。

2) 射影变换

射影几何中最重要的变换是射影变换,它将三维空间的点投影到二维平面上。射影变换可以用一个 3×4 的投影矩阵 $\boldsymbol{P}$ 表示,该矩阵将三维点 $\boldsymbol{X}=(x,y,z,1)^{\mathrm{T}}$ 投影到二维图像平面上形成点 $\boldsymbol{x}=(x,y,1)^{\mathrm{T}}$,即

$$\boldsymbol{x}=\boldsymbol{P}\boldsymbol{X} \tag{2-1}$$

其中,投影矩阵 $\boldsymbol{P}$ 通常表示为

$$\boldsymbol{P}=\begin{pmatrix} p_{11} & p_{12} & p_{13} & p_{14} \\ p_{21} & p_{22} & p_{23} & p_{24} \\ p_{31} & p_{32} & p_{33} & p_{34} \end{pmatrix} \tag{2-2}$$

在实际应用中,投影矩阵 $\boldsymbol{P}$ 将根据摄像机的内参和外参进行计算,具体包括焦距、光心、旋转矩阵和平移向量。

3) 点与直线的射影关系

在射影几何中,点和直线的关系可以通过齐次坐标的点积来表示。给定二维平面上一条直线 $\boldsymbol{l}=(a,b,c)^{\mathrm{T}}$ 和一个点 $\boldsymbol{x}=(x,y,1)^{\mathrm{T}}$,如果点在直线上则满足以下条件:

$$\boldsymbol{l}^{\mathrm{T}}\boldsymbol{x}=ax+by+x=0 \tag{2-3}$$

这表明射影几何能够以简单的代数形式表达几何元素之间的关系,并且在进行投影变换时,这些关系可以保持不变。

4) 射影不变性

射影几何中一个重要的特性是射影不变性。在投影变换下,某些几何性质(如点的共线

性、线的共点性)保持不变。这使得在图像处理中,即使图像经过复杂的变换,仍然能够识别并保持几何结构的基本关系。

例如,假设两条直线 l_1 和 l_2 在投影变换前后仍然保持交于一点,这一交点的齐次坐标可以通过两条直线的向量积来表示:

$$x = l_1 \times l_2 \qquad\qquad (2\text{-}4)$$

这一性质对于理解图像中的几何结构至关重要,尤其是在复杂的透视变换下。

通过对射影几何基础概念的深入理解,已经初步掌握了图像形成过程中空间与图像平面之间的关系。在接下来的部分中,将继续探讨二维和三维空间中的几何变换,逐步分析它们在图像处理和计算机视觉中的具体应用。

2.2.2 二维变换

在获得一幅平面图像后,二维变换是对其进行处理的基础操作之一。二维变换指的是对平面图像中的每一个像素点进行某种数学运算,从而改变图像的空间位置、形状或方向。这种变换通常基于一定的几何或代数规则,使得图像在变换后能够呈现出不同的特性或满足特定的需求。在这一过程中,点和线的概念显得尤为重要。点,作为图像的基本单元,构成了图像的基石;而线,则常常代表着图像的边缘或轮廓,与点共同定义了图像的基本框架。通过二维变换,能够灵活地调整这些点和线的位置、形状和方向,进而实现图像的平移、缩放、旋转以及仿射变换等多样化操作。

在数学层面,二维变换可以通过线性代数中的矩阵运算来表示。具体而言,二维平面上的任意一点 $P(x, y)$ 都可以通过应用一个合适的变换矩阵来实现多样化的二维变换。这些变换包括但不限于平移、缩放、旋转以及仿射变换。通过这种矩阵运算,能够以系统化、高效的方式精确地控制和调整平面图像中的每一个点和每一条线,进而达到期望的变换效果。

接下来,将详细介绍这些基本变换及其对应的矩阵形式。

(1) 平移变换:通过平移矩阵,可以将点 P 沿 x 轴和 y 轴分别平移 t_x 和 t_y 的距离。假设 (t_x, t_y) 为平移量,则平移变换可以表示为

$$\begin{pmatrix} x' \\ y' \end{pmatrix} = \begin{pmatrix} 1 & 0 & t_x \\ 0 & 1 & t_y \end{pmatrix} \begin{pmatrix} x \\ y \\ 1 \end{pmatrix} \qquad\qquad (2\text{-}5)$$

其中,(x', y') 是变换后的坐标,以下定义相同。

(2) 缩放变换:缩放矩阵允许按比例调整点 P 的坐标。假设 s_x 和 s_y 分别为 x 轴和 y 轴的缩放因子,则缩放变换可以表示为

$$\begin{pmatrix} x' \\ y' \end{pmatrix} = \begin{pmatrix} s_x & 0 \\ 0 & s_y \end{pmatrix} \begin{pmatrix} x \\ y \end{pmatrix} \qquad\qquad (2\text{-}6)$$

当 $s_x = s_y$ 时,为等比例缩放;否则为非等比例缩放。

(3) 旋转变换:通过旋转变换,可以将点 P 绕原点旋转一定角度。假设旋转角度为 θ,则旋转变换可以表示为

$$\begin{pmatrix} x' \\ y' \end{pmatrix} = \begin{pmatrix} \cos\theta & -\sin\theta \\ \sin\theta & \cos\theta \end{pmatrix} \begin{pmatrix} x \\ y \end{pmatrix} \qquad\qquad (2\text{-}7)$$

其中,$\sin\theta$ 和 $\cos\theta$ 决定了旋转的方向,正值表示逆时针旋转,负值表示顺时针旋转。

（4）仿射变换：作为一种综合性的图像线性变换方法，仿射变换包含上述所有变换的组合，允许图像进行倾斜、扭曲等复杂操作。其一般形式可通过以下数学表达式来呈现：

$$\begin{pmatrix} x' \\ y' \end{pmatrix} = \begin{pmatrix} a_{11} & a_{12} & t_x \\ a_{21} & a_{22} & t_y \end{pmatrix} \begin{pmatrix} x \\ y \\ 1 \end{pmatrix} \tag{2-8}$$

其中，a_{11} 和 a_{22} 分别是 x 方向和 y 方向的缩放因子；a_{12} 和 a_{21} 是剪切参数；t_x 和 t_y 分别是平移的水平分量和垂直分量。

（5）投影变换：这种变换又称为透视变换或单应性变换，是在齐次坐标系中进行操作的一种变换。其一般形式为

$$\begin{pmatrix} \overline{x} \\ \overline{y} \\ \overline{w} \end{pmatrix} = \begin{pmatrix} h_{11} & h_{12} & h_{13} \\ h_{21} & h_{22} & h_{23} \\ h_{31} & h_{32} & h_{33} \end{pmatrix} \begin{pmatrix} x \\ y \\ 1 \end{pmatrix} \tag{2-9}$$

其中，h_{11} 和 h_{22} 分别是控制 x 方向和 y 方向缩放的参数；h_{12} 和 h_{21} 是控制图像的剪切变换，影响图像的倾斜程度的参数；h_{13} 和 h_{23} 是控制平移分量的参数，分别对应 x 方向和 y 方向的位移；h_{31} 和 h_{32} 是控制透视变形，实现近大远小的效果；h_{33} 通常设为 1 或用于整体缩放，确保齐次坐标的归一化；x 和 y 是原始点的笛卡儿坐标；1 是齐次坐标系中的比例因子，用于将笛卡儿坐标转换为齐次坐标。变换后需对齐次坐标进行归一化，得到 $x' = \dfrac{\overline{x}}{\overline{w}}$ 和 $y' = \dfrac{\overline{y}}{\overline{w}}$。

通过这些基本变换的组合，可以实现复杂的图像变换效果。例如，可以先进行缩放变换，再进行旋转变换，最后进行平移变换，以实现图像的缩放、旋转和平移等复合操作。值得强调的是，上述讨论主要集中在图像中的"点"上。然而，在平面图像中，"线"也是至关重要的元素。实际上，当图像中的点经历变换时，连接这些点的线也会随之变换。这种点与线之间的紧密联系意味着，任何对点的变换都会直接影响图像中的线，进而改变整个图像的视觉效果。因此，通过深入了解点的变换后，便可以推断出图像中线的相应变换。

线在图像处理中通常由其端点定义。假设一条线段的端点为 $P_1(x_1, y_1)$ 和 $P_2(x_2, y_2)$。对这两个端点进行相同的几何变换后，新线段的端点为 $P_1'(x_1', y_1')$ 和 $P_2'(x_2', y_2')$。因此，线段的几何变换可以通过变换其端点来实现。

在平移变换中，线段的每个端点都沿相同的方向移动同样的距离，保持线段的长度和方向不变。

在缩放变换中，线段的长度按缩放因子进行调整。

在旋转变换中，线段绕原点旋转，改变其方向但保持长度不变。

在仿射和投影变换中，线段的长度和方向都可能发生变化。

通过对线段端点进行变换，可以有效地改变线段的位置、长度和方向，从而实现图像中线条的变换。这不仅改变了图像的几何结构，也对图像的视觉效果产生了显著影响。

二维变换还有一些衍生形式的变化，可以进一步增强图像处理的灵活性。以下是一些常见的衍生变换：

（1）剪切变换：剪切变换是一种特殊的仿射变换，通过将图像沿某个轴方向拉伸或压

缩,使图像看起来倾斜。

沿 x 轴的剪切变换：

$$\binom{x'}{y'} = \begin{pmatrix} 1 & k_x \\ 0 & 1 \end{pmatrix} \binom{x}{y} \tag{2-10}$$

沿 y 轴的剪切变换：

$$\binom{x'}{y'} = \begin{pmatrix} 1 & 0 \\ k_y & 1 \end{pmatrix} \binom{x}{y} \tag{2-11}$$

其中, k_x 和 k_y 分别为沿 x 轴和 y 轴的剪切因子。

（2）反射变换：反射变换是将图像绕某个轴进行镜像对称,常见的包括绕 x 轴、绕 y 轴以及绕原点的反射。

绕 x 轴的反射：

$$\binom{x'}{y'} = \begin{pmatrix} 1 & 0 \\ 0 & -1 \end{pmatrix} \binom{x}{y} \tag{2-12}$$

绕 y 轴的反射：

$$\binom{x'}{y'} = \begin{pmatrix} -1 & 0 \\ 0 & 1 \end{pmatrix} \binom{x}{y} \tag{2-13}$$

绕原点的反射：

$$\binom{x'}{y'} = \begin{pmatrix} -1 & 0 \\ 0 & -1 \end{pmatrix} \binom{x}{y} \tag{2-14}$$

（3）对称变换：对称变换是反射变换的一种特例,可以是沿对称轴或绕对称中心进行的变换,主要应用于图形对称性的保持和检测。

这些衍生变换同样可以与基本变换组合使用,以实现更复杂的图像处理效果。

在二维变换的语境下,由于图像本身可以视作一个统一的"面",无须将其作为主要关注对象。相较之下,在三维空间中,"面"承载了更为丰富的信息,涉及三维物体的表面形状与结构。因此,在本节讨论的二维变换中,主要聚焦于点和线的动态变化,而关于"面"的深入探讨,则会在 2.2.3 节的三维变换中详细展开。

2.2.3 三维变换

在获得三维模型或场景后,对其进行后期处理与操作的关键环节便是三维变换技术。所谓三维变换,即通过对三维空间中的每个点进行数学运算,以调整模型或场景的空间位置、形态或朝向。这种技术与之前探讨的二维变换在本质上是相似的,都遵循几何与代数的操作原则。然而,由于三维变换需要在三个维度上进行操作,其复杂性显著提升。

与二维变换仅能在平面上进行平移、缩放和旋转等操作不同,三维变换将这些基本操作延展至立体空间,为模型或场景设计提供了更广阔的可能性。特别值得一提的是,考虑到三维空间中"面"的独特性,还可以实现更高级的仿射和投影转换,为模型赋予全新的空间感和视觉效果。

从数学视角来看,三维变换与二维变换在原理上相通,都可以通过线性代数中的矩阵运算来精确描述。但处理三维空间中的点时,需要构建更为复杂的矩阵结构。具体来说,对于三维空间中的任意点 $P(x, y, z)$,可以利用一个更高维度的变换矩阵来执行各种复杂的三维变换操作。

（1）平移变换：平移变换是将物体在三维空间中沿某个方向移动一定的距离，而不改变其形状和大小。设 (t_x, t_y, t_z) 为平移量，则平移变换可以表示为

$$\begin{pmatrix} x' \\ y' \\ z' \end{pmatrix} = \begin{pmatrix} 1 & 0 & 0 & t_x \\ 0 & 1 & 0 & t_y \\ 0 & 0 & 1 & t_z \end{pmatrix} \begin{pmatrix} x \\ y \\ z \end{pmatrix} \tag{2-15}$$

（2）缩放变换：缩放变换是改变物体的大小，可以沿 x、y、z 轴进行不同比例的缩放。假设 (s_x, s_y, s_z) 分别为 x、y、z 轴的缩放因子，则缩放变换可以表示为

$$\begin{pmatrix} x' \\ y' \\ z' \end{pmatrix} = \begin{pmatrix} s_x & 0 & 0 \\ 0 & s_y & 0 \\ 0 & 0 & s_z \end{pmatrix} \begin{pmatrix} x \\ y \\ z \end{pmatrix} \tag{2-16}$$

（3）旋转变换：旋转变换是将物体绕某个轴（如 x 轴、y 轴或 z 轴）旋转一定的角度。假设要将空间中的点 P 绕某个轴旋转 θ 角度，可以使用以下旋转公式。

绕 x 轴旋转（俯仰角）：

$$\begin{pmatrix} x' \\ y' \\ z' \end{pmatrix} = \begin{pmatrix} 1 & 0 & 0 \\ 0 & \cos\theta & -\sin\theta \\ 0 & \sin\theta & \cos\theta \end{pmatrix} \begin{pmatrix} x \\ y \\ z \end{pmatrix} \tag{2-17}$$

绕 y 轴旋转（偏航角）：

$$\begin{pmatrix} x' \\ y' \\ z' \end{pmatrix} = \begin{pmatrix} \cos\theta & 0 & \sin\theta \\ 0 & 1 & 0 \\ -\sin\theta & 0 & \cos\theta \end{pmatrix} \begin{pmatrix} x \\ y \\ z \end{pmatrix} \tag{2-18}$$

绕 z 轴旋转（翻滚角）：

$$\begin{pmatrix} x' \\ y' \\ z' \end{pmatrix} = \begin{pmatrix} \cos\theta & -\sin\theta & 0 \\ \sin\theta & \cos\theta & 0 \\ 0 & 0 & 1 \end{pmatrix} \begin{pmatrix} x \\ y \\ z \end{pmatrix} \tag{2-19}$$

这些公式描述了点 P 使用不同旋转矩阵绕对应坐标轴旋转后得到新坐标 P' 的过程。可以根据实际需求选定特定的坐标轴和旋转角度，从而精确计算出旋转后的新坐标。这些基础的旋转动作能够灵活组合，以实现更为错综复杂的旋转操作。事实上，三维旋转变换是一个涉及多重数学原理和计算的复杂过程。为了深入剖析其机制，将在 2.2.4 节进行详尽的描述与探讨。

（4）仿射变换：仿射变换是一种更广泛的线性变换，它结合了缩放、旋转、翻转和倾斜等操作。一般形式如下：

$$\begin{pmatrix} x' \\ y' \\ z' \\ 1 \end{pmatrix} = \begin{pmatrix} a_{11} & a_{12} & a_{13} & t_x \\ a_{21} & a_{22} & a_{23} & t_y \\ a_{31} & a_{32} & a_{33} & t_z \\ 0 & 0 & 0 & 1 \end{pmatrix} \begin{pmatrix} x \\ y \\ z \\ 1 \end{pmatrix} \tag{2-20}$$

其中，a_{ij} 是缩放、旋转、翻转和倾斜的系数，t_x、t_y、t_z 是平移向量的分量。

（5）投影变换：这种变换,也被称为 3D 透视变换、单应性或直射变换,是在齐次坐标系上进行操作的。它是一种重要的三维变换,可以将三维空间中的点映射到另一个视角或平面上,同时保持点之间的共线性（原本共线的点在变换后仍然共线）,可以用一个 4×4 的齐次坐标矩阵来描述。一般形式如下：

$$\begin{pmatrix} \bar{x} \\ \bar{y} \\ \bar{z} \\ \bar{w} \end{pmatrix} = \begin{pmatrix} h_{11} & h_{12} & h_{13} & h_{14} \\ h_{21} & h_{22} & h_{23} & h_{24} \\ h_{31} & h_{32} & h_{33} & h_{34} \\ h_{41} & h_{42} & h_{43} & h_{44} \end{pmatrix} \begin{pmatrix} x \\ y \\ z \\ 1 \end{pmatrix} \tag{2-21}$$

其中,h_{11}、h_{22} 和 h_{33} 是各轴向缩放因子；非对角元素 $h_{ij}(i=1,2,3;j=1,2,3)$ 是旋转与剪切系数；h_{14}、h_{24} 和 h_{34} 是 x、y、z 方向平移分量；h_{41}、h_{42}、h_{43} 是透视系数；h_{44} 是全局缩放因子；x、y、z 是原始点的笛卡儿坐标。

变换后同样需对齐次坐标进行归一化,得到 $x'=\dfrac{\bar{x}}{\bar{w}}$,$y'=\dfrac{\bar{y}}{\bar{w}}$ 和 $z'=\dfrac{\bar{z}}{\bar{w}}$。

在三维变换中,同样存在着点与线以及面之间的紧密联系。变换一个点会直接影响连接这些点的线和构成物体表面的面,从而改变整体模型的视觉表现和几何结构。这种联系与二维变换中的情况类似,但在三维空间中更加复杂和多样化。

2.2.4　三维旋转

在深入了解了三维变换的基本概念后,进一步聚焦于其中一个更为特定的变换：三维旋转。对于三维空间中的一个点 $P(x,y,z)$,除了 2.2.3 节中介绍的旋转矩阵方法,还可以采用更为高级的表示手段来描述其旋转,例如欧拉角、四元数等。这些方法各有其优势和适用场景,能够灵活应对不同的旋转需求和复杂的空间转换操作。

1. 欧拉角

欧拉角（Euler angle）通过三个旋转角度 (α,β,γ) 表示物体绕固定坐标系的 x 轴、y 轴和 z 轴依次进行的旋转。常见的表示方法是 zyx 顺序,即依次绕 z 轴、y 轴和 x 轴旋转。对应旋转矩阵的公式表示为

$$\boldsymbol{R} = \boldsymbol{R}_z(\gamma)\boldsymbol{R}_y(\beta)\boldsymbol{R}_x(\alpha) \tag{2-22}$$

其中,$\boldsymbol{R}_x(\alpha)$,$\boldsymbol{R}_y(\beta)$,$\boldsymbol{R}_z(\gamma)$ 分别为绕 x,y,z 轴的旋转矩阵：

> **小贴士**
>
> 这里的万向锁问题是指在三维旋转中使用欧拉角表示旋转时,某些特定的角度组合会导致自由度丢失的现象。这会使得系统在某个旋转轴上无法区分不同的旋转状态（$\pm 90°$）,从而导致旋转控制变得困难。

$$\boldsymbol{R}_x(\alpha) = \begin{pmatrix} 1 & 0 & 0 \\ 0 & \cos\alpha & -\sin\alpha \\ 0 & \sin\alpha & \cos\alpha \end{pmatrix} \tag{2-23}$$

$$\boldsymbol{R}_y(\beta) = \begin{pmatrix} \cos\beta & 0 & \sin\beta \\ 0 & 1 & 0 \\ -\sin\beta & 0 & \cos\beta \end{pmatrix} \tag{2-24}$$

$$\boldsymbol{R}_z(\gamma) = \begin{pmatrix} \cos\gamma & -\sin\gamma & 0 \\ \sin\gamma & \cos\gamma & 0 \\ 0 & 0 & 1 \end{pmatrix} \tag{2-25}$$

欧拉角优点显而易见,直观易懂,便于理解和操作；但缺点是存在万向锁问题（gimbal lock）,不适用于所有情况,如连续旋转中会失去一个自由度。

2. 四元数

四元数(quaternion)表示通过四个参数(q_0, q_1, q_2, q_3)或(w, x, y, z)来描述旋转。四元数$Q = w + x\mathrm{i} + y\mathrm{j} + z\mathrm{k}$,其中$w$是实部,$x, y, z$是虚部。则旋转矩阵$R$对应的四元数$Q = (w, x, y, z)$可表示为

$$Q = R \begin{pmatrix} 1 - 2(y^2 + z^2) & 2(xy - zw) & 2(xz + yw) \\ 2(xy + zw) & 1 - 2(x^2 + z^2) & 2(yz - xw) \\ 2(xz - yw) & 2(yz + xw) & 1 - 2(x^2 + y^2) \end{pmatrix} \quad (2\text{-}26)$$

该转换矩阵不仅避免了欧拉角方法提到的万向锁问题,且计算效率得到明显提高,适合在计算机图形学和动态模拟中使用。但在数学表示上较复杂,不如欧拉角直观,难以直接解释其含义。

3. 轴角

轴角(axis-angle representation)表示通过一个单位向量$u = (u_x, u_y, u_z)$作为旋转轴,以一个角度θ来描述旋转,旋转矩阵R对应的轴角表示为

$$R = I\cos\theta + (1 - \cos\theta)uu^{\mathrm{T}} + \sin\theta[u]_x \quad (2\text{-}27)$$

其中,$[u]_x$是u的反对称矩阵;I是单位矩阵

$$[u]_x = \begin{pmatrix} 0 & -u_z & u_y \\ u_z & 0 & -u_x \\ -u_y & u_x & 0 \end{pmatrix} \quad (2\text{-}28)$$

该表示方法直观且易于理解,与四元数类似避免了万向锁问题,计算中的复杂性介于欧拉角和四元数之间。

另外,还有方向余弦矩阵(direction cosine matrix)和旋转矢量(rotation vector)等方法可用于更精确的旋转计算。在实际应用中,可以根据具体需求选择合适的旋转表示方法,以实现更精确和稳定的三维旋转操作。

2.2.5　三维到二维投影

在前面的章节中,已经探讨了二维变换、三维变换以及三维旋转等基本概念,了解了如何在二维和三维空间中表示和操作几何基元。然而,当需要将三维世界中的物体或场景呈现在二维图像上时,就涉及了一个新的挑战:如何将三维基元投影到图像平面上。这一过程即三维到二维的投影,是将具有长度、宽度和高度的三维物体转换为仅包含两个维度的平面图像的步骤。

为了实现这一转换,需要选择合适的视角并采用特定的投影技术,以确保三维物体的关键特征和空间关系能够在二维平面上得到准确且有效的展现。尽管在投影过程中会失去真实的深度信息,但仍可以通过透视和比例等手段,在视觉上模拟出三维效果,从而可以在平面上感知到三维物体的存在。这种三维到二维的投影技术是许多成像设备在捕捉和记录现实世界时的核心环节。

在进行投影学习之前,需要首先了解投影的基本要素。这些要素包括:

(1)视点(viewpoint):视点是观察者所在的位置,即观察者眼睛的位置。在计算机图形学中,视点通常被定义为一个固定的三维坐标。

（2）投影平面（projection plane）：投影平面是图像投影的目标平面。所有三维点都会投影到这个平面上，形成二维图像。在透视投影中，投影平面通常放置在视点前方的一定距离处。

（3）视线（line of sight）：视线是从视点到投影平面的直线。每一个三维点的投影都位于视线上。

（4）视窗（viewport）：视窗是投影平面上的一个矩形区域，用于显示最终的投影图像。视窗决定了显示区域的大小和位置。

（5）视锥体（viewing frustum）：视锥体是透视投影中一个重要的概念。它是由视点、视平面以及视平面上的视口边界定义的一个锥体。视锥体的顶点是视点，底部是视平面上的矩形区域，即视窗。

（6）投影类型（projection type）：投影类型决定了投影的方式。常见的投影类型有两种：平行投影（parallel projection）和透视投影（perspective projection）。

在平行投影中，投影线是平行的。它保持物体上各点之间的距离比例不变，投影结果比较规整和准确。平行投影可进一步分为正交平行投影和斜交平行投影。

1）正交平行投影（orthographic parallel projection）

正交平行投影是平行投影的一种特殊形式，其中投影线与投影面成 90°。这意味着物体的投影不会因为其距离投影面远近而发生变形或缩放，因此能准确反映物体的实际比例。正交平行投影矩阵可以表示为

$$\mathbf{P}_{\text{orthographic}} = \begin{pmatrix} 1 & 0 & 0 & 0 \\ 0 & 1 & 0 & 0 \\ 0 & 0 & 0 & 0 \\ 0 & 0 & 0 & 1 \end{pmatrix} \tag{2-29}$$

这里的矩阵将物体的 z 坐标置零，从而将三维点投影到二维平面上。

2）斜交平行投影（oblique parallel projection）

斜交平行投影是另一种平行投影，其投影线与投影面成非 90°。这种投影会使得物体在投影过程中产生一定的倾斜，但仍然保持物体上各点之间的距离比例不变。斜交平行投影矩阵一般形式为

$$\mathbf{P}_{\text{oblique}} = \begin{pmatrix} 1 & 0 & -\alpha\cos\theta & 0 \\ 0 & 1 & -\alpha\sin\theta & 0 \\ 0 & 0 & 0 & 0 \\ 0 & 0 & 0 & 1 \end{pmatrix} \tag{2-30}$$

其中，α 是投影平面的缩放因子；θ 是投影线与投影面之间的角度。

通过使用上述平行投影矩阵，可以将三维物体的点 $P(x,y,z)$ 映射到二维平面上。对于正交平行投影，映射的结果为 $P'(x,y)$，而对于斜交平行投影，映射结果为 $P'(x - \alpha z\cos\theta, y - \alpha z\sin\theta)$。

在透视投影中，三维物体的点通过投影中心（通常是观察者的位置）向投影平面投射。这种投影方式的投影线从投影中心辐射状散开，模拟人眼观察物体的视觉效果，产生视觉上的深度感，使得物体的比例和位置与观察者的视角相符。常用的透视投影矩阵有两种：一种是简化形式的透视投影矩阵，另一种是标准的透视投影矩阵。

简化形式的透视投影矩阵如下：

$$\boldsymbol{P}_{\text{perspective}} = \begin{pmatrix} 1 & 0 & 0 & 0 \\ 0 & 1 & 0 & 0 \\ 0 & 0 & 1 & 0 \\ 0 & 0 & -\dfrac{1}{d} & 0 \end{pmatrix}$$

(2-31)

其中，d 是投影中心到投影平面的距离。这种矩阵形式简单，但仅适用于基本简化形式的透视投影。

在计算机图形学中，通常使用更为复杂的标准透视投影矩阵，以便在投影时考虑视角、纵横比以及视距等因素。标准的透视投影矩阵可以表示为

$$\boldsymbol{P}_{\text{perspective}} = \begin{pmatrix} \dfrac{1}{\tan\dfrac{\theta}{2} \cdot \text{aspect}} & 0 & 0 & 0 \\ 0 & \dfrac{1}{\tan\dfrac{\theta}{2}} & 0 & 0 \\ 0 & 0 & \dfrac{z_{\text{f}} + z_{\text{n}}}{z_{\text{n}} - z_{\text{f}}} & \dfrac{2z_{\text{f}}z_{\text{n}}}{z_{\text{n}} - z_{\text{f}}} \\ 0 & 0 & -1 & 0 \end{pmatrix}$$

(2-32)

其中，θ 是视场角（field of view）；aspect 是纵横比（宽度与高度的比值）；z_{n} 是近剪裁面的距离（near clipping plane）；z_{f} 是远剪裁面的距离（far clipping plane）。

通过使用透视投影矩阵，可以将三维物体的点 $P(x, y, z)$ 映射到二维平面上，形成具有深度感的投影。对于标准透视投影矩阵，三维点 $P(x, y, z)$ 的映射结果为

$$\boldsymbol{P}' = \boldsymbol{P}_{\text{perspective}} \begin{bmatrix} x \\ y \\ z \\ 1 \end{bmatrix}$$

(2-33)

投影后的坐标需要进行齐次坐标归一化处理，得到最终的二维坐标：

$$x' = \frac{x_{\text{clip}}}{w_{\text{clip}}}, \qquad y' = \frac{y_{\text{clip}}}{w_{\text{clip}}}$$

(2-34)

其中，x_{clip}，y_{clip}，w_{clip} 是透视投影矩阵与三维点的乘积结果。

在本节讨论的投影过程中，所依据的理论成像模型主要是基于线性投影的假设，也就是说，三维空间中的直线在投影到二维平面上时，其形状会保持不变，仍为直线。然而，在实际操作中，必须正视理论与实际之间的差异。特别是当使用广角镜头拍摄时，这类镜头常常会引发畸变现象。这种畸变会使得原本应为直线的部分在二维图像上展现出弯曲的形态，进而对图像的准确性产生影响。为了确保图像的精准性以及后续图像分析的可靠性，必须对这种畸变进行恰当的校正。在接下来的章节里，将对这个问题展开更为详尽的探讨。

2.2.6　透镜畸变

在 2.2.5 节中探讨了透视投影的技术原理，这种投影方法通过模拟人眼的视觉特点，使

得二维平面上能够呈现出三维空间的深度和立体感。然而，当通过透镜观察和记录这些图像时，透镜的物理属性不可避免地会对图像产生影响。这种由透镜引起的图像变形称为透镜畸变。透镜畸变会扭曲图像中的直线，使原本应该平直的线条出现弯曲，或者改变图像中不同区域的放大率，从而影响图像的真实性和准确性。

无论是高端的专业单反相机，还是日常使用的智能手机摄像头，几乎所有的成像设备都依赖透镜来捕捉并记录图像，因此透镜畸变在摄影和成像技术领域中是一个重要且广泛讨论的问题。

透镜畸变主要有以下几种类型：

（1）桶形畸变（barrel distortion）：图像中心的放大率较大，而边缘区域的放大率较小，使得图像呈现出向外鼓出的效果。这种畸变在广角镜头中比较常见。

（2）枕形畸变（pincushion distortion）：图像中心的放大率较小，而边缘区域的放大率较大，使得图像呈现出向内凹陷的效果。这种畸变在长焦镜头中较为常见。

（3）鱼眼畸变（fisheye distortion）：图像在中心区域呈现极度放大，边缘区域则被极度压缩，形成独特的圆形或半圆形图像效果。这种畸变常见于鱼眼镜头，其作为超广角镜头的一种，具有非常大的视角，通常达到180°或更大。

在追求高质量成像的过程中，校正透镜畸变是确保图像几何精度和视觉效果的关键步骤。为此，常采用反畸变变换来纠正图像畸变。对于桶形和枕形畸变，通常使用径向畸变模型或切向畸变模型，通过多项式来描述图像的畸变程度。这些模型能够有效地调整图像以补偿透镜引起的几何失真，从而恢复图像的真实形状和尺寸。

假设原始图像坐标为(x, y)，畸变图像坐标为(x_d, y_d)，则径向畸变可以表示为

$$x_{radial} = x(1 + k_1 r^2 + k_2 r^4 + k_3 r^6) \tag{2-35}$$

$$y_{radial} = y(1 + k_1 r^2 + k_2 r^4 + k_3 r^6) \tag{2-36}$$

其中，$r = \sqrt{x^2 + y^2}$是径向距离；k_1、k_2和k_3是径向畸变系数，这些系数通过相机标定确定。

切径向畸变可以表示为

$$x_{tangential} = x + [2p_1 xy + p_2(r^2 + 2x^2)] \tag{2-37}$$

$$y_{tangential} = y + [p_1(r^2 + 2y^2) + 2p_2 xy] \tag{2-38}$$

其中，p_1和p_2是切向畸变系数，这些系数同样通过相机标定确定。

对于鱼眼畸变，由于鱼眼镜头的视角非常大，导致图像几何变形显著，常规的校正模型不适用，通常采用复杂的非线性模型，如等距（equidistant）、等固角（equisolid-angle）、正交投影（orthographic）和立体投影（stereographic）模型。

除了利用畸变模型进行校正，另一种常见的方法是基于相机的内参矩阵进行校正，这种方法通常结合相机的内参与畸变模型进行综合校正，以实现更加精准的畸变矫正。公式可以表示为

$$\begin{bmatrix} x_d \\ y_d \\ 1 \end{bmatrix} = \boldsymbol{K} \begin{bmatrix} x \\ y \\ 1 \end{bmatrix} = \begin{bmatrix} f_x & 0 & c_x \\ 0 & f_y & c_y \\ 0 & 0 & 1 \end{bmatrix} \begin{bmatrix} x_n \\ y_n \\ 1 \end{bmatrix} \tag{2-39}$$

其中，$\boldsymbol{K}$是相机内参矩阵；f_x和f_y分别是相机在x方向和y方向上的焦距（通常以像素为

单位）；c_x 和 c_y 是图像平面上光轴的中心坐标（即主点）；(x_n, y_n) 是标准化的相机坐标或经过畸变校正的坐标。

最后，畸变矫正过程可以总结为：

（1）相机标定：通过拍摄已知几何图形（如棋盘格）来获取畸变参数。

（2）应用校正公式：根据标定结果，应用相应的畸变校正公式。

（3）反向映射：将畸变图像中的每个像素点映射回未畸变图像的对应位置。

（4）图像重采样：根据映射结果，对图像进行重采样，生成校正后的图像。

通过这些步骤可以有效地校正透镜畸变，确保图像的几何精度和视觉效果。

2.3　数码相机

在深入理解了光与图像的关系以及射影几何的概念后，便可以探究数码相机的工作原理，即它是如何利用这些关系来捕捉和记录图像的。数码相机作为一种专业工具，专门用于捕捉和记录光线信息。其内部配置的高精度光学元件能够聚焦和导引来自不同光源的光线，这些光线在照射到物体表面后会发生反射，再经过镜头的精确聚焦，最终被投射到成像传感器上，从而实现光学成像的过程。本节将详细剖析数码相机的内部工作机制，涵盖图像采样的细节处理、颜色捕捉与再现的准确性，以及图像数据的压缩与存储方式等多个方面。通过了解这些技术原理，能够更加深入地理解数码相机如何捕捉现实世界中的光线信息并将其转化为高质量的数字图像，为后续的图像处理提供坚实的基础。

2.3.1　采样

在数码相机成像过程中，采样在光学信号与数字编码的转换中发挥关键性作用，负责将连续变化的光学影像精确地转换成离散的数字信号。这一过程始于镜头对外界光线的聚焦和引导，确保光线能够准确地投射到光电传感器上。随后，光电传感器通过其内部众多的光电二极管感知光线，并将其转换为与光线强度成正比的电信号。这些电信号经过进一步的处理和编码，最终形成可见的数字图像。其中，光电传感器的参数设置，如 ISO、曝光时间等，决定了传感器对光线的敏感程度、图像的明亮度和细节表现。可见，镜头与光电传感器作为数码相机的两大核心组件，其性能与质量直接影响着成像效果，值得深入了解。

镜头主要由镜片组、光圈、对焦环（或对焦机构）、图像稳定器以及其他机械和电子部件组成（图 2-4）。这些部件共同协作，实现对光线的聚焦、引导，控制曝光和景深，减少抖动，确保高质量的成像效果。不同品牌和型号的镜头在构造上可能有所差异，但核心部件和功能相似。接下来将详细介绍光圈和对焦环这两个关键部件的作用及其对图像的影响。

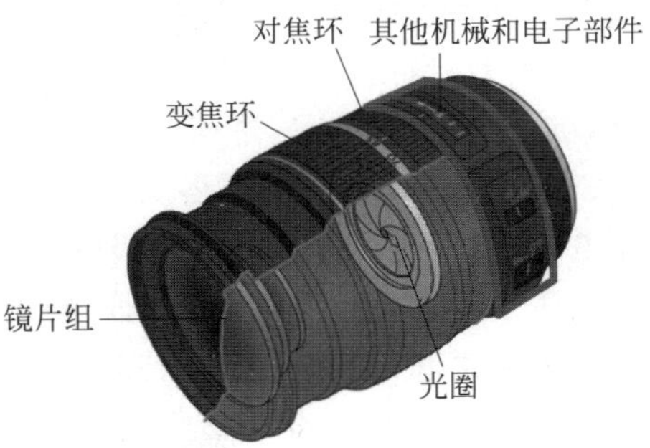

光圈主要负责两大功能：一是控制通过镜头到达图像传感器（或胶片）的光量，二是影响图像

图 2-4　镜头构造

的景深。光圈的大小通常用"f-stop"或"f-number"来表示,例如 f/2.8、f/4、f/5.6、f/16 等。较低的光圈值(如 f/2.8)表示光圈开口较大,允许更多的光线通过,同时产生的景深较浅,进而呈现背景模糊的效果;而较高的光圈值(如 f/22)表示光圈开口较小,透过的光线减少,同时产生的景深较深,使得整个画面从前到后都保持清晰。此外,光圈的大小还会影响曝光时间,较大的光圈对应较短的曝光时间,在明亮环境下拍摄或捕捉快速运动时,能获得良好的成像效果(图 2-5)。

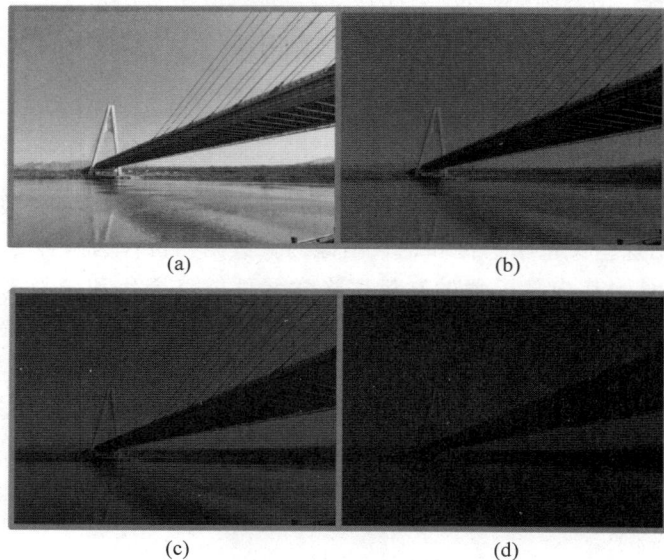

彩图 2-5

图 2-5　不同光圈大小图像
(a) f/2.8;(b) f/4;(c) f/5.6;(d) f/8

对焦环则用于调整镜头的焦点位置,确保被摄物体在图像传感器上清晰成像。在自动对焦镜头中,对焦环在自动对焦模式下保持锁定,而在手动对焦模式下可旋转以精细调整焦点。部分镜头还配备有距离刻度,显示对焦环旋转时对应的对焦距离,辅助摄影师实现更精确的焦点控制。正确的对焦操作是获取清晰图像的关键,对焦不准确则会导致图像模糊,进而影响整体的成像质量。

镜头完成光线的聚焦与传导后,数码相机通常会依靠内部配置的光电传感器进行图像的采样。这些光电传感器主要包括 CCD(电荷耦合器件)或 CMOS(互补金属氧化物半导体)两种类型,均由众多微小的光电二极管构成。这些二极管具有感知光线的能力,并能将其有效地转换为电信号,进而生成数字图像。

CCD 与 CMOS 传感器各具特点,均广泛应用于数字成像领域。两者的工作原理均基于光电效应,即光子撞击光电二极管产生电子-空穴对,从而形成电荷。随后,这些电荷被转换为电压信号,并通过模数转换器(ADC)转换为数字信号。

具体来说,CCD 传感器以其高质量和低噪声成像而闻名,特别适合高端摄影和专业应用。CCD 通过顺序电荷转移机制,将像素阵列中的电荷串行传递至单一输出节点,在输出端通过高精度放大器转换为电压信号,再由模数转换器(ADC)进行处理。虽然 CCD 在读出噪声和灵敏度上表现出色,但其电荷转移过程依赖复杂的时钟信号控制,导致功耗较高且数据读出速度较慢。相比之下,CMOS 传感器因其低功耗和高速成像能力,广泛应用于消费类数码相机和手机中。CMOS 传感器的每个像素内置了放大器和 ADC,使得电荷到电压的转换以及模数转换可以在每个像素内独立且并行进行,大幅提升了处理速度。尽管 CMOS 在功耗、速度和集成度上具有显著优势,但其读出噪声较高,这也是其主要劣势之一。此外,CCD 和 CMOS 的工作原理不同,在曝光方式上也存在差异,主要体现在快门的类型上。CMOS 传感器支持两种快门模式:卷帘快门(rolling shutter)和全局快门(global shutter);而 CCD 相机通常采用转移结构(interline transfer CCD),通过像素旁集成的垂直移位寄存器实现全局快门(global shutter)模式(图 2-6)。

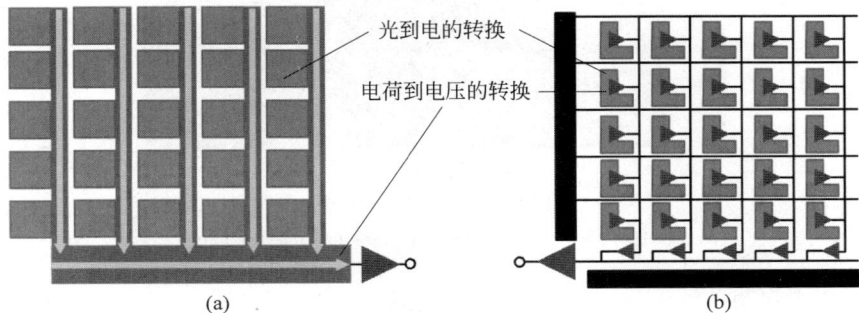

图 2-6 传感器工作原理示意图
(a) CCD; (b) CMOS

除了 CCD 和 CMOS 传感器的基础工作原理,与这两种传感器紧密相关的参数设置,如 ISO 和曝光时间,也是影响成像质量的关键因素。

ISO,全称 International Organization for Standardization(国际标准化组织),但在摄影领域代表着相机感光元件对光线的敏感度等级,即感光度。它决定了在特定光照条件下,相机需要多少光线来产生正确的曝光。现代数码相机的 ISO 设置范围广泛,从 ISO 100 到 ISO 6400、ISO 12800 甚至更高,且一些高端相机还提供了 ISO 扩展功能。低 ISO 设置下,相机对光线敏感度较低,图像噪点少,画质清晰细腻;而高 ISO 设置则能捕捉更多光线,增加曝光量,但同时也会引入更多噪点,导致画质下降,尤其在暗部区域更为明显(图 2-7)。

曝光时间,即快门速度,指相机快门开启至关闭的间隔,影响照片亮度和动态效果。短曝光时间适用于静止或慢速运动物体,避免运动模糊,使照片清晰锐利,并可减少过曝风险。长曝光时间常用于夜景、水流等场景,捕捉更多光线和细节,产生独特视觉效果,但需使用三脚架等稳定设备以防抖动。

综上所述,数码相机的采样过程是一个多因素协同作用的结果,其中,镜头、光电传感器及其相关参数的设置共同决定了最终的成像质量。了解并掌握这些因素的作用和影响,有助于更好地控制成像效果,为后续的图像处理和显示奠定坚实的基础。

2.3.2 颜色

在数码相机的成像技术中,颜色是经由光学元件捕捉、传感器记录并最终通过图像处理系统精准还原的关键要素。数码相机的成像过程与光和图像的基本关系息息相关。它利用

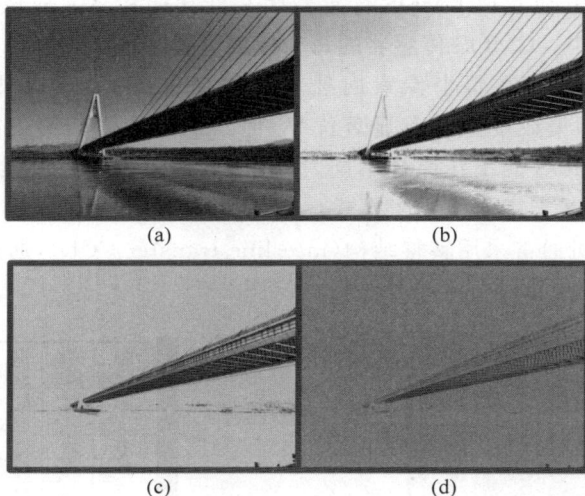

图 2-7　不同 ISO 图像

（a）ISO 100；（b）ISO 200；（c）ISO 400；（d）ISO 800

特定的光谱响应和颜色滤波技术,将来自不同光源的光线进行分解和量化,进而在数字图像中精确展现物体的实际色彩。这一过程不仅体现了数码相机在颜色捕捉与再现方面的专业性,更是对 2.1 节中光与图像关系理论的实际应用。

> **小贴士**
>
> 　　拜耳滤色阵列是一种常用的颜色滤波技术,它以 4 个像素为一组,按 2×2 的方式排列,其中包含两个绿色滤光片、一个红色滤光片和一个蓝色滤光片。这种设计基于人眼对绿色更敏感的特点,通过增加绿色滤光片的比例提高图像的亮度和细节表现。

在颜色捕捉方面,2.3.1 节中提到的两种传感器通常配备拜耳滤色阵列（Bayer filter array）,这种阵列覆盖在传感器表面,通过红、绿、蓝三种颜色滤光片分离入射光线中的不同波长。每个像素点只感应其中一种颜色的光强度,随后通过插值算法（demosaicing）还原完整的彩色图像。这样的过程展示了光与图像形成的内在联系以及数字成像系统如何通过光谱响应和颜色滤波技术,将复杂的光信号转化为精确的数字图像,从而实现色彩的精准再现。

为了确保图像色彩的准确性,数码相机采用了多种先进技术,具体包括以下几个方面:

（1）白平衡（white balance）。白平衡是调整图像中色温的关键技术,旨在确保白色在各种光源下呈现中性。不同光源具有不同的色温,例如日光、荧光灯和白炽灯等。相机通过白平衡设置或自动白平衡算法来补偿这些色温差异,实现色彩的准确还原（图 2-8）。

图 2-8　不同色温图像

（a）日光；（b）荧光灯；（c）白炽灯

（2）色域（color gamut）。色域是指某种色彩模式所能表达的颜色范围，决定了设备或应用中可显示的颜色构成。数码相机的色域因传感器特性和图像处理系统的设计而异。常见的色域标准包括 sRGB、DCI-P3、Adobe RGB、Rec. 2020（BT. 2020）和 ProPhoto RGB。sRGB 是最广泛使用的标准，适合大多数显示设备和网络应用；Adobe RGB 提供更广的色域，适合专业摄影和印刷；DCI-P3 用于电影和视频制作，色彩表现丰富；Rec. 2020 适用于超高清内容；ProPhoto RGB 则适合高端摄影，只有高端的显示设备才能完整呈现其色域。选择合适的色域对确保图像在不同设备间的一致性和准确性至关重要（图 2-9）。

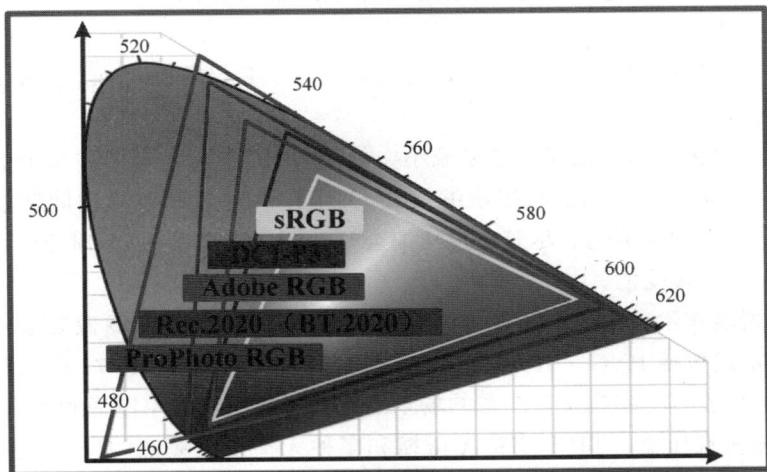

彩图 2-9

图 2-9　色彩空间图（马蹄图）

（3）颜色深度（color depth）。颜色深度是衡量图像中每个像素颜色精确度的关键参数，它通常以位数（bit）来表述，常见的如 8 位、10 位或 12 位。这一参数对于图像能够展现的颜色种类以及色彩细节的丰富度有着直接且显著的影响。较高的颜色深度能够捕捉并展现更多的颜色细节，适用于高动态范围成像（HDR）以及专业摄影领域。举例来说，8 位色深在 RGB 颜色模式下，每个颜色通道（红、绿、蓝）都有 $2^8 = 256$ 个不同的级别，能够呈现约 1670 万种颜色；而 10 位色深则能展现超过 10 亿种颜色，12 位色深更是能够呈现超过 680 亿种颜色（图 2-10）。

彩图 2-10

图 2-10　不同颜色深度图像
（a）2 位；（b）4 位；（c）8 位

此外，为了在整个流程中确保颜色的一致性，颜色管理（color management）系统，尤其是国际色彩协会（International Color Consortium，ICC）配置文件，发挥了至关重要的作用。

这些系统通过设定色彩转换和显示的标准,极大地提升了不同设备间色彩再现的准确性和一致性。

2.3.3　压缩

由于高分辨率数字图像通常包含庞大的数据量,直接进行存储和传输会耗费大量的存储空间和传输资源。为了解决这个问题,数码相机采用了先进的图像压缩算法。这些算法通过去除图像中的冗余信息,并利用高效的编码技术,能够在保持图像质量的同时有效地减小图像文件的大小。

数码相机中常用的图像压缩技术可以分为两大类:有损压缩(lossy compression)和无损压缩(lossless compression)。

有损压缩通过去除部分图像信息来减小文件,利用的是人眼对图像细节的敏感度有限的特点。JPEG 是最广泛使用的有损压缩格式,其工作原理包括色彩空间转换、分块处理、离散余弦变换、量化和熵编码。尽管有损压缩会导致图像细节丢失,但对于大多数应用场景来说,这种损失是可接受的。

无损压缩则能在不丢失任何图像信息的前提下进行压缩,确保图像质量的完整性。常见的无损压缩格式包括 PNG、GIF 和 TIFF。PNG 使用过滤处理、LZ77 压缩和熵编码进行压缩,适用于需要透明度或高质量图像的场景。GIF 主要用于简单图像和动画,通过颜色索引和 LZW 压缩实现压缩。TIFF 支持无压缩和多种无损压缩算法,具有灵活的格式结构,广泛应用于专业摄影、印刷和医疗成像。然而,无损压缩的压缩比通常较低,意味着压缩后的文件大小相对较大。尽管如此,无损压缩在某些需要保持图像原始质量的场景下,如医学图像、法律文档等,仍然具有不可替代的优势。

表 2-2 总结了多种图像压缩技术及其对应的存储格式,概述了每种类型的特点和适用场景。每种格式都有其独特的应用场景,适用于不同的需求,如图像质量的高低、文件大小和兼容性等方面。

表 2-2　压缩文件格式

格式名称	类型	特点	适用场景
JPEG(joint photographic experts group)	有损压缩	高压缩比,高兼容性	数码摄影、网页图像
PNG(portable network graphics)	无损压缩	保持原始图像细节,支持透明度	网页图像、图形设计,需要高保真度和透明效果的图像
TIFF(tagged image file format)	无损/无压缩	保留全部图像细节,确保精确的图像再现	专业摄影、印刷、医疗成像等需要高质量图像存储的场合
GIF(graphics interchange format)	无损压缩	支持动画和透明度,色彩深度有限(8 位色)	简单图像、网络动画、图标、标志和简短动画
RAW	无损/无压缩	保存相机传感器捕获的原始数据,提供最大灵活性	专业摄影、高级图像处理,允许后期处理中的广泛调整和优化
WebP	有损/无损压缩	结合预测编码和变换编码,在文件大小较小的情况下提供高质量图像	网页、移动应用,有效减少图像加载时间

续表

格式名称	类型	特点	适用场景
HEIF(high efficiency image format)	有损压缩（高效）	采用 HEVC 等先进压缩技术,在高图像质量下显著减小文件	存储高分辨率图像和视频序列,广泛应用于现代智能手机和数码相机

通过合理选择和应用图像压缩技术与存储格式,数码相机能够高效管理和优化存储空间,同时确保图像的快速传输和共享,在现代数字成像技术中扮演着至关重要的角色。

本章总结

图像形成是计算机视觉的基础,涉及将三维场景转化为二维图像的过程。这一过程不仅为图像处理提供了起点,还对后续的计算机视觉任务如目标检测、图像分析和场景重建至关重要。

本章从三个主要方面详细探讨了图像形成的过程:

(1) 光与图像:详细分析了光源的基本特性,包括光的波动性和粒子性及其对图像形成的影响。通过比较不同生物视觉系统的成像机制与现代光学成像技术,揭示了自然与人工系统的成像复杂性。同时,讲解了光的折射、反射和散射原理,以及这些原理在实际相机系统中的应用。

(2) 射影几何与变换:主要介绍了图像处理中涉及的射影几何和变换技术,包括二维和三维的平移、缩放、旋转等操作。重点讲解了三维旋转的数学描述及其实现方法,并探讨了如何将三维场景投影到二维平面上,涵盖透视投影和正交投影的基本原理。此外,还讨论了透镜畸变的影响及其校正技术,揭示了这些变换和畸变对图像质量的修正策略。

(3) 数码相机:介绍了数码相机的核心技术,包括图像采样、颜色表示和图像压缩。讨论了如何将连续光信号转换为离散图像数据、数字图像的颜色处理方法,以及图像压缩技术的有损算法和无损算法。这些技术对于数字图像的有效管理、存储和传输至关重要。

总之,本章通过全面的讨论和细致的分析,为读者提供了有关图像形成的深入理解。从基础的几何变换开始,过渡到光学和生物成像的复杂过程,最后探讨了数字图像的处理技术。这些知识的综合运用为后续章节中的图像处理与分析奠定了坚实的基础。

思考题与练习题

思考题

2-1 光的组成成分是什么? 它是如何影响光的颜色的?

2-2 光和光源分别具有哪些特性?

2-3 人眼的主要部分有哪些? 它们如何共同作用来形成视觉图像?

2-4 射影几何在计算机视觉中的作用是什么?

2-5 为什么点和线在二维变换中尤为重要? 而面在三维变换中则变得更为关键?

2-6 旋转矩阵和四元数在三维旋转中的主要区别是什么? 讨论它们各自的优缺点。

2-7　万向锁问题是什么？为什么在使用欧拉角表示旋转时会遇到这个问题？

2-8　投影的基本要素有哪些？

2-9　透视投影和平行投影有何不同？解释它们各自的特点和应用场景。

2-10　透镜畸变主要包括哪些类型？

2-11　常见的畸变补偿方法有哪些？讨论如何通过标定和模型修正来消除图像中的畸变。

2-12　CCD 传感器和 CMOS 传感器在光电效应方面有什么相似和不同之处？

2-13　色域是什么？常见的色域标准有哪些？

2-14　JPEG 压缩算法使用了哪些技术来减小文件？

练习题

2-1　已知三维空间中的一点 $P(1,2,3)$，现在对该点进行以下一系列三维变换操作：

（1）平移变换：沿 x、y、z 轴分别平移 $t_x=3$、$t_y=-2$、$t_z=5$；

（2）缩放变换：沿 x、y、z 轴的缩放因子分别为 $s_x=2$、$s_y=0.5$、$s_z=3$；

（3）旋转变换：绕 z 轴旋转 $\theta=90°$；

（4）投影变换：使用齐次坐标将该点投影到视平面上，设齐次坐标的投影矩阵为

$$\begin{bmatrix} 1 & 0 & 0 & 0 \\ 0 & 1 & 0 & 0 \\ 0 & 0 & 1 & 0 \\ 0.1 & 0.1 & 0.1 & 1 \end{bmatrix}$$

求经过这些变换后的新坐标 P'。

2-2　已知三维空间中的一个点 $P(3,2,5)$，该点首先经过欧拉角表示的旋转，旋转角度分别为：$\alpha=45°$ 绕 z 轴，$\beta=30°$ 绕 y 轴，$\gamma=60°$ 绕 x 轴。之后，该点继续绕轴向量 $u=(1,0,1)$ 进行轴角旋转，旋转角度 $\theta=90°$。最后，将该点通过四元数进行旋转，四元数 $Q=(0.7071,0.7071,0,0)$。试计算该点经过所有旋转变换后的最终坐标。

2-3　已知三维空间中的一个点 $P(5,3,10)$，该点将分别经过以下两种投影方法映射到二维平面上，请计算并给出投影后的二维坐标。

（1）正交平行投影。投影平面位于 $z=0$，使用正交平行投影矩阵进行投影。

（2）透视投影。投影中心为 $O(0,0,15)$，投影平面位于 $z=5$。使用简化透视投影矩阵进行投影，投影中心到投影平面的距离 $d=10$。

2-4　某相机拍摄了一张图片，该相机具有以下内参和畸变参数：

（1）相机焦距 $f_x=800$ 像素，$f_y=800$ 像素；

（2）主点坐标 $c_x=640$，$c_y=360$；

（3）径向畸变系数 $k_1=-0.2$，$k_2=0.05$，$k_3=0$；

（4）切向畸变系数 $p_1=0.01$，$p_2=-0.005$。

拍摄图像中的一个点的畸变坐标为 $(x_d,y_d)=(700,400)$，假设图像坐标系原点位于图像左上角，单位为像素，试求解以下问题：

（1）计算该点的标准化相机坐标 (x_n,y_n)，即将畸变图像坐标转化为相机坐标系下的无畸变坐标；

（2）结合径向畸变和切向畸变模型，计算该点校正后的图像坐标 (x_c,y_c)；

（3）应用相机内参矩阵，求出校正后的像素坐标。

第 3 章

图 像 处 理

思维导图

图像读取
图像显示
图像保存 → 图像基本操作

图像金字塔 → 高斯金字塔 / 拉普拉斯金字塔

图像结构与阈值处理
颜色空间
图像通道操作 → 图像结构与色彩空间

图像直方图 → 直方图计算 / 直方图绘制 / 归一化直方图 / 直方图均衡化 / 直方图比较 / 直方图反向投影

图像处理

像素统计
像素修改
感兴趣区域
图像绘制
图像数值运算
图像加法运算
图像比较运算
图像按位逻辑运算
掩码 → 像素操作与图像运算

空间域与频域处理 → 噪声种类与生成 / 卷积 / 线性滤波 / 非线性滤波 / 边缘检测 / 傅里叶变换 / 傅里叶变换中的卷积 / 傅里叶变换中的滤波

尺寸变换
翻转变换
图像连接
仿射变换
透视变换
极坐标变换 → 图像变换

图像形态学 → 像素距离与连通域 / 腐蚀 / 膨胀 / 形态学高级操作

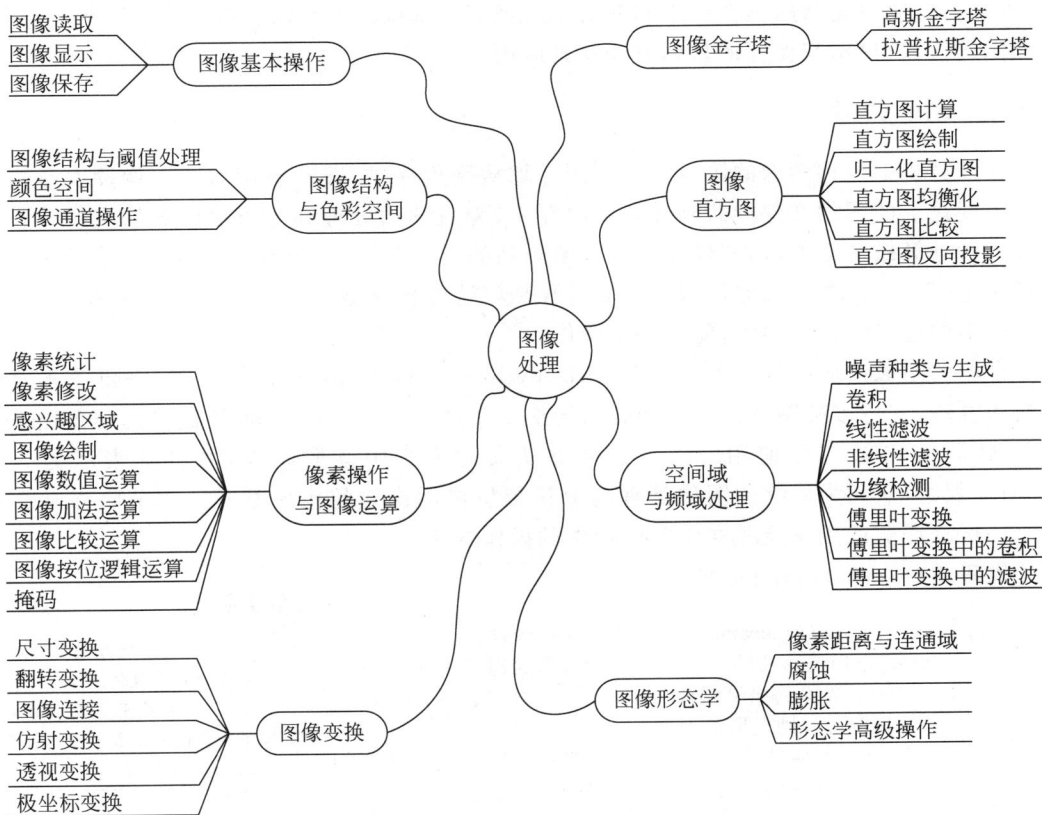

本章开始学习与计算机视觉密切相关的一个重要领域：图像处理。

图像处理是对图像进行数字化处理与分析的一门技术学科，属于信号处理的一个分支，是一维信号处理在二维图像信号领域的延伸。其核心涵盖了一系列算法、技术和方法，旨在实现图像的增强、分析、压缩、解释以及其他相关操作。图像处理广泛应用于多个领域，包括计算机视觉、医学影像、遥感技术、数字媒体、安全监控等。尤其在计算机视觉中，图像处理发挥着基础性作用，为计算机视觉任务提供必要的预处理、特征提取和数据增强功能，从而显著提升系统的性能与可靠性。

图像处理的主要目标可以归纳为以下三个方面：

（1）图像数据的读取、显示和保存：确保图像数据的可靠读取和展示，对应 3.1 节。

（2）提升图像的视觉质量：通过亮度调整、色彩转换及几何变换等操作改善图像效果，以改善图像的质量，对应 3.2 节～3.4 节与 3.7 节。

（3）提取图像中的特征或特定信息：为后续的图像分析与计算机视觉任务奠定基础。相关内容涉及图像特征的多方面提取，对应 3.5 节～3.7 节与 3.8 节。

3.1　图像基本操作

在学习图像处理的过程中，掌握图像的基本操作是至关重要的。这些基本操作包括图像的读取、显示和保存，是实现计算机理解和处理图像的关键步骤。通过熟练运用这些操作，可以为后续更复杂的图像处理和分析奠定坚实的基础。本节内容将分为三部分，分别介绍图像的读取、显示和保存的具体方法及其应用。

3.1.1　图像读取

在计算机上处理图像的第一步是将图片加载到程序中，即图像读取。图像读取是指将存储于硬盘上的图像文件加载到计算机内存中，为后续的处理和分析提供数据支持。在图像处理和计算机视觉领域，图像通常以像素阵列的形式存储，每个像素代表图像中的一个点及其颜色或灰度信息。图像读取的核心过程是将这些像素数据从图像文件中解析，并存储到内存中的适当数据结构中，便于后续操作。

常用的图像读取库包括 OpenCV、PIL（python imaging library）等，它们提供了丰富的函数和方法，支持多种图像格式的加载与转换。在这些工具中，OpenCV 提供的 cv2. imread 函数（代码 3-1）被广泛使用。该函数能够从文件系统中读取图像，并将其表示为一个 NumPy 数组，从而为后续的图像处理与分析提供灵活高效的操作基础。本节将详细介绍 cv2. imread 函数的用法及其在实际应用中的操作方法。

代码 3-1　cv2. imread 函数

```
image = cv2.imread(filename[, flags]) -> retval
```

- image（返回值）：如果成功读取图像，则返回一个表示图像的 NumPy 数组。如果读取失败（文件不存在、权限不当、格式不正确等），则返回值为 None。
- filename：指定待读取图像文件的路径。这是一个字符串，表示图像文件的相对路径或绝对路径。

> **小贴士**
>
> 1. "[ ]"表示参数为可选参数，根据需要选择是否提供。
> 2. "->"符号是用来表示函数的返回类型，"retval"表示占位符类型，对应函数的返回值。

- flags（可选参数）：读取模式的标志，决定了如何读取图像。默认为 cv2. IMREAD_COLOR（值为 1），即以三通道彩色图像的形式加载，忽略透明度信息（若存在）。常用的有 cv2. IMREAD_GRAYSCALE（值为 0），加载单通道灰度图像；cv2. IMREAD_UNCHANGED（值为 − 1），保留原始的通道信息。更多详细的读取模式标志请参考 OpenCV 帮助手册。

OpenCV 支持多种常见的图像文件格式，从传统位图到压缩格式，再到支持空间数据的格式，覆盖范围广泛。具体包括 Windows 位图（ * . bmp、 * . dib）、JPEG 文件（ * . jpeg、 * . jpg、 * . jpe）、JPEG 2000 文件、便携式网络图形（PNG）、WebP、AVIF、可移植图像格式（PBM、PGM、PPM）、PFM 文件、太阳光栅文件、TIFF 文件（ * . tiff、 * . tif）、OpenEXR 图像文件、Radiance HDR 文件，以及 GDAL 支持的栅格和矢量地理空间数据。在 Microsoft

Windows 和 macOS 系统中，OpenCV 默认集成了部分图像编解码库（如 libjpeg、libpng、libtiff 和 libjasper）。而在 Unix 系统中，OpenCV 会优先使用操作系统自带的图像编解码库。

在使用 cv2.imread 函数读取图像时，该函数通过解析文件数据的内容来确定图像的类型，而不仅仅依赖文件扩展名。因为即使文件具有相同的扩展名，其实际存储格式也可能不同。例如，".jpg"扩展名的文件既可能是 JPEG 格式，也可能是 PNG 格式。因此，cv2.imread 函数会根据文件内容中的标识符和格式信息准确判断图像类型，以确保正确解析图像数据。建议在使用 cv2.imread 函数时，提供图像文件的完整路径，这有助于避免因文件格式与扩展名不匹配而引发的问题。

默认情况下，OpenCV 限制图像的总像素数不得超过 2^{30}（约 10 亿像素）。这一限制旨在平衡内存消耗与处理性能，避免因加载过大的图像导致系统性能下降。如果需要处理更大尺寸的图像，可以通过设置系统变量 OPENCV_IO_MAX_IMAGE_PIXELS 来调整该限制。

此外，需注意，OpenCV 解码彩色图像时会按照 BGR（蓝、绿、红）通道顺序存储图像数据，而非通常使用的 RGB（红、绿、蓝）通道顺序。在处理和显示图像时，应特别留意这一点，以避免通道顺序差异带来的影响。

【例 3-1】 使用 cv2.imread 函数读取一幅图像，并观察返回值结果；随后尝试读取一个不存在的图像文件，并观察其返回值。

代码如下，运行结果如图 3-1 所示。

```
1   import cv2
2   # 项目文件夹下存在'Example-Bridge.jpg'图片
3   image1 = cv2.imread('image/Example-Bridge.jpg')
4   print('第一张图片结果:')
5   print(image1)
6   # 项目文件夹下不存在'None.jpg'图片
7   image2 = cv2.imread('None.jpg')
8   print('第二张图片结果:')
9   print(image2)
```

程序运行时，首先通过 import cv2 引入 OpenCV 库，为后续的图像处理操作提供必要的工具支持。然后，分别使用 cv2.imread 函数尝试读取项目文件夹中存在的图片和不存在的图片，并通过 print 函数输出返回值，观察其内容。从图 3-1 可知，成功读取的图像返回一个 NumPy 数组，该数组包含图像的像素值及其通道信息；无法读取的图像（例如文件不存在或路径错误）返回值为 None。

3.1.2　图像显示

在将图像加载到内存后，为了便于观察和分析，需要将图像以可视化的形式呈现在屏幕上，这一过程称为图像显示。图像显示是指将存储于计算机内存中的图像数据在屏幕上呈现的过程，是图像处理和计算机视觉领域中不可或缺的重要环节。

通过图像显示，人们能够直观地观察和分析图像的内容与特征，同时可以将图像处理的各个步骤以可视化形式呈现。这在开发与调试图像处理和计算机视觉算法时尤为重要。通

图 3-1　图像读取返回结果

过显示不同阶段的处理结果,可以更好地理解算法的效果,发现问题并调整参数以优化结果。例如:边缘检测操作时,可以显示原始图像和检测到的边缘图像,以便直观评估算法的准确性;图像分割时,将分割结果叠加在原始图像上,可以更清晰地观察分割的区域和效果。通过图像显示功能,不仅能辅助理解和优化图像处理过程,还能提高算法开发与调试的效率。

在 OpenCV 中,图像显示的基本流程包括以下步骤:创建窗口、在窗口中显示图像、设置等待时间以及销毁窗口释放资源。

(1) 创建窗口:OpenCV 提供了 cv2.namedWindow 函数(代码 3-2)用于创建一个窗口。创建的窗口可指定名称,并设置窗口属性(如是否可调整大小)。

(2) 显示图像:使用 cv2.imshow 函数(代码 3-3)可以在指定的窗口中显示图像。该函数将内存中的图像数据加载到窗口并呈现,供用户观察。

(3) 设置等待时间:为了让用户能够充分观察显示的图像,程序需要暂停运行。OpenCV 提供了 cv2.waitKey 函数(代码 3-4)用于设置程序的等待时间。该函数会阻塞程序执行,直到用户按下某个键或达到设置的等待时间后再继续运行。

(4) 销毁窗口:为了释放窗口资源和内存,OpenCV 提供了 cv2.destroyWindow 函数和 cv2.destroyAllWindows 函数(代码 3-5),用于销毁指定名称的窗口和销毁所有已打开的窗口。

通过上述流程,可以实现从图像加载到显示再到销毁的完整过程。当在算法的不同阶段使用此方法显示中间结果时,可以直观地观察图像处理的效果,有助于调试和优化算法。在例 3-2 中,将详细演示使用 OpenCV 进行图像显示的方法。

除了 OpenCV 提供的窗口显示功能,还可以使用 matplotlib.pyplot 库(简写为 plt)实现图像显示。其中 plt.imshow 函数可以直观显示图像,并支持拼接显示多幅图像,效果丰富。后继章节中也有详细介绍使用 matplotlib 的相关功能。

代码 3-2　cv2.namedWindow 函数

```
cv2.namedWindow(winname[, flags]) -> None
```
• winname: 窗口名称,用作窗口标题的标识符。如果已存在同名窗口,则该函数不执行任何操作。

• flags(可选参数):窗口属性的标志。默认为 WINDOW_AUTOSIZE|WINDOW_KEEPRATIO|WINDOW_GUI_EXPANDED,表示窗口大小与图像大小一致且无法调整,并保持图像比例。其他标志可参考 OpenCV 帮助手册。

代码 3-3　cv2. imshow 函数

```
cv2.imshow(winname, mat) -> None
```
- winname: 指定显示图像的窗口名称。
- mat: 待显示的图像,通常为 NumPy 数组格式。

代码 3-4　cv2. waitKey 函数

```
key_code = cv2.waitKey([, delay]) -> retval
```
- key_code(返回值): 返回按下键的 ASCII 码,如果在指定的时间内没有按下任何键,则返回 −1。
- delay(可选参数): 等待的延迟时间。如果是 0,表示无限期地等待按键事件。若指定非零值,程序至少等待设定的毫秒数(实际时间可能受计算机负载影响)。

代码 3-5　cv2. destroyWindow 函数和 cv2. destroyAllWindows 函数

```
cv2.destroyWindow(winname) -> None
cv2.destroyAllWindows() -> None
```
- winname: 指定销毁窗口的名称。

> **小贴士**
>
> 　　如果在使用 cv2. imshow 函数显示图像前,没有用 cv2. namedWindow 函数创建对应的窗口,则会默认用 cv2. namedWindow 函数使用 flags = WINDOW_AUTOSIZE 创建一个窗口。

【例 3-2】　首先,使用 cv2. imread 函数读取一幅图像,并利用 cv2. namedWindow 函数创建一个可自由调整大小的窗口。其次,通过 cv2. imshow 函数在窗口中显示图像,并使用 cv2. waitKey 函数设置等待时间,便于观察图像显示效果和窗口操作。最后,通过 cv2. destroyWindow 函数销毁窗口释放资源。

例 3-2

代码如下,运行结果如图 3-2 所示。

```
1   import cv2
2   # 读取图像
3   image = cv2.imread('image/Example-Bridge.jpg')
4   # 创建窗口
5   cv2.namedWindow('Image Window', cv2.WINDOW_NORMAL)
6   # 在窗口中显示图像
7   cv2.imshow('Image Window', image)
8   # 等待一段时间或按下任意键继续
9   cv2.waitKey(10000)          # 等待 10 秒
10  # 销毁窗口
11  cv2.destroyWindow('Image Window')
```

程序首先利用 cv2. imread 函数从项目文件夹中读取指定的图片文件,并将返回的图像数据存储到变量 image 中。其次调用 cv2. namedWindow 函数创建一个窗口,并指定标志 cv2. WINDOW_NORMAL,使窗口可以自由调整大小,与默认窗口固定大小的限制不同。再次使用 cv2. imshow 函数将读取的图像数据加载到创建的窗口中进行显示,供用户观察。为了让用户有足够时间查看图像和调整窗口大小,程序通过 cv2. waitKey 函数设置了 10 秒的等待时间。如果在等待期间按下任意键,程序会立即结束等待;否则,程序将在指定的延迟时间后继续运行。最后,调用 cv2. destroyWindow 函数销毁创建的窗口,并释放相关的内存资源,完成程序的运行过程。

3.1.3　图像保存

在图像处理过程中,通常会生成处理后的图像结果,这些结果需要保存下来,以便用于

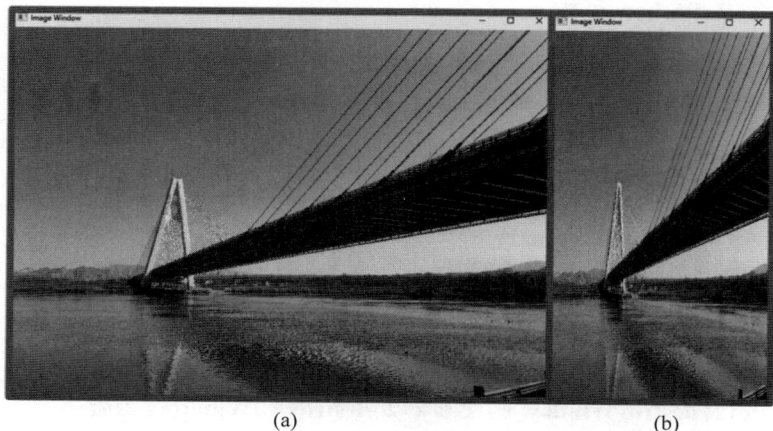

图 3-2　图像显示结果

（a）正常窗口；（b）伸缩后窗口

后续的研究、展示、分享或进一步处理，这一过程被称为图像保存。图像保存是将存储在计算机内存中的图像数据写入硬盘文件，从而实现永久存储。

通过图像保存，处理后的图像结果可以随时被访问和查看，为后续工作提供便利。此外，保存图像有助于原始图像与处理结果的对比，或作为实验和分析中的验证依据。在保存图像时，需要选择合适的文件格式。常见的图像保存格式包括 JPEG、PNG 和 BMP 等，不同格式适用于不同的应用场景。例如，JPEG 通常用于压缩存储，适合网络传输；PNG 支持透明图像和无损存储，适合高质量需求；BMP 则适合在不考虑文件大小的情况下使用。

OpenCV 提供了 cv2.imwrite 函数（代码 3-6）用于图像保存。通过该函数，可以将内存中的图像数据保存到硬盘的指定路径，方便在未来任意时间重新访问和使用。具体操作方法详见例 3-3，可直观了解如何利用 OpenCV 实现图像保存功能。

代码 3-6　cv2.imwrite 函数

```
success = cv2.imwrite(filename, img[, params]) -> retval
```
- success(返回值)：如果图像保存成功，则返回逻辑值真(True)；如果图像保存不成功，则返回逻辑值假(False)。
- filename：保存图像的目标文件名，包括文件路径和扩展名。支持的保存格式同 OpenCV 支持的读取格式一致。
- img：待保存的图像数据。
- params(可选参数)：用于设置特定图像格式的保存参数。例如，在保存 JPEG 文件时可以设置压缩质量参数。不同格式的具体参数详见 OpenCV 帮助手册。

> **小贴士**
>
> 图像保存不成功的可能情况：
> ①文件路径错误，如包含不存在的目录或文件名不合法；②文件写入权限问题；③文件格式不支持；④图像数据损坏；⑤数据类型问题，即图像数据的数据类型不匹配。

【例 3-3】　使用 cv2.imread 函数与函数标志读取一幅图像并且将大小减小到 1/8，用 cv2.imwrite 函数分别尝试将处理后的图像保存到有效路径和不存在的目录中，并观察保存操作的返回值。

例 3-3

代码如下，运行结果如图 3-3 所示。

```
1    import cv2
2    # 读取图像，并缩小图像到原来的 1/8
3    image = cv2.imread('image/Example-Bridge.jpg', cv2.IMREAD_REDUCED_COLOR_8)
```

```
4      # 保存到项目文件夹中
5      success_1 = cv2.imwrite('image/image.jpg', image)
6      if success_1:
7          print("图像已成功保存到文件夹")
8      else:
9          print("未能将图像保存到文件夹。")
10     print(success_1)
11     # 保存到不存在的目录
12     success_2 = cv2.imwrite('x:/image.jpg', image)
13     if success_2:
14         print("图像已成功保存到文件夹")
15     else:
16         print("未能将图像保存到文件夹。")
17     print(success_2)
```

程序运行时,首先通过 cv2.imread 函数读取图像文件,并使用标志 cv2.IMREAD_ REDUCED_COLOR_8 将图像缩小到原始大小的 1/8。随后,使用 cv2.imwrite 函数将缩小后的图像保存到项目文件夹下。保存成功时,函数返回布尔值 True,并输出消息"图像已成功保存到文件夹",如图 3-3 所示,表示保存操作成功。

接下来,程序尝试将图像保存到不存在的目录"x:/"下。由于路径无效,cv2.imwrite 函数返回布尔值 False,并输出消息"未能将图像保存到文件夹",如图 3-3 所示,表明保存操作失败。

> 图像已成功保存到文件夹
> **True**
> 未能将图像保存到文件夹。
> **False**

图 3-3　图像保存结果

3.2　图像结构与色彩空间

在第 2 章中,已经了解了图像的形成原理。当光通过传感器时,传感器将光信号转化为数字信号,从而生成数字图像。在这一过程中,传感器内部的感光区阵列和通道数直接决定了图像的结构。图像的每个通道可以看作一个像素矩阵,多个通道共同构成了图像的色彩空间。

本节将详细介绍图像结构中的单通道、多通道以及色彩空间的基本概念,并通过图像处理技术,展示如何对这些结构和色彩空间进行操作。通过学习这些内容,读者能够更深入地理解图像的内部构造及其特性,为后续的图像处理和计算机视觉应用奠定基础。

3.2.1　图像结构与阈值处理

在详细介绍图像通道之前,首先需要了解图像的基本结构。图像结构是指像素在图像中排列和组织的方式,它决定了图像的内容呈现、分辨率以及颜色信息等,同时也包含图像的通道信息。

图像由像素组成,每个像素代表图像中的一个点,这些像素通常按照行和列的形式排列成矩阵,矩阵的大小即为图像的分辨率。常见的分辨率有行 1920 个像素,列 1080 个像素。通常情况下,像素是 1∶1 的正方形,像素的大小与分辨率共同决定了图像的实际尺寸。每个像素的强度表示

> **小贴士**
>
> 比特(bit,即位)是计算机中最小的数据单元,采用二进制。1 位可以存储两种状态,通常用 0 和 1 来表示,8 位可以储存 256 种状态。

颜色信息的大小,而图像深度则表示每个像素颜色信息的位数。常见的图像深度包括 8 位深度(256 级灰度或颜色)和 24 位深度(每个通道占 8 位,共 24 位,用于表示彩色图像)。图像的通道数表示图像中颜色信息的分量数量。例如,单通道图像表示灰度图像,而三通道图像表示彩色图像(包含红、绿、蓝三个颜色通道)。

对于单通道图像,如果像素的深度为 1 位,则称为二值图像(binary image)。二值图像是一种特殊的图像类型,其中每个像素只能取两个值(通常为黑或白)。用 1 位表示时,0 代表黑色,1 代表白色;若用 8 位表示,则通常约定 0 代表黑色,255 代表白色。在 OpenCV 中,可以通过 cv2. threshold 函数(代码 3-7)或 cv2. adaptiveThreshold 函数(代码 3-8)将灰度图像转换为二值图像。

cv2. threshold 函数可以通过设置固定的阈值对图像进行二值化,其常用标志包括:

(1) cv2. THRESH_BINARY:像素值超过阈值的部分设置为 maxval,其余部分设为 0。

(2) cv2. THRESH_BINARY_INV:与 THRESH_BINARY 相反,低于阈值的部分取 maxval,其余部分设为 0。

(3) cv2. THRESH_TRUNC:像素值超过阈值的部分被截断为阈值,其余部分保持不变。

(4) cv2. THRESH_TOZERO:像素值超过阈值的部分保持不变,其余部分设为 0。

(5) cv2. THRESH_TOZERO_INV:像素值低于阈值的部分保持不变,其余部分设为 0。

cv2. adaptiveThreshold 函数与 cv2. threshold 函数使用固定阈值不同,cv2. adaptiveThreshold 函数会根据图像的局部特性动态计算每个区域的阈值。这种方法能够有效解决光照不均或其他环境因素导致的二值化效果不佳的问题,从而得到更加精确的结果。

代码 3-7　cv2. threshold 函数

```
retval, dst = cv.threshold(src, thresh, maxval, type[, dst]) -> retval, dst
```
- retval(返回值):返回使用的阈值,通常与输入的 thresh 值一致。
- dst(返回值):二值化后的输出图像,与输入图像的大小、类型及通道数相同。
- src:待二值化的输入图像,数据类型只能为 uint8 或 float32,具体取决于所使用的二值化方法。
- thresh:设置的固定阈值,决定像素值的分界点。
- maxval:在二值化操作中,设置的最大像素值(通常为 255)。
- type:二值化方法标志。

代码 3-8　cv2. adaptiveThreshold 函数

```
dst = cv.adaptiveThreshold(src, maxValue, adaptiveMethod, thresholdType, blockSize, C[,
dst]) -> dst
```
- dst(返回值):二值化后的输出图像,与输入图像的大小和类型一致。
- src:待二值化的输入图像,仅支持 uint8 类型。
- maxValue:二值化中的最大非零值,通常设置为 255。
- adaptiveMethod:自适应阈值算法标志。有 cv2. ADAPTIVE_THRESH_MEAN_C(邻域平均法)和 cv2. ADAPTIVE_THRESH_GAUSSIAN_C(邻域高斯权重法)两种。
- thresholdType:二值化方法标志。只能是 cv2. THRESH_BINARY 或 cv2. THRESH_BINARY_INV。

• blockSize: 定义计算像素阈值的邻域大小,通常为奇数值,如 3、5、7 等。

• C: 从计算出的均值或加权均值中减去的常数,可以为正数、零或负数,用于调节二值化的灵敏度。

单通道 8 位深度的图像类型通常被称为灰度图。灰度图像(grayscale image)是一种只包含灰度信息的图像类型,它使用单通道表示,每个像素的亮度值(灰度级别)决定了像素的颜色,范围从纯黑色(0)到纯白色(255)。灰度图像不包含颜色信息,仅通过亮度的变化来表现图像中的细节、纹理和形状。由于灰度图像仅关注亮度信息,简化了彩色图像的复杂性,因此在许多图像处理和计算机视觉应用中被广泛用作输入数据类型。这种简化不仅保留了足够的细节信息,还避免了因颜色变化带来的干扰,适合在边缘检测、模式识别等任务中使用。

三通道 24 位深度的图像是一种常见的彩色图像表示方法。彩色图像(color image)是一种能够显示多种颜色的图像类型。三通道 24 位深度的彩色图像,每个像素由三个颜色通道的组合来确定颜色,包括红色(R)、绿色(G)和蓝色(B)。每个通道占 8 位,可以表示 256 种不同的颜色强度,通过组合三个通道的不同强度值,可以生成超过 1600 万种颜色。在 OpenCV 中,彩色图像的通道顺序为 BGR(蓝色、绿色、红色),与许多其他图像处理标准的 RGB 顺序略有不同,因此在使用多种图像处理工具时需要注意通道的转换。

除了三通道,彩色图像还可以是其他通道数量的类型,如四通道(RGBA)和五通道。四通道彩色图像增加了一个透明度通道(A),用于指示每个像素的透明度,取值范围通常为 0(完全透明)到 255(完全不透明)。透明度通道使得图像可以在不同背景下以不同的透明度显示。五通道彩色图像则是在四通道的基础上增加了额外的通道,例如用于存储深度信息或法线信息。这种格式常用于计算机图形学和高级计算机视觉应用中,以提供额外的图像信息,从而支持更复杂的分析与处理任务。

【例 3-4】 通过随机生成 20×20 的矩阵,分别创建二值图、灰度图和彩色图,并打印数据以观察它们的特点。

代码如下,运行结果如图 3-4 所示。

例 3-4

```
1    import cv2
2    import numpy as np
3    ♯ 随机生成 20×20 的矩阵,作为灰度图
4    gray_image = np.random.randint(0, 256, (20, 20), dtype = np.uint8)
5    ♯ 生成二值图
6    binary_image = np.where(gray_image > 127, 255, 0)
7    binary_image = cv2.convertScaleAbs(binary_image, alpha = 255.0)
8    ♯ 生成彩色图
9    color_image = np.random.randint(0, 256, (20, 20, 3), dtype = np.uint8)
10   ♯ 打印数据
11   print("Binary Image:")
12   print(binary_image)
13   print("\nGray Image:")
14    print(gray_image)
15   print("\nColor Image:")
16   print(color_image)
17   ♯ 创建窗口
```

```
18    cv2.namedWindow('Binary Image', cv2.WINDOW_NORMAL)
19    cv2.namedWindow('Gray Image', cv2.WINDOW_NORMAL)
20    cv2.namedWindow('Color Image', cv2.WINDOW_NORMAL)
21    # 显示图像
22    cv2.imshow('Gray Image', gray_image)
23    cv2.imshow('Binary Image', binary_image)
24    cv2.imshow('Color Image', color_image)
25    cv2.waitKey(0)
26    cv2.destroyAllWindows()
```

程序利用 NumPy 随机生成一个 20×20 的单通道矩阵,作为灰度图像的数据来源。灰度图像的数据范围为 0～255,对应黑色到白色的灰度级别。随后,通过对灰度图像应用阈值操作(127),生成一个二值图像。二值化后,像素值大于 127 的部分设置为 255(白色),其余部分设置为 0(黑色)。为了保证二值图像符合 OpenCV 的图像数据类型要求,二值化结果被转换为 8 位无符号整数类型。接着,再次利用 NumPy 随机生成一个 20×20 的三通道矩阵,模拟彩色图像,每个像素的三个通道对应 B、G、R 三种颜色。

通过 print 函数打印各图像的数据,观察它们在矩阵结构上的差异。同时,使用 OpenCV 的窗口显示功能,分别展示二值图、灰度图和彩色图。如图 3-4 所示,不同类型图像的数据特点和显示效果清晰可见。

彩图 3-4

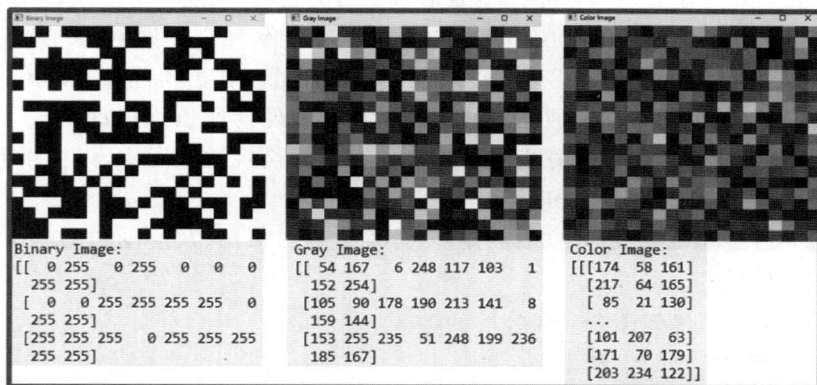

图 3-4　随机生成图像与部分图像数据

3.2.2　颜色空间

在了解图像的数据结构后,可以看到,彩色图像中的颜色是通过红色、绿色和蓝色三种基本颜色的混合来表示的。然而,除了 RGB 颜色空间,还有 HSV、YUV、LAB 和 GRAY 等颜色空间。这些颜色空间提供了不同的表示方式,以满足不同的应用需求。颜色空间是用于描述和表示颜色的数学模型或坐标系统,不同的颜色空间适用于不同的场景。例如,RGB 颜色空间可能会受到光照条件和色彩校准的影响,而 HSV 和 LAB 等颜色空间在某些场景中可能更合适。以下分别介绍几种常用的颜色空间。

(1) RGB 颜色空间。RGB(红绿蓝)颜色空间通过红(R)、绿(G)和蓝(B)三种基本颜色的强度值来表示颜色。对于 8 位无符号整数类型,每个通道的取值范围为 0～255。当增加第四个通道表示颜色的透明度时,则形成 RGBA 颜色空间。RGB 颜色空间适合直接表示和存储颜色信息,是一种直观的颜色表示方式。

(2) HSV 颜色空间。HSV 颜色空间使用色相(hue)、饱和度(saturation)和明度(value)来表示颜色。色相表示颜色的基本属性,即红、绿、蓝等,它的取值范围是 0～360 度,从红色开始,经过黄色、绿色、青色、蓝色、品红,再回到红色;饱和度表示颜色的纯度或浓度,饱和度为 0 时,颜色变为灰色,而饱和度为最大值时,颜色最鲜艳,饱和度的取值范围是 0～1;明度表示颜色的亮度,明度为 0 时,颜色为黑色,明度为最大值时,颜色最亮,明度的取值范围也是 0～1。HSV 颜色空间的优势在于将颜色分解为三个独立分量,调整颜色更加直观,接近于人眼对颜色的感知方式。

(3) YUV 颜色空间。YUV 颜色空间使用亮度(Y)和色度(U、V)来表示颜色。亮度表示图像的明暗程度或灰度信息,类似于灰度图像,它的取值范围通常是 0～255,表示从黑到白;色度分量表示图像的颜色信息,U 通道表示蓝色与亮度的差异,V 通道表示红色与亮度的差异,U、V 通道的取值范围通常是 −128～+127,其中 0 表示中性颜色。YUV 颜色空间常用于视频编码,因其将亮度与色度分开,能够降低色度信息的分辨率,从而提高压缩效率。该颜色空间在视频处理中非常重要,特别是在需要兼容黑白电视的应用场景中。

(4) LAB 颜色空间。LAB 颜色空间通过亮度(L)、色度 A(从绿色到红色)和色度 B(从蓝色到黄色)表示颜色。LAB 是一种感知均匀的颜色空间,与人眼感知的颜色差异一致。

(5) GRAY 颜色空间。GRAY 颜色空间也称为灰度颜色空间,是一种仅包含亮度信息的单通道颜色表示方式。每个像素的值表示其灰度级别,范围通常为 0～255(黑到白)。GRAY 颜色空间适用于不需要颜色信息,仅关注图像明暗特性的场景,如边缘检测、纹理分析等。

在 OpenCV 中,可以使用 cv2.cvtColor 函数(代码 3-9)在不同颜色空间之间进行转换。例如,可以将图像从 RGB 转换为灰度(GRAY)、从 RGB 转换为 HSV 等。

代码 3-9　cv2.cvtColor 函数

```
img = cv2.cvtColor(src, code[, dst[, dstCn]]) -> dst
```
- dst(返回值):颜色空间转换后的图像,类型与输入图像一致。
- src:输入的待转换图像,可以是 8 位无符号(uint8)、16 位无符号(uint16)或单精度浮点(float32)类型。对于线性变换,范围无关紧要。但在非线性变换的情况下,应将输入 RGB 图像规范化到适当的值范围以获得正确的结果。如 uint8 图像转换为 float32 图像时,需要除以 255 规范化为 0 到 1 范围。
- code:颜色空间转换标志。如 cv.COLOR_BGR2BGRA 与 cv.COLOR_RGB2RGBA 是将 Alpha 通道添加到 BGR 与 RGB; cv.COLOR_BGR2GRAY 将 BGR 转换为灰度,颜色空间名有 BGR、RGB、GRAY、BGR565、XYZ、YCrCb、HSV、Lab、YUV 等,更多标志可参考 OpenCV 帮助手册。
- dstCn(可选参数):输出图像的通道数,默认为 0,会根据输入图像和转换代码自动派生。

【例 3-5】 使用 cv2.cvtColor 函数将一幅 BGR 彩色图像分别转换为 RGB、HSV 和 GRAY 图像,并观察它们之间的差异。

代码如下,运行结果如图 3-5 所示。

例 3-5

```
1   import cv2
2   # 读取 BGR 彩色图像
3   image = cv2.imread('image/Example-Bridge.jpg')
4   # 将 BGR 图像转换为 RGB 图像
5   rgb_image = cv2.cvtColor(image, cv2.COLOR_BGR2RGB)
```

```
6    #  将 BGR 图像转换为 HSV 图像
7    hsv_image = cv2.cvtColor(image, cv2.COLOR_BGR2RGB)
8    #  将 BGR 图像转换为灰度图像
9    gray_image = cv2.cvtColor(image, cv2.COLOR_BGR2GRAY)
10   #  显示图像
11   cv2.imshow('BGR Image', image)
12   cv2.imshow('RGB Image', rgb_image)
13   cv2.imshow('HSV Image', hsv_image)
14   cv2.imshow('Gray Image', gray_image)
15   cv2.waitKey(0)
16   cv2.destroyAllWindows()
```

程序首先通过 cv2.imread 函数读取一幅默认以 BGR 通道排列的彩色图像。接着,利用 cv2.cvtColor 函数和相应的颜色空间转换标志,将图像分别转换为 RGB、HSV 和 GRAY 图像,并显示转换后的结果,如图 3-5 所示。

彩图 3-5

图 3-5 颜色空间转换图像

将图像从 BGR 转换为 RGB 时,实际上是交换了蓝色通道和红色通道的位置。这种转换会导致图像的颜色分布出现变化。例如,原图中偏蓝色的区域可能在转换后呈现为偏红色。

将图像转换为 HSV 颜色空间时,HSV 图像中的一些通道采用了浮点数(float32)类型,而不是整数类型。由于浮点数类型的通道没有进行规范化,这可能导致显示效果不正常,颜色失真等情况。

将彩色图像转换为灰度图像时,只保留了亮度信息,忽略了颜色信息。灰度图像中的每个像素值直接反映其亮度,原图中较亮的区域在灰度图中仍然较亮,较暗的区域则仍然较暗。

3.2.3　图像通道操作

在深入了解图像的结构和颜色空间之后可以发现,图像通道在图像处理和分析中扮演着至关重要的角色。图像的不同分量被存储在独立的通道中,共同构成完整的图像。然而,在某些应用场景中,需要单独处理某些特定通道的信息,此时就需要进行通道操作:拆分与合并。

通道的拆分是指将原始图像中的不同通道分离开,生成独立的单通道图像。拆分后的单通道图像可以针对特定通道进行操作,例如增强、滤波或其他处理,便于更精细地分析图像的各个分量。

通道的合并则是将已经处理过的各个单通道图像重新组合成一个多通道图像,从而形成最终的处理结果。合并操作需要确保所有输入的单通道图像具有相同的尺寸和数据类型,最终生成的多通道图像的通道数等于所有输入图像通道数的总和。

在 OpenCV 中,使用 cv2.split 函数(代码 3-10)可以将多通道图像拆分为多个单通道图像;使用 cv2.merge 函数(代码 3-11)可以将多个单通道图像合并为一幅多通道图像。具体操作参见例 3-6。

代码 3-10　cv2.split 函数

```
mv = cv2.split(m[, mv]) -> mv
```
- mv(返回值):拆分后的单通道图像列表。
- m:输入的多通道图像。

代码 3-11　cv2.merge 函数

```
dst = cv2.merge(mv[, dst]) -> dst
```
- dst(返回值):合并后的多通道图像。
- mv:输入的单通道图像列表,所有图像必须具有相同的尺寸和数据类型。

【例 3-6】　使用 cv2.split 函数将一幅三通道彩色图像的通道拆分成三个独立的单通道图像,修改蓝色通道的值全为零,然后用 cv2.merge 函数将三个通道合并,并观察前后变换。

例 3-6

代码如下,运行结果如图 3-6 所示。

```
1   import cv2
2   # 读取彩色图像
3   image = cv2.imread('image/Example-Bridge.jpg')
4   # 拆分通道
5   b, g, r = cv2.split(image)
6   # 将红色通道的矩阵值全变为零
7   b[:] = 0
8   # 合并通道
9   modified_image = cv2.merge((b, g, r))
10  # 显示原始图像和处理后的图像
11  cv2.imshow('Original Image', image)
12  cv2.imshow('Modified Image', modified_image)
13  cv2.waitKey(0)
14  cv2.destroyAllWindows()
```

程序运行时,首先通过 cv2.imread 函数读取一幅 RGB 格式的彩色图像,并利用 cv2.split 函数将其拆分为三个独立的颜色通道矩阵,分别对应蓝色(B)、绿色(G)和红色(R)通道。拆分后的通道矩阵可以分别独立处理,以实现对图像特定颜色分量的操作。在本实例中,代码将蓝色通道矩阵 B 中的所有像素值设置为 0,相当于从图像中完全去除了蓝色成分,只保留了绿色和红色分量。随后,通过 cv2.merge 函数将修改后的蓝色通道与原始的绿色通道和红色通道重新合并,生成一幅新的彩色图像。

由于蓝色通道的所有像素值被设置为 0,合并后的图像完全失去了蓝色成分,仅保留绿色和红色的混合,因此图像整体呈现出明显的黄色调。这种现象体现了颜色通道对图像颜色表现的重要作用,通过对不同通道的操作可以实现对图像颜色的灵活调整。

彩图 3-6

图 3-6　图像通道拆分与合并

3.3　像素操作与图像运算

在 3.2 节中,已经了解到图像可以用矩阵的形式来表示,每一个矩阵元素对应着图像中的一个像素值。本节将进一步探讨如何通过操作图像的矩阵来实现对像素的直接操作,以及如何对图像矩阵进行运算,从而实现图像处理中的各种计算需求。通过像素操作,可以对图像中的每个像素值进行精确的修改,从而实现亮度调整、颜色变化等功能;通过矩阵运算,则可以对整幅图像进行全局性的处理,例如加法、减法、乘法、卷积等。

本节将着重介绍图像的像素操作与图像矩阵运算,结合 OpenCV 的相关函数,展示如何高效地实现这些处理。

3.3.1　像素统计

在图像的矩阵表示中,每个元素的数值对应于图像中一个像素的强度或亮度。通过对这些矩阵元素进行统计分析,可以揭示图像中像素强度的分布特性,从而为理解图像内容提供有力支持。在这一过程中,OpenCV 提供了一些便捷的函数,可以帮助快速获取图像像素强度的统计信息。

具体来说,cv2.minMaxLoc 函数(代码 3-12)能够找到图像矩阵中的最大像素值和最小像素值,同时提供其对应的位置。这些信息可用于确定图像的亮度范围,进而分析图像的对比度或光照条件。cv2.mean 函数(代码 3-13)用于计算图像像素的平均值,而 cv2.

meanStdDev 函数(代码 3-14)不仅可以计算平均值,还可以获取像素值的标准差。这些统计量反映了图像亮度分布的集中程度和波动情况,能够帮助判断图像的整体亮度水平及其亮度变化的范围。

　　这些统计信息在图像处理和分析中具有重要意义。例如,通过最大像素值和最小像素值可以判断图像是否需要调整亮度或对比度,以提升其视觉效果。平均值可以反映图像的整体亮度水平,而标准差则揭示了图像中亮度分布的不均匀性,帮助发现亮度异常或细节变化。这些信息不仅为图像增强和预处理提供了方向,也为图像内容的深入理解和后续分析奠定了基础。通过结合这些统计信息,可以更全面地把握图像的特性,从而更有针对性地进行优化和处理。

代码 3-12　cv2. minMaxLoc 函数

```
minVal, maxVal, minLoc, maxLoc = cv2.minMaxLoc(src[, mask]) ->
minVal, maxVal, minLoc, maxLoc
```

> **小贴士**
>
> 　　如果图像存在多个极值,则输出的位置是按行从左到右第一次检测到的极值。

- minVal(返回值):图像中最小的像素值。
- maxVal(返回值):图像中最大的像素值。
- minLoc(返回值):图像中最小的像素值所在位置(坐标)。
- maxLoc(返回值):图像中最大的像素值所在位置(坐标)。
- src:输入的单通道图像(矩阵)。如果需要查找多通道图像的极值,需先将其拆分为单通道图像后分别查找。
- mask(可选参数):掩码,默认为空。如果提供掩码,则仅在掩码指定的区域内搜索最小值和最大值。

代码 3-13　cv2. mean 函数

```
retval = cv.mean(src[, mask]) -> retval
```

- retval(返回值):图像每个通道的平均值,以长度为 4 的元组形式返回。如果某通道不存在,则其值为 0.0。
- src:待计算均值的图像,可以是多通道图像。
- mask(可选参数):掩码,默认为空。如果提供掩码,则仅在掩码指定的区域内计算均值。

代码 3-14　cv2. meanStdDev 函数

```
mean, stddev = cv.meanStdDev(src[, mean[, stddev[, mask]]]) -> mean, stddev
```

- mean(返回值):图像每个通道的平均值,以通道数为长度的列表形式返回。
- stddev(返回值):图像每个通道的标准差,以通道数为长度的列表形式返回。
- src:待计算均值和标准差的图像,可以是多通道图像。
- mask(可选参数):掩码,默认为空。如果提供掩码,则仅在掩码指定的区域内计算均值和标准差。

【例 3-7】　使用 OpenCV 提供的统计函数对灰度图像进行像素值的统计分析,计算其像素的最大值、最小值及对应的位置,同时求取灰度通道的均值和标准差。

　　代码如下,运行结果如图 3-7 所示。

例 3-7

```
1   import cv2
2   # 读取灰度图像
3   gray_image = cv2.imread('image/Example-Bridge_gray.jpg', cv2.IMREAD_GRAYSCALE)
4   # 求最大值、最小值、对应位置
```

```
5    min_val, max_val, min_loc, max_loc = cv2.minMaxLoc(gray_image)
6    print("像素最小值:", min_val)
7    print("像素最大值:", max_val)
8    print("最小值位置:", min_loc)
9    print("最大值位置:", max_loc)
10   # 计算灰度图像的均值和标准差
11   mean, std_dev = cv2.meanStdDev(gray_image)
12   print("灰度图像均值:", mean)
13   print("灰度图像标准差:", std_dev)
14   # 显示图像
15   cv2.imshow('Image', gray_image)
16   cv2.waitKey(0)
17   cv2.destroyAllWindows()
```

首先,代码通过 cv2.imread 函数以灰度模式读取一幅图像。其次,使用 cv2.minMaxLoc 函数计算图像中像素的最小值、最大值及其在图像中的位置坐标。再次,调用 cv2.meanStdDev 函数,计算图像像素的均值和标准差,分别反映图像亮度分布的集中程度和变化范围。最后,通过 cv2.imshow 函数显示原始图像,供用户观察。

通过运行代码,可以快速获取关于灰度图像亮度分布的基本统计信息。最小值和最大值揭示了图像中最暗区域和最亮区域的亮度强度及其具体位置,有助于判断图像的亮度范围。均值反映了图像整体的亮度水平,而标准差则表明了像素亮度的波动情况,可以用来判断图像中亮度变化的剧烈程度。这些统计信息为后续的图像处理(如对比度调整、亮度均衡)和分析任务提供了基础依据。通过图 3-7 可以直观地理解灰度图像的亮度分布及其特性。

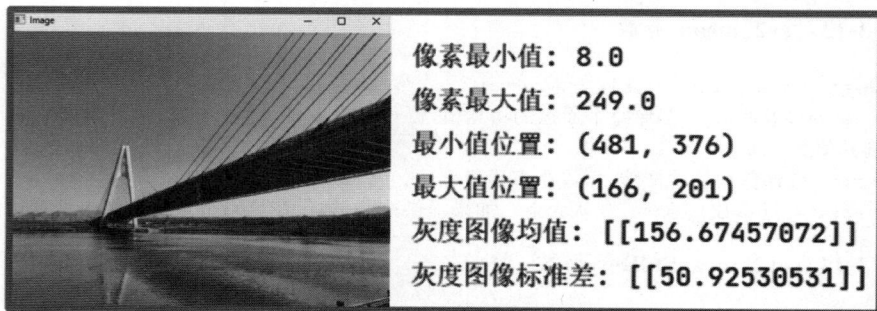

图 3-7　像素统计

3.3.2　像素修改

在图像的矩阵表示中,每个元素的数值代表了图像中对应像素的强度或亮度。这个矩阵可以看作一个像素网格,其中每个元素对应一个像素点的值。通过对矩阵进行索引、切片等操作,可以直接访问或修改像素值,从而改变图像的特性,实现定制化的图像处理。这种直接操作像素的方式为图像处理提供了强大的灵活性。

例如,可以通过索引将图像的某些部分设置为特定颜色,或通过切片裁剪图像的一部分内容。此外,还可以通过对矩阵值的整体修改,实现调整亮度、对比度等操作。这些基本操作构成了图像处理的基础,是实现更复杂任务的前提,如特征提取、图像增强和滤波等。具体操作见例 3-8,通过该示例展示如何利用矩阵索引与切片对图像进行基本的修改和处理。

这样的操作不仅能快速满足特定需求,还为后续复杂算法的实现提供了基础支持。

下面介绍矩阵索引和切片等操作。

(1) 基本索引:访问矩阵中的单个元素。

$$\text{element} = \text{matrix}[\text{row}, \text{column}]$$

例:访问矩阵中第 2 行、第 2 列的元素 element = matrix[1, 1]

(2) 整行或整列:获取整行或整列的所有元素。

$$\text{row} = \text{matrix}[\text{row\_index}, :]$$
$$\text{column} = \text{matrix}[:, \text{column\_index}]$$

例:获取第 1 行所有元素 matrix[0, :]

　　获取第 3 列所有元素 matrix[:, 2]

(3) 切片:选择矩阵中的一个子区域。

$$\text{submatrix} = \text{matrix}[\text{start\_row}:\text{end\_row}, \text{start\_column}:\text{end\_column}]$$

例:提取一个 0~1 行、1~2 列的 2×2 子矩阵 submatrix = matrix[0:2, 1:3]

(4) 步长切片:以指定的步长选择切片。

$$\text{submatrix} = \text{matrix}[\text{start\_row}:\text{end\_row}:\text{step}, \text{start\_column}:\text{end\_column}:\text{step}]$$

例:step_slice = matrix[::2, ::2] 表示行和列均以步长 2 提取子矩阵,其中 ::2 表示起始和结束索引默认(即选取所有行/列),步长为 2

(5) 多行或多列:选择多行或多列。

$$\text{multiple\_rows} = \text{matrix}[[\text{row\_index1}, \text{row\_index2}, \ldots], :]$$
$$\text{multiple\_columns} = \text{matrix}[:, [\text{column\_index1}, \text{column\_index2}, \ldots]]$$

例:第 1 行和第 3 行 multiple_rows = matrix[[0, 2], :]

　　第 1 列和第 3 列 multiple_columns = matrix[:, [0, 2]]

(6) 布尔索引:根据布尔条件选择元素。

$$\text{selected\_elements} = \text{matrix}[\text{boolean\_condition}]$$

例:包含所有大于 5 的元素 selected_elements = matrix[matrix > 5]

(7) 获取矩阵形状:获得矩阵的行数和列数。

$$\text{num\_rows}, \text{num\_columns} = \text{matrix.shape}$$

【例 3-8】 修改一幅图像的像素,将上半部分设为全黑,并将下半部分分成红色、黄色和蓝色三个区域,展示多通道效果。

代码如下,运行结果如图 3-8 所示。

例 3-8

```
1   import cv2
2   import numpy as np
3   # 读取图像
4   image = cv2.imread('image/Example-Bridge.jpg')
5   # 获取图像的高度和宽度
6   height, width, _ = image.shape
7   # 将上半部分变为黑色
8   image[:height // 2, :] = [0, 0, 0]
9   # 分割下半部分为三份
10  third_width = width // 3
11  red_channel = np.zeros_like(image)
```

```
12  red_channel[:, :third_width, 2] = image[:, :third_width, 2]
13  yellow_channel = np.zeros_like(image)
14  yellow_channel[:, third_width:2 * third_width, 0] = image[:, third_width:2 * third_
    width, 0]
15  yellow_channel[:, third_width:2 * third_width, 1] = image[:, third_width:2 * third_
    width, 1]
16  blue_channel = np.zeros_like(image)
17  blue_channel[:, 2 * third_width:, 0] = image[:, 2 * third_width:, 0]
18  blue_channel[:, 2 * third_width:, 2] = image[:, 2 * third_width:, 2]
19  # 合并三个通道
20  final_image = red_channel + yellow_channel + blue_channel
21  # 显示图像
22  cv2.imshow('Modified Image', final_image)
23  cv2.waitKey(0)
24  cv2.destroyAllWindows()
```

首先,代码通过 cv2.imread 函数加载一张图像,并获取其高度和宽度信息。其次,将图像分为上下两部分,其中上半部分的像素值全部设置为 [0,0,0],即全黑。再次,将下半部分图像分为三等份:左侧部分保留红色通道,设置为红色;中间部分保留蓝色和绿色通道,设置为黄色;右侧部分保留蓝色和红色通道,设置为蓝色。通过 np.zeros_like 函数创建与原图像大小相同的零矩阵,并使用索引操作将对应区域的通道值从原图像复制到这些矩阵中。最后,通过将这三个通道矩阵相加生成最终图像。合并后的图像展示了一个多通道效果,其中上半部分为全黑,下半部分分别显示红、黄、蓝三个通道区域。这种方法直观演示了如何通过矩阵索引对图像像素进行切分和通道操作。

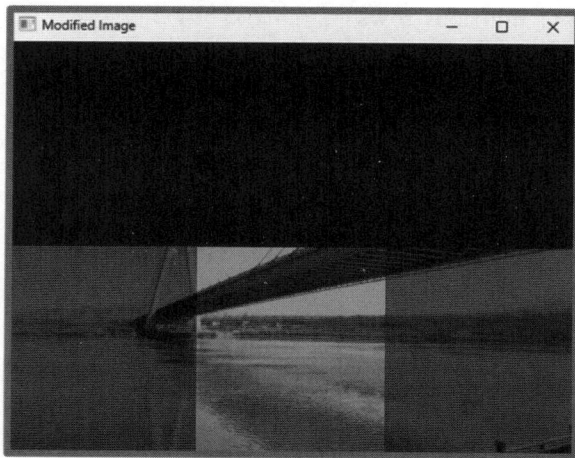

彩图 3-8

图 3-8 像素修改

3.3.3 感兴趣区域

在图像处理过程中,经常需要专注于某一个特定区域,这个区域被称为感兴趣区域(region of interest,ROI)。感兴趣区域是指图像中包含目标或关键信息的特定部分,其形状和大小可以根据具体应用需求灵活定义。通过集中处理感兴趣区域,可以有效减少计算资源的消耗,提高处理效率。在实际应用中,感兴趣区域的使用非常广泛,例如在人脸识别中,将分析重点放在图像中的人脸区域;在工业检测中,仅关注缺陷或目标物的区域。

感兴趣区域可以通过像素的坐标或索引来定义。例如,可以使用矩形框的左上角和右下角的坐标来指定区域,或者直接利用像素索引范围来定义区域,例如 img[10:20, 10:20] 表示一个 ROI,其中行索引范围是 10～19,列索引范围是 10～19。一旦定义了 ROI,就可以对该区域进行各种操作,例如修改像素值、提取特征、目标检测等。

在例 3-9 中,演示了如何将桥梁的主塔部分提取出来,为后续仅处理主塔的视觉信息做准备。这种方法通过选择性地处理感兴趣区域,不仅提高了操作效率,还为特定任务的优化提供了便利。

【例 3-9】 将一幅图像横向范围的 1/5～2/5 的区域设置为感兴趣区域(ROI),显示原图和 ROI 区域,并将提取的 ROI 保存到项目文件夹中。

例 3-9

代码如下,运行结果如图 3-9 所示。

```
1   import cv2
2   import matplotlib.pyplot as plt
3   # 读取图像
4   image = cv2.imread('image/Example-Bridge_gray.jpg', cv2.IMREAD_GRAYSCALE)
5   # 获取图像的宽度和高度
6   height, width = image.shape
7   # 计算 ROI 区域的范围
8   start_col = width // 5
9   end_col = 2 * width // 5
10  # 提取 ROI 区域
11  roi = image[:, start_col:end_col]
12  # 保存 ROI 区域到项目文件夹
13  cv2.imwrite('image/roi_image.jpg', roi)
14  # 显示原图像与 ROI 区域
15  plt.subplot(121), plt.imshow(image, 'gray')
16  plt.title('Original Image'), plt.xticks([]), plt.yticks([])
17  plt.subplot(122), plt.imshow(roi, 'gray')
18  plt.title('ROI Region'), plt.xticks([]), plt.yticks([])
19  plt.tight_layout()
20  plt.show()
```

程序首先读取一幅灰度图像,并获取该图像的宽度和高度。接着,根据图像宽度计算横向范围,将 1/5～2/5 的位置定义为感兴趣区域(ROI)。通过矩阵切片操作,提取出指定的 ROI 区域,并将其保存为独立的图像文件,便于后续处理。随后,利用 Matplotlib 的 subplot 函数,分别显示原始图像和提取的 ROI 区域。通过在同一界面上对比展示,可以直观地观察提取的区域与原图之间的关系。图像显示时关闭了坐标轴,使图像内容更加清晰。

在本例中,提取的区域包含桥梁的主塔部分,显示了图像横向范围的精确控制效果。如果需要更精确的 ROI 区域,可以结合纵向范围进一步切分图像,从而定义更加具体的目标区域。

图 3-9 提取 ROI 区域

3.3.4 图像绘制

在图像处理过程中,为了更直观地表达图像所包含的信息,常常需要在图像上绘制各种图形或添加文字。这些操作不仅可以增强图像的可视化效果,还能够帮助观察者更清晰地理解图像内容,尤其是在标记、注释或突出特定区域时具有重要作用。在图像上绘制,其本质是对图像的像素进行改变,OpenCV 作为一款强大的图像处理库,提供了多种绘制函数,用于在图像上绘制基本图形,如直线、圆、椭圆、矩形以及添加文字信息。以下是几种常用的绘制函数及其用途:

(1) cv2.line 函数(代码 3-15)绘制直线。该函数用于在图像上绘制直线。通过指定起点和终点的坐标以及线条颜色、宽度等参数,可以绘制出不同样式的直线。直线通常用于标记或连接两个点之间的关系。

(2) cv2.circle 函数(代码 3-16)绘制圆。此函数用于在图像上绘制圆形。需要提供圆心的坐标、圆的半径、颜色以及线宽等参数,可以用于突出或标记特定的圆形区域。

(3) cv2.ellipse 函数(代码 3-17)绘制椭圆。通过该函数可以在图像上绘制椭圆。需要指定中心坐标、长轴和短轴的长度、旋转角度以及颜色等参数,适用于突出或标记具有椭圆形状的区域。

(4) cv2.rectangle 函数(代码 3-18)绘制矩形。该函数用于在图像上绘制矩形。通过指定矩形的左上角和右下角坐标以及颜色、线宽等参数,可以框定图像中的某个区域,用于标记、高亮或强调特定区域。

(5) cv2.putText 函数(代码 3-19)添加文字。此函数用于在图像上添加文字信息。需要提供文字内容、位置、字体、颜色以及字体大小等参数,通常用于为图像内容添加标注、注释或说明,提升图像的可读性。

代码 3-15 cv2.line 函数

```
image = cv2.line(img, pt1, pt2, color[, thickness[, lineType[, shift]]]) -> img
```
- image(返回值):绘制完直线的输出图像。
- img: 待绘制直线的输入图像。
- pt1: 线段的第一个点的像素点坐标。

- pt2: 线段的第二个点的像素点坐标。
- color: 线段的颜色。
- thickness(可选参数): 线段的粗细。
- lineType(可选参数): 线段的类型。
- shift(可选参数): 点坐标中的小数位数。

代码 3-16　cv2. circle 函数

```
image = cv2.circle(img, center, radius, color[, thickness[, lineType[, shift]]]) -> img
```
- image(返回值): 绘制完圆的输出图像。
- img: 待绘制圆的输入图像。
- center: 圆的圆心位置。
- radius: 圆的半径。
- color: 圆的颜色。
- thickness(可选参数): 圆轮廓的粗细,负值表示填充满圆。
- lineType(可选参数): 圆边界的类型。
- shift(可选参数): 圆心坐标和半径值中的小数位数。

代码 3-17　cv2. ellipse 函数

```
image = cv2.ellipse(img, center, axes, angle, startAngle, endAngle, color[, thickness[, lineType[, shift]]]) -> img
```
- image(返回值): 绘制完椭圆的输出图像。
- img: 待绘制椭圆的输入图像。
- center: 椭圆的中心位置。
- axes: 椭圆长轴长度。
- angle: 椭圆旋转角度,以度为单位。
- startAngle: 椭圆弧的起始角度,以度为单位。
- endAngle: 椭圆弧的结束角,以度为单位。
- color: 椭圆的颜色。
- thickness(可选参数): 椭圆轮廓的粗细,负值表示填充满椭圆。
- lineType(可选参数): 椭圆边界的类型。
- shift(可选参数): 椭圆中的坐标小数位数。

代码 3-18　cv2. rectangle 函数

```
image = cv2.rectangle(img, pt1, pt2, color[, thickness[, lineType[, shift]]]) -> img
```
- image(返回值): 绘制完矩形的输出图像。
- img: 待绘制矩形的输入图像。
- pt1: 矩形的顶点。
- pt2: 与 pt1 相反的矩形的顶点。
- color: 矩形的颜色。
- thickness(可选参数): 矩形轮廓的粗细,负值表示填充满矩形。
- lineType(可选参数): 矩形边界的类型。
- shift(可选参数): 矩形中的坐标小数位数。

代码 3-19　cv2. putText 函数

```
image = cv.putText(img, text, org, fontFace, fontScale, color[, thickness[, lineType[, bottomLeftOrigin]]]) -< img
```
- image(返回值): 绘制完文本的输出图像。
- img: 待绘制文本的输入图像。
- text: 要绘制的文本内容。目前只支持英文。

- org：文本左下角的坐标。
- fontFace：字体类型。
- fontScale：字体大小。
- color：字体颜色。
- thickness(可选参数)：线条的粗细。
- lineType(可选参数)：线条的类型。
- bottomLeftOrigin(可选参数)：默认文本向上显示。如果为 True,文本将向下显示。

【例 3-10】　使用 OpenCV 在图像上绘制直线、圆、椭圆、矩形以及添加文字,生成一幅包含多种图形的可视化效果图。

代码如下,运行结果如图 3-10 所示。

```
1    import cv2
2    import numpy as np
3    # 创建一个 500×1000 的白色背景图像
4    image = np.ones((500, 1000, 3), dtype = np.uint8) * 255
5    # 绘制直线:绘制一条黑色直线,起点(200,200),终点(800,200),线宽 2 像素
6    cv2.line(image, (200, 200), (800, 200), (0, 0, 0), 2)
7    # 绘制圆:绘制一个黑色圆,圆心(500, 200),半径 150 像素,线宽 2 像素
8    cv2.circle(image, (500, 200), 150, (0, 0, 0), 2)
9    # 绘制椭圆:绘制一个黑色椭圆,中心(500, 200),长轴 150,短轴 100,倾斜角度 45 度,线宽 2 像素
10   cv2.ellipse(image, (500, 200), (150, 100), 45, 0, 360, (0, 0, 0), 2)
11   # 绘制矩形:绘制一个黑色矩形,左上角(200, 400),右下角(800, 450),线宽 2 像素
12   cv2.rectangle(image, (200, 400), (800, 450), (0, 0, 0), 2)
13   # 添加文字:在图像上添加文字,位置(200, 450),字体大小 2,黑色,线宽 5 像素
cv2.putText(image, 'Computer Vision', (200, 450), cv2.FONT_HERSHEY_SIMPLEX, 2, (0, 0, 0), 5,
cv2.LINE_AA)
# 显示图像
cv2.imshow('Image with Shapes and Text', image)
cv2.waitKey(0)
cv2.destroyAllWindows()
```

首先,代码通过 NumPy 库的 np.ones 函数创建一个 500×1000 的矩阵,其中所有元素均为 1,并乘以 255,生成一幅纯白色的背景图像。随后,利用 OpenCV 的绘制函数依次在图像上绘制直线、圆、椭圆、矩形,并在图像上添加文字"Computer Vision"。每种图形的属性(如位置、大小、颜色、线宽等)均通过函数参数进行设置,确保其在图像中的显示效果准确清晰。

在绘制这些图形和文字时,可以通过传递不同的参数来控制它们的位置和属性。坐标位置是图像中的像素坐标,它们由一个包含两个元素的元组表示,第一个元素表示位于图像的第几列,第二个元素表示位于图像的第几行,可以根据需要在图像中精确放置图形和文字。

此外,这些绘制功能不仅可用于静态标记,还可以结合视觉算法的输出动态绘制图形和标注文字,使其能够随着处理结果自适应变化,从而更直观地展示图像内容。此类操作广泛用于视觉算法调试、结果可视化及应用界面设计中,为图像处理的结果呈现提供了重要支持。

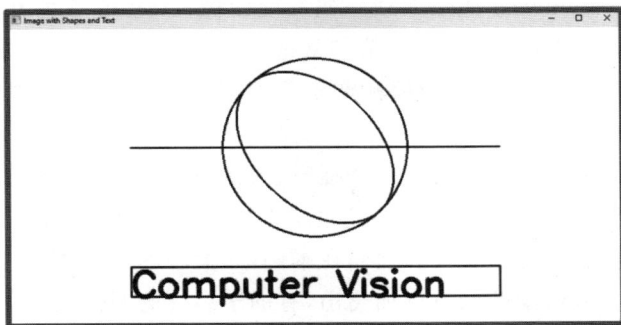

图 3-10　图像绘制

3.3.5　图像数值运算

在图像处理过程中,当需要调整图像的整体亮度时,可以通过对图像每个像素值进行加法或减法操作来实现。这种操作的本质是将一个数值与图像中的所有像素值进行逐一计算,整体增加或减少像素值,从而改变图像的亮度。加法操作会使图像变亮,而减法操作则会使图像变暗。

在 OpenCV 中,cv2.add 函数(代码 3-20)提供了一种高效的方法来执行这种像素级别的加法运算。通过将图像与一个固定值相加,可以实现亮度的全局调整。同时,cv2.add 函数会自动处理像素值的上下限,确保结果始终保持在有效范围内(如 0~255)。

代码 3-20　cv2.add 函数

```
dst = cv.add(src1, src2[, dst[, mask[, dtype]]]) -> dst
```

- dst(返回值):输出图像,像素值是输入图像与加法数值逐像素计算的结果。
- src1:输入的图像,可以是单通道或多通道图像。
- src2:常量或另一幅图像。若为常量,则其值会加到图像的每个像素上。
- mask(可选参数):掩码,指定图像中的部分区域进行操作。
- dtype(可选参数):输出数组的类型,默认为输入图像的类型。

【例 3-11】 使用 OpenCV 提升一幅图像的整体亮度。以 8 位深度的灰度图像为例,将亮度整体提升 100 单位,并显示原始图像与调整后的图像。

代码如下,运行结果如图 3-11 所示。

例 3-11

```
1   import cv2
2   # 读取图像
3   image = cv2.imread('image/Example - Bridge_gray.jpg', cv2.IMREAD_GRAYSCALE)
4   # 定义亮度增加值(可以根据需要进行调整)
5   brightness_increase = 100
6   # 使用 cv2.add 函数增加亮度
7   brightened_image = cv2.add(image, brightness_increase)
8   # 显示原始图像和增加亮度后的图像
9   cv2.imshow('Original Image', image)
10  cv2.imshow('Brightened Image', brightened_image)
11  cv2.waitKey(0)
12  cv2.destroyAllWindows()
```

　　程序首先通过 cv2.imread 函数加载一幅灰度图像,并定义亮度增加值为 100。随后,利用 cv2.add 函数将图像中的每个像素值与常量 100 相加,从而提升图像的整体亮度。通过 cv2.imshow 函数分别展示原始图像和调整后的图像,用户可以直观地观察亮度变化带来的效果。

　　运行结果表明,调整后图像的亮度显著提升,图像中更暗的区域细节变得更加清晰。在调整过程中,由于某些像素值加上 100 后超过了上限值 255,图像中部分区域达到亮度饱和的状态,这些区域的信息可能会丢失。然而在本例中,关心的区域主要位于桥下方的梁结构部分。通过整体提高亮度,梁的细节更加突出,有助于后续的图像处理和分析。

　　这种亮度提升的方法对于提高目标区域的可见性、减小处理误差具有重要作用,尤其在一些场景中,整体调整亮度可以快速改善图像质量,使特定目标更加易于识别。通过灵活调整亮度增量值,可以适应不同图像的需求,满足多种处理场景。

图 3-11　图像绘制

3.3.6　图像加法运算

　　在图像处理中,除了将一幅图像的像素值与常数相加,还可以对两幅图像进行逐像素相加运算,生成一幅新的图像。这种操作被称为图像加法运算,广泛用于图像融合、亮度调整和其他处理任务。

　　在 NumPy 中,图像被表示为矩阵,直接使用加号运算符即可对两幅图像进行像素级相加。然而,加号运算符不对结果进行范围限制。例如,对于 uint8 类型的图像,当相加后的值超过 255 时,结果会取余,这可能导致意料之外的后果。例如:$240+20=4$(对于 uint8 类型)。此外,负值也会因为溢出被截断为 0,这种行为可能不符合实际需求。

　　OpenCV 提供了 cv2.add 函数(代码 3-20)进行饱和加法运算,确保结果像素值始终在 $0\sim255$ 的范围内。如果相加后的像素值超过 255,则被截断为 255;如果小于 0,则被截断为 0。这种方法更符合图像处理的直觉,也避免了数据类型限制导致的溢出问题。区别可见例 3-12。

　　【例 3-12】　比较加号运算符"+"和 OpenCV 的 cv2.add 函数在图像加法运算中的表现,通过将灰度图像与自身相加,观察两种方法的结果差异。

　　代码如下,运行结果如图 3-12 所示。

例 3-12

```
1    import cv2
2    # 读取灰度图像
3    gray_image = cv2.imread('image/Example-Bridge_gray.jpg', cv2.IMREAD_GRAYSCALE)
4    # 使用加法运算符进行加法运算
5    result1 = gray_image + gray_image
6    # 使用 cv2.add 函数进行加法运算
7    result2 = cv2.add(gray_image, gray_image)
8    # 显示结果
9    cv2.imshow('gray_image', gray_image)
10   cv2.imshow('Using + Operator', result1)
11   cv2.imshow('Using cv2.add', result2)
12   cv2.waitKey(0)
13     cv2.destroyAllWindows()
```

程序首先读取一幅灰度图像后,分别使用加法运算符"+"和 cv2.add 函数对图像进行加法运算,并将结果存储在 result1 和 result2 中。最后,通过 cv2.imshow 函数显示原始图像及两种方法的运算结果。

使用加号运算符时,图像像素值按逐元素相加进行计算。当相加结果超过 uint8 数据类型的上限(255)时,像素值会发生截断,变为溢出值的余数。这种截断导致图像中的高亮区域变暗,同时保留一定的纹理和轮廓。适合用于增强图像的亮度变化,同时保留高亮区域的轮廓与纹理。这种方法更适合处理需要强调对比度或纹理细节的场景。

使用 cv2.add 函数时,图像像素值在逐元素相加后,结果被限制在 0~255 的范围内。若相加结果超过 255,则被截断为 255。这种饱和加法使得图像的高亮区域变为纯白色(255),亮度低的区域亮度得到增强,但高亮区域的纹理信息会丢失。适合用于将图像高亮区域统一成纯白,同时提升暗部亮度。由于高亮区域像素值饱和,图像呈现出更为均匀的亮度分布,但纹理细节可能丢失。

图 3-12　图像加法运算

3.3.7　图像比较运算

在图像处理中,除了简单的加法运算,还可以通过比较两幅图像的像素值来生成一幅新的图像。这种比较运算通过选择每个像素位置的较大或较小值,将两幅图像融合为一幅图像,广泛用于图像增强和特定特征的突出表达。

在 OpenCV 库中,cv2.max 函数(代码 3-21)可以用于比较两幅图像,并保留每个像素位置上较大的灰度值作为结果图像的像素值。具体来说,cv2.max 函数会逐像素选择两幅图像中的较大值,生成的结果图像能够更好地突出较亮的区域或高亮特征。这种操作适合用于增强图像中亮部的细节表现,使得高亮区域更加显著。

与此相对,cv2.min 函数(代码 3-21)用于保留每个像素位置上较小的灰度值,生成的结果图像能够更清晰地表现较暗区域的特征。cv2.min 函数在逐像素比较中,选择两幅图像的较小值,这种方式适合于突出图像中的阴影或暗部细节,便于强调图像中的低亮度信息。

通过使用 cv2.max 和 cv2.min 函数,可以灵活地根据需要突出图像中的高亮或暗部区域,为图像融合、特征提取和增强提供高效的解决方案。

代码 3-21   cv2.max 函数与 cv2.min 函数

```
dst = cv2.max(src1, src2[, dst]) -> dst
dst = cv2.min(src1, src2[, dst]) -> dst
```
- dst(返回值):输出图像,经过逐像素比较后,保留对应灰度值的结果图像。
- src1:第一个输入图像,可以是单通道或多通道图像。
- src2:第二个输入图像,与 src1 的大小、通道数和数据类型必须相同。

【例 3-13】 使用 OpenCV 对两幅图像进行比较运算,通过 cv2.max 函数和 cv2.min 函数分别提取较大的像素值和较小的像素值,生成两幅新的组合图像,并对比原图与合成图的区别。

例 3-13

代码如下,运行结果如图 3-13 所示。

```
1    import cv2
2    # 读取两幅图像
3    image1 = cv2.imread('image/Example - Bridge.jpg')
4    image2 = cv2.imread('image/CV.jpg')# 使用 cv2.max 函数获取两幅图像中较大的像素值
5    max_result = cv2.max(image1, image2)
6    # 使用 cv2.min 函数获取两幅图像中较小的像素值
7    min_result = cv2.min(image1, image2)
8    # 显示原图和比较后的图像
9    cv2.imshow('Image 1', image1)
10   cv2.imshow('Image 2', image2)
11   cv2.imshow('Max Result', max_result)
12   cv2.imshow('Min Result', min_result)
13   cv2.waitKey(0)
14   cv2.destroyAllWindows()
```

程序首先通过 cv2.imread 函数分别读取两幅图像 image1 和 image2。其次使用 OpenCV 提供的 cv2.max 函数和 cv2.min 函数分别进行逐像素比较运算。cv2.max 函数逐像素保留较大的灰度值或颜色值,生成的图像 max_result 将更为明亮;cv2.min 函数逐像素保留较小的灰度值或颜色值,生成的图像 min_result 将更为暗淡。最后通过 cv2.imshow 函数将原图和结果图显示在窗口中,供用户观察。

从运行结果可以看出,image1 整体亮度低于 image2,这直接影响了比较运算的结果。在合成图 max_result 中,较亮的 image2 覆盖了 image1 的大部分区域,生成的图像更为明亮。该结果有效突出较亮区域的特征,适用于增强图像的高亮部分。在合成图 min_result 中,较暗的 image1 保留了更多内容,image2 的较亮区域被削弱,生成的图像整体偏暗。这种结果强调了图像的暗部特征,适用于突出阴影或降低亮度对比。

图 3-13　图像比较运算

3.3.8　图像按位逻辑运算

逻辑运算又称布尔运算，是利用数学方法研究逻辑问题的一种运算形式。其理论基础源于布尔代数，通过等式表示判断，把推理过程视为等式的变换。这种变换的有效性不依赖于人们对符号的具体解释，而是依赖于符号组合的规律性。逻辑运算的核心在于对逻辑值（或称布尔值）的操作，逻辑值只有两个可能的取值：真（True）和假（False）。在二进制中，逻辑值通常用 1 和 0 表示。

逻辑运算在计算机科学和工程领域有着广泛的应用。无论是控制系统中的开关逻辑，还是编程中的条件判断，逻辑运算都发挥着关键作用。逻辑运算的意义在于通过条件、规则和决策来控制程序的行为，从而实现复杂的计算和任务。在图像处理中，逻辑运算被扩展为按位逻辑运算，直接作用于像素的二进制表示，对图像信号的每个位进行操作。

（1）与运算（AND）。与运算要求两个条件同时为真时结果才为真，否则结果为假。在 OpenCV 中，与运算通常通过 cv2.bitwise_and 函数（代码 3-22）实现。在图像处理中，该运算常用于掩码操作，可提取两个图像的公共部分。

（2）或运算（OR）。或运算只要两个条件中至少有一个为真，结果即为真，否则为假。在 OpenCV 中，通过 cv2.bitwise_or 函数（代码 3-22）实现。该操作可用于合并两幅图像，保留任意一幅图像中的像素值。

（3）非运算（NOT）。非运算是对条件进行取反，即真变为假，假变为真。在 OpenCV 中，通过 cv2.bitwise_not 函数（代码 3-22）实现。该运算常用于反转二进制图像或对掩码进行取反操作。

（4）异或运算（XOR）。异或运算在两个条件不相等时结果为真，相等时结果为假。在OpenCV 中，通过 cv2.bitwise_xor 函数（代码 3-22）实现。该操作适用于处理二进制图像中的噪声或比较两幅图像的变化区域。

在图像信号处理中，像素值通常被转换为二进制进行逻辑操作。逻辑运算对非零像素值会产生新的非零值。感兴趣的读者可进一步研究这些运算的底层机制，例如将像素值转换为二进制后分析位操作的具体结果。对于浮点型数据，操作须符合 IEEE 754 浮点数二进制表示规则。

代码 3-22　图像按位逻辑运算函数

```
dst = cv2.bitwise_and(src1, src2[, dst[, mask]]) -> dst
dst = cv2.bitwise_or(src1, src2[, dst[, mask]]) -> dst
dst = cv2.bitwise_not(src[, dst[, mask]]) -> dst
dst = cv2.bitwise_xor(src1, src2[, dst[, mask]]) -> dst
```

- dst(返回值)：位操作后的输出图像数组或数值，包含逻辑运算的结果。
- src1：第一个输入图像数组或数值。
- src2：第二个输入图像数组或数值。
- src：非运算(NOT)中的输入图像数组或数值。
- mask(可选参数)：图像掩码。

【例 3-14】　构造两幅黑白图像，并对它们进行按位与、或、非、异或运算，观察不同逻辑运算的结果。

例 3-14

代码如下，运行结果如图 3-14 所示。

```
1    import …
2    # 创建一幅上下黑白的图像
3    height, width = 200, 300
4    top_bottom_image = np.zeros((height, width), dtype = np.uint8)
5    top_bottom_image[:height // 2, :] = 255
6    # 创建一幅左右黑白的图像
7    left_right_image = np.zeros((height, width), dtype = np.uint8)
8    left_right_image[:, :width // 2] = 255
9    # 按位与运算
10   bitwise_and_result = cv2.bitwise_and(top_bottom_image, left_right_image)
11   # 按位或运算
12   bitwise_or_result = cv2.bitwise_or(top_bottom_image, left_right_image)
13   # 按位非运算
14   bitwise_not_result = cv2.bitwise_not(top_bottom_image)
15   # 按位异或运算
16   bitwise_xor_result = cv2.bitwise_xor(top_bottom_image, left_right_image)
17   # 显示结果图像
18   …
```

在本例中，首先构造了两幅简单的黑白图像：一幅为上下黑白图像，上半部分为白色（255），下半部分为黑色（0）；另一幅为左右黑白图像，左半部分为白色（255），右半部分为黑色（0）。接着对这两幅图像分别执行了按位与、或、非和异或的逻辑运算。

按位与运算的结果是，只有两幅图像的白色区域重叠的部分才会显示为白色，其他部分为黑色。在本例中,结果图像的左上部分为白色,这是因为上下黑白图像的上半部分和左右黑白图像的左半部分在此区域重叠。

按位或运算的结果则是,只要两幅图像中任意一幅的像素值为白色,结果图像的对应区域就显示为白色。因此,结果图像中除了右下部分,其他区域都显示为白色,而右下部分因两幅图像均为黑色而显示为黑色。

按位非运算仅作用于上下黑白图像,它将原图的白色部分变为黑色,黑色部分变为白色,从而实现了图像的镜像反转。结果图像中,上半部分变为黑色,下半部分变为白色。

按位异或运算的结果是,在两幅图像的像素值不同的区域显示为白色,而相同的区域则显示为黑色。结果图像中,右上和左下部分显示为白色,这是因为这些区域两幅图像的像素值不同,而左上和右下部分显示为黑色,这是因为这些区域两幅图像的像素值相同。

通过以上运算,展示了按位逻辑运算在图像处理中的具体效果和应用场景。这些运算方法可以灵活地用于提取公共区域、实现图像融合、反转图像以及检测图像差异,为图像分析与处理提供了重要支持。

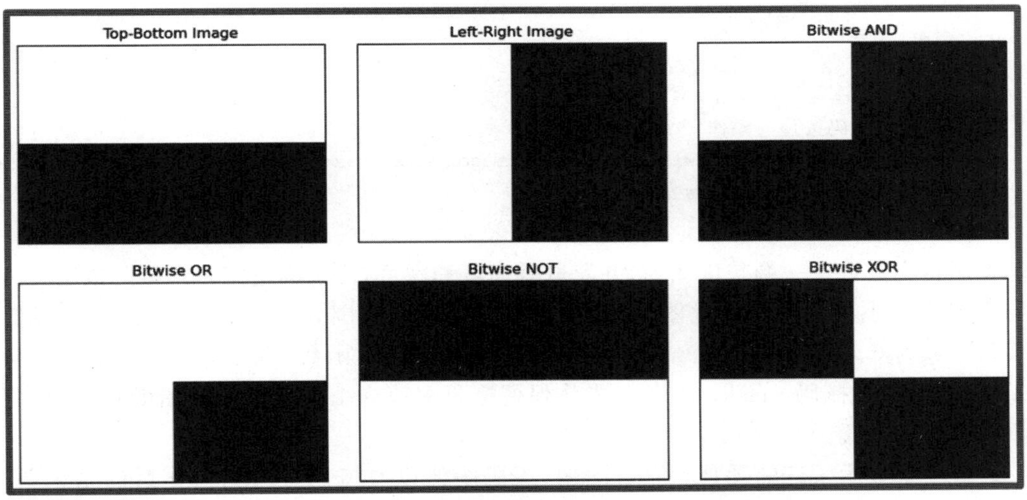

图 3-14　图像按位逻辑运算

3.3.9　掩码

在图像处理中,掩码是一个非常重要的工具。掩码通常是与原图像具有相同尺寸的二值化图像,使用掩码可以选择性地对图像的特定区域执行操作,而对其他区域保持不变。掩码中的像素值决定了对原图像中对应区域的处理规则:当掩码的像素值为1(或非零)时,对应区域的像素将被处理;当掩码的像素值为 0 时,对应区域则不进行任何操作。

掩码操作的意义在于可以灵活地限制处理范围,从而避免对不必要的区域施加额外计算。这种选择性操作在图像处理中具有广泛的应用,例如目标提取、区域增强和局部滤波等。以 OpenCV 中的 cv2.bitwise_and 函数(代码 3-22)为例,其可选参数 mask 就是一个典型的掩码应用。通过提供一个掩码图像,按位与操作将只针对掩码中值为非零的像素位置计算输出,其他位置的像素将保持不变。

　　当掩码未提供时,按位与操作会对整幅图像执行计算,但在提供掩码后,只在掩码指定的区域内生效,这种机制极大地提高了图像处理的灵活性。例如,在例 3-15 中,掩码被应用于一幅图像,以仅对掩码中选定的区域执行按位操作,从而生成结果图像。掩码操作不仅限于按位运算,还可以扩展到各种图像处理任务中,通过精准选择处理区域,既能减少计算量,又能保留其他区域的完整性。

　　【例 3-15】　构造一幅图像横向 $1/5 \sim 2/5$ 的区域为掩码,然后利用掩码对图像进行按位与操作,最后显示结果。

　　代码如下,运行结果如图 3-15 所示。

```
1   import …
2   # 读取图像
3   image = cv2.imread('image/Example – Bridge_gray.jpg', cv2.IMREAD_GRAYSCALE)
4   # 获取图像的宽度和高度
5   height, width = image.shape
6   # 创建掩码,横向五分之一到五分之二的区域为1,其余为0
7   mask = np.zeros((height, width), dtype = np.uint8)
8   start_col = width // 5
9   end_col = 2    * width // 5
10  mask[:, start_col:end_col] = 1
11  # 进行掩码按位与操作
12  result_image = cv2.bitwise_and(image, image, mask = mask)
13  # 显示原图和掩码按位与操作后的图像
14  …
```

　　程序首先读取了一幅灰度图像,并获取其高度和宽度,用于构造掩码。掩码被定义为一个与原图像大小相同的二值化图像,其像素值仅在横向范围为 $1/5 \sim 2/5$ 的区域内设置为 1,其余区域为 0。随后,通过 OpenCV 的 cv2.bitwise_and 函数,将原图像与自己进行按位与操作,同时指定掩码 mask。按位与操作保留掩码中值为 1 的区域的原始像素值,而将掩码值为 0 的区域置为 0,从而生成结果图像。

　　运行结果显示了三幅图像:原始图像、掩码图像以及掩码按位与操作后的结果图像。掩码图像是一个二值化图像,仅在横向范围为 $1/5 \sim 2/5$ 的区域显示为白色(255),其余部分为黑色(0)。在掩码作用下,按位与操作后的结果图像仅保留了原图像中对应于掩码白色区域的像素值,其余区域被置为黑色。这种操作将图像限制在掩码选定的范围内,从而实现了局部区域的提取或处理。

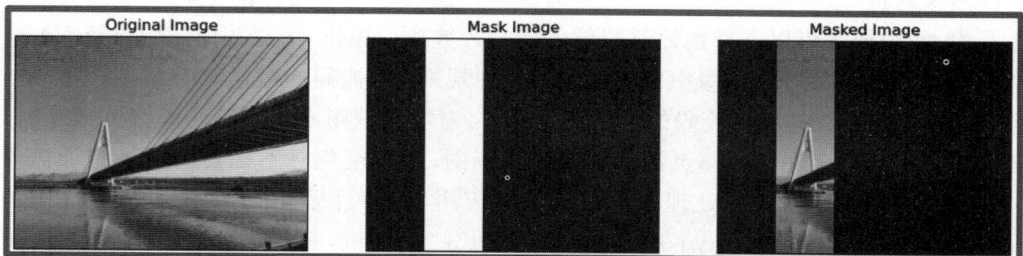

图 3-15　掩码按位与操作结果

3.4　图像变换

在图像处理中,为了满足不同的需求或应用场景,常常需要对图像进行各种变换。这些变换不仅能够改变图像的外观,还能调整其特性或表示方式,从而实现特定的处理目标。例如,改变图像的尺寸以适应显示设备的要求,翻转图像以调整视角,或者将多幅图像拼接在一起以生成复合图像等。图像变换在许多实际应用中起着关键作用,例如图像增强、几何校正和视角调整。

本节将重点介绍几种常见的基本图像变换操作,包括尺寸变换、翻转变换、图像连接、仿射变换、透视变换和极坐标变换。每种变换都具有独特的功能和用途,能够满足不同场景下的需求。通过使用 OpenCV 提供的函数,这些变换可以高效地实现,并且具有很高的灵活性和精确性。

3.4.1　尺寸变换

在图像处理中,图像的尺寸通常指图像在水平方向和垂直方向上的像素数量,也被称为分辨率。调整图像尺寸是一个常见的操作,用于改变图像的分辨率,以适应不同的显示需求或处理要求。在调整图像尺寸时,需要通过插值方法来增加或减少像素,以确保调整后的图像质量尽可能保持在合理范围内。

OpenCV 提供了 cv2.resize 函数(代码 3-23),专门用于实现图像的尺寸变换。该函数支持多种插值方法,以适应不同的场景需求。在图像缩小时,cv2.INTER_AREA 通常效果最佳,因为它通过像素区域的重采样来减少失真。在图像放大时,cv2.INTER_CUBIC(三次插值)提供了较高的质量,但速度较慢,而 cv2.INTER_LINEAR(双线性插值)则能在速度和质量之间达到较好的平衡。

cv2.resize 函数提供了两种不同的方式来调整图像尺寸:使用 dsize 参数直接指定目标图像的宽度和高度;使用比例因子参数(fx 和 fy)按照指定倍数缩放图像。

当 dsize 参数为(0,0)时,函数会根据比例因子调整图像尺寸;如果提供了 dsize 参数,则会直接按照指定的宽高调整图像,而忽略比例因子参数。这种灵活性使得 cv2.resize 函数能够满足各种图像调整需求,应用实例可见例 3-16。

代码 3-23　cv2.resize 函数

```
dst = cv2.resize(src, dsize[, dst[, fx[, fy[, interpolation]]]]) -> dst
```
- dst(返回值):输出调整尺寸后的图像,类型与输入图像相同。
- src: 输入图像,需要调整尺寸的原始图像。
- dsize:输出图像的目标尺寸,为一个元组 (width, height),优先级高于比例因子参数。
- fx(可选参数):沿水平轴的比例因子。
- fy(可选参数):沿垂直轴的比例因子。
- interpolation(可选参数):插值方法。具体可查询 OpenCV 帮助手册。

【例 3-16】　利用 cv2.resize 函数通过两种方式调整图像尺寸,并比较结果。代码如下,运行结果如图 3-16 所示。

例 3-16

```
1    import …
2    ♯ 读取原始图像
3    image = cv2.imread('image/Example – Bridge_gray.jpg', cv2.IMREAD_GRAYSCALE)
4    ♯ 缩小至原来的 1/5 时的 dsize 参数
5    new_size = (image.shape[1] // 5, image.shape[0] // 5)
6    ♯ 使用 dsize 参数调整图像尺寸
7    Resized_image1 = cv2.resize(image, new_size, fx = 0.1, fy = 0.1)
8    ♯ 使用比例因子缩小至原来的 1/10 时，调整图像尺寸
9    Resized_image2 = cv2.resize(image, (0, 0), fx = 0.1, fy = 0.1)
10   ♯ 显示原始图像与两个处理后的图像
11   …
```

程序首先读取了一幅灰度图像作为输入图像，然后使用 cv2.resize 函数演示了两种不同方式调整图像尺寸。首先使用 dsize 参数直接指定目标尺寸，将图像的宽度和高度分别缩小为原始尺寸的 1/5。此方法通过计算新的尺寸元组（new_width，new_height），实现了精确的尺寸控制。接着，使用比例因子参数 fx 和 fy，将图像的宽度和高度均缩小为原始尺寸的 1/10。此方法无须手动计算目标尺寸，函数根据提供的比例自动调整图像大小，适用于按固定倍数缩放图像的场景。

图 3-16　图像尺寸变换结果

3.4.2　翻转变换

图像的翻转变换是对像素位置进行重新排列的一种操作，通过改变像素的分布，可以在水平方向、垂直方向或同时在两个方向上对图像进行翻转。水平翻转能够创建图像的镜像效果，使图像左右颠倒；垂直翻转可以产生上下颠倒的效果；而双轴翻转则将图像同时在水平方向和垂直方向上翻转，生成上下左右均颠倒的图像。这种变换在数据增强中非常有用，可以扩展训练数据集的多样性，提高模型的泛化能力。

在 OpenCV 中，cv2.flip 函数（代码 3-24）专门用于实现图像的翻转变换。通过设置 flipCode 参数可以指定不同的翻转方式：当 flipCode 为 0 时，图像绕 x 轴翻转，即进行垂直翻转；当 flipCode 为正值（通常为 1）时，图像绕 y 轴翻转，即进行水平翻转；当 flipCode 为负值（−1）时，图像在水平方向和垂直方向上同时翻转，产生上下左右均颠倒的效果。

代码 3-24　cv2.flip 函数

```
dst = cv2.flip(src, flipCode[, dst]) -> dst
```
- dst(返回值)：翻转变换后的输出图像，其大小和数据类型与输入图像 src 相同。
- src：待翻转的输入图像。

- flipCode：翻转方式标志，指定翻转的方向。

【例 3-17】　通过 cv2.flip 函数对一幅图像进行水平翻转、垂直翻转和双轴同时翻转。
代码如下，运行结果如图 3-17 所示。

```
1    import …
2    # 读取原始图像
3    image = cv2.imread('image/Example - Bridge_gray.jpg', cv2.IMREAD_GRAYSCALE)
4    # 进行水平翻转
5    horizontal_flip = cv2.flip(image, 1)
6    # 进行垂直翻转
7    vertical_flip = cv2.flip(image, 0)
8    # 进行双轴同时翻转
9    both_flip = cv2.flip(image, -1)
10   # 显示原始图像和翻转图像
11   …
```

例 3-17

程序首先读取一幅灰度图像作为输入图像，然后分别使用 cv2.flip 函数对其进行三种翻转操作。通过设置 flipCode 参数为 1，图像在水平方向上进行翻转，生成左右颠倒的镜像效果；通过设置 flipCode 参数为 0，图像在垂直方向上进行翻转，生成上下颠倒的镜像效果；通过设置 flipCode 参数为 -1，图像在水平方向和垂直方向上同时翻转，生成上下左右均颠倒的效果。

从运行结果可以直观地看到，水平翻转操作保留了图像的上下结构，仅改变了左右方向；垂直翻转保留了图像的左右结构，仅改变了上下方向；而双轴同时翻转则彻底改变了图像的对称性，使其上下和左右同时颠倒。通过这些翻转变换，可以轻松实现图像数据的对称性增强或镜像效果生成。这种操作在数据增强、特征学习和对称分析等场景中具有重要的应用价值。

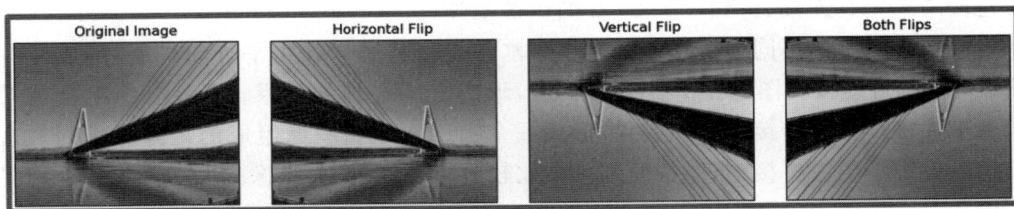

图 3-17　图像翻转变换结果

3.4.3　图像连接

图像连接是一种常见的图像操作，通过将多个图像沿水平或垂直方向合并在一起，构建更大的图像，或实现图像拼接的效果。连接的核心是将每个图像的像素按照特定的顺序重新排列。例如，在水平连接中，将第一个图像的像素排列在左侧，第二个图像的像素排列在右侧，需要保证两幅图像的高度相同，最终的宽度为两幅图像的宽度之和。垂直连接则将第一个图像的像素排列在顶部，第二个图像的像素排列在底部，需要两幅图像的宽度一致，最终的高度为两幅图像的高度之和。

在 OpenCV 中提供了 cv2.hconcat 函数和 cv2.vconcat 函数（代码 3-25），分别用于实现

图像的水平连接和垂直连接。在水平连接时,输入的图像需要具有相同的行数;在垂直连接时,输入的图像需要具有相同的列数。

代码 3-25　图像连接函数

```
dst = cv2.hconcat(src[, dst]) -> dst
dst = cv2.vconcat(src[, dst]) -> dst
```

- dst(返回值):合并后的输出图像。
- src:输入的图像序列,用于连接的图像列表,必须具有相同的深度。

【例 3-18】　通过 OpenCV 的 cv2.hconcat 和 cv2.vconcat 函数,对一幅图像进行水平连接、垂直连接以及两者组合的效果。

代码如下,运行结果如图 3-18 所示。

例 3-18

```
1    import …
2    # 读取原始图像
3    image = cv2.imread('image/Example - Bridge_gray.jpg', cv2.IMREAD_GRAYSCALE)
4    # 水平连接自己
5    horizontal_concat = cv2.hconcat([image, image])
6    # 垂直连接自己
7    vertical_concat = cv2.vconcat([image, image])
8    # 再次垂直连接两个连接结果
9    final_concat = cv2.vconcat([horizontal_concat, horizontal_concat])
10   # 显示原始图像与连接结果
11   …
```

程序首先读取了一幅灰度图像,并利用 cv2.hconcat 函数将图像与自身进行水平连接,生成一个宽度为原始图像 2 倍的 1×2 图像。其次通过 cv2.vconcat 函数将原图像垂直连接自身,生成一个高度为原始图像 2 倍的 2×1 图像。最后再次使用 cv2.vconcat 函数,将 2 个水平连接结果垂直连接,得到一个 2×2 的图像矩阵。

运行结果展示了不同连接操作的效果。水平连接将图像在水平方向扩展,形成左右并排的效果;垂直连接将图像在垂直方向扩展,形成上下叠加的效果;而最终的组合结果展示了水平连接和垂直连接的叠加效果,形成一个由四幅原始图像组成的矩阵式排列。这些操作广泛应用于图像拼接、布局构建和多图比较分析等场景,为图像的灵活展示和处理提供了便捷手段。

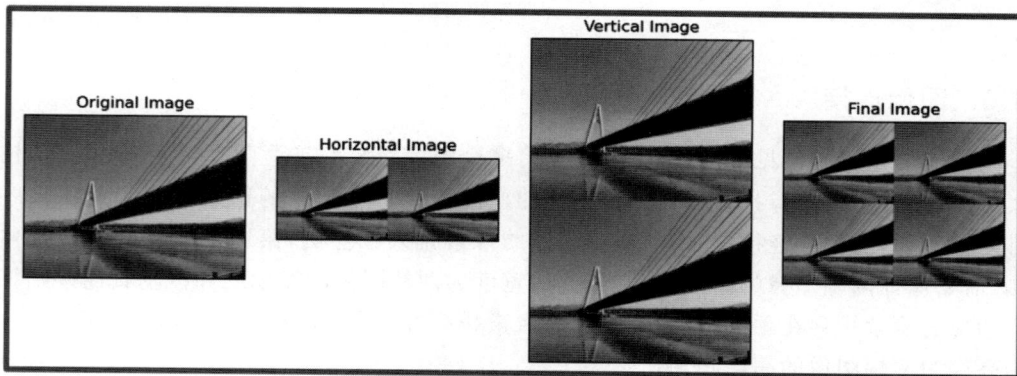

图 3-18　图像连接结果

3.4.4　仿射变换

仿射变换(affine transformation)，又称仿射映射，是一种包括线性变换和平移的几何变换。通过仿射变换，可以将一个向量空间中的点映射到另一个向量空间中。该过程通常表示为一个矩阵运算，其中线性变换和平移操作共同组成仿射变换矩阵。

在图像几何处理中，仿射变换通过将待变换矩阵与仿射变换矩阵相乘，实现对图像的平移、旋转、缩放和剪切等操作，从而改变图像的形状和位置。在仿射变换的作用下，图像的一些几何不变量得以保持，例如点的共线性、线段的平行性以及平行线段的长度比等特性。

OpenCV 提供了 cv2.warpAffine 函数(代码 3-26)用于实现仿射变换。此外，还提供了两个辅助函数，来构建仿射变换矩阵：cv2.getRotationMatrix2D(代码 3-27)用于计算旋转变换的仿射矩阵，cv2.getAffineTransform(代码 3-28)则可以根据变换前后图像中三个点的对应坐标，求解仿射变换矩阵。

仿射变换矩阵的结构由两部分组成：一个 2×2 的线性变换矩阵和一个 2×1 的平移矩阵，因此整体为一个 2×3 的矩阵。在 OpenCV 中，cv2.warpAffine 函数所使用的仿射变换的公式如下：

$$\text{dst}(x,y) = \text{src}(M_{11}x + M_{12}y + M_{13}, M_{21}x + M_{22}y + M_{23}) \tag{3-1}$$

如果只需要图像平移，根据转换公式，当 $M_{11}=1, M_{12}=0, M_{21}=0, M_{22}=1$ 时，M_{13} 控制 x 轴的平移，M_{23} 控制 y 轴的平移。如果只需要图像旋转与缩放，可以用 cv2.getRotationMatrix2D 函数求得仿射变换矩阵，具体公式如下：

$$M = \begin{bmatrix} \alpha & \beta & (1-\alpha)\cdot\text{center}.x - \beta\cdot\text{center}.y \\ -\beta & \alpha & \beta\cdot\text{center}.x - (1-\alpha)\cdot\text{center}.y \end{bmatrix} \tag{3-2}$$

其中

$$\alpha = \text{scale}\cdot\cos(\text{angle}), \quad \beta = \text{scale}\cdot\sin(\text{angle}) \tag{3-3}$$

center 代表图像的旋转中心；center.x 表示旋转中心点的 x 坐标，即图像的水平方向的位置；center.y 表示旋转中心点的 y 坐标，即图像的垂直方向的位置；angle 代表旋转角度；scale 代表缩放的比例因子。

如果要实现更为复杂的仿射变换，可以使用 cv2.getAffineTransform 函数。该函数通过指定变换前后图像中三个点的对应坐标，构建一个三角形，根据三角形的仿射变换计算出仿射变换矩阵。这种方式可以灵活定义图像的变换，满足复杂的几何变换需求。

代码 3-26　cv2.warpAffine 函数

```
dst = cv2.warpAffine(src, M, dsize[, dst[, flags[, borderMode[, borderValue]]]]) -> dst
```
- dst(返回值)：仿射变换后的输出图像。
- src：输入图像，需要进行仿射变换的原始图像。
- M：2×3 的仿射变换矩阵。
- dsize：输出图像的尺寸大小，格式为(width, height)。
- flags(可选参数)：转换时使用的插值方法，默认值为 cv2.INTER_LINEAR(双线性插值)，其他插值方法可查询 OpenCV 帮助手册。
- borderMode(可选参数)：像素边界外推法标志，默认值为 cv2.BORDER_CONSTANT，表示用固定值填充图像边界区域。
- borderValue(可选参数)：像素边界外推法的填充值，默认值为 0(黑色)。

代码 3-27　　cv2. getRotationMatrix2D 函数

```
retval = cv2.getRotationMatrix2D(center, angle, scale) -> retval
```
- retval(返回值)：用于旋转的仿射变换矩阵(2×3 矩阵)。
- center：旋转中心点的坐标,格式为(x, y)。
- angle：旋转角度(以度为单位),正值表示逆时针旋转。
- scale：缩放比例因子,决定图像在旋转后的大小变化。

代码 3-28　　cv2. getAffineTransform 函数

```
retval = cv2.getAffineTransform(src, dst) -> retval
```
- retval(返回值)：仿射变换矩阵(2×3 矩阵)。
- src：原始图像中三角形顶点的坐标,数据类型为 float32 的 ndarray 数组。
- dst：仿射变换后图像中相应三角形顶点的坐标,数据类型为 float32 的 ndarray 数组。

【例 3-19】　　通过 OpenCV 的仿射变换功能,分别实现图像的向左平移、顺时针旋转 45° 和变成平行四边形的操作。

例 3-19

代码如下,运行结果如图 3-19 所示。

```
1    import …
2    # 读取图像
3    image = cv2.imread('Example-Bridge.jpg')
4    # 获取图像的高度和宽度
5    height, width = image.shape[:2]
6    # 向左平移 100 个像素点的仿射变换
7    translation_matrix = np.float32([[1, 0, -100], [0, 1, 0]])
8    translated_image = cv2.warpAffine(image, translation_matrix, (width, height))
9    # 45°顺时针旋转的仿射变换
10   rotation_center = (width // 2, height // 2)
11   rotation_matrix = cv2.getRotationMatrix2D(rotation_center, 45, 1)
12   rotated_image = cv2.warpAffine(image, rotation_matrix, (width, height))
13   # 图像变成平行四边形的仿射变换
14   pts1 = np.float32([[10, 10], [180, 20], [30, 180]])
15   pts2 = np.float32([[50, 50], [200, 50], [50, 200]])
16   affine_matrix = cv2.getAffineTransform(pts1, pts2)
17   transformed_image = cv2.warpAffine(image, affine_matrix, (width, height))
18   # 显示三幅仿射变换后的图像
19   …
```

程序首先读取了一幅输入图像并获取其高度和宽度,为后续的仿射变换提供基础参数。其次分别定义了三种仿射变换的矩阵：通过手动构建一个仿射变换矩阵,将图像在水平方向上向左移动 100 像素；利用 cv2. getRotationMatrix2D 函数,以图像中心为旋转点,计算出旋转的仿射变换矩阵,同时保持比例不变(缩放比例为 1),顺时针旋转 45°；通过指定变换前后三个点的对应关系(原始三角形顶点和目标三角形顶点),利用 cv2. getAffineTransform 函数计算仿射变换矩阵,实现复杂的几何变形,变成平行四边形。最后,使用 cv2. warpAffine 函数分别应用以上仿射变换并显示变换后的图像。

在运行结果中可以看到,平移操作将图像向左移动,右侧出现黑色填充区域表示超出边界的部分被移除；旋转操作以图像中心为轴顺时针旋转 45°,未被填充的区域同样显示为黑色；平行四边形变形则是将图像拉伸为平行四边形,形状和位置均发生显著改变。

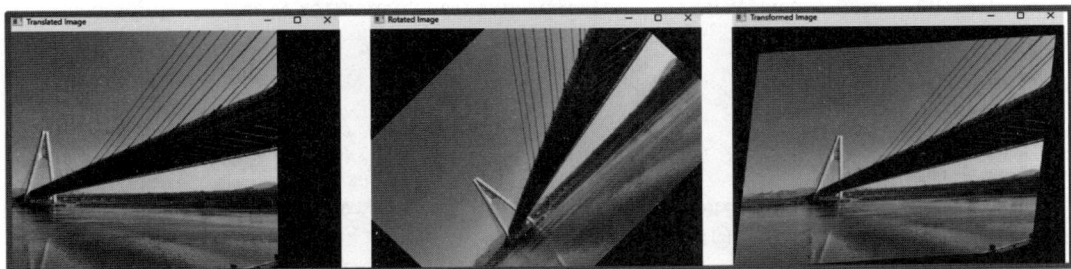

图 3-19　图像仿射变换

3.4.5　透视变换

透视变换是一种重要的几何变换操作,通过利用透视中心、像点和目标点三点共线的原理,将图像投影到新的成像平面上。这种变换能够调整对象的尺寸、形状和投影角度,从而实现透视效果的改变。与仿射变换不同,透视变换能够将矩形变换为任意四边形而不仅仅是平行四边形。透视变换的一个典型应用是图像校正,尤其是在摄像机和地面存在倾斜角度的情况下,通过透视变换可以将倾斜的图像调整为正投影,从而实现更精准的测量、分析和理解图像中的目标。

透视变换的基本原理是确定透视前后的像素点之间的对应关系,通常需要在透视前和透视后的图像中确定四个点,这些点用于计算 3×3 的透视变换矩阵。透视变换矩阵用于将图像中的像素点重新映射到新的位置,从而完成透视效果的调整。通过这一操作,可以实现从倾斜视角校正到正视图的图像变换以及其他需要透视调整的应用。

在 OpenCV 中,可以通过 cv2. warpPerspective 函数(代码 3-29)实现透视变换。此外,用 cv2. getPerspectiveTransform 函数(代码 3-30)还可以根据透视前后的四个点计算透视变换矩阵。通过这两个函数可以方便地完成透视变换的计算和应用,满足不同场景的透视调整需求。

代码 3-29　cv2. warpPerspective 函数

```
dst = cv2.warpPerspective(src, M, dsize[, dst[, flags[, borderMode[, borderValue]]]]) -> dst
```
- dst(返回值): 透视变换后的输出图像。
- src: 输入图像,需要进行透视变换的原始图像。
- M: 3×3 的透视变换矩阵。
- dsize: 输出图像的尺寸大小,格式为 (width, height)。
- flags(可选参数): 转换时使用的插值方法,默认值为 cv2.INTER_LINEAR(双线性插值)。
- borderMode(可选参数): 像素边界外推法标志,默认值为 cv2.BORDER_CONSTANT。
- borderValue(可选参数): 用于指定边界填充方式的值,默认为 0(黑色)。

代码 3-30　cv2. getPerspectiveTransform 函数

```
retval = cv2.getPerspectiveTransform(src, dst[, solveMethod]) -> retval
```
- retval(返回值): 透视变换的 3×3 矩阵。
- src: 原始图像中四边形顶点的坐标,数据类型为 float32 的 ndarray 数组。
- dst: 透视变换后图像中对应四边形顶点的坐标,数据类型为 float32 的 ndarray 数组。
- solveMethod(可选参数): 矩阵求解方法标志,默认为 cv2.DECOMP_LU,表示使用 LU 分解法。具体可查询 OpenCV 帮助手册。

【**例3-20**】　通过 OpenCV 的 cv2.getPerspectiveTransform 函数和 cv2.warpPerspective 函数,实现一幅图像的透视变换。

代码如下,运行结果如图 3-20 所示。

```
1   import ...
2   # 读取原始图像
3   image = cv2.imread('Example - Bridge_gray.jpg', cv2.IMREAD_GRAYSCALE)
4   # 定义原图中四个角点的坐标
5   original_points = np.float32([[0, 0], [image.shape[1], 0], [0, image.shape[0]], [image.shape[1], image.shape[0]]])
6   # 将原图的三个角点分别向内平移一定距离
7   transformed_points = np.float32([[0, 0], [image.shape[1] - 50, 50], [50, image.shape[0] - 50], [image.shape[1] - 50, image.shape[0] - 50]])
8   # 计算透视变换矩阵
9   perspective_matrix = cv2.getPerspectiveTransform(original_points, transformed_points)
10  # 进行透视变换
11  warped_image = cv2.warpPerspective(image, perspective_matrix, (image.shape[1], image.shape[0]))
12  # 显示原图像和透视变换后的图像
13  ...
```

程序首先读取了一幅灰度图像,并获取其宽度和高度。其次定义了原始图像的四个角点坐标,包括左上、右上、左下和右下角,这些角点用于描述原始图像的几何边界。再次定义了透视变换后的四个目标角点坐标,其中三个角点向内平移了一定距离,形成了新的边界。通过 cv2.getPerspectiveTransform 函数计算出透视变换矩阵,用于描述从原图到目标图的像素映射关系。最后使用 cv2.warpPerspective 函数将原始图像按变换矩阵进行重新投影,生成透视变换后的图像。

运行结果中,透视变换后的图像形状发生了明显变化。通过原图与变换后图像的比较可以看出,图像的几何形状和投影角度都得到了调整。由于透视变换通过四个点的坐标映射,可以实现更灵活的几何调整。原图不仅限于变换成平行四边形,还可以变换为任意四边形。

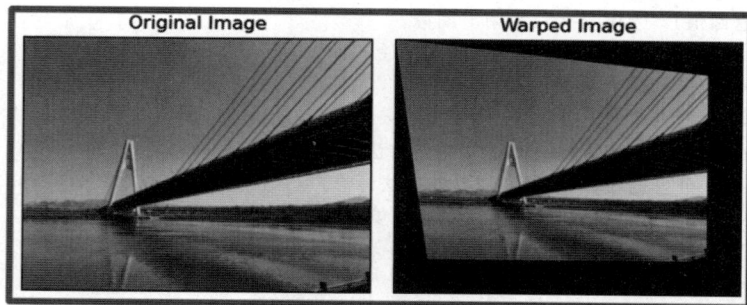

图 3-20　图像透视变换

3.4.6　极坐标变换

极坐标变换是一种将图像从直角坐标系转换到极坐标系的几何变换方法。在极坐标系中，图像中的像素点位置由极径和极角表示，而不再是传统的 x 和 y 坐标。这种变换方法特别适合处理圆形或径向对称特征的图像，例如圆形物体、环形结构或辐射状图案。极坐标变换的核心思想是将每个像素点的直角坐标映射为极坐标系中的坐标，并根据这些新坐标生成一幅新的图像。

在 OpenCV 库中，提供了 cv2.warpPolar 函数（代码 3-31）用于实现极坐标变换。此函数还支持逆变换，将标志参数 flags 设置为 cv2.WARP_INVERSE_MAP，即可将极坐标图像重新转换为直角坐标图像。此外，当标志参数设置为 cv2.WARP_POLAR_LOG 时，函数可以进行半对数极坐标变换，其结果表示为 $(r, \log(\theta))$，其中 r 为极径，θ 为极角。这种半对数表示方式在某些具有指数变化特征的场景中也非常有用。

通过极坐标变换可以更直观地分析和处理具有旋转或径向对称的图像，极大地拓展了几何变换在图像处理中的应用场景。

代码 3-31　cv2.warpPolar 函数

```
dst = cv2.warpPolar(src, dsize, center, maxRadius, flags[,
dst]) -> dst
```

> OpenCV 的函数里的 flags 参数，代表着运行不同方法时的可选标志，通常不同标志之间无冲突，可以通过"|"进行连接，同时使用。
>
> 小贴士

- dst（返回值）：极坐标变换后的输出图像。
- src：输入图像，需要进行极坐标变换的原始图像。
- dsize：输出图像的尺寸大小，格式为（width, height）。
- center：极坐标系的原点坐标，指定为 (x, y) 格式，通常设置为图像的中心。
- maxRadius：极坐标变换时的最大半径，表示从中心到变换区域边界的距离。
- flags：极坐标变换的插值标志和方法标志。具体可查询 OpenCV 帮助手册。

【例 3-21】 使用 OpenCV 提供的 cv2.warpPolar 函数，对输入图像执行极坐标变换和逆变换操作，并展示原图与变换结果的对比。

代码如下，运行结果如图 3-21 所示。

例 3-21

```
1    import …
2    # 读取图像
3    image = cv2.imread('image/Dome.png')
4    # 获取图像的高度和宽度
5    height, width = image.shape[:2]
6    # 极坐标变换，将图像转换为极坐标
7    polar_image = cv2.warpPolar(image, (width, height), (width//2, height//2), max(width,
height), flags = cv2.WARP_POLAR_LINEAR)
8    # 极坐标逆变换，将极坐标图像转换回笛卡儿坐标
9    inverse_polar_image = cv2.warpPolar(polar_image, (width, height), (width//2, height//
2), max(width, height), flags = cv2.WARP_INVERSE_MAP)
10   # 显示图像
11   …
```

程序首先读取输入图像并获取图像的高度和宽度。这些参数用于计算图像的中心点和确定极坐标变换的最大半径（通常为图像的较大边长）。其次通过 cv2.warpPolar 函数将图像从直角坐标系转换为极坐标系，生成极坐标图像，并设置标志参数为默认值 cv2.WARP_

POLAR_LINEAR。最后对生成的极坐标图像再次使用 cv2.warpPolar 函数,并将标志参数设置为 cv2.WARP_INVERSE_MAP,将图像从极坐标系转换回直角坐标系。

在图 3-21 中可以看到,图像从直角坐标变换为极坐标后,图像中心的像素被拉伸放大,图像四角的像素则被压缩缩小,形成了辐射状的效果,四个角像素位置呈现为四个"山峰"形状。此变换将图像中的辐射状信息展开为自上而下的排列形式,适合分析具有环形或径向对称特征的图像。

当极坐标图像逆变换回直角坐标时,由于在前后两次变换过程中存在像素放大和缩小的重新采样,图像的边缘细节出现了模糊或马赛克化的现象。尽管存在这些信息丢失的现象,但大体轮廓和主要结构得以保留。

通过此变换,辐射状的特征信息被更直观地表示,便于分析图像中的径向变化特性,例如追踪环形物体的生长、尺寸变化或动态行为。

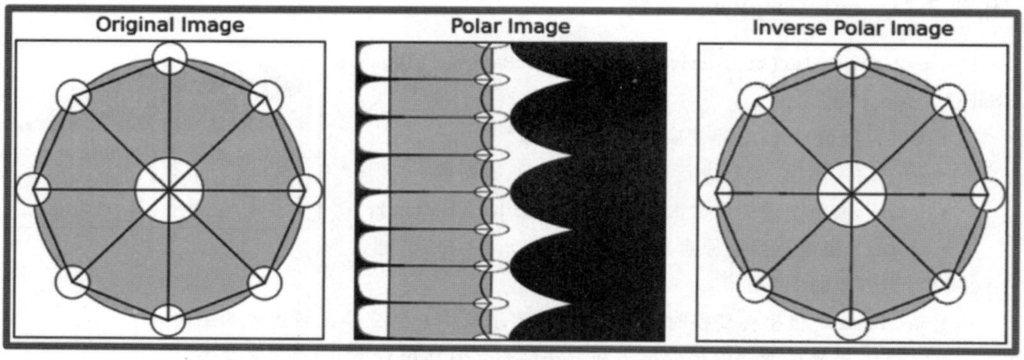

图 3-21　图像极坐标变换

3.5　图像金字塔

在图像处理中,调整图像的尺寸是常见的操作,而图像金字塔是一种对图像进行多尺度表达的重要方法。图像金字塔通过逐级缩小图像分辨率,将原始图像构建成一种类似金字塔形状的多层结构,每一层代表不同的尺度。这种多尺度表示能够在不同分辨率下对图像进行分析和处理,更好地理解和利用图像的细节信息。图像金字塔在许多计算机视觉任务中具有广泛应用,例如目标检测、图像融合以及特征提取。本节将介绍图像金字塔的基本理论,并构建高斯金字塔和拉普拉斯金字塔。

3.5.1　高斯金字塔

图像金字塔由一系列不同分辨率的图像组成,自金字塔底层的原始图像开始逐层向上,图像的尺寸按比例逐步减小。底层图像具有最高的分辨率,而随着层数的增加,分辨率逐步降低。图 3-22 展示了一个图像金字塔结构的典型示例。

在图像金字塔中,分辨率降低的过程称为下采样。常见的下采样方法包括:

(1) 平均下采样:将图像划分为若干 2×2 的小块,每个小块的平均值作为采样后的像素值。

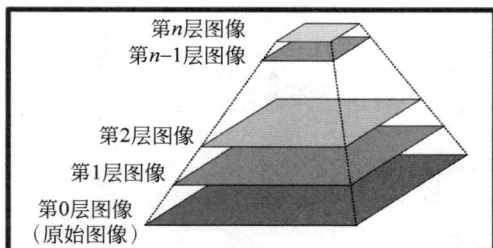

图 3-22　图像金字塔

（2）双线性下采样：每个采样像素的值由原图像中四个临近像素的加权平均值决定，权值与距离成反比。

（3）高斯金字塔下采样：通过对图像进行高斯滤波（模糊处理），仅保留偶数行和偶数列，生成分辨率降低的图像。

> **小贴士**
>
> 卷积核也称滤波器，它是一个小的矩阵，包含了卷积运算所需要的权重系数。在图像处理中，卷积核在图像上滑动，计算每个位置卷积核与图像对应部分的乘积并求和，以生成输出图像。

在这些方法中，高斯金字塔是最常用的一种图像金字塔。高斯金字塔的构建过程通常以原始图像为金字塔的底层，逐层进行高斯模糊，即用高斯滤波器对图像进行卷积以平滑图像。然后，从平滑后的图像中提取偶数行和偶数列的像素点，形成较低分辨率的图像。这一步骤生成金字塔的上一层图像，随后以这一层图像作为输入图像，重复上述步骤，直至达到预定的层数或满足特定的终止条件。每一层的图像尺寸通常是上一层的 1/4。

在 OpenCV 中，cv2.pyrDown 函数（代码 3-32）提供了高斯金字塔的下采样操作，简化了高斯模糊和采样过程。该函数内置了高斯内核（即高斯滤波器）用于对输入图像进行平滑处理，以保证采样结果的平滑性和准确性。该函数的高斯内核也称高斯滤波器，如下所示：

$$\frac{1}{256}\begin{bmatrix} 1 & 4 & 6 & 4 & 1 \\ 4 & 16 & 24 & 16 & 4 \\ 6 & 24 & 36 & 24 & 6 \\ 4 & 16 & 24 & 16 & 4 \\ 1 & 4 & 6 & 4 & 1 \end{bmatrix}$$

代码 3-32　cv2.pyrDown 函数

```
dst = cv2.pyrDown(src[, dst[, dstsize[, borderType]]]) -> dst
```
- dst(返回值)：高斯金字塔下采样后的输出图像。
- src：待高斯金字塔下采样的输入图像。
- dstsize(可选参数)：输出图像的尺寸大小。默认尺寸为((src.cols + 1)/2, (src.rows + 1)/2))，如果指定此参数，需保证|dstsize.width * 2 - src.cols|≤2 和 |dstsize.height * 2 - src.rows|≤2。
- borderType(可选参数)：图像边界的外推方法，默认为 cv2.BORDER_DEFAULT。

【例 3-22】　使用 OpenCV 的 cv2.pyrDown 函数对图像进行三次高斯金字塔下采样，构建一个包含四层的高斯金字塔，并依次展示每一层的图像。

代码如下，运行结果如图 3-23 所示。

例 3-22

```
1   import …
2   # 读取输入图像
3   input_image = cv2.imread('Example - Bridge.jpg')
4   # 创建一个空列表,用于存储高斯金字塔的各个层
5   gaussian_pyramid = []
6   # 初始图像层加入高斯金字塔
7   gaussian_pyramid.append(input_image)
8   # 依次进行 3 次高斯金字塔下采样
9   for i in range(3):
10      # 使用 cv2.pyrDown 函数进行下采样
11      downsampled_image = cv2.pyrDown(gaussian_pyramid[-1])
12      # 将下采样得到的图像加入金字塔列表中
13      gaussian_pyramid.append(downsampled_image)
14  # 显示高斯金字塔的各个层
15  …
```

首先,读取输入图像并将其作为高斯金字塔的底层(第 0 层),存储到一个空列表中。随后,利用 cv2.pyrDown 函数对当前层进行下采样,将生成的图像加入金字塔列表。重复上述操作三次,共构建出四层图像。通过 Matplotlib 将每一层的图像并排显示。

通过高斯金字塔的三次下采样构建得到的图像金字塔共有四层,依次为:第 0 层,原始图像,分辨率最高;第 1 层,第 0 层下采样生成的图像,尺寸减半;第 2 层,第 1 层下采样生成的图像,尺寸再次减半;第 3 层,第 2 层下采样生成的图像,金字塔的顶层,尺寸最小。每一层的图像分辨率约为上一层的 1/4。通过下采样,图像的高频细节逐渐被平滑,低频信息更加显著。

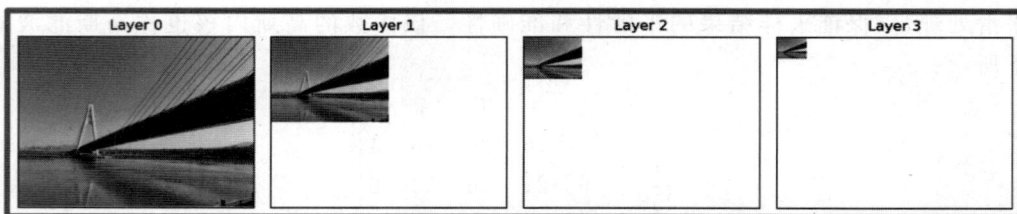

图 3-23 高斯金字塔

3.5.2 拉普拉斯金字塔

拉普拉斯金字塔是一种图像金字塔类型,与高斯金字塔密切相关,但其作用和特性有所不同。拉普拉斯金字塔的每一层存储的是原始图像与其对应的高斯金字塔上一层的差异信息,这些差异信息可以用于恢复原始高分辨率图像。换句话说,拉普拉斯金字塔在多尺度表示中更侧重于捕捉图像的高频分量,如边缘和细节。

上采样是将低分辨率图像放大为高分辨率图像的过程。通过上采样,可以在原始像素之间插入新的行像素和列像素,并使用插值方法生成新的像素值。常用的插值方法包括双线性插值、最近邻插值、双三次插值以及高斯滤波。在 OpenCV 中,cv2.pyrUp 函数(代码 3-33)可以实现金字塔的上采样。此函数在每个像素之间插入新像素,扩展图像尺寸,同时通过高斯内核滤波平滑插值结果。值得注意的是,为了保持像素值区间的一致性,

cv2.pyrUp 中的高斯内核会乘以系数 4。

尽管上采样可以生成更高分辨率的图像，但无法完全恢复原始图像。上采样后的图像与原始图像之间的差异包含了重要的信息。这些差异构成了拉普拉斯金字塔的每一层，即每层拉普拉斯图像等于对应层的高斯图像减去上一层高斯图像经上采样后的结果。例如，第 n 层的拉普拉斯图像是第 n 层的高斯图像减去第 $n+1$ 层高斯图像上采样后的结果。

通过这种方式，拉普拉斯金字塔在每一层提取高斯金字塔的高频信息，这些差异图像类似于边界图，反映了图像的边缘特征。由于高斯滤波器是一种低通滤波器，因此这些高频分量集中在边界区域。拉普拉斯金字塔可用于图像压缩、图像增强、图像融合等多种场景，其强大的多尺度特性使得它在计算机视觉中应用广泛，如图 3-24 所示。

代码 3-33　cv2.pyrUp 函数

```
dst = cv2.pyrUp(src[, dst[, dstsize[, borderType]]]) -> dst
```
- dst(返回值)：高斯滤波上采样后的输出图像。
- src：待高斯滤波上采样的输入图像。
- dstsize(可选参数)：输出图像的尺寸大小。默认尺寸为(src.cols * 2, src.rows * 2)，如果修改需保证|dstsize.width - src.cols * 2|≤dstsize.width mod 2 和|dstsize.height - src.rows * 2|≤dstsize.height mod 2。
- borderType(可选参数)：边界外推的像素填充方式，默认为 cv2.BORDER_DEFAULT。

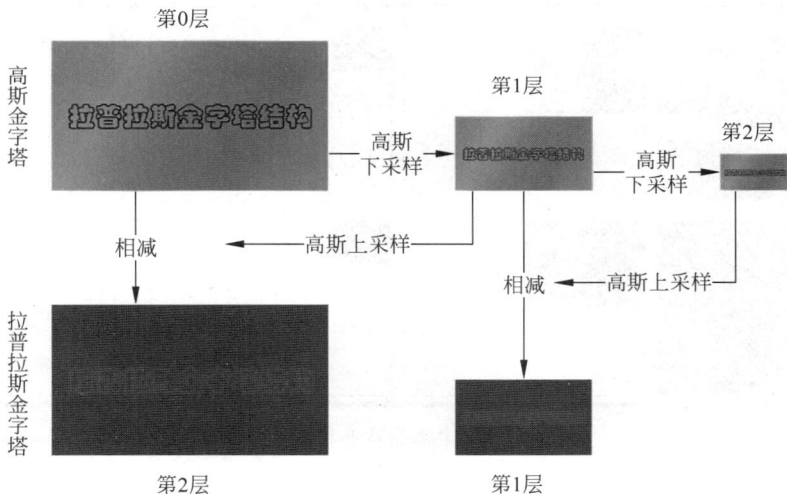

图 3-24　拉普拉斯金字塔结构

【例 3-23】　使用 OpenCV 的 cv2.pyrDown 和 cv2.pyrUp 函数构建 3 层拉普拉斯金字塔，同时展示构建过程中高斯金字塔和拉普拉斯金字塔的各层图像。

代码如下，运行结果如图 3-25 所示。

```
1    import …
2    # 读取输入图像
3    input_image = cv2.imread('image/Example-Bridge.jpg')
4    # 创建高斯金字塔
5    gaussian_pyramid = [input_image]
6    for i in range(3):
```

```
7           downsampled_image = cv2.pyrDown(gaussian_pyramid[-1])
8           gaussian_pyramid.append(downsampled_image)
9       # 创建拉普拉斯金字塔
10      laplacian_pyramid = [gaussian_pyramid[3]]
11      for i in range(3, 0, -1):
12          expanded_image = cv2.pyrUp(gaussian_pyramid[i])
13          laplacian = cv2.subtract(gaussian_pyramid[i-1], expanded_image)
14          laplacian_pyramid.append(laplacian)
15      # 显示拉普拉斯金字塔的各个层
16      ...
```

首先,读取输入图像作为金字塔的底层,通过 cv2.pyrDown 函数对图像进行 3 次高斯下采样,逐步生成更低分辨率的图像并存储到高斯金字塔列表中。接着,通过高斯金字塔的层级构建拉普拉斯金字塔。从高斯金字塔的最顶层开始,依次使用 cv2.pyrUp 函数对较低分辨率图像进行上采样,并将上采样结果与上一层高斯金字塔图像做差,得到对应的拉普拉斯层。这些差值图像即为拉普拉斯金字塔的各层,反映了高频细节信息。

通过显示结果可以观察到,高斯金字塔的图像随着层数增加分辨率逐渐降低,细节信息逐步丢失;而拉普拉斯金字塔的各层显示为边界图,突出显示了原图中的高频细节和边缘特征。

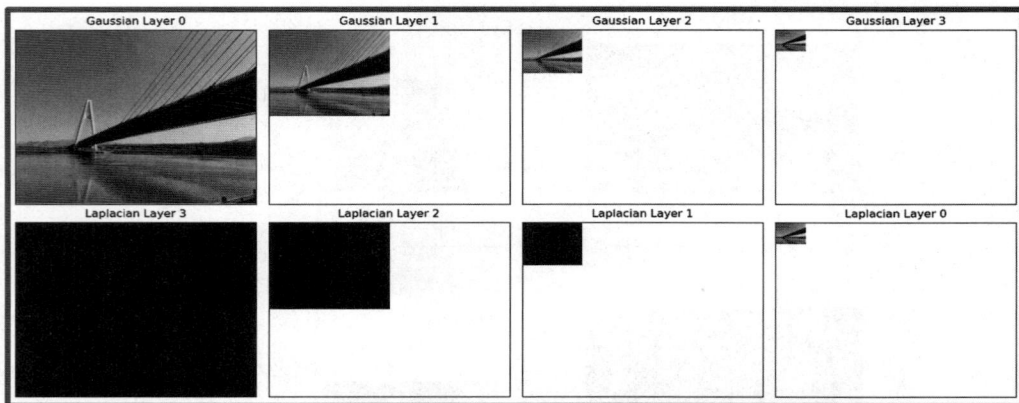

图 3-25　上采样与拉普拉斯金字塔

3.6　图像直方图

图像直方图是用于可视化图像中像素值分布的一种工具。它显示了图像中不同像素值的频率或数量,通常以柱状图的形式呈现。通过观察图像直方图的分布,可以了解图像的亮度和对比度情况。对于彩色图像,可以分别分析 RGB 通道的直方图,以了解颜色分布情况。图像直方图也可用于选择图像二值化操作的合适阈值,选择使得目标区域与背景区域具有明显对比度的阈值。在一些情况下,也可以通过分析图像直方图识别具有特定颜色或亮度特征的对象,实现目标检测。本节将从直方图的计算和绘制入手,逐步深入二维直方图的分析与操作,并通过实际案例展示直方图在图像处理中的重要应用。

3.6.1　直方图计算

图像直方图是通过统计图像中每个像素值出现的数量或频率来计算的。对于灰度图像,直方图反映了每个灰度级在图像中出现的次数,而归一化后的直方图则将这些数量转换为频率,以表示各灰度级占图像的相对比例。例如,在图 3-26 所示的灰度图像中,共有 12 个像素和 5 个灰度级。对于灰度级 1,像素值出现了 2 次,其频率计算为 1/6。

1	2	3	4
5	2	2	5
4	3	2	1

图 3-26　灰度图像

表 3-1 展示了图 3-26 灰度图像的直方图和归一化直方图的计算过程。

表 3-1　直方图计算表

灰度级	1	2	3	4	5
数量统计	2	4	2	2	2
频率统计	1/6	1/3	1/6	1/6	1/6

在实际应用中,OpenCV 库提供了一个非常便捷的函数 cv2.calcHist(代码 3-34),用于统计图像的灰度值分布。该函数支持计算单通道或多通道图像的直方图,并允许自定义灰度级数和像素值范围。这使得 cv2.calcHist 不仅适用于灰度图像的分析,也适用于彩色图像各通道的直方图计算。

代码 3-34　cv2.calcHist 函数

```
hist = cv2.calcHist(images, channels, mask, histSize, ranges[, hist[, accumulate]]) -> hist
```
- hist(返回值):计算得到的直方图数组,表示灰度值或像素值分布。
- images:待计算直方图的输入图像数组。图像数组需用中括号包裹,可包含多幅图像。输入图像应具有相同的深度和大小。
- channels:需要统计的通道索引。例如,计算灰度图像时输入 [0],计算彩色图像的蓝色通道时输入 [0]。
- mask:图像的掩码。输入 None 则计算整个图像的直方图。
- histSize:直方图的区间大小。例如,常输入 [256],表示将像素值分为 256 个灰度级。
- ranges:每个维度中直方图灰度值的取值范围。例如,灰度图像的典型范围为 [0, 256]。
- accumulate(可选参数):是否累积标志。默认为 False,表示每次计算前清空直方图数据;若设置为 True,则将多组图像的计算结果累积在同一直方图中。

【例 3-24】 使用 cv2.calcHist 函数计算图像的直方图,并提取灰度值 100 的频率。代码如下,运行结果如图 3-27 所示。

例 3-24

```
1   import cv2
2   # 读取图像
3   image = cv2.imread('image/Example-Bridge_gray.jpg', cv2.IMREAD_GRAYSCALE)
4   # 计算直方图
5   hist = cv2.calcHist([image], [0], None, [256], [0, 255])
6   # 显示直方图计算结果
7   print(hist)
8   # 提取灰度值 100 的频率
9   gray_value_frequency = hist[100]/(image.shape[0] * image.shape[1])
10  print(f"灰度值 100 的频率为：{gray_value_frequency}")
```

首先,代码读取了一幅灰度图像,将其作为直方图计算的输入图像。cv2.calcHist 函数的参数[image]表示计算目标为输入图像;[0]表示只对灰度通道进行统计;None 代表未使用掩码;[256]表示将灰度值范围分为 256 个区间;[0,255]表示灰度值的范围为 0~255。计算结果存储在变量 hist 中,其为一个包含 256 个元素的数组,每个元素对应相应灰度值的像素数量。例如,hist[100]表示灰度值为 100 的像素数量。为提取灰度值 100 的频率,代码将 hist[100]除以图像的总像素数(由 image.shape[0] * image.shape[1]计算)得到归一化频率。

通过程序的运行,打印出完整的直方图数据,并显示灰度值为 100 时的频率结果为 0.00309。这意味着,图像中灰度值为 100 的像素占比约为 0.309%。此结果可用于进一步分析图像的亮度分布以及制定基于特定灰度值的图像处理操作。

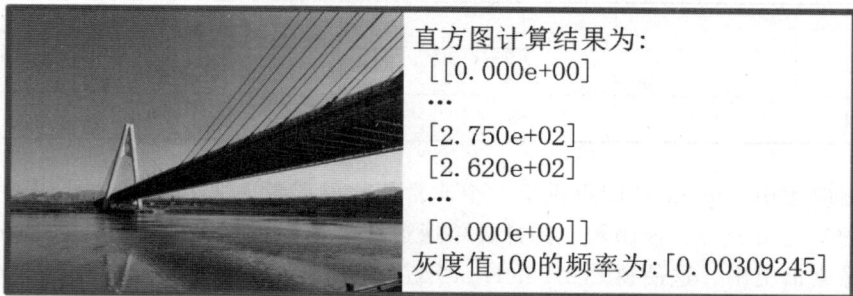

图 3-27　直方图计算

3.6.2　直方图绘制

绘制图像的直方图是理解图像亮度和对比度分布的重要方式。通常通过 Matplotlib 库来实现,简化表示为 plt。可以使用 plt.plot 函数绘制折线形式的直方图,也可以使用 plt.bar 函数绘制柱状形式的直方图。这两种形式的直方图均可以直观地呈现像素值的分布情况。例 3-25 展示了通过计算直方图并分别以折线图和柱状图形式绘制的代码示例。

【例 3-25】　使用 cv2.calcHist 函数计算图像的直方图,并以折线图和柱状图两种形式进行可视化。

代码如下,运行结果如图 3-28 所示。

例 3-25

```
1    import …
2    # 读取图像
3    image = cv2.imread('image/Example-Bridge_gray.jpg', cv2.IMREAD_GRAYSCALE)
4    # 计算直方图
5    hist = cv2.calcHist([image], [0], None, [256], [0, 255])
6    # 显示原图
7    plt.figure(num = '直方图计算', figsize = (15, 4))
8    plt.subplot(131)
9    plt.imshow(cv2.cvtColor(image, cv2.COLOR_BGR2RGB))
10   plt.title('Original Image')
11   plt.axis('off')
12   # 绘制折线直方图
13   plt.subplot(132)
```

```
14    plt.plot(hist)
15    plt.title('Line Histogram')
16    plt.xlabel('Pixel Value')
17    plt.ylabel('Frequency')
18    ♯ 绘制柱状直方图
19    plt.subplot(133)
20    plt.bar(np.arange(256), hist.reshape(256), width = 1.0)
21    plt.title('Histogram')
22    plt.xlabel('Pixel Value')
23    plt.ylabel('Frequency')
24    ♯ 显示图像
25    plt.tight_layout()
26    plt.show()
```

程序首先读取一幅灰度图像,然后利用 cv2.calcHist 函数统计其灰度直方图数据。为更直观地展示原图像与直方图的关系,代码创建了一个包含三个子图的绘图窗口,其中第一个子图显示原始图像,后两个子图分别显示折线直方图和柱状直方图。

在绘制过程中,由于 OpenCV 默认使用 BGR 色彩空间,而 Matplotlib 使用 RGB 色彩空间,因此通过 cv2.cvtColor 函数进行了色彩空间的转换,以确保原图像在 Matplotlib 中正确显示。在折线直方图的绘制中,通过 plt.plot 函数将计算的直方图数据连成折线图,显示了不同灰度值的像素频率变化趋势。而在柱状直方图的绘制中,通过 plt.bar 函数将每个灰度值的频率以柱状形式展示,利用 width=1.0 参数使每个柱体紧密排列,完整覆盖所有灰度级别。

结果显示了原图像的灰度值分布情况,其中折线图便于观察像素值分布的变化趋势,而柱状图则更清晰地反映出每个灰度值的像素数量。这两种可视化形式对于分析图像的亮度和对比度特性十分有帮助,同时也能为后续图像处理任务(如二值化阈值选择或对比度增强)提供直观的参考依据。

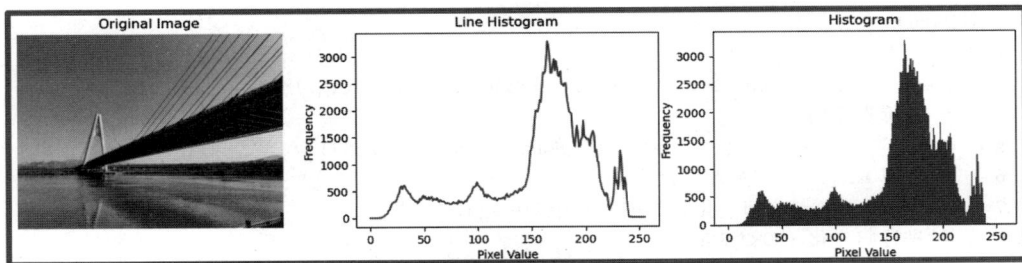

图 3-28　直方图计算

3.6.3　归一化直方图

在图像处理和分析中,归一化直方图是一个重要的工具,它能够避免图像尺寸和像素总数对直方图的影响,使得不同大小的图像可以进行直接比较。通过将像素灰度值的数量统计转化为频率统计,归一化直方图可以更直观地反映图像中像素值的分布情况。

在灰度直方图中,归一化的关键是将灰度值的频率转化为相对于总像素数量的比例。这样,直方图就表示了每个灰度值在图像中所占的比例,从而不受图像尺寸的限制。这种处理方法在多种场景下都有重要应用,例如在光照条件不一致的图像处理中,归一化可以保证直方图的分布具有一致性。此外,在对多通道图像进行直方图比较时,归一化直方图也能有效消除通道权重的影响,使比较结果更加客观。

通过转换频率统计的归一化,在 256 个灰度级上每个灰度级占的比例会比较小,如例 3-24 中,灰度值 100 的像素占总像素数量的 0.00309。为了便于观察和分析,可以通过扩展比例将其直观化处理。例如,将最大频率值缩放到 1,并相应地调整其他频率值,使它们归一化到区间[0,1]。

在 OpenCV 中,cv2.normalize 函数(代码 3-35)为实现归一化提供了便利。通过设置 norm_type 参数为 cv2.NORM_INF,可以进行无穷范数归一化,将每个灰度值频率归一化到最大值为 1 的范围。此外,该函数还支持其他归一化类型,例如均值归一化和标准化,可以根据需求选择适合的方式。更多归一化应用和效果可以参考例 3-26 中的演示。

代码 3-35　cv2.normalize 函数

```
dst = cv2.normalize(src, dst[, alpha[, beta[, norm_type[, dtype[, mask]]]]]) -> dst
```
- dst(返回值):归一化后的结果。输出数组的大小与 src 相同。
- src:待归一化处理的输入图像数组。输入图像数组需深度和大小一致,可以包含多个通道。
- alpha(可选参数):归一化后的最大值。
- beta(可选参数):归一化后的最小值。
- norm_type(可选参数):归一化的方式。cv2.NORM_INF:无穷范数最大值归一化; cv2.NORM_L1:L1 范数绝对值和; cv2.NORM_L2:L2 范数平方根之和; cv2.NORM_MINMAX:线性归一化。相关计算公式可参考 OpenCV 帮助手册。
- dtype(可选参数):输出数组的数据类型,默认值为 cv2.CV_8U。
- mask(可选参数):图像的掩码。

【例 3-26】　使用 cv2.calcHist 计算图像直方图,然后用 cv2.normalize 函数进行 4 种归一化,并将原图与直方图显示出来。

代码如下,运行结果如图 3-29 所示。

```
1   import …
2   # 读取图像
3   image = cv2.imread('image/Example-Bridge_gray.jpg', cv2.IMREAD_GRAYSCALE)
4   # 计算直方图
5   hist = cv2.calcHist([image], [0], None, [256], [0, 255])
6   # 创建 Matplotlib 图形窗口
7   plt.figure(num = '归一化直方图', figsize = (12, 6))
8   # 进行归一化 (NORM_INF)
9   normalized_hist_inf = cv2.normalize(hist, None, alpha = 1, beta = 0, norm_type = cv2.NORM_INF)
10  # 进行归一化 (NORM_L1)
11  normalized_hist_l1 = cv2.normalize(hist, None, alpha = 1, beta = 0, norm_type = cv2.NORM_L1)
12  # 进行归一化 (NORM_L2)
13  normalized_hist_l2 = cv2.normalize(hist, None, alpha = 1, beta = 0, norm_type = cv2.NORM_L2)
14  # 进行归一化 (NORM_MINMAX)
15  normalized_hist_minmax = cv2.normalize(hist, None, alpha = 1, beta = 0, norm_type = cv2.NORM_MINMAX)
16  # 绘图
17  …
```

首先读取灰度图像,然后通过 cv2.calcHist 函数计算其直方图数据。其次利用

cv2.normalize 函数对直方图进行不同类型的归一化处理,包括 NORM_INF、NORM_L1、NORM_L2 和 NORM_MINMAX 四种方式。最后借助 Matplotlib 库绘制直方图,将原始图像及每种归一化方式的直方图结果分别显示在不同的子图中。

通过图像的直方图对比,不同的归一化方式展现了直方图数据在相应标准下的不同分布特点。未归一化的直方图中,y 轴代表每个灰度值在图像中的像素数量;NORM_INF 归一化将所有值按比例缩放至最大值为 1,其余值为 0~1 的范围;NORM_L1 归一化的结果使直方图所有值的绝对值之和等于 1,表示为比例分布;NORM_L2 归一化则将直方图的平方和归一化为 1,强调了值的平方权重;NORM_MINMAX 归一化则将值线性缩放到 0~1 的范围,但因最小值本身为 0,故其结果在视觉上与 NORM_INF 类似。

这一处理展示了不同归一化方式对直方图的影响,为进一步的分析或图像处理提供了多种选择。通过归一化后的直方图,可以更方便地比较不同图像的像素值分布特点,同时也能避免由于图像尺寸或像素数量不同造成的直方图幅值差异。

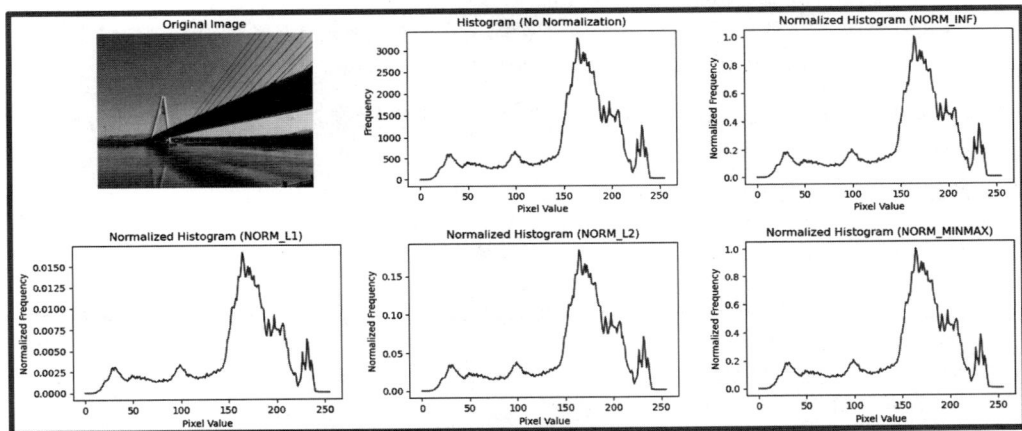

图 3-29 　归一化直方图

3.6.4 　直方图均衡化

直方图均衡化是一种重要的图像处理技术,尤其在图像对比度较低时,它能够显著改善图像的视觉效果。当图像的灰度级分布集中在较窄的范围时,会导致图像看起来灰暗和平淡,缺乏清晰的细节和层次感。例如图 3-30 中,图像灰度值主要集中在 100~150,这种分布导致了图像对比度较低,明暗变化不明显。

直方图均衡化的核心思想是通过调整像素灰度值的分布,使图像直方图尽可能均匀分布在整个灰度范围内。这一过程可以增强图像的对比度,使得图像细节更加突出。其实现基于累积分布函数(CDF),该函数将原始直方图中的像素值映射到新的像素值范围内。通过这种重新映射操作,使得原本集中的像素值分布得更加均匀,从而提升图像的对比度。

在 OpenCV 中,直方图均衡化通过 cv2.equalizeHist 函数(代码 3-36)来实现,该函数操作简单且高效。它首先计算输入图像的直方图,并对其进行归一化处理。接着,通过累积分布函数生成一个积分直方图,作为查找表,将原始图像的像素值逐一映射到新的值上。最终生成的输出图像具有更高的对比度,其直方图通常分布在更宽的灰度范围内。

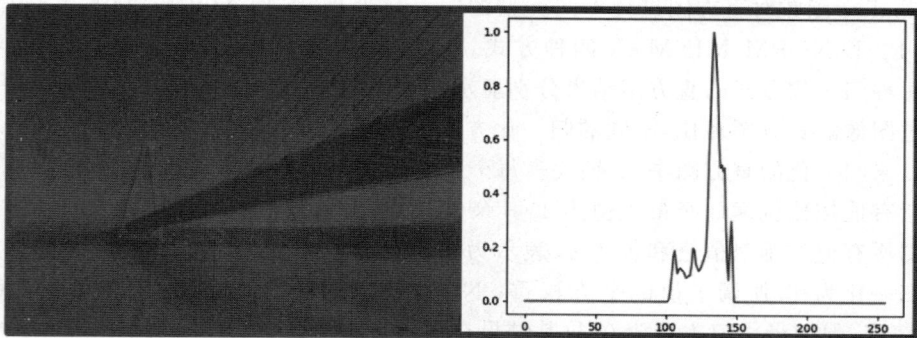

图 3-30　低对比度图与其直方图

代码 3-36　cv2. equalizeHist 函数

```
dst = cv2.equalizeHist(src[, dst]) -> dst
```
- dst(返回值)：直方图均衡化后的输出图像,大小和数据类型与输入图像 src 相同。
- src：待直方图均衡化的输入图像,要求是 8 位单通道图像。

【例 3-27】　通过 cv2. equalizeHist 函数对低对比度图像进行直方图均衡化,并对比原图及其直方图。

代码如下,运行结果如图 3-31 所示。

```
1    import …
2    ♯ 读取图像
3    image = cv2.imread('image/Example-Bridge_LowContrast.jpg', cv2.IMREAD_GRAYSCALE)
4    ♯ 进行直方图均衡化
5    equalized_image = cv2.equalizeHist(image)
6    ♯ 计算原始图像的直方图
7    hist_original = cv2.calcHist([image], [0], None, [256], [0, 255])
8    ♯ 计算均衡化后图像的直方图
9    hist_equalized = cv2.calcHist([equalized_image], [0], None, [256], [0, 255])
10   ♯ 显示原始图像的直方图
11   …
```

代码首先读取一张低对比度的灰度图像,并使用 cv2. equalizeHist 函数对图像进行直方图均衡化,增强其对比度。其次通过 cv2. calcHist 函数分别计算原始图像和均衡化后图像的灰度直方图。最后使用 Matplotlib 库绘制四个子图,分别显示原始图像、均衡化后的图像及其直方图。

通过直方图均衡化,原始图像的对比度显著增强,像素值被映射到更广的范围,增加了明暗对比,提升图像的视觉质量。然而,均衡化后可能导致部分图像区域出现不平滑现象,直方图的分布趋于均匀化,更加分散,这种效果在一些应用中可能会对细节呈现造成影响。

3.6.5　直方图比较

直方图比较是一种用来量化两幅图像之间相似性或差异性的方法。它通过比较两幅图像的直方图,计算两者的相似程度。但由于直方图只描述像素值的分布,不包含空间位置信息,因此即使直方图相似,图像的内容仍可能有很大差异。这意味着直方图更适合用于判断

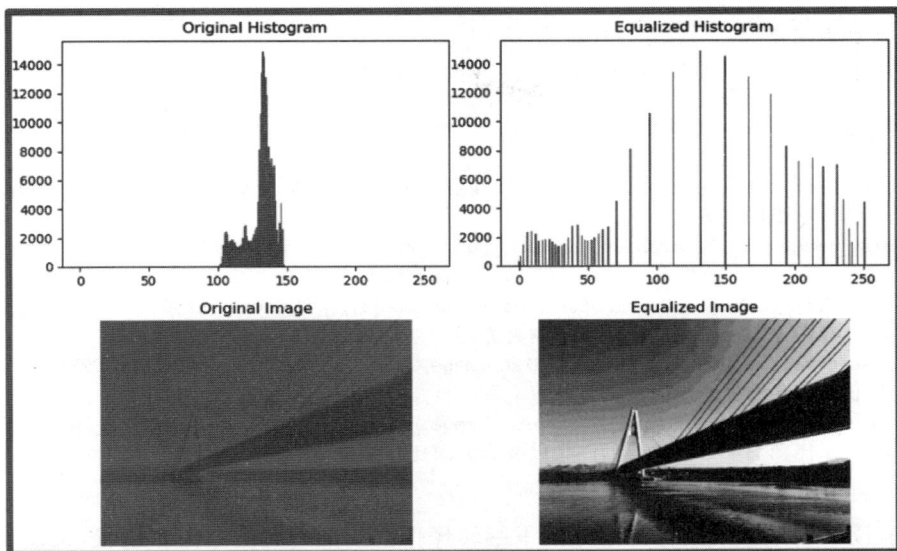

图 3-31　直方图均衡化

图像颜色分布的相似性,而不是图像内容的匹配。

直方图比较通常用于快速筛选与目标图像颜色分布相似的候选图像。例如,在视频监控中可以通过直方图比较快速找到与参考图像颜色分布相似的帧。

OpenCV 提供了 cv2.compareHist 函数(代码 3-37)比较两个直方图。该函数支持多种比较方法,相关方法可参考 OpenCV 帮助手册,包括:巴氏距离(Bhattacharyya distance),衡量两分布之间的相似性,值越小表示越相似;卡方检验(Chi-Square),用于统计直方图的差异,值越大表示差异越大;直方图相交(intersection),通过计算交集来衡量直方图的相似性,值越大表示越相似;相关性(correlation),度量两直方图之间的线性相关性,值越接近 1 表示越相似。在比较不同图像的直方图时,必须确保直方图的归一化处理,以避免图像尺寸的差异影响比较结果。对于多通道图像(如彩色图像),则需要分别比较每个通道的直方图或将其合并。

代码 3-37　cv2.compareHist 函数

```
retval = cv2.compareHist(H1, H2, method) -> retval
```
- retval(返回值):表示两个直方图之间的相似性度量值.数值范围和意义取决于选择的比较方法。
- H1:第一幅图的直方图数据。
- H2:第二幅图的直方图数据,与 H1 具有相同的维度和尺寸。
- method:比较方法的标志。通常用相关性方法,标志为 cv2.HISTCMP_CORREL,测量两个直方图之间的线性关系,数值范围为 [-1,1]。值越接近 1 表示越相似,越接近 -1 表示完全不相关,0 表示无线性相关性。

【例 3-28】　将原始图像与其上下翻转后的图像及另一张完全不同的图像进行直方图比较,分析其相似性。

代码如下,运行结果如图 3-32 所示。

```
1   import …
2   # 读取图像
3   image = cv2.imread('image/Example – Bridge_gray.jpg', cv2.IMREAD_COLOR)
4   # 将图像上下翻转
5   flipped_image = cv2.flip(image, 0)
6   # 读取另一张完全不同的图像
7   different_image = cv2.imread('image/Example – BridgeBottom_gray.jpg', cv2.IMREAD_COLOR)
8   # 计算图像的直方图
9   hist_image = cv2.calcHist([image], [0], None, [256], [0, 255])
10  hist_flipped = cv2.calcHist([flipped_image], [0], None, [256], [0, 255])
11  hist_different = cv2.calcHist([different_image], [0], None, [256], [0, 255])
12  # 比较图像与上下翻转后的图像的直方图
13  result_flip = cv2.compareHist(hist_image, hist_flipped, cv2.HISTCMP_CORREL)
14  # 比较图像与完全不同的图像的直方图
15  result_diff = cv2.compareHist(hist_image, hist_different, cv2.HISTCMP_CORREL)
16  # 显示原图与上下翻转后的图像以及直方图比较结果
17  …
```

首先,读取一幅灰度图像并通过上下翻转操作生成翻转后的图像。接着,又读取一幅完全不同的灰度图像。利用 cv2.calcHist 函数分别计算原始图像、翻转后的图像以及完全不同图像的直方图数据。随后,通过 cv2.compareHist 函数,采用 cv2.HISTCMP_CORREL 方法计算原始图像与翻转后的图像直方图的相关性得分,以及原始图像与完全不同的图像直方图的相关性得分。结果显示,原始图像与翻转后的图像的相关性得分为 1,表明两者高度相关;而原始图像与完全不同图像的相关性得分约为 -0.03,表明它们的颜色分布几乎没有相关性。

这一结果说明,虽然上下翻转改变了图像的空间排列,但并未改变其颜色分布,因此原始图像与翻转后的图像的直方图完全相同。而对于完全不同的图像,由于颜色分布存在显著差异,其直方图相似性得分非常低。这进一步证明了直方图比较能够反映图像颜色分布的相似程度,但不能用于描述图像的空间结构特征。

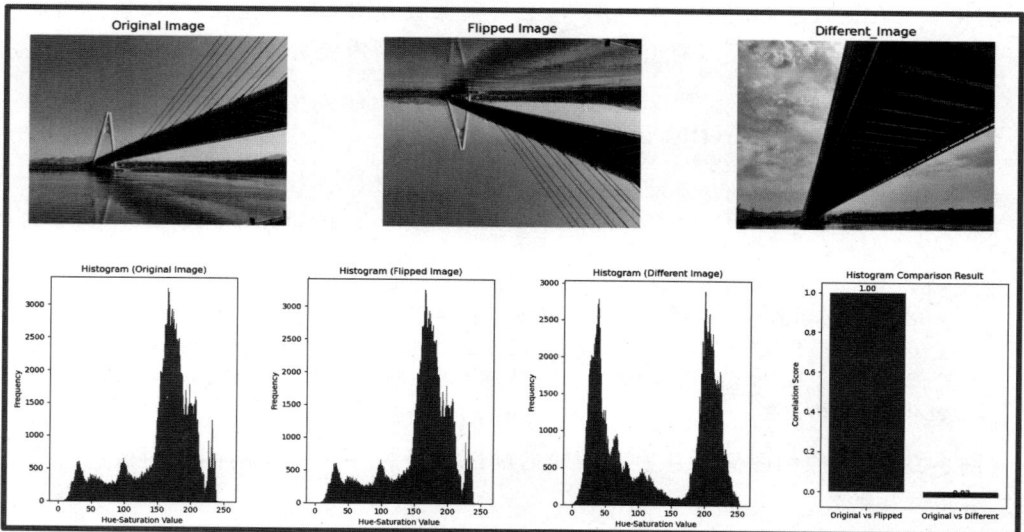

图 3-32   直方图比较

3.6.6　直方图反向投影

直方图反向投影(histogram backprojection)是一种基于直方图分析的图像处理方法，用于定位图像中与目标模型相似的区域。这项技术的主要原理是通过目标的像素值分布特征来评估每个像素与目标的相似性，并以此生成一幅反向投影图。在图像处理中，它常用于目标检测、对象跟踪和分割任务，尤其是当目标的颜色或纹理特征比较显著时。

具体过程包括以下步骤：首先，构建目标直方图模型，即选择一个或多个参考图像中的感兴趣区域，计算该区域的直方图分布，直方图模型刻画了目标的颜色空间或灰度分布特性。接下来，处理待分析图像，使用与目标模型一致的颜色空间和参数，计算其反向投影图。反向投影图中的每个像素值代表其在目标直方图中的概率值或相似度，值越高表示该像素越可能属于目标区域。

在 OpenCV 中，cv2.calcBackProject 函数(代码 3-38)可以用来计算反向投影图。为了进一步突出与目标模型相似的区域，通常会对反向投影图应用阈值化操作，将相似性高的像素区域提取出来生成二进制图像。通过标记和分割二进制图像中的高相似度区域，识别出与目标模型匹配的对象或结构。

这种方法的优势在于其高效性和灵活性，尤其适合快速定位具有特定颜色或纹理特征的目标区域。然而，直方图反向投影依赖于目标模型的准确性和场景光照条件的稳定性，需结合其他图像处理方法来优化检测结果。通过反向投影，可以直观地观察目标特征在图像中的分布，为后续的图像分析和处理提供可靠依据。

代码 3-38　cv2.calcBackProject 函数

```
dst = cv2.calcBackProject(images, channels, hist, ranges, scale[, dst]) -> dst
```

- dst(返回值)：计算得到的反向投影图，其大小与输入图像一致。
- images：待计算反向投影图的输入图像或图组。
- channels：输入图像的通道索引。
- hist：目标对象的直方图模型，用于计算反向投影。
- ranges：每个维度中直方图灰度值或颜色值的范围。
- scale：比例因子，用于缩放反向投影图的强度值。

【例 3-29】　通过目标图像的直方图模型计算待处理图像的反向投影图，并显示相关结果。

部分代码如下，运行结果如图 3-33 所示。

例 3-29

```
1    import …
2    # 读取目标图像和待处理图像
3    target_image = cv2.imread('image/backproject_target.jpg', cv2.COLOR_BGR2RGB)
4    input_image = cv2.imread('image/Example-Bridge_gray.jpg', cv2.COLOR_BGR2RGB)
5    # 计算目标图像的直方图模型
6    target_hist = cv2.calcHist([target_image], [0], None, [256], [0, 256])
7    target_hist = cv2.normalize(target_hist, None, alpha=1, beta=0, norm_type=cv2.NORM_INF)
8    input_hist = cv2.calcHist([input_image], [0], None, [256], [0, 256])
9    input_hist = cv2.normalize(input_hist, None, alpha=1, beta=0, norm_type=cv2.NORM_INF)
10   # 使用 cv2.calcBackProject 计算反向投影图
11   backproject = cv2.calcBackProject([input_image], [0], target_hist, [0, 256], 1)
```

```
12    # 显示目标图像、待处理图像和反向投影图等
13    ...
```

首先读取目标图像和待处理图像，分别使用 cv2.calcHist 函数计算它们的直方图，并使用 cv2.normalize 函数对直方图进行归一化处理，从而将直方图的数据范围缩放到指定区间。其次利用目标图像的归一化直方图模型，调用 cv2.calcBackProject 函数对待处理图像进行反向投影，生成一幅反向投影图。反向投影图中，每个像素的值代表了该像素与目标图像直方图模型的相似度，由于归一化后的直方图范围在 0~1，生成的反向投影图在灰度空间中表现为二值化图像。最后使用 Matplotlib 库，将目标图像、待处理图像、反向投影图以及两幅图像的直方图分别显示出来，便于观察与比较。

实验结果表明，当以桥梁底板为目标图像时，对待处理图像执行反向投影操作后，成功地标记出了桥梁图中的桥梁底板区域。与此同时，远处岸边的部分像素也被捕捉到，这是因为反向投影基于像素值的分布来判断相似性，具有相似直方图分布的区域也会被识别为目标的一部分。尽管反向投影能够有效地识别目标区域，但它也可能受到背景或其他与目标直方图相似区域的干扰。

在直方图反向投影中，利用相似的直方图分布找到图像中的目标区域。通常，通过一定的方法找出图像里所需要的目标，这个过程称为目标识别。在后面的章节里，会专门学习目标识别的相关方法。

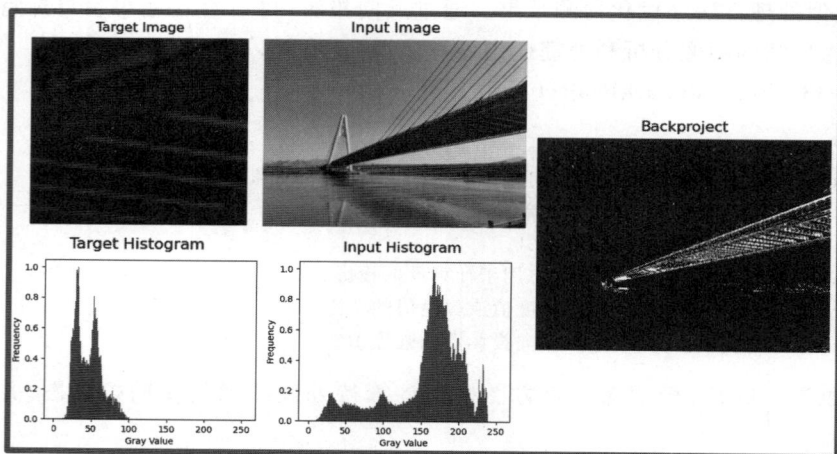

图 3-33　直方图反向投影

3.7　空间域与频域处理

图像处理是信号处理的一个重要分支，图像可视为二维信号。在信号处理中，空间域和频域是两个核心概念，分别对应于分析和处理图像信号的不同视角。空间域直接关注像素值的空间分布，而频域通过频率分量揭示图像内容的变化模式，这两种方法在图像处理领域中各具特点和应用。

在空间域中，图像被看作像素点的排列，每个像素都具有确定的位置和灰度值。空间域

处理直接作用于像素的空间坐标和灰度分布。例如,前几节中的亮度调整、对比度增强等操作,都是直接修改图像像素的空间信息。本节将引入空间域的滤波器,利用卷积或相关运算对图像进行处理,以增强图像特征或去除噪声。空间域方法通常适合处理局部图像特征,例如边缘检测、平滑滤波和锐化处理等。

在频域中,图像被转化为频率分量的组合。这些频率分量描述了图像在不同空间频率上的变化特性,例如高频部分表示图像的细节和边缘信息,低频部分反映整体的亮度和结构信息。通过傅里叶变换,图像从空间域映射到频域,从而以频率的形式分析和处理图像。本节将介绍傅里叶变换及其在频域滤波中的应用,例如通过低通滤波和高通滤波对图像进行去噪或特征增强。

3.7.1　噪声种类与生成

噪声是信号处理领域中的一个常用概念,指随机、无规律的干扰或变化,可能出现在各种信号中,例如声音、图像和电子信号。噪声的来源多种多样,可能包括外部干扰、传感器缺陷、信号传输过程中的损失或其他随机因素。对于图像来说,噪声会导致质量下降、细节模糊或失真,是图像处理的重要挑战之一。

图像中的噪声可能来自多种原因:①传感器噪声:在数码相机或传感器中,像素值可能因设备本身的缺陷受到随机噪声的影响,这种噪声通常是不可预测的。②压缩噪声:图像压缩过程中,特别是高压缩比下,会引入压缩伪影或噪声,损害图像质量。③传输噪声:图像在通过网络或信道传输时,可能会因数据丢失或信号干扰而引入噪声。④环境噪声:拍摄图像时,环境因素如光线不足或摄像机抖动可能造成画质受损。

图像噪声的类型主要包括白盐噪声和高斯噪声。白盐噪声又称脉冲噪声,是图像中的某些像素值突然变为最小值(黑点)或最大值(白点),表现为图像上的黑白颗粒,形似盐粒和黑胡椒粒。高斯噪声则是像素值受到高斯分布的随机干扰,使图像整体显得模糊或柔化。

在 Python 中,NumPy 库可用于生成模拟的噪声并添加到图像中。使用 numpy.random.randint 函数(代码 3-39),可以生成与原始图像大小相同的随机二值图像(像素值为 0 或 255),与原始图像结合便可模拟白盐噪声。通过 numpy.random.normal 函数(代码 3-40)可生成高斯分布的随机噪声,并将其添加到原始图像中,模拟高斯噪声。这两种方法可分别用于模拟白盐噪声和高斯噪声,相关示例如例 3-30 所示。通过这两种方法,可以深入理解图像噪声的特性及其在图像处理中可能造成的影响。

代码 3-39　numpy.random.randint 函数

```
random = numpy.random.randint(low[, high[, size[, dtype]]]) -> random
```
- random(返回值):生成随机整数的 NumPy 数组。
- low:随机整数的最小值。必须是 8 位或 32 位浮点数图像。
- high(可选参数):随机整数的最大值,不包含最大值。默认为从 0 到 low 之间。
- size(可选参数):生成的随机整数数组的形状,默认为单个随机整数。
- dtype(可选参数):生成的随机整数的数据类型,默认为 64 位整数。

代码 3-40　numpy.random.normal 函数

```
result = numpy.random.normalt([loc[, scale[, size]]]) -> result
```
- random(返回值):生成符合正态分布(高斯分布)的随机数的 NumPy 数组。

- low(可选参数):正态分布的均值,默认为 0。
- high(可选参数):正态分布的标准差,默认为 1。
- size(可选参数):生成的随机数数组的形状,默认为单个随机数。

【例 3-30】 用 numpy. random. randint 与 numpy. random. normal 函数在图像中分别添加白盐噪声和高斯噪声,并显示出来。

例 3-30

代码如下,运行结果如图 3-34 所示。

```
1   import …
2   def add_salt_and_pepper_noise(image, salt_prob = 0.03, pepper_prob = 0.03):
3   """ 添加白盐噪声的函数 """
4       noisy_image = image.copy()
5       total_pixels = image.size
6       # 添加白盐噪声
7       num_salt = np.ceil(total_pixels * salt_prob)
8       salt_coords = [np.random.randint(0, i - 1, int
    (num_salt)) for i in image.shape]
9       noisy_image[salt_coords[0], salt_coords[1]] = 255
10      # 添加黑胡椒噪声
11      num_pepper = np.ceil(total_pixels * pepper_prob)
12      pepper_coords = [np.random.randint(0, i - 1, int
    (num_pepper)) for i in image.shape]
13      noisy_image[pepper_coords[0], pepper_coords[1]] = 0
14      return noisy_image
15
16  def add_gaussian_noise(image, mean = 0, sigma = 20):
17  """ 添加高斯噪声的函数 """
18      noisy_image = image.copy()
19      gauss = np.random.normal(mean, sigma, noisy_image.shape)
20    noisy_image = noisy_image + gauss
21      noisy_image = cv2.convertScaleAbs(noisy_image)
22      return noisy_image
23
24  if __name__ == '__main__':
25      # 读取图像
26      image = cv2.imread('image/Example - Bridge_gray.jpg', cv2.COLOR_BGR2RGB)
27      # 添加白盐噪声
28      salt_and_pepper_noise_image = add_salt_and_pepper_noise(image)
29      # 添加高斯噪声
30      gaussian_noise_image = add_gaussian_noise(image)
31  # 显示原图和处理后的图像
32  …
```

> **小贴士**
>
> "def"关键字用于定义函数。函数是具有名称的代码块,可以接收参数并返回值。
>
> "if __name__ == '__main__':"语句用于确定某些代码仅在脚本直接运行时执行,而不是在它被导入为模块时执行。

通过定义两个函数分别为图像添加白盐噪声和高斯噪声。add_salt_and_pepper_noise 函数用于生成白盐噪声,其中白盐噪声表示为随机添加的白色像素(值为 255),而黑胡椒噪声表示为随机添加的黑色像素(值为 0)。函数通过计算像素总数并根据给定的比例生成随机坐标,将白色噪声和黑色噪声像素分别添加到复制的图像中。

其次,add_gaussian_noise 函数用于生成高斯噪声。函数先生成一个与图像大小相同的高斯分布随机数组,然后将此随机数组加到图像上,模拟像素值的随机波动。为了确保输出图像的像素值在适当的范围(0~255)内,使用 cv2. convertScaleAbs 函数进行数据类型转换。

在主程序中读取原始的彩色图像,依次调用上述两个函数生成带有白盐噪声和高斯噪声的图像,并分别显示这些图像及其效果。在显示中可以清楚地看到,添加白盐噪声后的图像呈现出类似于"白点和黑点"的颗粒状噪声分布,而添加高斯噪声后的图像整体亮度和颜色分布出现了轻微的不均匀性,更像是柔和的随机噪声。

图 3-34　随机噪声

3.7.2　卷积

卷积(convolution)是图像处理中一个基础而重要的数学运算,广泛用于特征提取、图像滤波和增强等领域。卷积操作是通过一个小矩阵(即卷积核或滤波器)对图像进行逐像素的加权计算来实现的。

在数学上,卷积操作将两个函数组合在一起,通过在一个函数上滑动另一个函数,然后在每个位置上计算它们之间的乘积并将这些乘积相加,从而生成一个新的函数。对于两个函数 f 和 g,它们的卷积表示为$(f * g)$,新的函数包含了原始函数 f 和 g 之间的交互信息,定义如下:

$$(f * g)(t) = \int_{-\infty}^{+\infty} f(\tau)g(t - \tau)\mathrm{d}\tau \tag{3-4}$$

这是连续函数的卷积的定义。对于离散数据,可以用类似的方式定义离散卷积,定义如下:

$$(f * g)[n] = \sum_{-\infty}^{+\infty} f[k]g[n - k] \tag{3-5}$$

在信号处理中,函数 f 代表输入信号,g 代表滤波器,也称为卷积核。卷积操作将信号 f 与卷积核 g 进行卷积运算,以生成输出信号。

在图像处理中,卷积操作主要包括以下几个步骤:

(1) 首先,需要定义一个卷积核,这是一个小的矩阵,通常为奇数维(例如 3×3 或 5×5),其值决定了卷积对图像的影响。为了避免卷积后像素值超出范围,通常要求卷积核的数值总和为1。

（2）卷积核需要进行180°的翻转，与信号的元素对齐。定义中，卷积核 $g[n]$ 与输入信号 $f[n]$ 进行卷积时，通常需要对卷积核进行翻转，即 $g[n]$ 变为 $g[-n]$。如果卷积核是中心对称的，则不可以进行180°翻转。

（3）将卷积核放在图像的一个像素位置上，然后将卷积核与图像上的对应像素区域进行元素级乘法，并将每个乘积的结果相加形成卷积操作。最后将相加结果输出为图像的一个像素值。

（4）将卷积核沿着图像的水平方向和垂直方向滑动，逐个像素地进行相同的操作，直到卷积核滑过整个图像的所有位置，生成整个卷积特征图。

（5）在图像的边缘区域，卷积核可能无法完全覆盖图像，这会导致边界像素的卷积结果不准确。有几种方法可以处理边界效应，包括填充图像边缘、使用边界反射或截断等方法。

需要注意的是，卷积操作的定义要求卷积核在应用前进行180°翻转，这是严格的数学定义。但在计算机视觉和许多图像处理库中，包括 OpenCV 的 cv2.filter2D 函数（代码3-41），通常实现的是"互相关"（cross-correlation），即卷积核不进行翻转。因此，如果卷积核不是中心对称的，而应用场景要求严格的卷积定义，则需要手动翻转卷积核。

cv2.filter2D 函数是 OpenCV 中用于实现卷积操作的主要工具。它允许用户将指定的卷积核应用到单通道或多通道图像上。如果需要为不同通道使用不同的卷积核，可以将图像分割为单独的通道进行分别处理，然后再合并。通过合理设计卷积核和卷积操作，可以实现多种图像效果变化和图像分析方法，为后续的图像处理任务奠定基础。

代码3-41　cv2.filter2D 函数

```
dst = cv2.filter2D(src, ddepth, kernel[, dst[, anchor[, delta[, borderType]]]]) -> dst
```
- dst(返回值)：表示互相关操作后的输出图像，大小与输入图像一致。
- src：输入的图像。
- ddepth：输出图像的深度。常用值为 -1，表示输出图像的深度与输入图像保持一致。
- kernel：卷积核，用于执行互相关运算的小矩阵，必须为单通道的 float32 类型。
- anchor(可选参数)：卷积核的锚点位置，表示卷积核中的基准点。默认值 (-1, -1) 表示锚点位于卷积核的中心。
- delta(可选参数)：计算结果中添加的一个可选偏差值，用于调整输出图像的亮度。
- borderType(可选参数)：指定在处理图像边界时的外推方法，具体可查询 OpenCV 帮助手册。

【例3-31】　随机生成 5×5 的卷积核，然后用 cv2.filter2D 函数对图像进行互相关操作与卷积操作，并显示结果。

代码如下，运行结果如图3-35所示。

例3-31

```
1   import …
2   # 创建一个随机 5×5 的卷积核
3   random_kernel = np.random.rand(5, 5)
4   random_kernel = random_kernel / np.sum(random_kernel)
5   # 打印生成的卷积核
6   print("随机生成的卷积核:")
7   print(random_kernel)
8   # 读取图像
9   image = cv2.imread('image/Example - Bridge_gray.jpg')
10  # 对图像执行互相关操作
```

```
11  correlation_result = cv2.filter2D(image, -1, random_kernel)
12  # 对图像执行卷积操作
13  convolution_result = cv2.filter2D(image, -1, cv2.flip(random_kernel, -1))
14  # 显示原始图像、互相关结果和卷积结果
15  ...
```

　　程序首先生成了一个随机的 5×5 卷积核,并对核进行归一化处理,使其总和等于 1,从而保证滤波操作不会引起像素值的过度放大或缩小。这种归一化操作确保了卷积或互相关操作后图像的亮度不会发生明显变化。

　　读取灰度图像后,利用 cv2.filter2D 函数对图像分别进行了互相关操作和卷积操作。互相关操作直接使用生成的卷积核进行处理,而卷积操作则在互相关的基础上,使用 cv2.flip 函数将卷积核进行 180°翻转,从而符合数学卷积的定义。结果显示了原始图像、互相关处理结果以及卷积处理结果三者的对比。

　　从输出的图像中可以观察到,互相关和卷积操作的效果非常接近,两者都表现为对图像的模糊化。这是因为卷积核将像素与其邻域像素按照权重进行加权平均,减少了像素之间的差异,从而使图像失去了部分细节。然而,由于卷积核的随机性和归一化处理,这种模糊化效果是均匀且可控的。

　　在实际应用中,卷积和互相关操作常用于图像的模糊化、边缘检测以及特征提取等任务。例题通过对比互相关和卷积操作,帮助理解两者的基本原理及其在 OpenCV 中的实现差异。

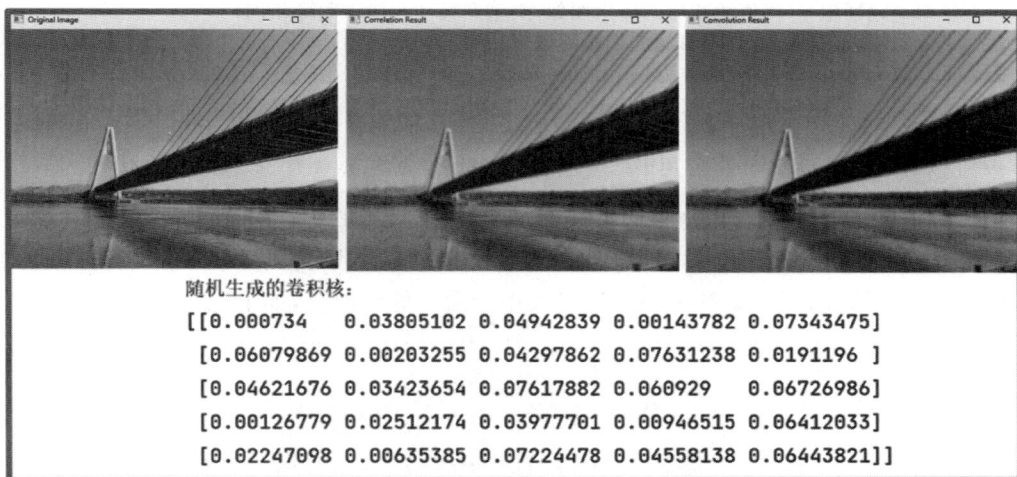

图 3-35　互相关操作与卷积操作

3.7.3　线性滤波

　　在图像处理中,滤波是一项关键技术,旨在改善图像质量、去除噪声、突出感兴趣的特征,并为后续分析提供更清晰的数据。滤波主要分为两种方向:低通滤波和高通滤波。低通滤波侧重于通过图像的低频部分,去除高频部分(如噪声),以达到平滑图像的效果;高通滤波则通过图像的高频部分,突出边缘和细节特征,同时去除低频部分,使边缘和特征更为显著。

　　滤波可进一步分为线性滤波和非线性滤波两大类。线性滤波通过特定的滤波核对图像

像素进行加权操作,生成新的输出图像。其操作方式与图像的互相关类似,即通过滤波核与图像的像素区域逐点进行元素级乘法,并将结果相加。由于这一过程是线性组合,因此被称为线性滤波。非线性滤波将在后续部分中详细介绍。

线性滤波是四周像素区域的线性组合,因此会将卷积核的锚点像素平滑。所以,对于图像滤波来说,线性滤波是低通滤波,用于去除高频成分,从而实现平滑和去噪的效果。线性滤波可以分为多个不同的子类型,每种类型具有不同的滤波核和应用领域。以下是一些常见的线性滤波方法:

(1)均值滤波:均值滤波使用一个平均权重的滤波核,旨在模糊图像并减轻噪声。它通过计算每个像素周围区域的平均值来平滑图像。在 OpenCV 中,可以使用 cv2.blur 函数(代码 3-42)来执行均值滤波。cv2.blur 函数的原理是产生一个指定大小的平均权重滤波核,平均权重滤波核如下:

$$K = \frac{1}{\text{ksize.width} * \text{ksize.height}} \begin{bmatrix} 1 & 1 & \cdots & 1 \\ 1 & 1 & \cdots & 1 \\ \vdots & \vdots & & \vdots \\ 1 & 1 & \cdots & 1 \end{bmatrix} \tag{3-6}$$

通过调整核的大小可以选择平滑区域的大小,从而影响平滑的程度。

代码 3-42　cv2.blur 函数

```
dst = cv2.blur(src, ksize[, dst[, anchor[, borderType]]]) -> dst
```
- dst(返回值):均值滤波后的输出图像,类型和尺寸与输入图像相同。
- src:输入图像,为待均值滤波处理的图像。
- ksize:滤波核大小,通常为一个元组 (width, height)。
- anchor(可选参数):滤波核的锚点,表示卷积操作时滤波核的基准点位置。默认值为 (-1, -1),表示锚点位于滤波核的中心点。
- borderType(可选参数):用于处理边界的像素外推方法,默认为 cv2.BORDER_DEFAULT。

(2)方框滤波:方框滤波类似于均值滤波,但它不进行归一化处理,包含了滤波窗口内全部像素的和。在 OpenCV 中,可以使用 cv2.boxFilter 函数(代码 3-43)来执行方框滤波。cv2.boxFilter 函数的原理是产生一个指定大小全为 1 的滤波核,如下:

$$K = \begin{bmatrix} 1 & 1 & \cdots & 1 \\ 1 & 1 & \cdots & 1 \\ \vdots & \vdots & & \vdots \\ 1 & 1 & \cdots & 1 \end{bmatrix} \tag{3-7}$$

同均值滤波一样,可以通过调整核的大小选择平滑区域的大小,从而影响平滑的程度。

代码 3-43　cv2.boxFilter 函数

```
dst = cv2.boxFilter(src, ddepth, ksize[, dst[, anchor[, normalize[, borderType]]]]) -> dst
```
- dst(返回值):方框滤波后的输出图像,与输入图像的类型和尺寸相同。
- src:输入图像,为待方框滤波处理的图像。
- ddepth:输出图像的深度,通常设置为 -1,表示与输入图像的深度相同。
- ksize:滤波核大小。
- anchor(可选参数):滤波核的锚点,默认值为(-1,-1)。
- normalize(可选参数):是否对滤波结果进行归一化处理。默认值为 True,表示滤波结果会除以核的面积,从而使输出的像素值范围与输入图像一致。如果设置为 False,滤波操作将不进行归一化,可能导致像素值超出正常范围。

  • borderType(可选参数):用于处理边界的像素外推方法,默认为 cv2.BORDER_DEFAULT。

（3）高斯滤波:高斯滤波使用高斯函数作为滤波核,对图像进行平滑处理,特点是中心像素的权重最高,而周围像素权重逐渐减小。这种滤波对于去除噪声并保留图像的边缘信息非常有效。在 OpenCV 中,可以使用 cv2.GaussianBlur 函数(代码 3-44)来执行高斯滤波。cv2.GaussianBlur 函数的原理是通过指定标准差 sigmaX 和 sigmaY 产生一个高斯滤波核,标准差越大,滤波核越宽,滤波效果越弱。高斯滤波核的计算可查询 OpenCV 帮助手册。

代码 3-44　cv2.GaussianBlur 函数

```
dst = cv2.GaussianBlur(src, ksize, sigmaX[, dst[, sigmaY[, borderType]]]) -> dst
```
  • dst(返回值):高斯滤波后的输出图像,类型和尺寸与输入图像相同。
  • src:待高斯滤波的输入图像。
  • ksize:滤波核大小。
  • sigmaX:高斯核在 X 轴方向上的标准差。
  • sigmaY(可选参数):高斯核在 Y 轴方向上的标准差。默认为 0,表示与 sigmaX 相同。
  • borderType(可选参数):用于处理边界的像素外推方法,默认为 cv2.BORDER_DEFAULT。

（4）可分离滤波:可分离滤波是一种特殊的线性滤波方法,其中滤波核可以分解成水平方向和垂直方向的两个滤波核。原因是滤波在计算上是可以并行进行的,不会影响结果,同时可将多维分离成一维进行计算,也不会影响结果。这种技术可以显著减少计算复杂度,尤其对于大型图像来说非常有用,特别适用于大尺寸的核。在 OpenCV 中,可以使用 cv2.sepFilter2D 函数(代码 3-45)来执行可分离滤波。原理是先应用水平方向的一维核 kernelX,然后再应用垂直方向的一维核 kernelY。在水平方向和垂直方向上分别实现滤波,从而产生平滑的图像。

代码 3-45　cv2.sepFilter2D 函数

```
dst = cv2.sepFilter2D(src, ddepth, kernelX, kernelY[, dst[, anchor[, delta[, borderType]]]]) -> dst
```
  • dst(返回值):可分离滤波后的输出图像,类型和大小与输入图像相同。
  • src:待分离滤波的输入的图像。
  • ddepth:输出图像的深度,通常设置为 -1,表示与输入图像的深度相同。
  • kernelX:X 方向的一维滤波核。
  • kernelY:Y 方向的一维滤波核。
  • anchor(可选参数):滤波核的锚点,默认值为(-1,-1)。
  • delta(可选参数):偏移值,用于在计算结果中添加一个可选值。
  • borderType(可选参数):用于处理边界的像素外推方法,默认为 cv2.BORDER_DEFAULT。

【例 3-32】　在一幅图上产生高斯噪声后,用 OpenCV 分别进行均值滤波、方框滤波、高斯滤波与可分离滤波,然后显示出滤波结果。

代码如下,运行结果如图 3-36 所示。

例 3-32

```
1    import …
2    def add_gaussian_noise(image, mean = 0, sigma = 20):
3    """ 添加高斯噪声的函数 """
4        noisy_image = image.copy()
5        gauss = np.random.normal(mean, sigma, noisy_image.shape)
6        noisy_image = noisy_image + gauss
```

```
7          noisy_image = cv2.convertScaleAbs(noisy_image)
8          return noisy_image
9      # 读取图像
10     image = cv2.imread('image/Example - Bridge_gray.jpg', cv2.IMREAD_GRAYSCALE)
11     # 添加高斯噪声
12     noise_image = add_gaussian_noise(image)
13     # 均值滤波
14     blur_image = cv2.blur(noise_image, (5, 5))
15     # 方框滤波
16     box_image = cv2.boxFilter(noise_image, -1, (5, 5))
17     # 高斯滤波
18     gaussian_image = cv2.GaussianBlur(noise_image, (5, 5), 1)
19     # 可分离滤波
20     sep_kernel = cv2.getGaussianKernel(5, 1)
21     sep_image = cv2.sepFilter2D(noise_image, -1, sep_kernel, sep_kernel)
22     # 显示图像
23     ...
```

首先定义一个 add_gaussian_noise 函数用于在输入图像上添加高斯噪声,随后读取一幅图像并在其基础上添加高斯噪声。接着,分别采用四种滤波方法对添加噪声的图像进行去噪处理,包括均值滤波、方框滤波、高斯滤波和可分离滤波,并将滤波后的图像进行比较以评估其去噪效果。

从结果可以看出,均值滤波在一定程度上可以减轻噪声,但会显著模糊图像的细节。方框滤波与均值滤波类似,同样可以减轻噪声,但对图像的模糊程度更明显。高斯滤波在去噪的同时能够较好地保留图像的主要特征,相较于均值滤波和方框滤波具有更优异的效果。可分离滤波使用一维的高斯滤波核,其去噪效果与高斯滤波相近,既能有效减轻噪声又具有更高的计算效率,尤其适用于处理大尺寸滤波核的场景。

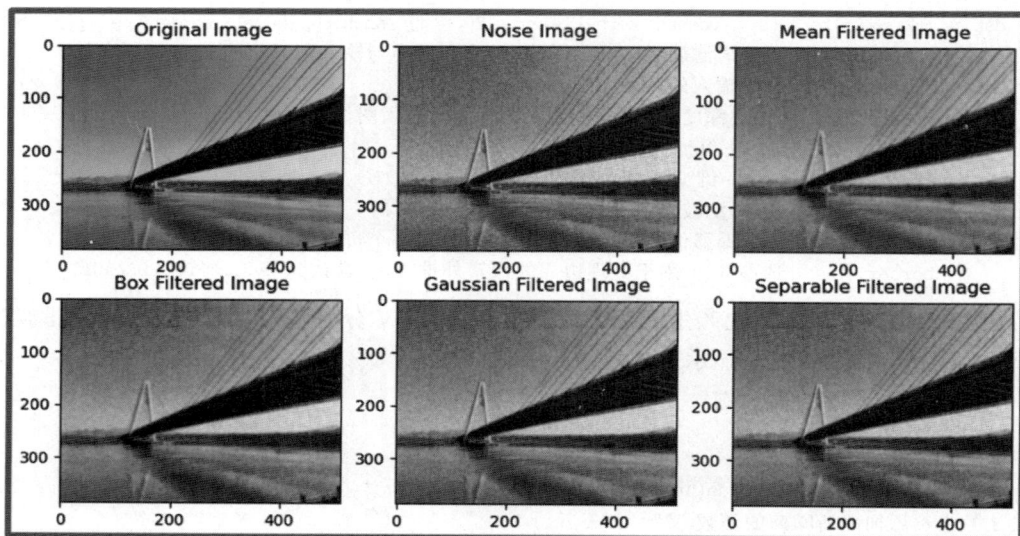

图 3-36 线性滤波结果

3.7.4　非线性滤波

在前面小节中介绍了图像处理中常见的线性滤波技术,本节将进一步探讨非线性滤波。线性滤波基于像素值的线性组合,由于噪声像素同样参与计算,因此难以有效地消除噪声。与线性滤波不同,非线性滤波在处理图像像素时结合了像素值的排序和逻辑运算,从而实现更为精细的噪声去除效果。因此,非线性滤波在去除特定类型噪声(如白盐噪声)方面展现了显著的优势。

尽管非线性滤波在去噪方面表现出色,但通常需要更多的计算资源。这是由于其操作涉及对像素值的排序、相似性计算以及非线性函数的运算,可能导致处理速度较为缓慢,尤其是在处理较大尺寸图像时。此外,非线性滤波并不适用于所有图像处理任务,特别是在需要较为平滑的滤波效果时,其效果不如线性滤波。本节将介绍两种常见的非线性滤波方法:中值滤波和双边滤波。

1. 中值滤波

中值滤波是一种典型的非线性滤波方法,通过选择特定窗口内的像素值,并将中心像素的值替换为窗口中所有像素值的中值来实现滤波。由于中值滤波对极值像素不敏感,能够有效排除极大或极小值的干扰,因此对去除白盐噪声等脉冲噪声尤为有效。在 OpenCV 库中,可以使用 cv2.medianBlur 函数(代码 3-46)来实现中值滤波。

代码 3-46　cv2.medianBlur 函数

```
dst = cv2.medianBlur(src, ksize[, dst]) -> dst
```
- dst(返回值):中值滤波后的输出图像,大小和类型与输入图像相同。
- src:待中值滤波的输入图像。
- ksize:滤波核的大小,必须是大于 1 的正整数且为奇数,常用的值如 3、5、7 等。

2. 双边滤波

双边滤波是一种非线性滤波方法,主要用于图像去噪和边缘保留。与许多其他滤波器不同,双边滤波综合考量像素之间的空间距离以及像素值的相似性。这使其能有效保留图像的边缘和细节信息,同时去除噪声。不过,相较于大多数滤波器,其处理速度较慢。在 OpenCV 中,可使用 cv2.bilateralFilter 函数(代码 3-47)来执行双边滤波。双边滤波的滤波器融合了空域滤波器与值域滤波器的特性,依据图像的空间位置和像素值相似性进行滤波操作,兼顾图像的局部特征与像素值的相似性。对边缘进行滤波时,由于考虑了局部特征,边缘较远处的像素不会对边缘像素值产生影响,从而在锐利边缘处实现了边缘保留。

代码 3-47　cv2.bilateralFilter 函数

```
dst = cv2.bilateralFilter(src, d, sigmaColor, sigmaSpace[, dst[, borderType]]) -> dst
```
- dst(返回值):双边滤波后的输出图像,大小和类型与输入图像相同。
- src:待双边滤波的输入图像。
- d:邻域直径,即滤波器影响的邻域大小。如果它是非正的,则从 sigmaSpace 计算。
- sigmaColor:颜色空间的标准差。数值越大,意味着像素邻域内较远的颜色将混合在一起,从而产生更大的相等颜色区域。
- sigmaSpace:坐标空间的标准差。较大的值会让更远的像素参与计算。当 $d > 0$ 时,指定邻域大小,而不考虑 sigmaSpace。否则,d 与 sigmaSpace 成正比。
- borderType(可选参数):边界像素的外推方式。

【例 3-33】 在一幅图上产生白盐噪声后,分别用 cv2. blur 函数进行均值滤波,用 cv2. medianBlur 函数进行中值滤波,用 cv2. bilateralFilter 函数进行双边滤波,然后显示出滤波结果并分析。

例 3-33

代码如下,运行结果如图 3-37 所示。

```
1   import …
2   # 生成一幅带有白盐噪声的图像
3   def add_salt_and_pepper_noise(image, salt_prob = 0.02, pepper_prob = 0.02):
4   """ 添加白盐噪声的函数 """
5       noisy_image = image.copy()
6       total_pixels = image.size
7       # 添加白盐噪声
8       num_salt = np.ceil(total_pixels * salt_prob)
9       salt_coords = [np.random.randint(0, i − 1, int(num_salt)) for i in image.shape]
10      noisy_image[salt_coords[0], salt_coords[1]] = 255
11      # 添加黑胡椒噪声
12      num_pepper = np.ceil(total_pixels * pepper_prob)
13      pepper_coords = [np.random.randint(0, i − 1, int(num_pepper)) for i in image.shape]
14      noisy_image[pepper_coords[0], pepper_coords[1]] = 0
15      return noisy_image
16  # 读取图像
17  image = cv2.imread('image/Example − Bridge_gray.jpg', cv2.IMREAD_GRAYSCALE)
18  # 添加白盐噪声
19   salt_and_pepper_image = add_salt_and_pepper_noise(image)
20  # 均值滤波
21  blur_image = cv2.blur(salt_and_pepper_image, (3, 3))
22  # 中值滤波
23  median_filtered_image = cv2.medianBlur(salt_and_pepper_image, 3)
24  # 双边滤波
25  bilateral_filtered_image = cv2.bilateralFilter(salt_and_pepper_image, d = 9, sigmaColor = 75, sigmaSpace = 75)
26  # 显示图像及滤波结果
27  …
```

首先定义了一个名为 add_salt_and_pepper_noise 的函数,用于在输入图像上添加白盐噪声。其次读取灰度图像并对其添加白盐噪声。应用了三种不同的滤波方法来尝试去除噪声,包括均值滤波、中值滤波和双边滤波。最后显示图像并比较它们的去噪效果。

从图中可见,均值滤波对于白盐噪声的去除效果有限,虽然图像中的噪声有所减轻,但同时也使图像的细节变得模糊。特别是在存在明显白盐噪声的情况下,均值滤波难以有效抑制噪声,导致图像中的边缘和细节信息也受到了模糊化。

中值滤波能够很好地去除极值噪声,尤其对白盐噪声具有显著的抑制作用。结果显示,添加的噪声被有效地消除,同时图像的边缘和大部分细节得到了保留。因此,对于白盐噪声的去除,中值滤波的效果是最佳的。

双边滤波对于噪声的减轻效果较好,边缘和细节也得到了较好的保留。然而,由于白盐噪声的特点(即噪声值极端),双边滤波在去除这种类型的噪声时并不如中值滤波高效。此外,双边滤波的计算复杂度较高,处理时间较长。

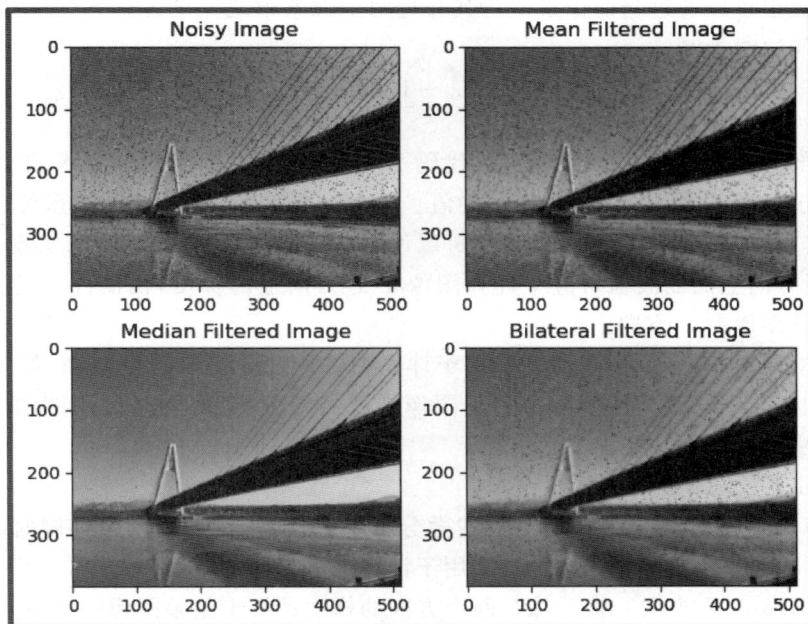

图 3-37　非线性滤波结果

3.7.5　边缘检测

边缘是图像中至关重要的特征,它们标志着像素值从一个区域到另一个区域的急剧变化,通常表示物体或特征之间的边界或分界线。边缘在计算机视觉中具有重要作用,通过提取边缘特征有助于识别图像中的物体、纹理和形状等信息,进而可以进行特征提取、图像分割、目标检测、图像增强和图像压缩等。边缘检测可视为一种高通滤波过程,目的是突出图像中的高频细节,忽略低频区域(如均匀区域),从而强调物体的边界和轮廓。

像素值从一个区域到另一个区域的急剧变化可以用图像梯度来表示。图像梯度是一种用于测量图像中像素值变化率的技术。图像梯度通常包括两个方面:梯度幅值和梯度方向。

梯度幅值表示像素值变化的强度,通常用于度量图像中像素值的变化率。在一维图像中,梯度幅值可以通过计算像素值的导数来表示。对于二维图像,梯度幅值则是通过计算水平方向和垂直方向上的偏导数来获得。

梯度方向表示像素值变化的方向,指示图像中像素值变化最快的方向。梯度方向通常由梯度向量的方向决定,可以帮助识别图像中边缘的方向或角度。

通常梯度在数学上是一个矢量,由函数的偏导数与向量方向组成。然而,在图像处理中,通常通过简化的方法来计算图像梯度。常见的简化方法是将梯度计算为某个方向上的像素差值。

一阶导数可以通过当前像素值与上一个像素值的差值来表示。这种表示方法适用于图像的水平或垂直方向上的变化:

$$\frac{\mathrm{d}f(x,y)}{\mathrm{d}x} = f(x,y) - f(x-1,y) \tag{3-8}$$

一阶导数也可以通过当前像素值与其邻近两个像素值之间的差值来表示,这种方法常用于更精确的边缘检测:

$$\frac{\mathrm{d}f(x,y)}{\mathrm{d}x} = \frac{f(x+1,y) - f(x-1,y)}{2} \tag{3-9}$$

在卷积部分使用 cv2.filter2D 函数(代码 3-41)实现了对图像的加权求和操作,这个函数也可以用于计算图像梯度中的像素差值。例如,式(3-8)中梯度的计算可以用滤波器 $[-1,1]$ 来实现,而式(3-9)中梯度的计算可以使用滤波器 $[-0.5,0,0.5]$ 来实现。在图像处理过程中,行方向上的滤波器对应于计算图像在 x 方向上的梯度,而滤波器转置为列方向则对应于计算图像在 y 方向上的梯度。

在边缘检测中,有多个不同的算子用于计算图像梯度并提取图像边缘,如 Sobel 算子、Scharr 算子与 Laplacian 算子。除了利用图像梯度的幅值,还有同时利用图像梯度方向的边缘检测算法——Canny 算法。

1) Sobel 算子

Sobel 算子是一种结合了高斯平滑的微分算子,目的是在计算图像梯度时减少噪声的影响。Sobel 算子采用两个滤波核:一个用于计算水平方向的梯度(x 方向),另一个用于计算垂直方向的梯度(y 方向),最后综合两个方向的梯度计算出整幅图像的边缘。Sobel 算子的滤波核形状为方形,通常是 3×3,在 x 方向和 y 方向上的形式如下:

$$K.\mathrm{Sobel}_{水平} = \begin{bmatrix} -1 & 0 & 1 \\ -2 & 0 & 2 \\ -1 & 0 & 1 \end{bmatrix}; \quad K.\mathrm{Sobel}_{垂直} = \begin{bmatrix} -1 & -2 & -1 \\ 0 & 0 & 0 \\ 1 & 2 & 1 \end{bmatrix} \tag{3-10}$$

在 OpenCV 库中,可以使用 cv2.Sobel 函数(代码 3-48)来实现 Sobel 边缘检测。cv2.Sobel 函数支持调整求导的阶数和滤波核的大小。求导阶数表示对输入图像求导的次数,通常求导阶数必须小于滤波核的大小。滤波核的大小(ksize)通常为奇数,当 ksize=3 时,求导阶数最大为 1;当 ksize=5 时,求导阶数最大为 2;当 ksize=7 时,求导阶数最大为 3。特殊情况下,当 ksize=1 时,滤波器核的大小为 1×3 或 3×1,此时不进行高斯平滑,但求导阶数必须小于 3。

代码 3-48 cv2.Sobel 函数

```
dst = cv2.Sobel(src, ddepth, dx, dy[, dst[, ksize[, scale[, delta[, borderType]]]]]) -> dst
```
- dst(返回值):提取边缘的输出图像。
- src:待提取边缘的输入图像。
- ddepth:输出图像深度。由于边缘提取会产生负数,因此 uint8 类型会有数据截断,通常为 cv2.CV_64F。
- dx:在 x 方向上的求导阶数。
- dy:在 y 方向上的求导阶数。
- ksize(可选参数):内核的大小。必须是 1、3、5 或 7 等。
- scale(可选参数):缩放因子。在计算结果中进行的可选缩放,默认为 1。
- delta(可选参数):偏差。在计算结果中添加的可选值。
- borderType(可选参数):像素外推的方法。具体可查询 OpenCV 帮助手册。

2) Scharr 算子

Scharr 算子是一种与 Sobel 算子类似的边缘检测算子,但通过对滤波核的权重进行调整,使得在计算图像梯度时对微弱的边缘具有更高的响应。相比于 Sobel 算子,Scharr 算子在对图像的细微边缘特征进行提取时表现得更加优越,尤其是在图像噪声较少的情况下,能够检测到细微的变化。通常使用的滤波核形式如下:

$$K.\mathrm{Scharr}_{水平} = \begin{bmatrix} -3 & 0 & 3 \\ -10 & 0 & 10 \\ -3 & 0 & 3 \end{bmatrix} ; \quad K.\mathrm{Scharr}_{垂直} = \begin{bmatrix} -3 & -10 & -3 \\ 0 & 0 & 0 \\ 3 & 10 & 3 \end{bmatrix} \tag{3-11}$$

在 OpenCV 库中,可以使用 cv2. Scharr 函数(代码 3-49)来实现 Scharr 边缘检测。cv2. Scharr 函数与 cv2. Sobel 函数的用法非常相似,区别在于 Scharr 算子不允许更改滤波核大小,始终使用 3×3 大小的核。

代码 3-49　cv2. Scharr 函数

```
dst = cv2.Scharr(src, ddepth, dx, dy[, dst[, scale[, delta[, borderType]]]]) -> dst
```
- dst(返回值):提取边缘的输出图像。
- src:待提取边缘的输入图像。
- ddepth:输出图像深度。由于边缘提取会产生负数,因此 uint8 类型会有数据截断,通常为 cv2.CV_64F。
- dx:在 x 方向上的求导阶数。
- dy:在 y 方向上的求导阶数。
- scale(可选参数):缩放因子。在计算结果中进行的可选缩放,默认为 1。
- delta(可选参数):偏差。在计算结果中添加的可选值。
- borderType(可选参数):像素外推的方法。具体可查询 OpenCV 帮助手册。

3) Laplacian 算子

Laplacian 算子是一种计算图像中每个像素周围像素值的二阶导数的边缘检测方法。与 Sobel 算子和 Scharr 算子不同,Laplacian 算子没有方向性,可以直接提取图像中任意方向的边缘特征。这使得 Laplacian 算子在提取复杂边缘结构方面非常有效,因为它能够同时响应图像中水平、垂直以及斜向的边缘变化。

Laplacian 算子通常使用一个对称的滤波核来计算图像的二阶导数,用于检测图像中的边缘。滤波核的标准形式如下:

$$K.\mathrm{Laplacian} = \begin{bmatrix} 0 & 1 & 0 \\ 1 & -4 & 1 \\ 0 & 1 & 0 \end{bmatrix} \tag{3-12}$$

在 OpenCV 库中,cv2. Laplacian 函数(代码 3-50)可以用于实现 Laplacian 边缘检测。函数的参数 ksize 为 1 时,使用的滤波核即为标准形式。通过调整 ksize 参数,可以使用不同大小的滤波核来影响边缘检测的结果,但通常 ksize 为 1 或 3,以保持高精度的边缘响应。Laplacian 算子的优点在于其能够检测任意方向的边缘特征,但也因为二阶导数计算的特性,它对噪声非常敏感,因此常与高斯滤波器结合使用,以减少噪声的影响。

代码 3-50　cv2. Laplacian 函数

```
dst = cv2.Laplacian(src, ddepth[, dst[, ksize[, scale[, delta[, borderType]]]]]) -> dst
```
- dst(返回值):提取边缘的输出图像。
- src:待提取边缘的输入图像。
- ddepth:输出图像深度。由于边缘提取会产生负数,因此 uint8 类型会有数据截断,通常为 cv2.CV_64F。
- ksize(可选参数):内核的大小。必须是 1、3、5 或 7 等。

- scale(可选参数)：缩放因子。在计算结果中进行的可选缩放,默认为 1。
- delta(可选参数)：偏差。在计算结果中添加的可选值。
- borderType(可选参数)：像素外推的方法。具体可查询 OpenCV 帮助手册。

4)Canny 算法

Canny 算法是一种非常有效的边缘检测算法,由 John F. Canny 于 1986 年提出。这种算法在检测强边缘和弱边缘方面表现出色,并且对噪声具有较强的抵抗力,使其成为计算机视觉中非常重要的边缘检测工具。Canny 算法的流程包括以下四个主要步骤:

(1)高斯滤波器的应用:通过应用高斯滤波器来平滑图像,目的是去除图像中的高频噪声,从而减少在后续的边缘检测中由于噪声而引入的误检。

(2)计算梯度幅值和方向:使用 Sobel 算子来计算图像在水平方向和垂直方向上的图像梯度,并结合它们计算图像的梯度幅值和方向,以获得图像中像素值变化的方向和变化率,计算公式如下:

$$G_{幅值} = \sqrt{G_x^2 + G_y^2}; \qquad \theta_{方向} = \arctan\left(\frac{G_y}{G_x}\right) \tag{3-13}$$

梯度幅值表示边缘的强度,梯度方向则可以用于确定边缘的方向。

(3)非极大值抑制:在计算出梯度幅值和方向后,使用非极大值抑制算法来减少冗余边缘。该算法的目标是仅保留局部最大梯度幅值的像素点,将梯度幅值不是局部最大值的像素抑制为零,从而实现边缘的精细化。通过这一过程,可以消除那些不重要的边缘信息,使得边缘检测结果更加精确。

(4)双阈值滞后边缘跟踪:使用双阈值滞后边缘跟踪方法来处理弱边缘像素。双阈值算法引入两个阈值——高阈值和低阈值,将图像中的边缘像素分为三类:强边缘、弱边缘和非边缘。高于高阈值的像素被视为强边缘,介于高阈值和低阈值之间的像素被视为弱边缘,而低于低阈值像素则被视为非边缘。弱边缘像素只有在与强边缘像素相邻时才会被保留,这样可以有效减少噪声影响,并确保保留的边缘更具有物理意义。

在 OpenCV 库中,可以使用 cv2. Canny 函数(代码 3-51)来实现 Canny 边缘检测。cv2. Canny 函数需要设置两个阈值,用于确定强边缘和弱边缘。函数中使用的两个阈值并不区分大小,阈值之间的最小值用于区分弱边缘,最大值用于区分强边缘。通常建议阈值的比例设置为 2∶1～3∶1,以确保良好的边缘检测效果。

代码 3-51　cv2. Canny 函数

```
edges = cv2.Canny(image, threshold1, threshold2[, edges[, apertureSize[, L2gradient]]])
 - > edges
```

- edges(返回值)：提取边缘的输出图像,单通道 uint8 图像,其大小与输入图像相同。该图像仅包含边缘部分,用黑白形式表示。
- src：待提取边缘的输入图像。
- threshold1：第一个阈值。
- threshold2：第二个阈值。
- apertureSize(可选参数)：内核的大小,默认大小为 3,一般为奇数。
- L2gradient(可选参数)：图像梯度计算标志,若为 True,表示使用 L2 范数来计算图像梯度幅值(即对平方和后开方),可以使边缘检测更精确;默认是 False,表示使用 L1 范数(即绝对值求和)。

【例 3-34】 在一幅图上分别用 Sobel 算子、Scharr 算子、Laplacian 算子与 Canny 算法

进行边缘检测,然后显示出边缘检测结果并分析。

代码如下,运行结果如图 3-38 所示。

例 3-34

```
1   import …
2   # 读取图像
3   image = cv2.imread('image/Example－Bridge_gray.jpg', cv2.IMREAD_GRAYSCALE)
4   # 边缘检测使用 Sobel 算子
5   sobel_x = cv2.Sobel(image, cv2.CV_64F, 1, 0, ksize = 3)
6   sobel_y = cv2.Sobel(image, cv2.CV_64F, 0, 1, ksize = 3)
7   sobel = np.sqrt(sobel_x ** 2　+ sobel_y ** 2)
8   sobel = cv2.convertScaleAbs(sobel)              # 转换为 uint8
9   # 边缘检测使用 Scharr 算子
10  scharr_x = cv2.Scharr(image, cv2.CV_64F, 1, 0)
11  scharr_y = cv2.Scharr(image, cv2.CV_64F, 0, 1)
12  scharr = np.sqrt(scharr_x ** 2 + scharr_y ** 2)
13  scharr = cv2.convertScaleAbs(scharr)            # 转换为 uint8
14  # 边缘检测使用 Laplacian 算子
15  laplacian = cv2.Laplacian(image, cv2.CV_64F, ksize = 3)
16  laplacian = cv2.convertScaleAbs(laplacian)     # 转换为 uint8
17  # 边缘检测使用 Canny 算法
18  canny = cv2.Canny(image, 100, 200)
19  # 显示各种边缘检测结果
20  …
```

首先,加载一幅灰度图像,分别使用 Sobel 算子、Scharr 算子、Laplacian 算子与 Canny 算法进行边缘检测。由于 Sobel 算子、Scharr 算子与 Laplacian 算子的输出图像深度为 cv2. CV_64F,所以使用 cv2.convertScaleAbs 函数将输出结果转换为 uint8 数据类型,如果直接显示浮点数,可能会出现不正确的图像效果。Canny 算法通过设置阈值 100 和 200,得出二值边缘图像。最后显示各种边缘检测结果。

不同的边缘检测算法在图像中产生不同的效果,Sobel 算子是一种基本的边缘检测算法。Scharr 算子是一种改进的 Sobel 算子,加强了权重分布,因此 Scharr 边缘比 Sobel 边缘更多,更适用于弱边缘。Laplacian 算子是一种二阶导数算子,相比 Sobel 算子对于噪声更敏感。Canny 算法得出的是二值边缘图像,仅包含检测到的边缘,但由图中某些较弱的边缘未能被检测到,表明 Canny 算法的结果对阈值设置较为敏感,且较弱的边缘可能被忽略。

3.7.6　傅里叶变换

傅里叶变换是一种强大的数学工具,用于将一个函数用正弦和余弦表示。信号处理中傅里叶变换扮演着关键的角色,允许将时间域信号转换为其频域表示,可以将信号分解为不同频率的正弦成分和余弦成分。

在图像处理中,傅里叶变换对应着将空间域图像转换为频域图像,在频域下处理图像通常比空间域图像处理更快速,也可以更好地去除图像中的噪声,特别是在特定频率范围内的噪声。图像信号是离散信号,通常应用离散傅里叶变换,反过来将频域图像转换为空间域图像的操作称为离散傅里叶逆变换。

在 OpenCV 中,提供了 cv2.dft 函数(代码 3-52)执行离散傅里叶变换。cv2.idft 函数(代码 3-53)执行离散傅里叶逆变换,该操作也可以通过在 cv2.dft 函数中设置标志 flags =

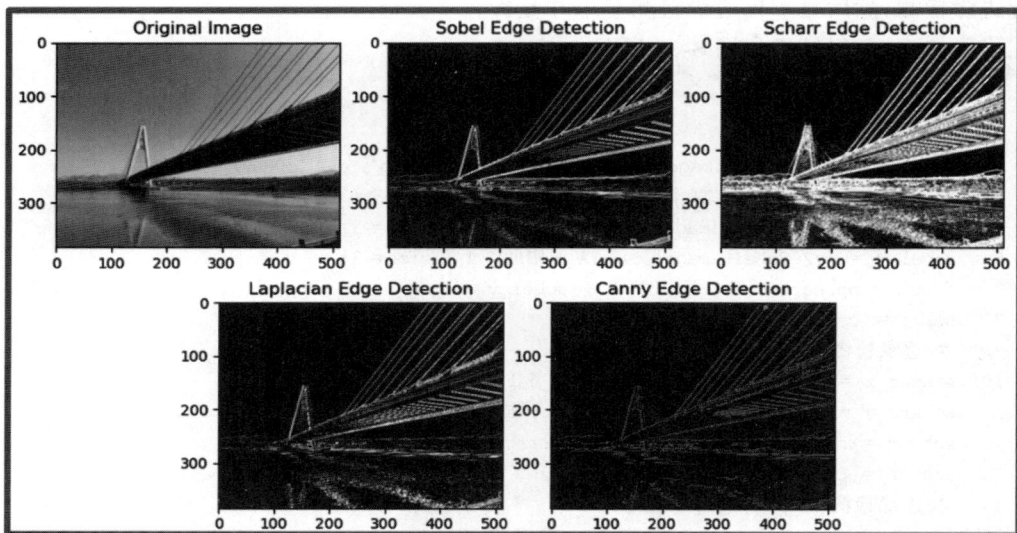

图 3-38　边缘检测结果

cv2.DFT_INVERSE 来实现。

傅里叶变换及其逆变换的输入尺寸对计算效率有重要影响。为了提高计算的效率,尤其是在大规模图像处理中,傅里叶变换通常对大小为 2、3、5 的公倍数的数组最有效。OpenCV 提供了 cv2.getOptimalDFTSize 函数(代码 3-54)用于求解当前数组的最优 DFT 尺寸。通过 cv2.copyMakeBorder 函数(代码 3-55)可以在图像边界填充所需的扩展边界,确保图像尺寸达到最优离散傅里叶变换(DFT)计算要求。

离散傅里叶变换产生的频域数据通常包含复数成分,表示为双通道的图像数据(实部和虚部)。要想直观地观察频域下的信号分布情况,特别是图像不同方向上的频率信息,可以通过 cv2.magnitude 函数(代码 3-56)计算频谱的幅值。通过幅值图像,可以观察信号在不同频率上的变化和分布。

通过傅里叶变换,图像的频率信息可以清晰地呈现出来,有助于理解和处理图像的结构和噪声。高频分量通常表示图像中的边缘和细节信息,而低频分量则代表了图像的整体结构和轮廓。在图像处理任务中,控制和操作这些频率分量可以实现去噪、边缘增强、图像锐化等效果。

代码 3-52　cv2.dft 函数

```
dst = cv2.dft(src[, dst[, flags[, nonzeroRows]]]) -> dst
```
- dst(返回值):输出的离散傅里叶变换后的数组,大小和类型由标志参数决定。
- src:输入的图像.数据类型为 float32 或 float64,可以是实数或复数。
- flags(可选参数):转换类型标志,通常设置为 cv2.DFT_COMPLEX_OUTPUT(简记为 16)以确保输出为与输入大小相同的复数数组。具体可查询 OpenCV 帮助手册。
- nonzeroRows(可选参数):非零标志,指定输入数组中非零行的数量,以便优化计算性能。具体可查询 OpenCV 帮助手册。

代码 3-53　cv2.idft 函数

```
dst = cv2.idft(src[, dst[, flags[, nonzeroRows]]]) -> dst
```

- dst(返回值)：离散傅里叶逆变换后的数组,大小和类型取决于标志。
- src：输入的图像。数据类型为 float32 或 float64,可以是实数或复数。
- flags(可选参数)：转换类型标志。具体可查询 OpenCV 帮助手册。
- nonzeroRows(可选参数)：非零行标志。

代码 3-54　cv2. getOptimalDFTSize 函数

```
retval = cv2.getOptimalDFTSize(vecsize) -> retval
```
- retval(返回值)：给定数组尺寸的最佳离散傅里叶变换尺寸。
- vecsize：输入的图像或数组。

代码 3-55　cv2. copyMakeBorder 函数

```
dst = cv2.copyMakeBorder(src, top, bottom, left, right, borderType[, dst[, value]]) -> dst
```
- dst(返回值)：添加边界后的图像。图像类型与输入图像相同。
- src：需添加边界的输入图像。
- top：顶部添加的行数。
- bottom：底部添加的行数。
- left：左侧添加的行数。
- right：右侧添加的行数。
- borderType：边界类型。具体可查询 OpenCV 帮助手册。
- value(可选参数)：边界类型中的填充值。

代码 3-56　cv2. magnitude 函数

```
magnitude = cv.magnitude(x, y[, magnitude]) -> magnitude
```
- magnitude(返回值)：计算的二维向量大小,大小和类型与 x 相同。
- x：向量 x 坐标的浮点数组。
- y：向量 y 坐标的浮点数组,大小必须与 x 相同。

【例 3-35】　将一幅图像进行最优离散傅里叶变换,并显示出来。
代码如下,运行结果如图 3-39 所示。

例 3-35

```
1   import …
2   # 读取灰度图像
3   img = cv2.imread('image/Example - Bridge_gray.jpg', flags = cv2.IMREAD_GRAYSCALE)
4   # 计算图像进行离散傅里叶变换时的最优转换大小
5   h, w = img.shape[:2]
6   dft_h = cv2.getOptimalDFTSize(h)
7   dft_w = cv2.getOptimalDFTSize(w)
8   # 边界扩充
9   img_padded = cv2.copyMakeBorder(img,0,dft_h - h,0,dft_w - w, cv2.BORDER_CONSTANT, 0)
10  # 进行离散傅里叶变换
11  dft = cv2.dft(np.float32(img_padded), flags = cv2.DFT_COMPLEX_OUTPUT)
12  # 将离散傅里叶变换结果移到中心
13  dft_shift = np.fft.fftshift(dft)
14  # 计算离散傅里叶变换的幅值谱
15  magnitude_spectrum = 20 * np.log(cv2.magnitude(dft_shift[:,:,0],dft_shift[:,:,1]))
16  # 将原始图像、扩充后的图像和频谱都显示出来
17  …
```

首先读取目标灰度图像,用 img. shape 返回图像的形状元组(高、宽、通道数),[:2]表示

取前两项高和宽。传入原图像的高与宽，通过 cv2. getOptimalDFTSize 函数计算出进行离散傅里叶变换时的最优转换高度和宽度。其次使用 cv2. copyMakeBorder 函数根据 dft_h 和 dft_w 来扩充图像到最优尺寸。将图像转换成 float32 类型后，进行离散傅里叶变换，得到复数数组。通过 np. fft. fftshift 函数将傅里叶变换的结果移动到频谱的中心位置，傅里叶变换的结果中，零频分量在频谱的最左侧，将零频分量移动到频谱的中心，最高频分量移动到两边。这种形式的频谱更符合直观分析，低频在中间，高频在外围。通过 cv2. magnitude 函数计算傅里叶变换复数结果的幅值，np. log 对幅值取对数，将值映射到一个较小范围，因为傅里叶变换的幅值可能有很大动态范围。为了增强幅值图在 8 位整型图像中的可视化效果，在 np. log 之前引入一个放大系数。最后将输入图像和幅值谱显示出来进行对比。

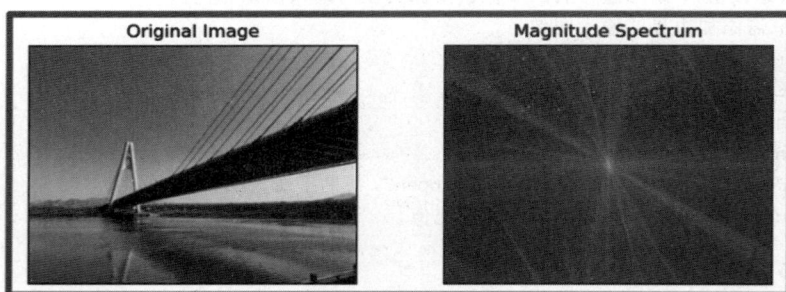

图 3-39　离散傅里叶变换结果

3.7.7　傅里叶变换中的卷积

在傅里叶变换的频域表示中，卷积操作可以简化为简单的乘法运算。具体来说，如果图像 f 的傅里叶变换是 F，卷积核 g 的傅里叶变换是 G，则图像 f 与核 g 卷积得到的图像 h 的傅里叶变换 H 可以表示为

$$H = F * G \tag{3-14}$$

其中，"*"表示逐个频率分量相乘。这意味着在频域中，原本时域中的卷积操作可以转化为简单的复数点乘，计算复杂度得以大幅降低。因此，卷积操作可以通过以下步骤实现：首先将图像和卷积核分别变换到频域，在频域中进行点乘运算，最后通过傅里叶逆变换还原回空间域，得到卷积结果。

滤波操作也可以看成一种卷积，因此傅里叶变换在滤波计算中也具有显著的加速效果。这种思想体现了信号处理中的一个重要原则——"时频对偶"。时频对偶是指信号在时域和频域中具有对偶的性质，揭示了时域和频域之间的内在联系，相当于从两个角度描述同一个信号。通过在频域和时域之间切换，可以从不同的角度描述和处理信号，有助于减少图像处理的计算量。

在 OpenCV 中，可以使用 cv2. mulSpectrums 函数（代码 3-57）来执行频域中的点乘运算。在进行点乘运算时，需要将卷积核扩展到与输入图像相同的尺寸，以确保能够正确地进行逐点相乘。

代码 3-57　cv2. mulSpectrums 函数

```
c = cv2.mulSpectrums(a, b, flags[, c[, conjB]]) -> c
```
- c(返回值)：点乘后的结果数组。大小和类型与输入数组相同。
- a：第一个输入数组。
- b：第二个输入数组,大小和类型与 a 相同。
- flags：操作标志,一般为 cv2.DFT_COMPLEX_OUTPUT,输出复数形式结果。具体可查询 OpenCV 帮助手册。
- conjB(可选参数)：计算标志,默认为 false,乘法操作。为 true 时是第一个数组与第二个数组的复共轭相乘,这在需要通过频域乘法来实现时域相关运算时非常有用。

【例 3-36】 通过傅里叶变换对图像进行卷积,并显示出来。

代码如下,运行结果如图 3-40 所示。

```
1   import …
2   ♯ 读取图像
3   img = cv2.imread('image/Example-Bridge_gray.jpg', cv2.IMREAD_GRAYSCALE)
4   ♯ 卷积核
5   kernel = np.ones((5,5),np.float32)/25
6   ♯ 计算傅里叶变换的最优大小
7   dft_h = cv2.getOptimalDFTSize(img.shape[0])
8   dft_w = cv2.getOptimalDFTSize(img.shape[1])
9   ♯ 扩展图像
10  img_padded = cv2.copyMakeBorder(img, 0, dft_h - img.shape[0], 0, dft_w - img.shape[1],
cv2.BORDER_CONSTANT, 0)
11  ♯ 扩展核
12  kernel_padded = cv2.copyMakeBorder(kernel, 0, dft_h - kernel.shape[0], 0, dft_w -
kernel.shape[1], cv2.BORDER_CONSTANT, 0)
13  ♯ 傅里叶变换
14  dft_img = cv2.dft(np.float32(img_padded), flags = cv2.DFT_COMPLEX_OUTPUT)
15  dft_kernel = cv2.dft(np.float32(kernel_padded), flags = cv2.DFT_COMPLEX_OUTPUT)
16  ♯ 频域中点乘
17  dft_img_conv = cv2.mulSpectrums(dft_img, dft_kernel, cv2.DFT_COMPLEX_OUTPUT)
18  ♯ 逆变换
19  img_conv = cv2.idft(dft_img_conv)
20  img_conv = cv2.magnitude(img_conv[:,:,0],img_conv[:,:,1])
21  ♯ 将原始图像和卷积后的图像都显示出来
22  …
```

程序步骤为：①读取图像并定义 5×5 的平均滤波核。②使用 cv2.getOptimalDFTSize 函数计算傅里叶变换的最优大小。对于图像的行和列,分别计算出能够提高傅里叶变换效率的最优尺寸。这样可以确保傅里叶变换的效率。③使用 cv2.copyMakeBorder 函数对图像和卷积核进行零填充,将它们扩展到最优大小。这样做的目的是使傅里叶变换能够更快地执行,并且避免在频域卷积中出现边界问题。④使用 cv2.dft 对扩展后的图像和卷积核进行傅里叶变换,转换到频域表示,设置标志 cv2.DFT_COMPLEX_OUTPUT,使得输出为复数形式。⑤使用 cv2.mulSpectrums 函数在频域中对图像和卷积核的频谱进行逐元素相乘。⑥使用 cv2.idft 函数将频域结果转换回时域,得到卷积后的图像结果。使用 cv2.magnitude 函数计算复数频谱的幅值,将双通道的结果转换为单通道图像,得到最终的卷积结果。⑦将原始图像和卷积后的图像进行显示,以对比卷积效果。

这样,通过频域运算替代了时域中的卷积,利用了傅里叶变换的快速算法,降低了计算复杂度,提高了运算效率。其中,卷积核使用了一个 5×5 的均值滤波核,因此卷积后的图像呈现出平滑效果,图像中的细节被均化。

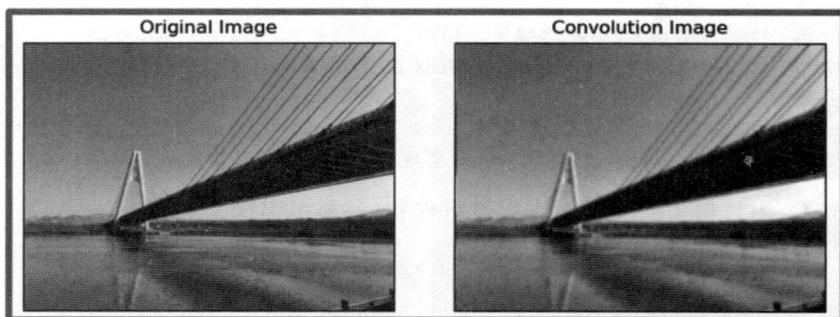

图 3-40 傅里叶变换中的卷积结果

3.7.8 傅里叶变换中的滤波

在傅里叶变换中,不仅可以通过频域的乘积实现卷积滤波,还可以通过直接调整频域中的幅值谱来实现,这种方法称为频域滤波。频域滤波是一种基于频率成分的调整方法,可以更灵活地处理图像中的特定频率区域,从而实现平滑或增强特定特征。

理想滤波器是一种最简单的频域滤波器,其目标是保留特定频率范围内的成分,而将其他频率的成分完全抑制为零。理想滤波器在频域中定义一个明确的截止频率,保留该频率范围内的频率成分,从而对图像进行低通、高通或带通滤波。

除了理想滤波器,常见的频域滤波器还包括巴特沃斯滤波器和高斯滤波器。这些滤波器在频域中通过平滑的过渡来控制频率成分,使得滤波效果不像理想滤波器那样生硬,能更自然地处理图像的频率成分。

在进行频域滤波时,通常需要进行以下步骤:进行傅里叶变换,将图像转换到频域;计算频域中的幅值谱,通常使用傅里叶变换的实部和虚部;在幅值谱上应用所选的频域滤波器,以调整频率成分的幅值;将经过滤波的频域图像进行逆傅里叶变换,将图像还原到空间域。

【例 3-37】 在一幅图上进行频域滤波,通过设置不同的理想滤波器的特定频率范围,分别进行低通滤波与高通滤波,并显示出来。

代码如下,运行结果如图 3-41 所示。

```
1   import …
2   # 读取图像
3   image = cv2.imread('image/Example-Bridge_gray.jpg', cv2.IMREAD_GRAYSCALE)
4   # 计算图像进行离散傅里叶变换时的最优转换大小
5   h, w = image.shape[:2]
6   dft_h = cv2.getOptimalDFTSize(h)
7   dft_w = cv2.getOptimalDFTSize(w)
8   # 边界扩充
9   img_padded = cv2.copyMakeBorder(image,0,dft_h - h,0,dft_w - w, cv2.BORDER_CONSTANT, 0)
```

例 3-37

```
10   # 进行离散傅里叶变换
11   dft = cv2.dft(np.float32(img_padded), flags = cv2.DFT_COMPLEX_OUTPUT)
12   # 将离散傅里叶变换结果移到中心
13   dft_shift = np.fft.fftshift(dft)
14   # 计算频域图像的幅值谱
15   magnitude_spectrum = np.log(cv2.magnitude(dft_shift[:, :, 0], dft_shift[:, :, 1]))
16   # 确定理想滤波器尺寸
17   rows, cols = image.shape
18   crow, ccol = rows // 2, cols // 2
19   # 创建理想低通滤波器
20   mask_lowpass = np.zeros((rows, cols, 2), np.uint8)
21   mask_lowpass[crow - 50:crow + 50, ccol - 50:ccol + 50] = 1
22   # 创建理想高通滤波器(翻转低通滤波器)
23   mask_highpass = 1 - mask_lowpass
24   # 应用低通滤波器
25   filtered_dft_shift_lowpass = dft_shift * mask_lowpass
26   # 应用高通滤波器
27   filtered_dft_shift_highpass = dft_shift * mask_highpass
28   # 计算滤波后的频域图像的幅值谱
29   filtered_magnitude_spectrum_lowpass = np.log(cv2.magnitude(filtered_dft_shift_lowpass
     [:, :, 0], filtered_dft_shift_lowpass[:, :, 1]) + 1e - 10)
30   filtered_magnitude_spectrum_highpass = np.log(cv2.magnitude(filtered_dft_shift_
     highpass[:, :, 0], filtered_dft_shift_highpass[:, :, 1]) + 1e - 10)
31   # 低通滤波后的逆傅里叶变换
32   filtered_idft_shift_lowpass = np.fft.ifftshift(filtered_dft_shift_lowpass)
33   filtered_image_lowpass = cv2.idft(filtered_idft_shift_lowpass)
34   filtered_image_lowpass = cv2.magnitude(filtered_image_lowpass[:, :, 0], filtered_image
     _lowpass[:, :, 1])
35   # 高通滤波后的逆傅里叶变换
36   filtered_idft_shift_highpass = np.fft.ifftshift(filtered_dft_shift_highpass)
37   filtered_image_highpass = cv2.idft(filtered_idft_shift_highpass)
38   filtered_image_highpass = cv2.magnitude(filtered_image_highpass[:, :, 0], filtered_
     image_highpass[:, :, 1])
39   # 显示图像和幅值谱
40   ...
```

首先加载一幅灰度图像,然后进行离散傅里叶变换。在这之前,图像被填充到最优的尺寸,以提高计算效率。接下来,创建了两个滤波器,一个是理想低通滤波器,另一个是理想高通滤波器。这些滤波器是二维数组,与频域图像的大小相匹配。理想低通滤波器通过在频域中的中心区域设置为 1 来保留低频信息,其余区域设置为 0。理想高通滤波器则是低通滤波器的补集,它通过在频域中心区域设置为 0 来保留高频信息。将这两个滤波器应用于频域图像,通过逆傅里叶变换将这两个滤波后的频域图像转换回空间域。最后,显示原始图像、原始图像的幅值谱;低通滤波后的图像、低通滤波核和幅值谱;以及高通滤波后的图像、高通滤波核和幅值谱。

在滤波后,可以观察到图像中出现了振铃效应。振铃效应是数字图像处理中的一种现象,通常出现在频域滤波过程中,是由于截止频率或频率域滤波器的形状引起的。其表现是在频域滤波后,图像中的一些边缘或高频成分周围出现明显的振铃或波纹状伪影。原因在于理想的频域滤波器具有无限陡峭的频率响应,可以选择巴特沃斯滤波器减少振铃效应。巴特沃斯滤波器的特点是在频域内的幅值响应具有平滑的滚降特性,通过阶数控制了滤波器的滚降率。读者若感兴趣,可自行学习。

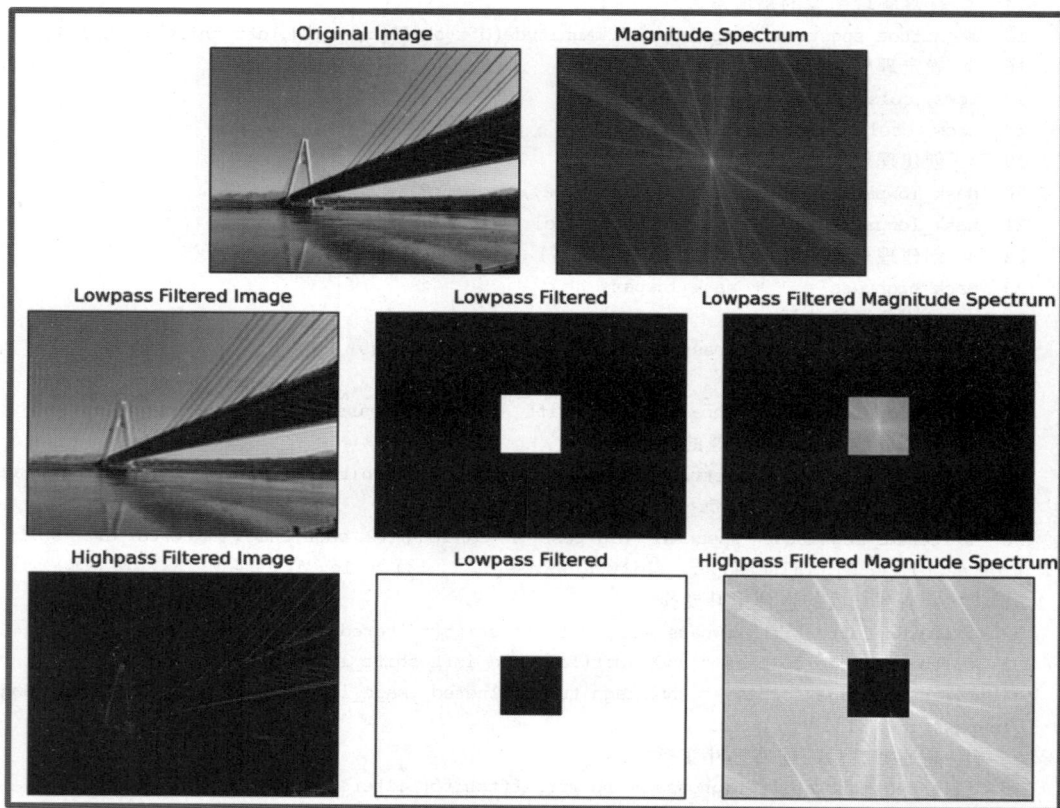

图 3-41　频域滤波结果

3.8　图像形态学

在图像处理领域,图像形态学是一门重要的数学工具,它专注于分析和操作图像中的形状和结构特征。这一领域的概念和技术是基于数学和集合论的,用于分析、描述和操作图像中的形状、结构和空间关系。主要目的是提取和改变图像中的对象特征,如边缘、轮廓、孔洞和连接组件等,以便进行图像分割、特征提取、形状识别、去噪、形状改变和结构分析等。图像形态学的一些重要操作和概念包括腐蚀、膨胀、开操作、闭操作、形态学梯度、顶帽操作和黑帽操作等,本章将详细介绍图像形态学的上述操作和概念。

3.8.1　像素距离与连通域

在学习图像形态学之前,了解像素距离和连通域是非常有帮助的,因为它们是图像形态学的基本概念之一,用于分析和操作图像中的形状和结构。

1. 像素距离

像素距离是指图像中像素点之间的距离度量。它通常用于度量像素点到某个特定对象或区域的距离。在图像形态学中,常见的像素距离包括欧几里得距离、曼哈顿距离、切比雪夫距离等。

欧几里得距离又称为直线距离、L2 范数,是一种用于度量空间中两点之间距离的方法。在二维欧几里得空间中,给定两个像素点 (x_1, y_1) 和 (x_2, y_2),它们之间的欧几里得距离为

$$d = \sqrt{(x_1 - x_2)^2 + (y_1 - y_2)^2} \tag{3-15}$$

这个公式计算了两点之间的最短直线距离,也就是直线段的长度,可以视作两点间的空间距离。

曼哈顿距离,也称为城市街区距离、L1 范数,是一种用于计算两个点在网格状坐标系中距离的方法。它的名称来源于曼哈顿的城市街区布局,通常只能沿着街道行走,而不允许直线穿越街区。在二维空间中,通过在横轴上的差值和纵轴上的差值的绝对值之和来表示曼哈顿距离,计算如下:

$$d = |x_1 - x_2| + |y_1 - y_2| \tag{3-16}$$

切比雪夫距离,也称为棋盘距离、L∞ 范数,是一种用于计算两个点之间最大距离的方法,或者说计算两点在各个维度上的最大差值的方法。在二维空间中,两点在横轴和纵轴上差值的绝对值的最大值即为切比雪夫距离,计算如下:

$$d = \mathrm{Max}(|x_1 - x_2|, |y_1 - y_2|) \tag{3-17}$$

在 OpenCV 中,cv2.distanceTransform 函数(代码 3-58)用于计算图像中每个像素到离它最近的边缘像素的距离,通常应用于二值图像的分析和处理。这种操作被称为距离变换,能够帮助分析对象的形状特征或为进一步的形态学操作提供辅助信息。在距离变换的结果中,输出图像的像素值代表了每个像素到其最近的边缘像素的相对距离。通过使用不同的可视化手段,距离变换结果可以以不同的颜色表示,在彩色输出中,通常用红色表示距离最远的像素,用黑色表示最近的像素。

代码 3-58　cv2.distanceTransform 函数

```
dst = cv.distanceTransform(src, distanceType, maskSize[, dst[, dstType]]) -> dst
```
- dst(返回值):输出图像。通常为包含每个像素到最近边缘像素距离的图像,默认与输入图像大小和类型相同。
- src:输入的二值图像。通常是 8 位单通道图像,其中 0 表示背景,非零值表示前景。
- distanceType:距离变换的类型。cv2.DIST_L1、cv2.DIST_L2、cv2.DIST_C 分别代表曼哈顿距离、欧几里得距离和切比雪夫距离。
- maskSize:距离变换时使用的掩码大小。通常为 cv2.DIST_MASK_3 与 cv2.DIST_MASK_5。
- dstType(可选参数):输出图像的数据类型,默认与输入图像一致。

2. 连通域

连通域是指一组相邻的像素或像素集合,它们在图像中相互连接且具有相同的特征或属性。连通域通常用于分析图像中的不同物体或区域,以便对它们进行分割、计数、特征提取或其他分析操作。

找出图像中的连通域,在图像处理中称为连通域分析。连通域分析的目标是识别图像

中具有相同性质的像素集合,这些像素在空间上是相互连接的,因此与邻域概念密切相关。

邻域在图像处理中表示像素周围的一组像素。通常有以下几种常见的邻域定义:

(1) 4-邻域:一个像素的 4 个相邻像素,即上、下、左、右。

(2) 8-邻域:一个像素的 8 个相邻像素,包括 4-邻域和 4 个对角线方向上的像素。

(3) N-邻域:根据需要,可以定义更广泛的邻域,如 $N \times N$ 邻域。

通过分析像素之间的连通关系来实现连通域分析,在这个过程中,邻域的定义非常重要,因为它用于确定像素之间的连接性。

在 OpenCV 中,提供 connectedComponentsWithStats 函数(代码 3-59)用于执行连通域分析,并返回图像中的连通组件及其相关统计信息。

代码 3-59　cv2. connectedComponentsWithStats 函数

```
retval, labels, stats, centroids = cv.connectedComponentsWithStats(image[, labels[, stats
[, centroids[, connectivity[, ltype]]]]]) -> retval, labels, stats, centroids
```
- retval(返回值):检测到的连通域数量并对应标签,其中 0 标签为背景。
- labels(返回值):标记连通域后的输出图像,与输入图像大小相同。
- stats(返回值):每个连通域的统计信息,是一个二维数组,每一行表示一个连通域的统计值,包含左上角坐标、宽、高、面积等信息。
- centroids(返回值):每个连通域的中心坐标,是一个二维数组,每行包含一个连通域的中心坐标 x、y 值。
- image:输入二值图像,必须是 8 位单通道图像。
- connectivity(可选参数):指定邻域类型。默认为 8,8 - 邻域连接。
- ltype(可选参数):输出图像的数据类型。默认为 cv2.CV_32S。

【例 3-38】　在一幅墙体裂缝图上进行距离变换与连通域分析,并将结果显示出来。
代码如下,运行结果如图 3-42 所示。

```
1   import …
2   # 读取图像
3   image = cv2.imread('image/Example-WallCracks.jpg', cv2.IMREAD_GRAYSCALE)
4   # 二值化图像
5   ret, binary_image = cv2.threshold(image, 50, 255, cv2.THRESH_BINARY)
6   # 计算欧几里得距离变换
7   distance_transform_euclidean = cv2.distanceTransform(binary_image, cv2.DIST_L2, 5)
8   # 计算曼哈顿距离变换
9   distance_transform_manhattan = cv2.distanceTransform(binary_image, cv2.DIST_L1, 5)
10  # 计算切比雪夫距离变换
11  distance_transform_chebyshev = cv2.distanceTransform(binary_image, cv2.DIST_C, 5)
12  # 二值化图像并翻转(将白色和黑色像素互换)
13  labeled_image = cv2.bitwise_not(binary_image)
14  # 进行连通域分析
15  num_labels, labels, stats, centroids = cv2.connectedComponentsWithStats(labeled_image,
    ltype = cv2.CV_16U)
16  # 显示结果图像
17  …
```

首先,加载一幅灰度图像,对该图像进行二值化处理,将像素值高于设定的 50 阈值的像素设为白色 255,而低于阈值的像素设为黑色 0。其次,计算三种不同距离变换的结果,欧几里得距离变换、曼哈顿距离变换与切比雪夫距离变换。再次,原图像进行了翻转,即黑白颜色互换,以便进行连通域分析。最后,显示了原始图像、二值图像、三种不同距离变换的结果以及进行连通域分析后的图像。

从三种不同距离变换的结果可见,欧几里得距离变换是直线距离,因此距离轮廓圆滑;曼哈顿距离变换与切比雪夫距离变换是水平距离和垂直距离的线性组合,是按照沿坐标轴的步进距离来计算的,因此距离轮廓尖锐。在连通域分析后的结果,可以观察到图像从上到下的不同连通域被赋予了不同的灰度值。由于墙体裂缝是利用二值化分割,裂缝不连续,连通域分析效果不好。裂缝断裂部分导致无法形成完整的连通区域,因此可在以后章节学习更好的方法后来改善连通域的提取效果。

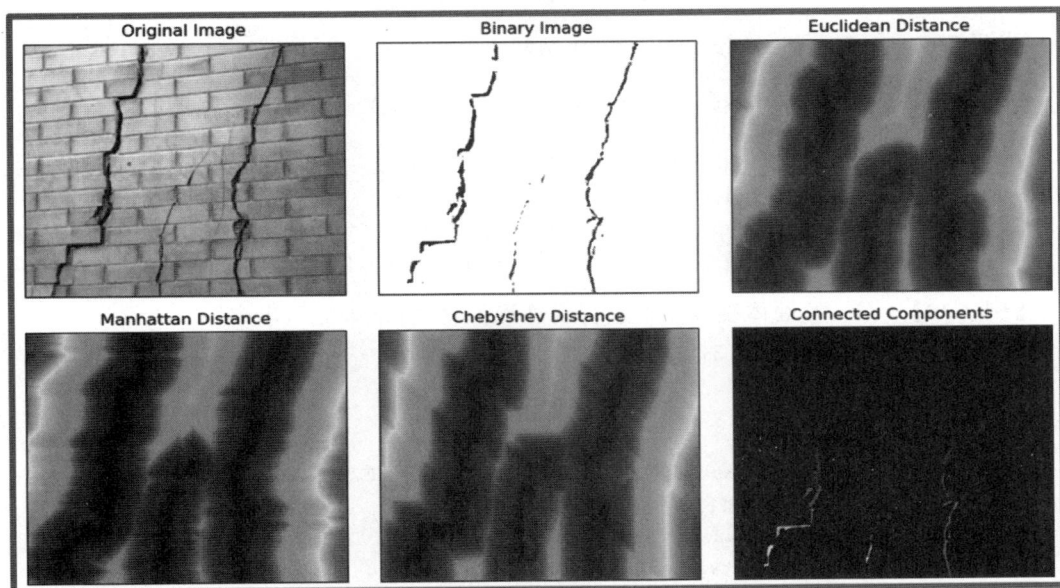

图 3-42　距离变换与连通域分析结果

3.8.2　腐蚀

腐蚀操作是一种用于图像处理的基本形态学操作,其名称来源于其图像处理效果与物理上的腐蚀现象相似。在图像处理中,腐蚀操作的目的是缩小或减小图像中的前景对象,就像物理上的腐蚀会逐渐侵蚀或削弱物体表面的部分。腐蚀操作将一个小核滑动到图像上的每个像素位置,只有当核的所有像素都与图像的相应像素匹配时,才保留中心像素,否则将其置为背景。二值图中通常前景为白色,背景为黑色。腐蚀操作在图像处理中常用于去除噪声、分离物体以及改变图像中对象的形状和大小。

在 OpenCV 库中,可以用 cv2.erode 函数对图像进行腐蚀操作(代码 3-60)。该函数的原理是核或结构元素顺时针方向旋转 180°扫描图像,如果结构元素与图像覆盖处的所有像素值都是 1,中心元素保持原来值,否则置 0。重复此过程直到扫描完整个图像,这个操作会使图像中值是 1 的白色区域缩小。其中结构元素可以定义矩阵生成结构元素,也可以通过 cv2.getStructuringElement 函数(代码 3-61)构建特定形状的结构元素。

代码 3-60　cv2. erode 函数

```
dst = cv2.erode(src, kernel[, dst[, anchor[, iterations[, borderType[, borderValue]]]]]) -> dst
```
- dst(返回值)：输出图像,大小和类型与输入图像相同。
- src：输入图像。通道数可以是任意的,但深度应为 CV_8U、CV_16U、CV_16S、CV_32F 或 CV_64F 之一。
- kernel：用于侵蚀操作的结构元素,也称为核或卷积核。
- anchor(可选参数)：锚点。默认值为(-1, -1),表示锚点位于元素中心。
- iterations(可选参数)：侵蚀次数,默认值为 1。
- borderType(可选参数)：像素外推的方法。
- borderValue(可选参数)：像素外推时的边界值。

代码 3-61　cv2. getStructuringElement 函数

```
retval = cv2.getStructuringElement(shape, ksize[, anchor]) -> retval
```
- retval(返回值)：生成的结构元素。
- shape：结构元素的形状类型。包括矩形 cv2.MORPH_RECT、十字形 cv2.MORPH_CRO 与椭圆 cv2.MORPH_ELLIPSE,简记为 0、1 与 2。
- ksize：结构元素的大小。
- anchor(可选参数)：锚点。默认值为(-1, -1),表示锚点位于元素中心。

【例 3-39】　在一幅墙体裂缝图上进行腐蚀操作,并将结果显示出来。

代码如下,运行结果如图 3-43 所示。

```
1   import …
2   # 读取图像
3   image = cv2.imread('Example-WallCracks.jpg', cv2.IMREAD_GRAYSCALE)
4   # 二值化图像并翻转(将白色和黑色像素互换)
5   ret, binary_image = cv2.threshold(image, 50, 255, cv2.THRESH_BINARY)
6   binary_image = cv2.bitwise_not(binary_image)
7   # 生成 5×5 的矩形核
8   kernel = cv2.getStructuringElement(cv2.MORPH_RECT, (3,3))
9   # 进行腐蚀操作
10  erosion = cv2.erode(binary_image, kernel, iterations = 1)
11  # 显示结果图像
12  …
```

首先,读取了墙体裂缝的原始灰度图像;其次,利用二值化处理技术对图像进行预处理,将裂缝与背景区分开。为了处理裂缝,反转了二值化图像,使裂缝变为白色,背景变为黑色;再次,用 cv2. getStructuringElement 函数创建了一个 3×3 矩形腐蚀核,并利用该核对反转后的二值图像进行一次腐蚀操作;最后,显示原始图像、二值化图像和腐蚀后的图像。

通过对比,可以很明显地观察到腐蚀操作能有效地使白色的裂缝区块变小,断开部分连接的裂缝区域。

3.8.3　膨胀

膨胀操作是与腐蚀操作相对应的另一种基本的形态学图像处理操作。如果说腐蚀操作是缩小图像中的白色前景对象,那么膨胀操作的作用就是扩大或膨胀这些前景对象。膨胀操作的名称来源就是因为可以增加图像中的白色区域。膨胀采用一个结构元素或核矩阵移

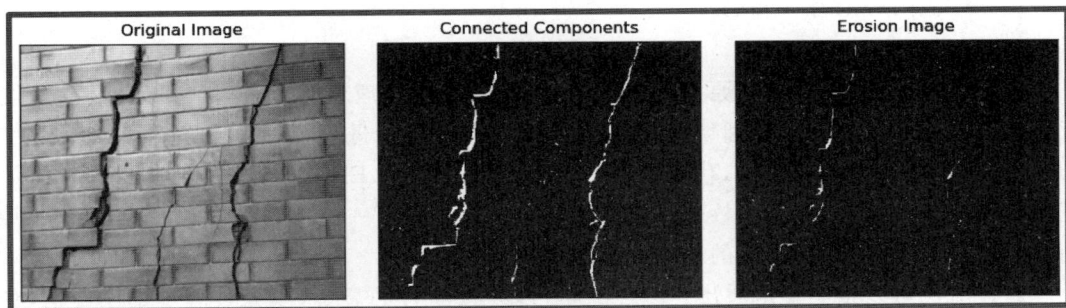

图 3-43　腐蚀操作

动扫描图像,如果核与图像覆盖区域存在至少一个白色像素,则将中心像素设置为白色,否则设置为黑色。通过重复该扫描过程,白色前景对象周围的边界区域会被膨胀或扩大。在图像处理中,膨胀操作常用于填补前景对象中的小洞或间隙、连接断开的对象、平滑对象的边界等。相比于腐蚀,膨胀产生了相反的效果,可以弥补腐蚀可能造成的对象缩小和断裂问题,二者常结合使用以改善图像的质量和增强特定区域。

在 OpenCV 中,可以使用 cv2.dilate 函数(代码 3-62)对图像进行膨胀操作。cv2.dilate 函数的原理是结构元素与图像覆盖部分存在至少一个值为 1 的像素,则中心像素值保持为 1,否则置为 0,重复该过程直到扫描完图像。这样可以使图像中的白色区域扩大或膨胀。结构元素同样可以通过矩阵定义,或使用 cv2.getStructuringElement 函数构建。

代码 3-62　cv2.dilate 函数

```
dst = cv2.dilate(src, kernel[, dst[, anchor[, iterations[, borderType[, borderValue]]]]])
 -> dst
```

- dst(返回值): 输出图像,大小和类型与输入图像相同。
- src: 输入图像。通道数可以是任意的,但深度应为 CV_8U、CV_16U、CV_16S、CV_32F 或 CV_64F 之一。
- kernel: 用于膨胀的结构元素。
- anchor(可选参数): 锚点。默认值为(-1,-1),表示锚点位于元素中心。
- iterations(可选参数): 膨胀次数,默认值为 1。
- borderType(可选参数): 像素外推的方法。
- borderValue(可选参数): 像素外推时的边界值。

【例 3-40】　在一幅墙体裂缝图上进行膨胀操作,并将结果显示出来。

代码如下,运行结果如图 3-44 所示。

```
1   import …
2   # 读取图像
3   image = cv2.imread('image/Example-WallCracks.jpg', cv2.IMREAD_GRAYSCALE)
4   # 二值化图像并翻转(将白色和黑色像素互换)
5   ret, binary_image = cv2.threshold(image, 50, 255, cv2.THRESH_BINARY)
6   binary_image = cv2.bitwise_not(binary_image)
7   # 生成 5×5 的矩形核
8   kernel = cv2.getStructuringElement(cv2.MORPH_RECT, (3,3))
9   # 进行膨胀操作
10  dilation = cv2.dilate(binary_image, kernel, iterations=1)
```

例 3-40

```
11    # 显示结果图像
12    …
```

首先,读取了墙体裂缝的原始灰度图像,利用二值化处理对图像进行预处理,将裂缝与背景区分开。为了更好地处理裂缝区域,代码对二值化图像进行了反色操作,使裂缝区域变为白色,背景变为黑色。其次,代码通过 cv2. getStructuringElement 函数创建了一个 3×3 矩形膨胀核,然后利用该膨胀核对反色后的二值图像进行了一次膨胀操作。最后,代码将原始图像、二值化图像和膨胀后的图像一起显示出来。

通过对比可以很明显地看出,膨胀操作可以连接断开的裂缝,填充裂缝中的小空洞,使白色裂缝区域扩大。

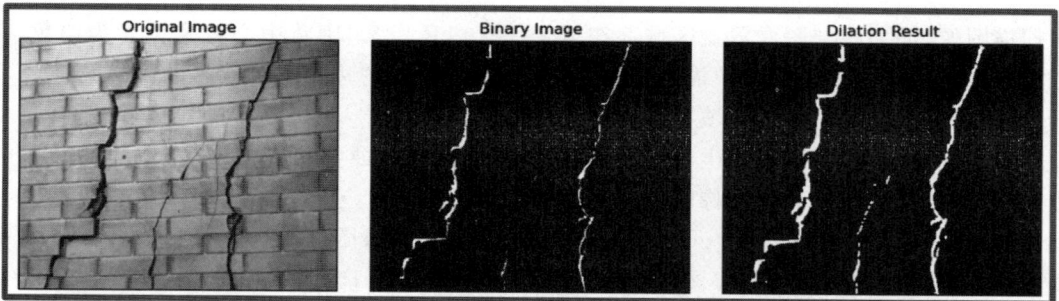

图 3-44　膨胀操作

3.8.4　形态学高级操作

在介绍完形态学基本操作腐蚀与膨胀后,可以通过组合形成一系列的形态学高级操作,包括形态学开运算、形态学闭运算、形态学梯度运算、形态学顶帽运算、形态学黑帽运算与击中击不中变换。

1. 形态学开运算

形态学开运算是由腐蚀操作和膨胀操作组成,先用结构元素对图像进行腐蚀操作,可以消除图像中的孤立小物体,断开相连物体,平滑物体轮廓。再对腐蚀后的图像进行膨胀操作,可以恢复物体的面积和轮廓形状。组合使用腐蚀和膨胀的开运算,可以平滑图像,去除毛刺和小物体,同时保持大物体形状和面积。适当设计结构元素的大小可以抑制图像中的噪声,形态学开运算虽会使物体面积略有减小,但总体轮廓不变。

在 OpenCV 中,可以使用 cv2. morphologyEx 函数(代码 3-63)来实现开运算。函数中 op 参数为 cv2. MORPH_OPEN,简记 2,是形态学开运算操作。

2. 形态学闭运算

形态学闭运算是由膨胀操作后接腐蚀操作组成,先对图像进行膨胀操作,可以扩大物体的边界,并连接邻近物体。再对膨胀结果进行腐蚀操作,可以填平物体边界的突出部分。闭运算可以填充物体内的小洞和裂缝,平滑边界轮廓,但不会明显改变物体的面积和轮廓形状。形态学闭运算常用来连接物体,填充洞穴。

在 OpenCV 中,闭运算同样可以使用 cv2. morphologyEx 函数(代码 3-63)来实现。函数中 op 参数为 cv2. MORPH_CLOSE,简记 3,是形态学闭运算操作。

3. 形态学梯度运算

形态学梯度运算是膨胀图像与腐蚀图像的差值图像,腐蚀操作会使物体边界向内收缩,膨胀操作会使物体边界向外扩张,计算二者差值,可以得到物体的轮廓。形态学梯度运算可以提取图像的边界轮廓信息。

在 OpenCV 中,形态学梯度运算同样可以使用 cv2. morphologyEx 函数(代码 3-63)来实现。函数中 op 参数为 cv2. MORPH_GRADIENT,简记 4,是形态学梯度运算操作。

4. 形态学顶帽运算

形态学顶帽运算是开运算图像与原图像的差值图像。对原图像进行开运算,可以消除小的明亮斑块,将原图像与开运算结果做差值,得到的差值图像保留了原图像中的明亮斑块。形态学顶帽运算可以提取出比结构元素小且灰度值较高的斑块区域,是突出小物体的有效方法。

在 OpenCV 中,形态学顶帽运算同样可以使用 cv2. morphologyEx 函数(代码 3-63)来实现。函数中 op 参数为 cv2. MORPH_TOPHAT,简记 5,是形态学顶帽运算操作。

5. 形态学黑帽运算

形态学黑帽运算是闭运算图像与原图像的差值图像。对原图像进行闭运算,可以扩大暗斑块区域,将闭运算结果与原图像相减,得到的差值图像包含了原图中的暗斑块。形态学黑帽运算可以提取出比结构元素小且灰度值较低的暗斑块。

在 OpenCV 中,形态学黑帽运算同样可以使用 cv2. morphologyEx 函数(代码 3-63)来实现。函数中 op 参数为 cv2. MORPH_BLACKHAT,简记 6,是形态学黑帽运算操作。

6. 击中击不中变换

击中击不中变换与腐蚀操作相似但更复杂,定义一个击中模板 A 和击不中模板 B,将 A 与输入图像 f 进行腐蚀运算,得到临时图像 E,将 B 与 f 进行腐蚀运算,结果为临时图像 F。如果 E 中的一个像素为 1,且对应的 F 像素为 0,则该位置为击中点,所有击中点构成变换结果,击中击不中变换可以识别图像中与指定模板大小和形状匹配的区域。

在 OpenCV 中,击中击不中变换同样可以使用 cv2. morphologyEx 函数(代码 3-63)来实现。函数中 op 参数为 cv2. MORPH_HITMISS,简记 7,是击中击不中变换操作。cv2. morphologyEx 函数简化了运算过程,传入的单个结构元素同时作为击中模板和击不中模板使用。将输入图像 f 进行腐蚀,得到影像 g,对 g 的反转图像进行腐蚀,得到反转后影像 h,最终击中击不中运算的结果为 g 与 h 的交集。也就是在腐蚀操作时,只有与结构元素一模一样的结构,包括非零元素,才不会被腐蚀。因为只有输入图像上与结构元素形状完全一致的区域,才能在两次腐蚀中都被保留下来,出现在最终结果中,所以可以用于识别图像中与指定模板大小和形状匹配的区域。如果矩阵结构中的元素都为 1,击中击不中变换同腐蚀操作的结果一致。

代码 3-63 cv2. morphologyEx 函数

```
dst = cv2. morphologyEx ( src, op, kernel [, dst [, anchor [, iterations [, borderType
[, borderValue]]]]]) -> dst
```
   • dst(返回值):输出图像,大小和类型与输入图像相同。

- src: 输入图像。通道数可以是任意的,但深度应为 CV_8U、CV_16U、CV_16S、CV_32F 或 CV_64F 之一。
- op: 形态学操作类型。
- kernel: 结构元素。
- anchor(可选参数): 锚点。默认值为(-1,-1),表示锚点位于元素中心。
- iterations(可选参数): 扩张次数,默认值为 1。
- borderType(可选参数): 像素外推的方法。
- borderValue(可选参数): 像素外推时的边界值。

【例 3-41】 在一幅墙体裂缝图上用 cv2.morphologyEx 函数进行腐蚀操作、膨胀操作、形态学开运算、形态学闭运算、形态学梯度运算、形态学顶帽运算、形态学黑帽运算与击中击不中变换,并将结果显示出来。

例 3-41

代码如下,运行结果如图 3-45 所示。

```
1   import …
2   # 读取图像
3   image = cv2.imread('Example - WallCracks.jpg', cv2.IMREAD_GRAYSCALE)
4   # 二值化图像并翻转(将白色和黑色像素互换)
5   ret, binary_image = cv2.threshold(image, 50, 255, cv2.THRESH_BINARY)
6   binary_image = cv2.bitwise_not(binary_image)
7   # 生成 5×5 的矩形核
8   kernel = cv2.getStructuringElement(cv2.MORPH_RECT, (3,3))
9   # 腐蚀
10  erosion = cv2.morphologyEx(binary_image, cv2.MORPH_ERODE, kernel)
11  # 膨胀
12  dilation = cv2.morphologyEx(binary_image, cv2.MORPH_DILATE, kernel)
13  # 开运算
14  opening = cv2.morphologyEx(binary_image, cv2.MORPH_OPEN, kernel)
15  # 闭运算
16  closing = cv2.morphologyEx(binary_image, cv2.MORPH_CLOSE, kernel)
17  # 梯度运算
18  gradient = cv2.morphologyEx(binary_image, cv2.MORPH_GRADIENT, kernel)
19  # 顶帽运算
20  tophat = cv2.morphologyEx(binary_image, cv2.MORPH_TOPHAT, kernel)
21  # 黑帽运算
22  blackhat = cv2.morphologyEx(binary_image, cv2.MORPH_BLACKHAT, kernel)
23  # 击中击不中变换
24  hitmiss = cv2.morphologyEx(binary_image, cv2.MORPH_HITMISS, kernel)
25  # 显示结果
26  …
```

首先,读取墙体裂缝的原始图像并进行阈值二值化,得到反映裂缝信息的二值图像。为了更好地处理裂缝,反转二值图黑白值使裂缝呈现白色。其次,创建一个 3×3 矩形结构元素,使用 cv2.morphologyEx 函数,对二值图分别进行了腐蚀、膨胀、开运算、闭运算、梯度、顶帽、黑帽和击中击不中变换操作。最后,代码将原图及各种运算后的图像进行显示处理。

在图 3-45 中可见,腐蚀收缩裂缝,断开部分连接;膨胀扩展裂缝,连接附近断裂部分;开运算去除裂缝毛刺,断开部分细小连接,平滑裂缝轮廓;闭运算连接断开部分,填平边界毛刺,但不明显改变裂缝面积;梯度运算有效提取裂缝的轮廓信息;顶帽运算提取出裂缝中的小亮斑块,如微小孔洞。黑帽运算提取出裂缝中连接断开部分的小暗斑块区域;击中击不中变换的结果与腐蚀结果一致,由于用了都为 1 的 3×3 矩形结构元素,可以自定义结构元素,保留与结构元素大小一致的裂缝区域,清除不匹配部分。所以,不同形态学运算突出了裂缝的不同特征,为后期识别、分类等提供了基础。

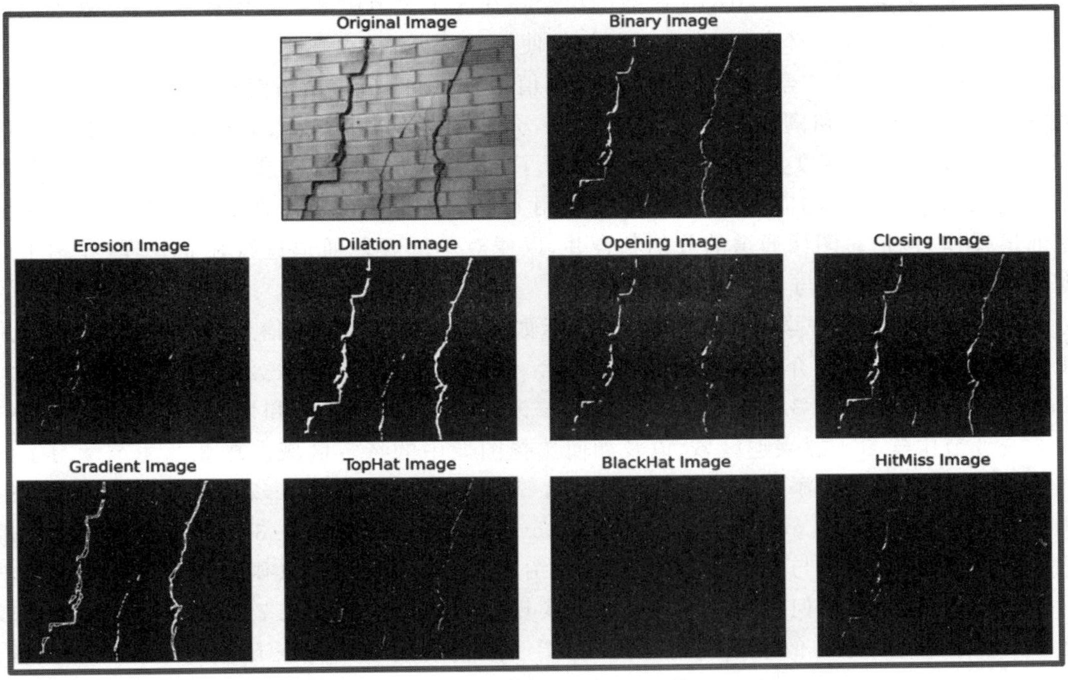

图 3-45 形态学高级操作

本章总结

图像处理是计算机视觉的基础,图像处理作为计算机视觉的一个关键组成部分,涉及处理数字图像以获得有关图像内容的信息。

本章详细解释了图像处理相关内容,可以分为三个主要方面:

(1) 读取、显示和保存图像:这一方面涵盖了从外部源(如照相机或文件)读取图像、在屏幕上显示图像以供查看,以及将图像保存到存储媒体中的过程(3.1 节)。这是图像处理的起点和终点。

(2) 改变图像的视觉质量:包括 3.2 节对图像颜色的操作、3.3 节对图像像素的操作与运算、3.4 节对图像的变换操作与 3.7 节的滤波操作。这部分通常包括图像增强和修复。

(3) 提取特征或信息:这一方面涵盖了从图像中提取有关内容的信息,如 3.5 节金字塔操作可以得到图像不同分辨率的详略细节;3.6 节直方图操作可以得到图像对比度和亮度的信息,3.7 节图像信息处理可以得到图像低频或高频信息,3.8 节形态学操作可以得到图像前景和后景信息。它使计算机能够理解和处理图像中的内容,实现更高级的视觉任务。

下面将总结相关内容以及对应的函数代码：

（1）在 3.1.1 节中学习了图像读取，图像从磁盘上的文件加载到内存中，以便进一步处理和分析，介绍了如何使用 cv2. imread 函数。在 3.1.2 节中学习了图像显示，在计算机屏幕上显示图像，可以观察和检查它们的内容，介绍了如何使用 cv2. namedWindow 函数、cv2. imshow 函数与 cv2. waitKey 函数的组合。在 3.1.3 节中学习了图像保存，将处理过的图像保存回磁盘，以备将来使用，介绍了如何使用 cv2. imwrite 函数。

（2）在 3.2.1 节中学习了图像结构与阈值处理，图像结构是指图像中像素排列和组织的方式，以及二值图和阈值处理生成二值图，介绍了如何使用 cv2. threshold 函数与 cv2. adaptiveThreshold 函数。在 3.2.2 节中学习了不同颜色空间的概念，如 RGB、HSV 等，以及它们在图像处理中的应用，介绍了如何使用 cv2. cvtColor 函数。在 3.2.3 节中学习了图像通道操作，包括对图像通道的分割和合并，以便对不同颜色通道进行独立处理，介绍了如何使用 cv2. split 函数与 cv2. merge 函数。

（3）在 3.3.1 节中学习了像素统计，包括如何计算图像的统计信息，如均值、方差等，用于了解图像的特征，介绍了如何使用 cv2. minMaxLoc 函数、cv2. mean 函数与 cv2. meanStdDev 函数。在 3.3.2 节学习了像素修改，对矩阵进行索引和切片等操作修改像素。在 3.3.3 节中学习了感兴趣区域，以及如何选择图像中的特定区域。在 3.3.4 节学习了图像绘制，包括在图像上添加文本、线条和形状等，介绍了如何使用 cv2. line 函数、cv2. circle 函数、cv2. ellipse 函数、cv2. rectangle 函数与 cv2. putText 函数。在 3.3.5 节中学习了图像之间的数值运算，图像与单个数值的运算，介绍了如何使用 cv2. add 函数。在 3.3.6 节中学习了图像加法运算，如何将多个图像相加以实现叠加效果。在 3.3.7 节中学习了图像比较运算，比较两幅图像的像素值进行运算，介绍了如何使用 cv2. max 函数与 cv2. min 函数。在 3.3.8 节中学习了图像逻辑运算，包括与、或、非、异或等逻辑操作，介绍了如何使用 cv2. bitwise_and 函数、cv2. bitwise_or 函数、cv2. bitwise_not 函数与 cv2. bitwise_xor 函数。

（4）在 3.4.1 节中学习了尺寸变换，包括等比例缩放和非等比例缩放，以调整图像的大小，并介绍了如何使用 cv2. resize 函数。在 3.4.2 节中学习了翻转变换，包括水平翻转、垂直翻转和双轴翻转，介绍了如何使用 cv2. flip 函数。在 3.4.3 节中学习了图像连接，如何将多个图像连接在一起形成新的图像，介绍了如何使用 cv2. hconcat 函数与 cv2. vconcat 函数。在 3.4.4 节中学习了仿射变换，包括平移、旋转、缩放等仿射操作，介绍了如何使用 cv2. warpAffine 函数、cv2. getRotationMatrix2D 函数与 cv2. getAffineTransform 函数。在 3.4.5 节中学习了透视变换，允许将平面图像变换成视角透视的三维效果，介绍了如何使用 cv2. warpPerspective 函数与 cv2. getPerspectiveTransform 函数。在 3.4.6 节中学习了极坐标变换，用于处理具有圆形或径向对称特征的图像，介绍了如何使用 cv2. warpPolar 函数。

（5）在 3.5.1 节中学习了高斯金字塔，高斯金字塔是一种多尺度图像表示，通过不断降低图像的分辨率来创建，介绍了如何使用 cv2. pyrDown 函数。在 3.5.2 节中学习了拉普拉斯金字塔，拉普拉斯金字塔是由高斯金字塔生成的，用于还原图像，介绍了如何使用 cv2. pyrUp 函数。

（6）在 3.6.1 节中学习了直方图计算，直方图计算是图像中像素值的统计分布，计算直方图有助于了解图像的对比度和亮度分布，介绍了如何使用 cv2. calcHist 函数。在 3.6.2 节中学习了直方图绘制，绘制直方图是可视化直方图统计信息的方式。在 3.6.3 节中学习了归一化直方图,它将直方图的值缩放到 0~1 的范围内,使不同图像的亮度分布更容易比较,介绍了如何使用 cv2. normalize 函数。在 3.6.4 节中学习了直方图均衡化,这是一种增强图像对比度的方法,通过重新分布像素值来均匀分布亮度级别,介绍了如何使用 cv2. equalizeHist 函数。在 3.6.5 节中学习了直方图比较,这是一种用于比较两幅图像相似性和差异性的方法,介绍了如何使用 cv2. compareHist 函数。在 3.6.6 节中学习了直方图反向投影,它用于将直方图信息从一幅图像应用到另一幅图像,通常用于目标检测,介绍了如何使用 cv2. calcBackProject 函数。

(7) 在 3.7.1 节中学习了不同类型的图像噪声和如何生成这些噪声,介绍了如何使用 numpy. random. randint 函数与 numpy. random. normal 函数。在 3.7.2 节中学习了卷积,这是一种图像处理操作,用于将核函数与图像进行卷积以实现滤波和增强,介绍了如何使用 cv2. filter2D 函数。在 3.7.3 节中学习了线性滤波,如均值滤波和高斯滤波,介绍了如何使用 cv2. blur 函数、cv2. boxFilter 函数、cv2. GaussianBlur 函数与 cv2. sepFilter2D 函数。在 3.7.4 节中学习了非线性滤波,如中值滤波和双边滤波,介绍了如何使用 cv2. medianBlur 函数与 cv2. bilateralFilter 函数。在 3.7.5 节中学习了边缘检测方法,如 Sobel 和 Canny,用于检测图像中的边缘和轮廓,介绍了如何使用 cv2. Sobel 函数、cv2. Scharr 函数、cv2. Laplacian 函数与 cv2. Canny 函数。在 3.7.6 节中学习了傅里叶变换,这是一种将图像从空间域转换到频域的方法,用于分析图像的频率成分,介绍了如何使用 cv2. dft 函数、cv2. idft 函数、cv2. getOptimalDFTSize 函数、cv2. copyMakeBorder 函数与 cv2. magnitude 函数。在 3.7.7 节中学习了傅里叶变换中的卷积,其中频域中的卷积等于空间域中的卷积乘以傅里叶变换的核,介绍了如何使用 cv2. mulSpectrums 函数。在 3.7.8 节中学习了傅里叶变换中的滤波方法,它可在频域中用于去噪和频域处理。

(8) 在 3.8.1 节中学习了像素距离测度和连通域分析,这用于分析和处理二值图像的形状和结构,介绍了如何使用 cv2. distanceTransform 函数与 cv2. connectedComponentsWithStats 函数。在 3.8.2 节中学习了腐蚀,这是一种形态学操作,用于缩小和去除二值图像中的前景物体,介绍了如何使用 cv2. erode 函数与 cv2. getStructuringElement 函数。在 3.8.3 节中学习了膨胀,这是一种形态学操作,用于扩大和增加二值图像中的前景物体,介绍了如何使用 cv2. dilate 函数。在 3.8.4 节中学习了形态学的高级操作,包括开运算、闭运算和顶帽操作等,用于图像分析和处理,介绍了如何使用 cv2. morphologyEx 函数。

思考题与练习题

思考题

3-1　为什么 cv2. imread 函数读取彩色图像的情况下,解码后的图像数据是按照 BGR (蓝绿红)通道的顺序存储的,而不是通常在人眼中看到的 RGB 顺序?

3-2　用 cv2. namedWindow 函数创建窗口与用 cv2. imshow 函数直接创建窗口然后显示图像,两者有什么区别?

3-3　cv2. imwrite 函数可以存储的图像有哪些格式?

3-4　图像结构包含了什么?请详细介绍其中的内容。

3-5　图像的颜色空间有哪些?请详细介绍。

3-6　像素统计有什么内容？像素统计对于图像处理有什么作用？

3-7　请介绍图像数值运算、加法运算、比较运算与按位逻辑运算。它们有什么区别与联系？

3-8　请介绍图像的尺寸变换、翻转变换、图像连接、仿射变换、透视变换、极坐标变换。

3-9　简述拉普拉斯金字塔的原理，以及与高斯金字塔的关系。

3-10　简述图像直方图是什么，以及直方图有什么应用。

3-11　简述噪声的种类，以及滤波的种类。

3-12　简述图像梯度是什么，以及边缘检测的原理。

3-13　介绍傅里叶变换，并说明傅里叶变换中的滤波思想。

3-14　简述像素距离与连通域分析，以及图像形态学的一些概念。

练习题

3-1　使用 cv2.imread 函数读取两幅图像后，直接用 cv2.imshow 函数显示两幅图像，然后用 cv2.waitKey 函数等待时间，并按下键盘上的"Esc"键观察 ASCII 码为多少，最后用 cv2.destroyAllWindows 函数销毁所有打开的窗口。

3-2　使用 cv2.imread 函数读取图像，用 cv2.namedWindow 函数创建窗口，并用 cv2.imshow 函数显示图像，然后利用 cv2.waitKey 函数与判断语句，使得按下"S"键时，用 cv2.imwrite 函数将图像保存到项目文件夹中。

3-3　使用 cv2.split 函数将读取的彩色图拆分成 R、G、B 三个通道，并将三个通道的图像灰度化与二值化，二值化时 100 以上取白色。最后比较三个通道灰度化与二值化后的效果。

3-4　通过对矩阵进行索引和切片等操作，将一幅图分成九宫格，然后将九宫格的中间变黑，再拼成一幅完整的图像，将其中的过程显示出来。

3-5　通过图像绘制，绘制一幅图。图中包括房子与火柴人，并写下自己的名字。

3-6　利用 cv2.add 函数进行图像加法运算，将一幅图与自身相加，并通过数值运算将相加的图像亮度调整合适。

3-7　利用 cv2.bitwise_and 函数与 cv2.bitwise_not 函数，将一幅彩色图像提取出"红"和"绿"且"不具有蓝"的颜色部分。

3-8　利用 cv2.bitwise_and 函数进行掩码操作，提取出一幅彩色图像中的纯"绿"部分。

3-9　将一幅图进行尺寸变换、上下翻转变换、极坐标变换，并将原图和 3 个结果通过图像连接，连接成一幅 2×2 的图像。

3-10　将一幅变形的图，通过仿射变换变成一个正常的图。

3-11　将一幅变形的图，通过透视变换变成一个正常的图。

3-12　用 cv2.pyrDown 函数与 cv2.pyrUp 函数构建 5 层的拉普拉斯金字塔。

3-13　将一幅图的柱状直方图显示出来，并进行直方图均衡化。

3-14　通过直方图反向投影技术，在图像中定位与指定直方图模板匹配的区域。

3-15　在一幅图中通过生成高斯噪声，进行均值滤波与傅里叶变换后在频域里滤波，比较时域与频域有什么不同。

3-16　在一幅图中通过生成白盐噪声，进行低通滤波中的中值滤波与高通滤波中的边缘检测，并比较两者有什么不同。

3-17　一幅墙体脱落图,通过距离变换与连通域分析后,显示出脱落处在图中的位置,以及脱落处的面积。

3-18　将一幅墙体脱落图,通过腐蚀与膨胀构成开操作与闭操作,并将结果与开操作、闭操作进行比较。

3-19　将一幅墙体脱落图,通过腐蚀与膨胀构成形态学梯度、顶帽操作和黑帽操作,并将结果与形态学梯度、顶帽操作和黑帽操作进行比较。

(练习题请使用例题中的数据。)

第 4 章

视频形成与处理

思维导图

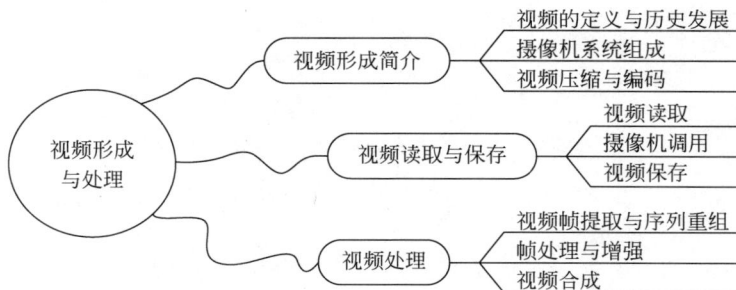

学习完图像处理后,本章学习视频相关领域的内容:视频形成与处理。

随着数字时代的到来,视频数据正以指数级的速度增长,计算机视觉领域的研究重点也逐渐从静态图像转向动态视频。因此图像处理是计算机视觉的基础步骤,而视频处理也是现代计算机视觉任务中不可或缺的一部分。视频由一系列按照时间顺序排列的图像帧组成,这使得视频处理成为一种时间与空间维度相结合的复杂任务。尽管视频处理的基础依然是图像处理技术,但视频的动态特性引入了更多的挑战。

本章的主要目的有三个方面:

(1)了解视频的定义与视频出现的历史,学习视频形成所需要的系统以及相关概念,对应 4.1 节。

(2)学习如何读取视频和实时采集摄像机的视频流,以及将内存中的视频保存到硬盘,对应 4.2 节。

(3)学习视频中的图像处理以及针对视频的专门的优化方法,对应 4.3 节。

4.1 视频形成简介

计算机视觉中的视频处理涵盖了对视频数据进行获取和处理的各个方面,可以为计算机视觉系统提供更丰富的细节。在学习视频处理前,了解视频的形成过程是至关重要的。本节将介绍视频的定义和历史发展以初步认识视频形成,再通过学习数字摄像机的构成和视频的编码与压缩以便更好地理解视频形成的概念。

4.1.1　视频的定义与历史发展

视频是指由一系列连续的图像帧组成的多媒体数据流,每个图像帧都捕捉了在某一瞬间的静态场景,并将这些图像以一定的速率连续播放,以模拟运动和动态变化,如图 4-1 所示。视频可以是实时捕获的,也可以是预先录制好的。

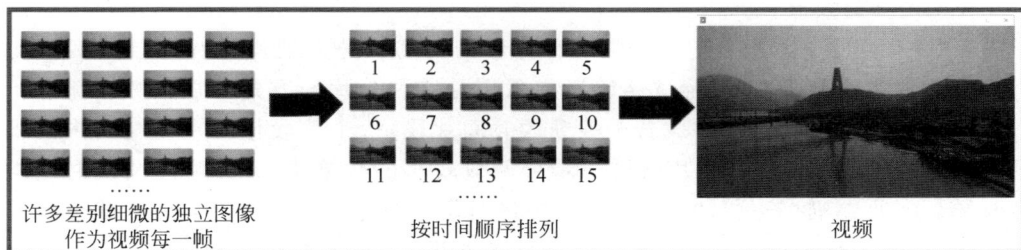

图 4-1　视频与图像的关系

视频通常由以下要素构成:

(1) 帧:表示在特定时间点的静止画面。

(2) 帧率:每秒钟播放的图像帧数量。常见的帧率包括 24 帧/秒、30 帧/秒和 60 帧/秒。帧率越高视频越流畅。

(3) 分辨率:表示每一帧图像的大小。一个视频只有一种分辨率,定义与图像分辨率相同,用像素来度量,如 1920×1080 表示宽度为 1920 像素,高度为 1080 像素。

(4) 视频编解码器:用于对视频进行压缩和解压缩的规则,常见的视频编码器包括 H.264、H.265、AV1 等。

(5) 码率:表示在单位时间内传输或处理的比特数,通常用每秒的比特数来表示,在视频中是衡量视频压缩和传输效率的重要指标,直接影响视频的质量和文件的大小。如 8Mb/s 表示每秒数据量为 8Mb。通常在同一个视频与编码器下,分辨率的像素量翻倍则码率翻倍,帧率翻倍则码率翻倍。

视频的起源可追溯至 19 世纪末期,其基石奠定于"视觉暂留"这一自然现象上。该现象揭示了当静态图像以足够快的速度连续播放时,人类大脑能够将这些离散的画面融合成连续运动的错觉,这一发现激发了早期探索者对于动态影像的无限遐想。1878 年,英国摄影师利用这一现象快速连续播放了一系列奔跑马匹的照片,产生了马在奔跑的视觉效果,可以说是最早的视频。随着科学技术的不断进步,法国卢米埃尔兄弟于 1895 年成功发明了活动电影机,这一发明标志着胶片时代的开始。胶片摄像机通过捕捉图像信息,随后利用化学冲洗与印片技术,将胶片上的潜影转化为可见且持久的影像。同时配合剪辑与配光等艺术手段,使视频技术得到进一步丰富和完善。

20 世纪初期,随着光学成像技术的兴起,模拟视频技术诞生。模拟视频技术依赖于模拟信号的传输与处理,集中于静态图像处理上,利用电流的变化来表示或模拟所拍摄的图像。电流变化记录下了图像的光学特征,包括亮度、色度等信息,这些特征被转换成模拟信号,实现了对图像信息的模拟,虽然实现了图像的电子化表示,但受限于信号衰减、噪声干扰等问题,图像质量难以进一步提升。而后兴起于 20 世纪 90 年代初期的数字视频技术,则彻底改变了这一局面。数字视频技术建立在数字技术、计算机技术和压缩技术之上。其使用数字摄像机将光学图像转换为电信号后,利用模数转换器将连续的模拟信号转换为离散的数字信号,在计算机中以二维矩阵的形式存储和处理,通过取样、量化和编码等复杂过程,将视频数据以矩阵形式精确存储,每个像素点都承载着丰富的颜色和亮度信息。这一技术革新不仅极大地提高了图像质量,还赋予了视频内容前所未有的编辑、处理和存储能力,推动了视频技术的飞速发展。

进入 21 世纪后,互联网技术的普及和宽带网络的快速发展使流媒体技术诞生与兴起。该技术的核心原理在于"流式传输",常采用分段和分片的方式对视频数据流进行分割。分段指将整个视频流分割成若干独立的时间片段,每个片段包含一段时间内的视频数据;而分片则是将每个时间片段进一步分割成较小的数据块,并按顺序或实时地发送给接收端。接收端则一边接收数据包,一边进行解码播放,从而实现了边下载边观看的效果。

视频技术发展历程可概括为从物理启迪到技术创新,再至数字革命的演进轨迹。始于19 世纪末的"视觉暂留"现象,启迪了动态影像技术,历经胶片时代的奠基、模拟信号的初探,直至数字技术的飞跃,如今视频技术不断提升质量,蓬勃发展。视频发展历史如图 4-2所示。

图 4-2 视频发展历史

4.1.2 摄像机系统组成

摄像机是将连续的光变化保存下来,并可以在不同时间里重复展示被记录的光变化的仪器,其基础的系统组成可以分为光学系统、光转换系统、存储系统和寻相系统。当摄影机拍摄一个物体时,同照相机一样,该物体表面发出或反射的光线首先被摄影机精密的镜头捕捉并汇聚至感光元件表面,并通过光转换系统记录下光线的强弱与色彩变化,形成视觉图像的物理表示。

摄像机的光学系统由多片光学镜片组成,包括凸透镜、凹透镜等,用于捕捉并聚焦光线,类似于人眼的晶状体,负责调节焦距和光线进入量形成清晰的图像,与照相机相同,在 2.3 节中进行了详细介绍。

摄像机的光转换系统根据光保存的介质可以分为胶片摄像机和数码摄像机。胶片摄像机指利用胶片以化学方式记录影像的设备,其光转换系统主要由胶片及相关结构构成。数码摄像机是通过数字方式记录影像的设备,使用图像传感器(如 CCD 或 CMOS)和相关的电路组成光转换系统,将光线直接转换为电信号并进一步进行处理,然后压缩存储成二进制。

摄像机的存储系统,对于胶片摄像机而言,是用胶片暗盒存储胶片,而对于数码摄像机而言,是二进制存储介质,如 SD 卡、CF 卡或内置硬盘。

摄像机的寻相系统由光学镜片与取景器组成,通过一组透镜和棱镜的组合,将镜头捕捉到的光线中的一部分引导至取景器中,用于预览拍摄画面。数码摄像机的寻相系统除了由光学结构组成的取景器,还有电子取景器,通过感光元件将捕捉到的图像转化为电信号后显示在液晶显示屏上。一般仅沿用反光镜-五棱镜结构的数码摄像机称为"单反",传统胶片摄像机同样采用单反式光学取景器,而省去反光镜仅靠电子取景器的数码摄像机称为"微单/无反"。

除此之外,摄像机还常配备一系列辅助系统,如自动控制系统、防抖系统、稳定的电源系统以及用于测试和调整摄像机的色彩还原性能的彩条信号发生器、防尘防水外壳等。具体的组成如图 4-3 所示。

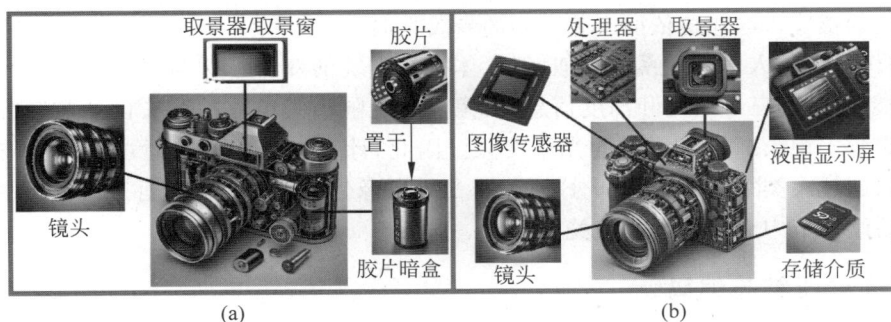

图 4-3 摄像机系统组成

(a) 胶片摄像机系统组成;(b) 数码摄像机系统组成

胶片摄像机的拍摄过程是一个将光线通过镜头聚焦在胶片上记录影像,经过显影、定影、冲洗等步骤,才能显现出最终的影像的过程。拍摄过程如图 4-4 所示。

图 4-4 胶片摄像机拍摄过程

数码摄像机的拍摄过程是光线通过镜头和聚焦系统照射在传感器上将光信号转换为电信号生成模拟信号,然后转换为数字信号进行压缩和处理。数字信号可以被存储到内部存储器或可拆卸的存储卡中,或传输到其他设备。如图 4-5 所示。

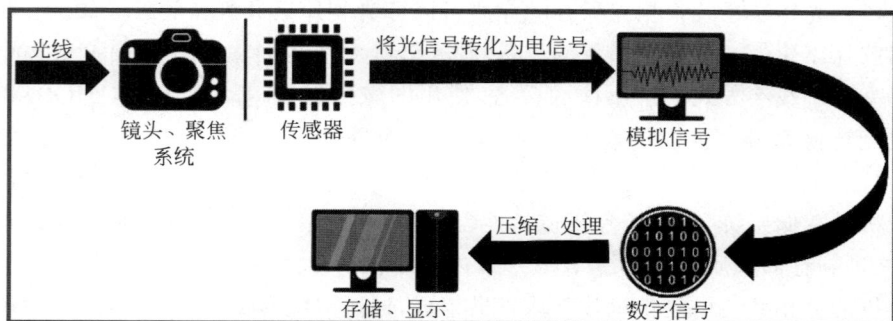

图 4-5 数码摄像机拍摄过程

摄像机系统虽然与相机系统十分相似,但摄像机系统的特点是专为捕捉连续动态影像而生,相机系统则侧重于静态画面的捕捉,相机系统以高像素、高清晰度为特点,追求单幅图像的极致细节与色彩还原,常采用大尺寸传感器以获得更宽的动态范围和更深的景深效果。在技术规格上,摄像机以其高帧率、强音频录制能力及视频编码格式的应用,确保了视频内容的流畅与丰富。存储介质方面,摄像机倾向于使用大容量硬盘或闪存盘以应对海量视频数据的存储需求,而相机则更青睐于具有高速读写能力的存储卡,便于快速捕捉与传输图像。而如今,随着技术的进步,摄像机也具有高规格的单帧图像记录能力。但从普遍规律来讲,同价格的摄像机与相机依旧有着不同的专攻方向。

摄像机系统与人体视觉系统类似,但人体视觉系统的双目结构与高度发达的大脑皮层处理机制能够感知三维空间和深度信息,摄像机系统限于其单一的镜头设计与二维成像原理,主要聚焦于记录二维平面上的光影变化。因此,计算机视觉旨在通过算法与技术的创新,模拟并超越人类视觉系统的部分功能,将二维图像信息转化为更接近三维世界的理解与表达,在后续章节中会简单学习相关内容。

4.1.3 视频压缩与编码

视频压缩是指运用压缩技术将数值视频中的冗余信息去除,降低原始视频所需的存储量,从而以最小的码元包含最大的信息,以便视频资料的传输与储存。视频压缩一般可分为有损压缩与无损压缩,有损压缩是冗余信息去除后无法恢复,而无损压缩是冗余信息去除后可以恢复到原始视频信息。

视频的冗余信息主要针对空间、时间以及视觉上的冗余。①空间冗余是指视频序列中的一帧图像内往往存在着大量内容相似的区域,相邻像素之间有较大的相关性。②时间冗余是指视频序列中连续图像之间的内容变化不大,相邻帧之间存在着时域相关性。③视觉冗余是指人眼视觉系统对于各种图像特性的分辨能力是有限的,在不影响图像相对于人眼的清晰度的情况下,可以在一定程度上降低视频信号的精度。

视频压缩通过结合空间压缩去除帧内冗余、结合时间压缩减少帧间冗余和结合视觉压缩去除视觉冗余来全面去除视频中的冗余信息,以在保证视觉质量的同时,显著降低存储和传输所需的数据量。视频压缩具体方法见表 4-1。

表 4-1　视频压缩方法

压缩方式	原　　理	效　　果
空间压缩	利用视频帧内部像素间的空间相关性,通过离散小波变换将视频帧从空间域转换到频域。在频域中视频帧的主要信息被保留,而包含较多冗余且对视觉影响较小的细节则被去除或量化	可有效减少图像数据中的空间冗余
时间压缩	针对视频序列中连续帧之间的时间相关性进行压缩。运动补偿是其主要技术,通过分析相邻帧间像素或特征块的运动,预测当前帧内容,并仅对实际帧与预测帧之间的差异(残差)进行编码	可有效减少视频数据中的时间冗余
视觉压缩	基于人眼视觉系统的特性,对高频信息和敏感度较低的颜色分量进行更粗糙的量化。通过对亮度和色度分量独立编码,对色度分量进行更粗糙的采样和量化,以进一步减少数据量	可有效减少视频信号中的视觉冗余

视频编码是指使用压缩技术将原始二进制视频文件转换成另一种特定格式的视频文件的方式。视频压缩本质上依赖于高效的编码技术,视频编码通过变换、预测、量化及熵编码等手段,将视频数据从高冗余的原始状态转化为紧凑、高效的编码形式,这个过程涉及对连续的图像帧进行压缩,去除空间和时间维度的冗余,减少视频数据体积大小或码率的同时而不对其质量产生不良影响。因此,视频压缩与视频编码是密切相关的过程。

常见的视频编码格式包括 H.264、H.265 和 AV1 等,各自具有不同的编码内容和压缩方式,并可以封装在多种文件格式中,见表 4-2。

表 4-2　视频编码格式

编　码	编 码 内 容	压 缩 方 式	文件封装格式
H.264(AVC)	用于各种视频传输和存储应用,在压缩效率和视频质量之间取得了较好的平衡	结合了空间(使用离散余弦变换)和时间(使用运动补偿)冗余压缩,使用 CABAC 或 CAVLC 进行熵编码	.mp4、.mkv、.avi 等
H.265(HEVC)	H.265 在 H.264 的基础上进行了改进,采用更高效的变换、运动估计和预测技术,支持更高的分辨率和更高的压缩效率	采用更复杂的预测模式、变换、量化技术,并使用 CABAC 熵编码	.mp4、.mkv、.hevc 等
AV1	压缩效率比 HEVC 更高,且在低比特率下仍保持高质量视频输出,适用于在线视频流媒体、电子游戏和存储应用	结合先进的变换、预测技术和熵编码(例如 CABAC),支持更高的压缩比	.mp4、.webm 等

后续的解码过程是将压缩的视频数据转换回可播放的原始视频格式的过程。如果系统中没有与视频编码相匹配的解码器,那么该视频就无法被正确解码并播放。在这一过程中,OpenCV 会根据视频格式自动选择合适的解码器来处理视频文件,这些解码器通常是基

于 FFmpeg、DirectShow 或 GStreamer 等多媒体处理库实现。一般不需要手动指定解码器,除非在特定情况下需要优化性能或处理特殊格式的视频文件。视频编码流程如图 4-6 所示。

| 视频采集 | 预处理 | 压缩编码 | 解码 | 视频播放 |

图 4-6　视频编码流程

4.2　视频读取与保存

在 4.1 节中介绍了数字视频的产生和发展过程,数字视频是如何形成的以及视频的编码与压缩过程。视频由无数连续的图像帧组成,想要处理、分析和理解视频离不开视频读取与保存,即从视频中提取连续的图像帧,并从中获取信息。本节将详细介绍如何进行视频的读取与保存的操作以及摄像机的调用。

4.2.1　视频读取

视频是由大量的图像构成,想要达成处理视频的目的,需要先对视频进行读取以获取视频帧或图像序列,再使用图像处理的方法对这些图像进行处理。视频读取是指从视频源(如视频文件、摄像头或视频流)中获取视频帧或图像序列的过程。

视频读取通常需要先导入适当的计算机视觉库,以便使用其功能来读取和处理视频。在 Python 中,常用的计算机视觉库包括 OpenCV 和 ffmpeg-python。可以使用这些库来处理视频文件、摄像头或网络视频流。虽然视频是由连续的多帧图片组成的,但并不能直接用 cv2.imread 函数来读取视频文件。

OpenCV 提供 cv2.VideoCapture 函数(代码 4-1)来创建视频捕获对象,并通过对象属性进行视频帧读取。isOpened 属性(代码 4-2)可用来检查视频文件是否成功打开。read 属性(代码 4-3)逐帧读取视频流中的视频帧。get 属性(代码 4-4)获得视频的一些参数信息。视频读取通常处理成一个循环过程,持续从视频对象中读取帧,直至视频的末尾或中断操作。在计算机视觉中视频读取是一个基本且常见的任务,用于处理各种视频数据源,这一过程是许多计算机视觉应用的第一步,为后续分析和处理提供了必要的输入数据。

代码 4-1　cv2.VideoCapture 函数

```
cap = cv2.VideoCapture(filename[, apiPreference]) -> < VideoCapture object >
```
　　• cap: 返回值。视频捕获的实例对象。
　　• filename: 文件地址,可以为本地视频文件地址、图像序列地址或视频流的 URL。
　　• apiPreference(可选参数): 指定优先使用的视频捕获 API 后端,可用于调用特定的读取器以适配硬件环境。

代码 4-2　cv2. VideoCapture. isOpened 函数

```
cap.isOpened() -> retval
```
- retval: 返回内容。如果视频文件成功打开,这个方法将返回 True; 如果由于某种原因未能成功打开视频文件,这个方法将返回 False。
- cap: 视频捕获的实例对象,可以通过 cv2.VideoCapture 函数创建。

代码 4-3　cv2. VideoCapture. read 函数

```
retval, image = cap.read() -> retval,image
```
- retval: 返回值。布尔值,表示是否成功读取帧。如果成功读取,则返回 True; 否则返回 False。
- image: 返回值。numpy 数组,表示读取的视频帧数据。
- cap: 视频捕获的实例对象,可以通过 cv2.VideoCapture 函数创建。

代码 4-4　cv2. VideoCapture. get 函数

```
retval = cap.get(propId) -> retval
```
- retval: 返回值。propId 所指定的属性返回的结果,若属性为实例对象所不支持时返回 0。
- cap: 通过 cv2.VideoCapture 函数创建视频实例对象。
- propId: 来自视频属性,可使用 cv2.CAP_PROP_FPS 获取视频的总帧数; cv2.CAP_PROP_FRAME_WIDTH 获取帧的宽度; cv2.CAP_PROP_FRAME_HEIGHT 获取帧的高度; cv2.CAP_PROP_FRAME_COUNT 获取视频的总帧数。其他视频属性可选标志可查询 OpenCV 帮助手册。

【例 4-1】　使用 cv2. VideoCapture 函数打开视频文件后,使用 isOpened 属性检测视频文件是否成功打开,然后使用 get 属性获取视频帧率、宽度、高度和总帧数并打印出来,最后使用 read 属性逐帧读取视频并创建窗口来显示视频。

小贴士　cv2. VideoCapture. release 函数用于释放视频对象。

例 4-1

代码如下,运行结果如图 4-7 所示。

```
1    import cv2
2    # 打开视频文件
3    cap = cv2.VideoCapture('video/Example - VBridge.mp4')
4    # 检查视频是否成功打开
5    if not cap.isOpened():
6        print("无法打开视频文件")
7        exit()
8    # 获取视频属性
9    fps = cap.get(cv2.CAP_PROP_FPS)
10   width = int(cap.get(cv2.CAP_PROP_FRAME_WIDTH))
11   height = int(cap.get(cv2.CAP_PROP_FRAME_HEIGHT))
12   total_frames = int(cap.get(cv2.CAP_PROP_FRAME_COUNT))
13   # 输出视频属性
14   print("视频帧率: ", fps)
15   print("视频宽度: ", width)
16   print("视频高度: ", height)
17   print("视频总帧数: ", total_frames)
18   # 逐帧读取视频流
19   while cap.isOpened():
20       ret, frame = cap.read()
21       # 检查是否成功读取帧
```

```
22        if not ret:
23            break
24        # 显示当前帧
25        cv2.imshow('Video', frame)
26        # 等待按键事件,如果按下 'q' 键则退出循环
27        if cv2.waitKey(25) & 0xFF == ord('q'):
28            break
29    # 释放视频对象和关闭窗口
30    cap.release()
31    cv2.destroyAllWindows()
```

上面的程序首先引入 OpenCV 库 cv2,利用 cv2.VideoCapture 函数创建视频实例对象。使用视频实例对象的 isOpened 属性检测视频是否打开。接着使用 get 属性获取视频的帧率、宽度、高度和总帧数,然后通过 print 函数将读取结果打印出来供观察。最重要的是,使用 while 循环逐帧循环视频流,并在循环里使用 read 属性读取当前帧,然后使用 cv2.imshow 函数在窗口中显示,如图 4-7 所示。最后,当循环完成或者退出循环后,通过 release 属性释放视频对象。

图 4-7　视频属性与窗口视频流

4.2.2　摄像机调用

在计算机视觉中除了对本地视频进行分析,也会调用摄像机捕获实时视频流或图像执行计算机视觉任务。可以使用本地摄像头、局域网摄像头或者互联网上的摄像头等。

在 OpenCV 中可以使用整数参数(通常为 0 或 1)作为 filename 参数调用 cv2.VideoCapture 函数(代码 4-1)以打开第一个或第二个本地摄像头等,并创建视频实例对象。也可使用 URL 作为 filename 参数从网络摄像头或在线视频流媒体源捕获视频。这种方法允许接入并处理各种来源的实时视频数据,URL 是用于标识互联网上资源位置的标准字符串格式,通常指向一个网页、图像、视频或其他资源。在视频捕获的上下文中,URL 可能指向一个网络摄像头的实时视频流。"http://example.com/stream/video_feed"就是一个URL,指向了一个视频流,但这个 URL 是虚构的,用于说明目的,使用时请确保提供的 URL 正确并且网络稳定。此方法可以处理常见的视频流,例如 HTTP、RTSP 等。其中 HTTP 是一种用于从服务器传输超媒体文档(如 HTML)到本地浏览器的应用层协议。在 cv2.VideoCapture 函数中使用 HTTP URL 时,只需确保该 URL 是有效的,并且服务器配置为允许应用程序通过 HTTP 协议访问视频流。RTSP 是一种网络控制协议,用于控制流媒体服务器上的媒体会话,是处理实时视频流的理想选择。在 cv2.VideoCapture 函数中使

用 RTSP URL 时,需确保该 URL 指向一个有效的 RTSP 流,并且网络配置允许应用程序访问该流。

在此之后同样可使用 isOpened 属性检查摄像头是否成功打开。一旦摄像头或视频流成功打开,便可使用 read 属性逐帧读取视频流中的帧。在程序结束时,需要释放摄像机资源,以防止资源泄露或其他问题。

4.2.3　视频保存

对于捕获到的视频,对每一帧进行处理后,通常会保存视频。视频保存就是一个将连续的图像帧按照特定的格式和编码进行存储的过程,将图像数据转化为可视化的视频文件,通过记录和存储视觉信息,以便后续的分析、处理和展示。

在 OpenCV 库里可以使用 cv2.VideoWriter 函数(代码 4-5)创建一个视频保存对象,视频保存对象有要输出视频的名字、FourCC 编码、帧率等。FourCC 就是一个 4 字节码,用来确定视频的编码格式的,通过 cv2.VideoWriter_fourcc 函数(代码 4-6)来创建 FourCC 对象。在需要保存的时候直接调用视频保存对象 VideoWriter 的 Write 属性(代码 4-7)即可。具体视频保存过程如例 4-3 所示。

代码 4-5　cv2.VideoWriter 函数

```
out = cv2.VideoWriter(filename, fourcc, fps, frameSize[, isColor]) -> <VideoWriter object>
```
- out: 返回值。VideoWriter 对象。
- filename: 输出视频文件的名称。如果指定的文件名已存在,则会覆盖这个文件。
- fourcc: 指定视频编码器,使用 cv2.VideoWriter_fourcc 函数创建。
- fps: 帧率。
- frameSize: 视频帧的大小,通常以元组(width, height)的形式表示。
- isColor(可选参数): 参数用于指定写入视频的颜色格式。默认值是 True,输出视频被保存为彩色格式;如果设置为 False,输出视频将被保存为灰度格式。

代码 4-6　cv2.VideoWriter_fourcc 函数

```
cv.VideoWriter_fourcc(c1, c2, c3, c4) -> retval
```
- retval: 返回内容。四字符代码,FourCC 对象。
- c1, c2, c3, c4: 这四个字符分别是编码格式的四个字符代码。每个字符通常对应一种特定的视频编码标准。如"xvid"表示 XVID 编码,"mp4v"表示 MPEG-4 编码。

代码 4-7　cv2.VideoWriter.write 函数

```
out.write(image) -> None
```
- out: VideoWriter 对象。
- image: 写入的视频帧,一般为 BGR 图像矩阵。

【例 4-2】　读取视频,然后在每一帧上添加当前帧数,并将修改后的帧写入输出视频。代码如下,运行结果如图 4-8 所示。

```
1    import cv2
2    # 输入和输出视频文件路径
3    input_file = 'video/Example-VBridge.mp4'
4    output_file = 'video/output_video.mp4'
5    # 读取视频
```

例 4-2

```
6    cap = cv2.VideoCapture(input_file)
7    # 检查视频是否成功打开
8    ...
9    # 获取视频信息
10   ...
11   # 创建 VideoWriter 对象
12   fourcc = cv2.VideoWriter_fourcc('m', 'p', '4', 'v')
13   out = cv2.VideoWriter(output_file, fourcc, fps, (width, height))
14   frame_num = 0
15   # 逐帧读取和写入视频
16   while True:
17       ret, frame = cap.read()
18       if not ret:
19           break
20       # 获取当前帧数并将其添加到帧上
21       frame_num += 1
22       cv2.putText(frame, str(frame_num), (10, 300), cv2.FONT_HERSHEY_SIMPLEX, 10, (0, 0,
0), 30)
23       out.write(frame)
24   # 释放资源
25   cap.release()
26   out.release()
```

首先导入 OpenCV 的 cv2.VideoCapture 函数打开视频文件。使用 get 属性获取视频的帧率、宽度、高度和总帧数。cv2.VideoWriter 函数创建输出视频文件,并向其中传入编解码器、帧率和帧大小。再利用视频对象的 read 属性逐帧读取视频帧,然后利用 cv2.putText 在视频帧上添加当前帧数,接着使用视频保存对象的 write 属性逐帧写入视频。最后释放视频捕获的写入对象。

图 4-8　原始视频与视频保存结果

4.3　视频处理

视频处理是指利用图像处理技术对视频数据进行处理。视频是大量具有时序关系的图像的集合,对视频的处理方式与第 3 章中对图像的处理方式类似。本节将学习视频帧的提取与序列重组、视频帧的处理与增强以及视频合成。

4.3.1　视频帧提取与序列重组

视频帧提取是视频分析和处理的基础,一旦视频被分解为帧,就可对每个帧进行单独的处理和分析,并用于许多场合,如视频编辑、对象检测、运动跟踪、帧差分析等,也可在较短的时间内快速访问视频内容,提高检索效率。

视频序列重组通常指从视频流中提取特定片段,或将不相邻的片段连接起来。视频序列重组可将整个视频分成不同的时间段或空间段,每个段可能对应于不同的场景、动作或内容,通过重组视频的特定部分可以提取出感兴趣的内容进行分析。这对于视频监控、事件检测、目标跟踪等应用非常有用。视频序列重组是视频编辑的基本操作之一。通过序列重组,可以去除冗余、突出重点、创建全新的叙事结构。综上所述,可基于帧提取的结果,对视频进行高效的分割,并选择性地重组这些分割后的片段。

在 OpenCV 中,视频帧提取可以通过 4.2.1 节里的 cv2.VideoCapture 函数的 read 属性实现。通过循环逐帧提取视频帧,并将其赋值给新的变量或存储到列表等数据结构中,保存在内存中。然后,重新排列实现序列重组,具体的步骤可见例 4-3。

【例 4-3】　将视频中每隔 5 帧提取 1 帧,然后将这些帧保存成一个新的视频,并比较前后视频的总帧数。

代码如下,运行结果如图 4-9 所示。

```
1   import cv2
2   # 读取视频
3   cap = cv2.VideoCapture('video/Example - VBridge.mp4')
4   # 获取视频的帧率、帧宽高以及总帧数
5   …
6   # 设置输出视频的编码和参数
7   output_video = "video/output - VBridge.mp4"
8   fourcc = cv2.VideoWriter_fourcc( * 'mp4v')
9   out = cv2.VideoWriter(output_video, fourcc, fps, (width, height))
10  frame_count = 0
11  extracted_frame_count = 0
12  # 遍历视频帧
13  while cap.isOpened():
14      ret, frame = cap.read()
15      if not ret:
16          break
17      # 每隔 5 帧提取 1 帧
18      if frame_count % 5 == 0:
19          out.write(frame)
20          extracted_frame_count += 1
21      frame_count += 1
22  # 释放资源
23  …
```

首先引入 OpenCV 库 cv2,然后使用 cv2.VideoCapture 函数创建视频对象,通过对象的 get 属性获取视频的帧率、帧宽高以及总帧数。接着,使用 cv2.VideoWriter 函数设置输出视频的编码格式和参数,准备将提取的帧写入新的视频文件中。在遍历原视频的过程中,代码通过"frame_count % 5 == 0"判断当前帧是否为第 5 帧,如果是,则将该帧写入新的视频文件,并增加提取的帧计数。最终,程序释放资源。

运行结果中,由于每隔 5 帧提取 1 帧,新视频的帧数应接近原视频帧数的 1/5。新视频

的内容是原视频的精简版,也可以看作在保存帧率一样的同时将原视频进行了加速。

图 4-9　视频序列重组结果

4.3.2　帧处理与增强

帧处理与增强通常用于改善视频的质量、增强特定信息或进行各种分析。通过将视频帧提取出来,然后用第 3 章中的图像处理方法对视频帧进行处理或增强,最后重组成视频,见例 4-4。

一些常见的帧处理和增强方法如下:①颜色空间转换:将视频从一种颜色空间转换为另一种,例如从 RGB 转换为灰度视频。②阈值处理:根据设定的阈值对视频进行二值化处理,用于视频图像分割、目标检测等任务。③绘制图形和文本:在视频上绘制各种图形、文本或标记信息,可用于标记感兴趣的区域、显示测量结果、添加时间戳等,方便分析和理解视频内容。④几何变换:包括缩放、旋转、平移等操作,用于调整视频里图像的大小和位置。⑤滤波:应用各种滤波器对图像进行平滑、锐化、去噪等处理,增强视频的质量和信息。⑥轮廓检测:检测视频中的轮廓,通常用于目标检测、形状分析等。⑦形态学操作:包括腐蚀、膨胀、开运算、闭运算等,用于视频的形态学处理。

【例 4-4】　对一个视频逐步进行 BGR 到 RGB 转换、帧数绘制、图像翻转、直方图均衡化和均值滤波,然后保存成新视频。接着对新视频进行边缘检测,然后保存成边缘检测的视频。最后对边缘检测的视频进行形态学闭运算,保存最后的视频。

代码如下,运行结果如图 4-10 所示。

```
1   import …
2   # 读取输入视频
3   cap = cv2.VideoCapture('video/Example-VBridge.mp4')
4   # 获取视频属性
5   …
6   # 初始化视频写入器
7   fourcc = cv2.VideoWriter_fourcc(*'mp4v')
8   out1 = cv2.VideoWriter('video/output_rgb_flip_hist_mean.mp4', fourcc, fps, (width, height))
9   out2 = cv2.VideoWriter('video/output_edges.mp4', fourcc, fps, (width, height))
10  out3 = cv2.VideoWriter('video/output_morph_open.mp4', fourcc, fps, (width, height))
11  # 形态学操作的核
12  kernel = cv2.getStructuringElement(cv2.MORPH_RECT, (5, 5))
13  # 帧数初始化
14  frame_count = 0
15  # 处理每一帧
16  while cap.isOpened():
```

例 4-4

```
17        ret, frame = cap.read()
18        if not ret:
19            break
20        # BGR 转 RGB
21        rgb_frame = cv2.cvtColor(frame, cv2.COLOR_BGR2RGB)
22        # 图像翻转(水平翻转)
23        flipped_frame = cv2.flip(rgb_frame, 1)
24        # 绘制当前帧数
25        cv2.putText(flipped_frame, str(frame_count), (10, 300), cv2.FONT_HERSHEY_SIMPLEX,
10, (0, 0, 0), 30)
26        # 直方图均衡化
27        ycrcb = cv2.cvtColor(flipped_frame, cv2.COLOR_RGB2YCrCb)
28        ycrcb[:, :, 0] = cv2.equalizeHist(ycrcb[:, :, 0])
29        equalized_frame = cv2.cvtColor(ycrcb, cv2.COLOR_YCrCb2RGB)
30        # 均值滤波
31        smoothed_frame = cv2.blur(equalized_frame, (5, 5))
32        # 边缘检测
33        edges = cv2.Canny(smoothed_frame, 20, 50)
34        # 将边缘检测结果转换为 3 通道图像以便保存
35        edges_color = cv2.cvtColor(edges, cv2.COLOR_GRAY2BGR)
36        # 形态学闭运算
37        morph_open = cv2.morphologyEx(edges_color, cv2.MORPH_CLOSE, kernel)
38        # 保存处理后的视频帧
39    ...
40        frame_count += 1
41    # 释放资源
42    ...
```

这个代码首先导入了函数库,并使用 cv2.VideoCapture 函数打开了一个视频文件。接着,通过 cv2.VideoCapture 对象的 get 属性获取视频的帧率、帧宽度、帧高度和总帧数。这些信息用于初始化多个 cv2.VideoWriter 对象,这些对象用于保存处理后的视频。然后,使用 cv2.getStructuringElement(cv2.MORPH_RECT,(5,5))创建了一个 5×5 的矩形核,用于形态学开运算。接着,代码进入一个循环,逐帧处理视频。首先,将每一帧从 BGR 颜色空间转换为 RGB 颜色空间。然后,进行图像的水平翻转,并在图像上绘制当前的帧数。翻转后的图像被转换到 YCrCb 颜色空间,对亮度通道进行直方图均衡化,以增强图像的对比度。接着,对均衡化后的图像进行均值滤波,以平滑图像。随后,应用 Canny 边缘检测技术,并将检测结果转换为 3 通道的图像以便保存。在这之后,代码对边缘检测的结果进行形态学开运算,以去除噪声并进一步处理图像。最终,处理后的帧被分别保存到三个不同的视频文件中。整个过程中,视频帧的计数器持续增加,直到视频结束。最后,释放所有资源,包括视频捕获和视频写入器对象。

对于第一个视频,整体颜色转换为 RGB,进行了水平翻转,并在每一帧的左上角绘制了黑色大号数字的当前帧数。通过直方图均衡化增强了对比度,同时,图像经平滑处理后,虽然细节可能有所丢失,但噪声减少了。第二个视频应用 Canny 边缘检测技术提取图像边缘信息,生成一张白色表示边缘的黑白图像。第三个视频对边缘检测后的图像应用形态学闭运算,使用 5×5 的矩形结构元素,先对图像进行膨胀操作,然后再进行腐蚀操作,这虽能填补边缘检测图像中的小孔洞,使边缘更连贯,但整体图像出现了过度填补的情况。

图 4-10 视频帧处理结果

4.3.3 视频合成

对视频或图像素材进行有效的后期处理,生成符合特定需求的视频或图像,通常需要运用视频合成技术。视频合成指的是将多个视频流和图像叠加在一起,使它们在时间空间上相互交叠、融合,进行帧处理等操作,以创建符合特定需求的新视频。

视频合成通常可以分为几类,根据不同的目的、技术、方式和结果进行分类。首先,视频合成的目的可能是基本的裁剪和拼接,甚至用于修复视频中的问题。技术上,合成可以是线性的,即按照时间顺序进行简单操作,或是非线性的,允许更复杂的自由编辑和调整。合成方式可以是静态的,仅涉及简单的裁剪和拼接,或者是动态的,涉及帧之间的过渡效果和动画处理。最终,剪辑的结果可能是直接从原始视频中提取片段,也可以是增强型的,涉及色彩校正、音频调整等后期处理,或是合成型的,通过合并多个视频片段或素材创建新的视觉效果。

使用 OpenCV 进行视频合成时,通过对多个视频流和图像进行帧提取后,进行整体的序列重组,然后对每帧进行帧处理,以实现特定目的。

【例 4-5】 读取两个视频,将两个视频分别分割为两段再合成一个视频,并对新视频进行高斯滤波,然后在视频帧中添加视频段信息水印。

代码如下,运行结果如图 4-11 所示。

```
1    import cv2
2    # 打开视频文件
3    cap1 = cv2.VideoCapture('video/Example-VBridge.mp4')
4    cap2 = cv2.VideoCapture('video/Example-VBridge_gray.mp4')
5    # 获取视频信息
6    ...
7    # 初始化视频写入器
8    fourcc = cv2.VideoWriter_fourcc(*'mp4v')
9    out = cv2.VideoWriter('video/output_Vompositing.mp4', fourcc, fps, (width, height))
10   # 处理视频段并添加水印和滤波操作
11   def process_and_merge_segment(cap, start_frame, end_frame, label):
12       for _ in range(start_frame, end_frame):
13           ret, frame = cap.read()
14           if not ret:
15               break
16           # 高斯模糊
17           blurred_frame = cv2.GaussianBlur(frame, (5, 5), 0)
18           # 添加水印
19           watermarked_frame = cv2.putText(blurred_frame, label, (10, 150), cv2.FONT_
```

```
HERSHEY_SIMPLEX, 5, (0, 0, 0), 15)
20          # 保存处理后的视频帧
21          out.write(watermarked_frame)
22  # 合并视频
23  process_and_merge_segment(cap1, 0, total_frames1 // 2, 'Video1 - Part1')
24  process_and_merge_segment(cap2, 0, total_frames2 // 2, 'Video2 - Part1')
25  process_and_merge_segment(cap1, total_frames1 // 2, total_frames1, 'Video1 - Part2')
26  process_and_merge_segment(cap2, total_frames2 // 2, total_frames2, 'Video2 - Part2')
27  # 释放资源
28  ...
```

例 4-5 中首先导入了 OpenCV 库,打开两个视频文件,并获取了视频的帧率、宽度、高度等信息。然后,通过创建一个 VideoWriter 对象初始化视频写入器,用于将处理后的视频帧保存到新的视频文件中。代码通过自定义函数对视频的不同片段进行处理,逐帧添加高斯模糊和水印效果。通过控制视频实例对象的开始帧与结束帧,实现不同顺序的写入。最终,代码将两个视频的处理片段(如 Video1 的前半部分与 Video2 的后半部分)按逻辑顺序合并,并释放了所有资源。

如图 4-11 所示,视频的读取、帧处理和保存实现了两个视频的合成,并且在每个视频片段上都添加了高斯模糊和水印效果。

图 4-11　显示结果

本章总结

视频处理是计算机视觉的关键,视频处理的操作大多在图像处理的基础上进行,涉及对视频数据的分析、处理和理解,为计算机视觉任务提供了丰富的信息和可能性。

本章详细解释了视频处理相关内容,可以分为以下三个主要方面:

(1)视频发展的历史与形成过程:这部分涵盖了视频的定义,随着技术的发展,如何通过不同的方法使用摄像机的视觉系统获取视频,并将得到的视频进行压缩与编码以去除视频中的冗余信息便于传输和储存,这是视频处理的基础内容,在 4.1 节中学习。

(2)读取视频并保存:包括从视频源(如视频文件、摄像头或视频流)中读取视频帧或图像序列,用摄像头捕获实时视频流或图像并在屏幕上显示图像以供查看,以及将连续的图像帧按照特定的格式和编码进行存储的过程,在 4.2 节中学习。

(3)处理视频帧:这一方面涵盖了对视频的帧进行编辑与序列重组,通过增强视频帧可使视频呈现出特定的视觉效果或处理视频中的噪声、改善帧质量。也可将多个视频片段按照一定的规则和算法进行融合生成一个新的视频,在 4.3 节中学习。

下面将总结相关内容以及对应的函数代码:

(1) 在 4.1.1 节中学习了视频的定义,并了解了视频技术由传统的模拟信号发展为数字模拟信号的历史。在 4.1.2 节中学习了摄像机的主要组成系统以及胶片摄像机、数码摄像机的工作原理与人类视觉系统的关系。在 4.1.3 节中学习了通过压缩和编码技术将原始的视频文件转换成另一种特定格式规则的视频文件,去除视频中的冗余信息,以便视频资料的传输与储存。

(2) 在 4.2.1 节中学习了视频读取,从视频源获取视频帧或图像序列并获取视频帧参数信息,以便进一步的处理和分析,介绍了如何使用 cv2. VideoCapture 函数、cv2. VideoCapture. isOpened 函数、cv2. VideoCapture. read 函数与 cv2. VideoCapture. get 函数。在 4.2.2 节中学习了摄像机调用,调用摄像机通常是指使用摄像头捕获实时视频流或图像。在 4.2.3 节中学习了视频保存,将连续的图像帧按照特定的格式和编码进行存储,转化为可视化的视频文件,以便后续的分析、处理和展示。介绍了如何使用 cv2. VideoWriter 函数、cv2. VideoWriter_fourcc 函数和 cv2. VideoWriter. write 函数。

(3) 在 4.3.1 节中学习了视频帧提取与序列重组,视频帧提取是指将视频分解为单张独立图像的处理过程。视频序列重组是指将整个视频分成不同的时间段或空间段,以便进一步分析或编辑。在 4.3.2 节中学习了视频帧的处理与增强,帧处理是指对视频帧图像进行读取、处理和分析,帧增强是指对单个图像帧进行改善、优化或增强,以便更好地呈现或分析该图像。在 4.3.3 节中学习了视频合成,视频合成是指将多个视频片段融合生成一个新的视频,包括剪辑、拼接、特效添加等操作。

思考题与练习题

思考题

4-1 试简述视频的发展历史。

4-2 传统胶片摄像机与数码摄像机的系统组成有哪些? 工作流程分别是什么?

4-3 视频压缩的目的是什么? 简述去除冗余的类型。

4-4 常见视频压缩编码的方法有哪些,分别有什么特点?

4-5 简述视频的读取及保存方法。

4-6 视频帧提取有什么意义? 如何通过视频序列重组提取出感兴趣的内容?

4-7 简述帧处理与帧增强的常用方法。

练习题

4-1 使用 cv2. putText 函数在视频帧上 (50,50) 的位置添加大小为 1,线宽为 2,字体为 FONT_HERSHEY_SIMPLEX 的白色文字"Encoded Example"。

4-2 使用 cap. get 函数获取视频帧率和总帧数,根据视频帧率计算前三秒的帧数,使用循环函数逐帧读取视频,直至达到前三秒的帧数。然后分割视频为 5s 一段的小视频,保存视频帧和小视频文件。

4-3　获取视频的帧率和总帧数,设置新视频的输出参数,包括新的宽度和高度。然后逐帧读取视频并使用 cv2. resize 函数对每一帧进行缩放操作,将处理后的帧写入输出的新视频。

4-4　将视频每隔 2 帧提取 1 帧,然后将这些帧保存成一个新的视频,并比较前后视频的总帧数。

4-5　获取两个视频的帧率和尺寸信息,使用 cv2. VideoWriter 函数设置输出视频的参数,逐帧读取两个视频。选择视频 1 的每帧中的一个区域来放置视频 2 的帧,将处理后的帧写入输出视频。

4-6　使用 cv2. VideoCapture 函数打开视频文件,然后通过循环函数逐帧读取视频,并将每一帧图像转换为灰度图像。

(注:练习题请使用例题中的数据。)

第 **5** 章

识别与追踪

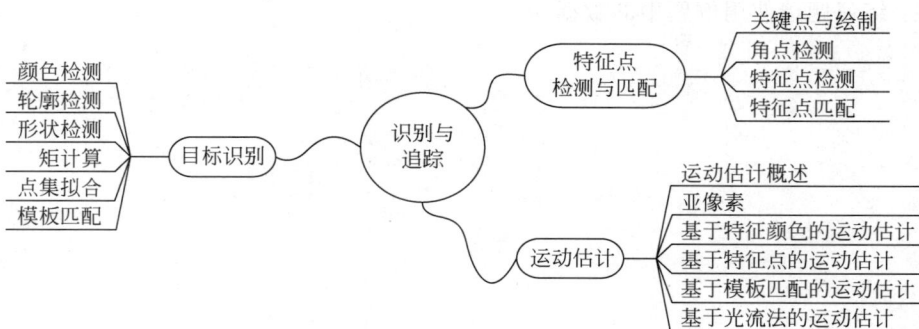

本章开始学习计算机视觉中最主要的任务之一：识别与追踪。

识别与追踪是指使用计算机视觉算法处理图像和视频数据，以理解和分析其中的目标物体。识别是指通过分析图像或视频数据来检测和标识特定对象或物体，通常与预定义的类别或标签相关联。而追踪则是在连续的图像或视频帧中跟踪已识别对象的位置和运动，以实现目标的持续追踪和监控。

识别与追踪涵盖了一系列算法和技术，在各种领域中都有广泛的应用，包括医学影像、遥感、数字媒体、安全监控等领域，在结构健康监测领域里也广泛应用。在结构健康监测领域，通过识别技术，计算机可以辨识图像或视频中的特定结构目标，而追踪技术则允许系统跟踪结构在时间和空间上的变化，从而辨别出结构的健康程度。目前，在结构的振动测量、结构模态识别以及结构损伤识别中，都存在识别与追踪算法的研究和应用。

识别与追踪的主要目的有以下几个方面：

（1）图像中不同对象的识别可基于颜色、轮廓、形状、轮廓矩及模板等信息展开。此外，还可采用点集拟合方法，借助数学模型对图像中的点集进行拟合处理。目标识别的核心在于提取图像特征，并据此对不同类型的目标进行分类识别（5.1节）。

（2）寻找图像中具有显著特征的点，并将不同图像中的相似特征点进行匹配，从而确定检测对象的特征点，从而实现目标检测（5.2节）。

（3）通过分析连续的图像或视频序列，估计特定物体的运动轨迹与数值（5.3节）。

5.1　目标识别

在计算机视觉中,目标识别是一个核心任务,它旨在从图像或视频数据中自动识别出特定对象或物体。目标识别可以大致分成两类,一类是只利用处理图像的信息进行目标识别,可以称为基于图像处理的目标识别,另一类是结合大量已标注图像数据进行学习,从而识别目标,可以称为基于机器学习的目标识别。本节将学习基于图像处理的目标识别,而基于机器学习的目标识别将在后面章节进行学习。本节将介绍几个关键概念和算法,包括颜色检测、轮廓检测、形状检测、矩计算、点集拟合和模板匹配。

5.1.1　颜色检测

颜色检测是最简单的目标识别算法,利用图像中不同颜色的特性来区分目标物体与背景。通过分析图像中像素的颜色分布,定义特定颜色的范围,并基于该范围筛选出匹配像素,从而提取出目标物体。

通常,颜色检测需要选定特定的颜色空间,不同的颜色空间对于不同的目标颜色有着不同的适用性。在颜色检测中,BGR 颜色空间通常使用较少,由于它的分量与人类对颜色的感知不完全一致,可能不太方便用于特定颜色的识别。在颜色检测中,HSV 颜色空间的色调分量与人类的颜色感知更接近,更容易定义目标的颜色范围。在具体任务中,选择使用合适的颜色空间以适应特定的颜色特性需求,前提是目标在感兴趣区域内具有唯一的颜色,即通过颜色检测算法来实现目标的识别只适用于目标物体在图像中颜色显著且与背景颜色有明显区别的情况。

通常可以通过选取图像中的目标像素点得到目标颜色,然后扩大颜色范围以适应目标颜色的动态变化。在 OpenCV 中可以使用 cv2. setMouseCallback 函数(代码 5-1)来帮助选择目标颜色区域,通过鼠标单击获取颜色样本。具体演示见例 5-1。

> **小贴士**
>
> 在回调函数中,可以根据不同的鼠标事件类型(event)实现特定的交互逻辑。常见的鼠标事件类型如下: cv2. EVENT_LBUTTONDOWN:按下鼠标左键; cv2. EVENT_LBUTTONUP:抬起鼠标左键; cv2. EVENT_MOUSEMOVE:移动鼠标。更多类型可查看 OpenCV 帮助手册。

代码 5-1　cv2. setMouseCallback 函数

```
cv2.setMouseCallback(winname, onMouse, userdata = None)
```
- winname: 鼠标回调函数的窗口的名称。
- onMouse: 鼠标事件的回调函数,用于处理各种鼠标事件。回调函数的定义通常包括四个参数: event(事件类型)、x、y 和 flags,用于描述鼠标事件的类型及其发生的位置和状态。有关如何指定和使用回调函数的详细信息,可查询 OpenCV 帮助手册。
- userdata(可选参数): 将额外的数据或状态传递给回调函数。默认值为 None,表示回调函数不接收任何额外的数据。

【例 5-1】　生成一个颜色梯度图,利用鼠标单击和框选进行颜色检测,并显示出检测结果。

代码如下,运行结果如图 5-1 所示。

例 5-1

```
24   import …
25   # 定义鼠标回调函数
26   def mouse_callback(event, x, y, flags, param):
```

```
27  global start_point, end_point, drawing, display_image
28      # 按下左键事件
29      if event == cv2.EVENT_LBUTTONDOWN:
30  start_point = (x, y)
31  # 重置显示图像
32  ...
33  # 移动鼠标事件
34   elif event == cv2.EVENT_MOUSEMOVE and drawing:
35  end_point = (x, y)
36  ...
37  # 抬起左键事件
38  elif event == cv2.EVENT_LBUTTONUP:
39  drawing = False
40  # 单击事件
41  if start_point is not None and end_point is None:
42  # 计算选定点的颜色范围
43      bgr_color = image[start_point[1], start_point[0]]
44  lower_bound = np.array([max(0, bgr_color[0] - 10), max(0, bgr_color[1] - 10), max(0,
    bgr_color[2] - 10)])
45  upper_bound = np.array([min(255, bgr_color[0] + 10), min(255, bgr_color[0] + 10), min
    (255, bgr_color[0] + 10)])
46  mask = cv2.inRange(image, lower_bound, upper_bound)
47  result = cv2.bitwise_and(image, image, mask = mask)
48  # 绘制点并显示检查的颜色
49  ...
50  # 框选事件
51  if start_point and end_point:
52  # 确保坐标顺序正确
53  ...
54  # 计算选定区域的颜色范围
55  roi = image[y1:y2, x1:x2]
56  lower_bound = np.array([np.min(roi[:, :, 0]), np.min(roi[:, :, 1]), np.min(roi[:, :, 2])])
57  upper_bound = np.array([np.max(roi[:, :, 0]), np.max(roi[:, :, 1]), np.max(roi[:, :, 2])])
58  mask = cv2.inRange(image, lower_bound, upper_bound)
59  result = cv2.bitwise_and(image, image, mask = mask)
60  # 绘制矩形并显示检查的颜色
61  ...
62  # 绘制颜色梯度图
63  image = np.zeros((500, 500, 3), dtype = np.uint8)
64  for i in range(500):
65  blue_intensity = int(255 * (i / 500))
66  image[i, :, 0] = blue_intensity
67  # 定义一些全局变量
68  ...
69  # 显示图像并设置鼠标回调函数
70  cv2.imshow("Image", image)
71  cv2.setMouseCallback("Image", mouse_callback)
72  # 等待按键事件并关闭窗口
73  ...
```

首先,代码导入函数库,并生成了一张 500×500 像素的黑色图像。接着,通过一个循环对图像的每一行设置不同的蓝色强度,创建了一个颜色梯度图。然后,定义了一个鼠标回调函数 mouse_callback,用于处理用户的单击和拖动操作。当用户单击图像时,代码记录起始点坐标,并在鼠标移动时动态显示矩形框的绘制过程。当鼠标左键抬起时,如果用户只是单击某一点,程序会计算并显示该点周围的颜色范围;如果用户拖动形成一个矩形区域,程序则会根据选中的区域计算颜色范围,并用掩码方式在原图中高亮显示该区域的颜色,实现颜色检测功能。用户可以在窗口中选择颜色区域并观察结果。最后,程序等待用户按下键盘上某个按键以关闭窗口,释放资源。

运行结果中,用户通过单击或框选图像上的区域,可以实时查看该区域的颜色范围。单击某一点时,会高亮显示该点周围的颜色;选择一个矩形区域时,会显示该区域内颜色的最小值和最大值之间的范围。此工具可用于色彩分析、颜色检测等任务。

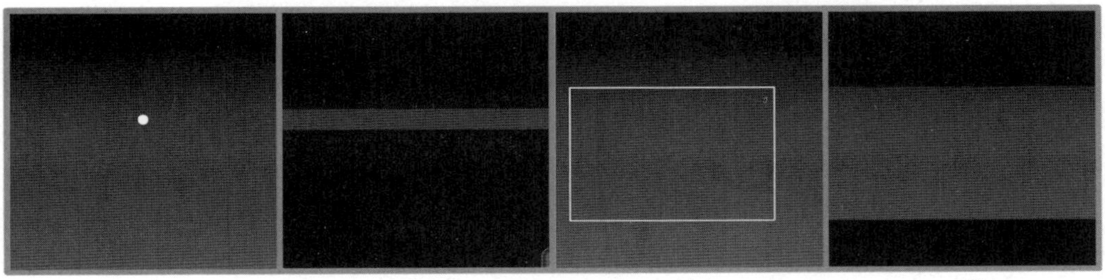

彩图 5-1

图 5-1　颜色检测结果图

(a)点选;(b)点选检测的颜色;(c)框选;(d)框选检测的颜色

5.1.2　轮廓检测

图像轮廓是指图像中物体的边界或轮廓线。它通常是一组由相邻像素连接而成的点的集合,表示了图像中物体的外部形状。而轮廓检测是计算机视觉中的一项重要任务,它用于查找图像中的物体边界并将其提取为一组连续的像素点。

在实际进行轮廓检测时,可根据具体需求选择不同的轮廓检测模式和轮廓逼近方法。在 OpenCV 中,可以使用 cv2.findContours 函数(代码 5-2)来查找图像中的轮廓。该函数的 mode 参数用于指定轮廓的检索模式,常见的轮廓检索模式包括:① RETR_EXTERNAL,只检测最外边轮廓;②RETR_LIST,检测所有轮廓,并将其保存到一条链表中;③RETR_CCOMP,检测所有轮廓,并将其组织为两层,顶层为各部分的外部边界,第二层为空洞的边界;④RETR_TREE,检索所有轮廓,并重构嵌套轮廓的整个层次,这是最常用的模式。

接着,在原始图像上使用 cv2.drawContours 函数(代码 5-3)绘制检测到的轮廓,进行可视化或进一步的分析。然后,在分析轮廓特征时,使用 cv2.contourArea 函数(代码 5-4)和 cv2.arcLength 函数(代码 5-5)计算轮廓所包围区域的面积和轮廓的周长。最后,为了降低计算复杂度,可采用不同的轮廓逼近方法对轮廓线条进行简化处理。

这些步骤可以根据具体应用的需求进行自定义和扩展,为了更好地展示如何实现轮廓检测,相关示例位于

> **小贴士**
>
> 在 Python 中,hierarchy 嵌套在顶层数组中。使用 hierarchy[0][i]访问第 i 个轮廓的层级元素。

例 5-2。除了上述方法外，利用边缘检查也可以实现轮廓检查。

代码 5-2　cv2. findContours 函数

```
contours, hierarchy = cv2. findContours ( image, mode, method [, contours [, hierarchy
[, offset]]]) -> contours, hierarchy
```

- contours: 返回值。检测到的轮廓。每个轮廓存储为一个点的向量。
- hierarchy: 返回值。输出向量，包含有关图像拓扑的信息。它的元素数量与轮廓数量相同。对于第 i 个轮廓 contours[i]，元素 hierarchy[i][0]、hierarchy[i][1]、hierarchy[i][2]和 hierarchy[i][3]分别设置为同一层级中下一个和上一个轮廓的 0 基索引、子轮廓的第一个轮廓以及父轮廓。如果轮廓 i 没有下一个、上一个、父轮廓或嵌套轮廓，则 hierarchy[i]对应的元素将为负。
- image: 输入图像，为 8 位单通道图像。非零像素被视为 1，零像素保持 0，故图像被视为二值图像。
- mode: 轮廓检索模式，如 cv2.RETR_EXTERNAL 仅检索外部轮廓，其余可查询 OpenCV 帮助手册。
- method: 轮廓近似方法，如 cv.CHAIN_APPROX_SIMPLE 压缩水平、垂直和对角线段，只保留端点，其余可查询 OpenCV 帮助手册。
- offset(可选参数): 偏移量，通过此偏移量移动每个轮廓点。

代码 5-3　cv2. drawContours 函数

```
image = cv2. drawContours ( image, contours, contourIdx, color [, thickness [, lineType
[, hierarchy[, maxLevel[, offset]]]]]) -> image
```

- image: 返回值。绘制轮廓后的目标图像。
- image: 输入图像。
- contours: 输入轮廓。每个轮廓由一个点向量表示，存储了轮廓上各点的坐标位置。
- contourIdx: 指示要绘制的轮廓的参数。如果是负数，则绘制所有轮廓。
- color: 轮廓的颜色。
- thickness(可选参数): 绘制轮廓的线条粗细。默认值为 1，如果是负数，则绘制内部轮廓。
- lineType(可选参数): 线条连接类型。默认为 cv2.LINE_8 连通线。更多的类型可查询 OpenCV 帮助手册。
- hierarchy(可选参数): 层次信息，用于指定层次结构的轮廓信息。默认值为 None，函数将忽略层次信息，直接绘制轮廓而不考虑任何层次关系。
- maxLevel(可选参数): 绘制轮廓的最大级别。默认值是 -1，表示绘制所有级别的轮廓。更多的类型可查询 OpenCV 帮助手册。
- offset(可选参数): 轮廓偏移参数。将所有绘制的轮廓按指定的 offset = (dx,dy)移动。

代码 5-4　cv2. contourArea 函数

```
retval = cv2.contourArea(contour[, oriented]) -> retval
```

- retval: 返回值。浮点数值，表示计算得到的轮廓面积。
- contour: 输入的二维点向量，轮廓顶点。
- oriented(可选参数): 有向面积标志。默认为 False，即返回的是绝对值。如果为 True，函数返回带符号的面积值，取决于轮廓的方向，顺时针或逆时针。

代码 5-5　cv2. arcLength 函数

```
retval = cv2.arcLength(curve, closed) -> retval
```

- retval: 返回值。浮点数值，表示计算出的曲线或轮廓的长度。
- curve: 输入的轮廓或曲线，通常是一个包含一系列点坐标的列表。
- closed: 标志，指示曲线是否封闭，默认为 False，曲线不封闭。

【例 5-2】　根据所给图像中的轮廓，选择适当的轮廓检索模式和逼近方法，使用 cv2.drawContours 函数检查轮廓，然后利用 cv2.drawContours 函数绘制物体的边界轮廓和内部轮廓，区分不同轮廓层次。计算每个轮廓的面积和周长以分析轮廓的几何特征，最后显示出输入图像、轮廓检测结果与每个轮廓的面积和周长。

例 5-2

代码如下，运行结果如图 5-2 所示。

```
1   import ...
2   # 读取彩色图像
3   image = cv2.imread('image/Example-Bridge.jpg')
4   # 将彩色图像转换为灰度图像
5   gray = cv2.cvtColor(image, cv2.COLOR_BGR2GRAY)
6   # 使用自适应阈值进行二值化
7   binary = cv2.adaptiveThreshold(gray, 255, cv2.ADAPTIVE_THRESH_GAUSSIAN_C, cv2.THRESH_
    BINARY, 11, 2)
8   # 检测轮廓
9   contours, hierarchy = cv2.findContours(binary, cv2.RETR_TREE, cv2.CHAIN_APPROX_SIMPLE)
10  # 过滤面积和周长大于 0 的轮廓
11  filtered_contours = []
12  filtered_hierarchy = []
13  for i, contour in enumerate(contours):
14      area = cv2.contourArea(contour)
15      length = cv2.arcLength(contour, True)
16      if area > 50 and length > 40:
17          filtered_contours.append(contour)
18          filtered_hierarchy.append(hierarchy[0][i])
19  # 创建一个副本用于绘制轮廓
20  contour_image = image.copy()
21  # 绘制筛选后的轮廓
22  for i, contour in enumerate(filtered_contours):
23      # 区分外部轮廓和内部轮廓
24      if filtered_hierarchy[i][3] == -1:
25          # 绿色,外部轮廓
26          color = (0, 255, 0)
27      else:
28          # 红色,内部轮廓
29          color = (0, 0, 255)
30      thickness = 1
31      cv2.drawContours(contour_image, filtered_contours, i, color, thickness, cv2.LINE_8)
32  # 计算并输出筛选后的轮廓的面积和周长
33  for i, contour in enumerate(filtered_contours):
34      area = cv2.contourArea(contour)
35      length = cv2.arcLength(contour, True)
36      print(f"轮廓 {i} 的面积: {area:.2f}, 周长: {length:.2f}")
37  # 显示输入图像、二值化图像和轮廓检测结果
38  plt.figure(figsize=(15, 5))
39  # 显示原始图像
40  ...
```

上述程序首先读取了一张彩色图像并转换为灰度图像。接着，对灰度图像应用自适应阈值进行二值化，并用 cv2.drawContours 函数从图像中提取轮廓。随后，它对检测到的轮廓进行过滤，仅保留面积大于 50 并且周长大于 40 的轮廓。程序将这些筛选后的轮廓分别

绘制在原始图像的副本上,其中外部轮廓用绿色绘制,内部轮廓用红色绘制。最终,程序计算并输出每个筛选后的轮廓的面积和周长。

运行结果显示了多个轮廓的面积和周长。这些数值表示在图像中检测到的符合过滤条件的轮廓的几何特征。这些轮廓的面积和周长从非常小的值到较大的值不等,表明图像中存在各种大小和形状的结构。根据面积和周长的不同,图像中的不同区域被识别并输出了其详细的几何信息。轮廓检测结果图包含绿色和红色的轮廓,分别表示检测到的外部和内部轮廓。

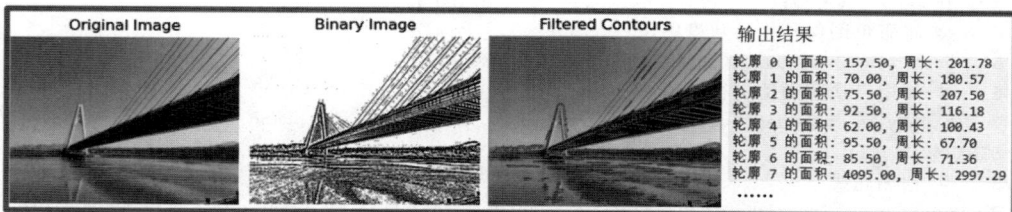

图 5-2　原图、轮廓检测结果图与轮廓几何特性部分运行结果图

5.1.3　形状检测

在图像处理中,准确检测图像中物体的形状对于图像进一步处理是极其重要的,因为图像中物体的形状信息是区分不同物体的关键信息。物体的形状检测通常基于特殊形状的固有特性,例如,如果一个物体的边缘是五边形,那么通过比较每条边的长度和夹角就可以确定物体是否为正五边形或其他类型的五边形。此外,由于圆形物体的轮廓没有直线,对圆形的检测尤其重要。OpenCV 提供了形状检测的相关算法和函数,下面将介绍其中霍夫变换的基本原理、作用和如何使用 OpenCV 库对复杂形状的检测方法。

霍夫变换是图像处理中用于识别几何形状的重要方法,主要用于检测直线、椭圆、圆和弧线等。其核心原理是将图像空间的点转换到参数空间,并通过点与线的对偶性将曲线检测问题转化为参数空间中峰值的检测问题。具体而言,原始图像中的一点在参数空间中对应一条直线,而一条直线在参数空间中对应一个点,这些聚集点代表原始图像中的直线。

在图像坐标空间中,经过点(x_i, y_i)的直线表示为

$$y_i = kx_i + b \tag{5-1}$$

其中,k 表示直线的斜率;b 表示直线的截距。

如果令 x_i 和 y_i 为定值,而将原本的参数 k 和 b 看作变量,则式(5-1)可以表示为

$$b = -kx_i + y_i \tag{5-2}$$

这样就变换到了参数空间。这个变换就是坐标空间中对于点(x_i, y_i)的 Hough 变换。该直线是图像坐标空间中的点(x_i, y_i)在参数空间的唯一方程。考虑到图像坐标空间中的另一点(x_j, y_j),它在参数空间中也有相应的一条直线,表示为

$$b = -kx_j + y_j \tag{5-3}$$

这条直线与点(x_i, y_i)在参数空间的直线相交于一点(k_0, b_0),如图 5-3 所示。

在 OpenCV 中要实现形状检测,首先需要查找图像中的对象轮廓,然后霍夫变换可以

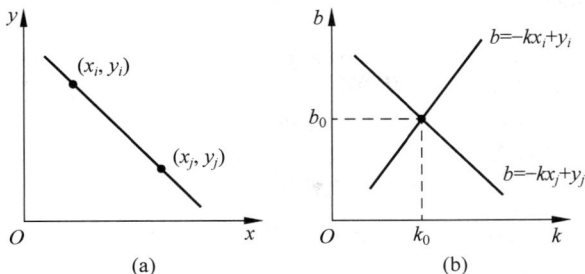

图 5-3　直角坐标中的 Hough 变换

（a）图像坐标空间；（b）参数空间

检测直线与圆，使用 cv2. HoughLines 函数（代码 5-6）进行霍夫直线检测，使用 cv2. HoughCircles 函数（代码 5-7）进行霍夫圆检测。

然而，当检测的对象形状复杂或一个形状部分被遮挡或显示不完整，霍夫变换可能无法正确检测到，这可能需要使用更复杂的方法来对物体进行检测。可以在轮廓检测完成后进行轮廓特征分析，可使用 cv2. minAreaRect 函数（代码 5-8）和 cv2. minEnclosingCircle 函数（代码 5-9）计算包围轮廓的最小外接矩形和最小外接圆的圆心与半径。然后使用 cv2. approxPolyDP 函数（代码 5-10）实现多边形逼近方法将轮廓曲线近似表示为多边形，以减少轮廓曲线的复杂度。当物体的形状过于复杂，用多边形逼近方法处理后仍然较为复杂时，可以使用 cv2. convexHull 函数（代码 5-11）计算包围轮廓的凸多边形以进行凸包检测，降低复杂度。

在完成轮廓特征分析后，根据计算的特征（面积、周长、多边形逼近等）对对象进行分类和识别。OpenCV 中提供了 cv2. matchShapes 函数（代码 5-12）用于计算两个轮廓之间的相似性，以进行形状匹配和识别。最后，根据需要可以将分类或识别结果可视化或以其他方式呈现出来，例如标记对象、保存结果图像等。

为了更好地展示形状检测的具体步骤，相关示例见例 5-3。

代码 5-6　cv2. HoughLines 函数

```
lines = cv.HoughLines(image, rho, theta, threshold[, lines[, srn[, stn[, min_theta[, max_
theta]]]]]) -> lines
```

- lines：返回值。输出的直线向量。
- image：8 位单通道二值源图像。
- rho：累加器的距离分辨率，以像素为单位。
- theta：累加器的角度分辨率，以弧度为单位。
- threshold：累加器阈值参数。仅返回获得足够票数（> threshold）的直线。
- srn（可选参数）：对于多尺度霍夫变换，它是距离分辨率 rho 的除数。默认值为 0，表示使用经典的霍夫变换算法。更多使用方法可查看 OpenCV 帮助手册。
- stn（可选参数）：对于多尺度霍夫变换，它是角度分辨率 theta 的除数。默认值为 0，表示使用经典的霍夫变换算法。更多使用方法可查看 OpenCV 帮助手册。
- min_theta（可选参数）：对于标准和多尺度霍夫变换，检查直线的最小角度，必须在 0 和 max_theta 之间。默认值为 0，即从 0 弧度开始检查直线。更多使用方法可查看 OpenCV 帮助手册。
- max_theta（可选参数）：对于标准和多尺度霍夫变换，角度的上限。必须在 min_theta 和 CV_PI（π）之间。默认值为 π，表示到 π 弧度为止。更多使用方法可查看 OpenCV 帮助手册。

代码 5-7　cv2. HoughCircles 函数

```
circles = cv2. HoughCircles (image, method, dp, minDist [, circles [, param1 [, param2 [,
minRadius[, maxRadius]]]]]) -> circles
```

- circles: 返回值。检测到的圆的输出向量。
- image: 8 位单通道灰度输入图像。
- method: 检测方法,如 cv2.HOUGH_GRADIENT 表示使用标准的霍夫圆检测方法,更多使用方法可查看 OpenCV 帮助手册。
- dp: 累加器分辨率与图像分辨率的反比。
- minDist: 检测到的圆心之间的最小距离。
- param1(可选参数): 第一个特定于方法的参数,没有具体的默认值,其依赖于具体的应用场景确定。如对于 HOUGH_GRADIENT 和 HOUGH_GRADIENT_ALT,它是传递给 Canny 边缘检测器的两个阈值中较高的一个。更多使用方法可查看 OpenCV 帮助手册。
- param2(可选参数): 第二个特定于方法的参数,没有具体的默认值,其依赖于具体的应用场景确定。如对于 HOUGH_GRADIENT,它是圆心检测阶段的累加器阈值。更多使用方法可查看 OpenCV 帮助手册。
- minRadius(可选参数): 最小圆半径。默认值为 0,如果≤0,则没有最小半径限制。
- maxRadius(可选参数): 最大圆半径。默认值为 0,如果≤0,则使用图像的最大尺寸。

代码 5-8　cv2. minAreaRect 函数

```
retval = cv2.minAreaRect(points) -> retval
```

- retval: 返回值。包含三个元素(最小外接矩形的中心坐标、尺寸以及旋转角度)的元组。
- points: 输入的二维点向量。

代码 5-9　cv2. minEnclosingCircle 函数

```
center, radius = cv2.minEnclosingCircle(points) -> center, radius
```

- center: 返回值。圆心位置。
- radius: 返回值。圆的半径。
- points: 输入的二维点向量。

代码 5-10　cv2. approxPolyDP 函数

```
approxCurve = cv2.approxPolyDP(curve, epsilon, closed[, approxCurve]) -> approxCurve
```

- approxCurve: 返回值。表示近似后的曲线。类型应与输入曲线的类型匹配。
- curve: 输入的二维点向量。
- epsilon: 指定近似精度的参数。这是原曲线与其近似曲线之间的最大距离。
- closed: 指定曲线是否封闭。如果为 True,则近似曲线是封闭的(其首尾顶点连接)。否则,不是封闭的。

代码 5-11　cv2. convexHull 函数

```
hull = cv2. convexHull (points [, hull [, clockwise [,
returnPoints]]]) -> hull
```

> **小贴士**
>
> points 和 hull 应是不同的数组,不支持就地处理。

- hull: 返回值。输出的凸包。它可以是一个整数索引数组或点的数组。若为整数索引数组,则表示凸包点在原始点集中的索引(即凸包点是原始点集的一个子集,其值为原始点集中的索引)。若为点的数组,则表示凸包点的实际坐标。
- points: 输入的二维点集,表示要计算凸包的点集。
- clockwise(可选参数): 方向标志。默认值为 False,即输出的凸包是逆时针方向的。否则,输出的凸包是顺时针方向的。坐标系假设 X 轴向右,Y 轴向上。

- returnPoints(可选参数)：操作标志。默认值为 True,即函数返回凸包点。否则,返回凸包点的索引。

代码 5-12　cv2. matchShapes 函数

```
retval = cv2.matchShapes(contour1, contour2, method, parameter) -> retval
```
- retval: 返回值。表示两个轮廓之间的相似度,值越小,表示两个轮廓越相似,反之,越不相似。
- contour1: 第一个轮廓或灰度图像。
- contour2: 第二个轮廓或灰度图像。
- method: 比较方法,默认值为 CONTOURS_MATCH_I1,即计算两个轮廓的 Hu 矩的倒数之差的绝对值之和,以此来计算两个轮廓之间的相似性。更多的方法可查看 OpenCV 帮助手册。
- parameter: 方法特定的参数,默认值为 0,即不使用额外的参数。

【例 5-3】　对斜拉桥图进行直线检测与多边形检测,并对多边形形状用凸包检测来降低轮廓复杂度。对振动测试图中的红色标志进行圆检查,然后对两个红色标志进行形状匹配,最后显示结果。

例 5-3

代码如下,运行结果如图 5-4 所示。

```
1    import …
2    # 读取桥梁图与振动测试图
3    …
4    # 创建红色掩码
5    mask = cv2.inRange(image_v, np.array([0, 0, 180]), np.array([100, 100, 255]))
6    # 只保留振动测试图红色区域
7    red_only = cv2.bitwise_and(image_v, image_v, mask = mask)
8    # 转换为灰度图
9    …
10   # 应用高斯模糊以减少噪声
11   blurred_b = cv2.GaussianBlur(gray_b, (5, 5), 0)
12   blurred_v = cv2.GaussianBlur(gray_v, (5, 5), 0)
13   # 检测图像中的边缘
14   edges_b = cv2.Canny(blurred_b, 20, 150)
15   edges_v = cv2.Canny(blurred_v, 20, 150)
16   # 复制图像用于绘制
17   image_b_lines = image_b.copy()
18   image_b_polygons = image_b.copy()
19   image_v_circles = image_v.copy()
20   # 使用霍夫变换检测直线
21   lines = cv2.HoughLinesP(edges_b, 1, np.pi/180, threshold = 100, minLineLength = 50,
maxLineGap = 10)
22   if lines is not None:
23       for line in lines:
24           x1, y1, x2, y2 = line[0]
25           cv2.line(image_b_lines, (x1, y1), (x2, y2), (0, 255, 0), 2)
26   # 查找桥梁轮廓
27   contours_b, _ = cv2.findContours(edges_b, cv2.RETR_EXTERNAL, cv2.CHAIN_APPROX_SIMPLE)
28   for contour in contours_b:
29       area = cv2.contourArea(contour)
30       if area > 150:
31           # 使用多边形逼近桥板结构
32           epsilon = 0.03 * cv2.arcLength(contour, True)
```

```
33              approx = cv2.approxPolyDP(contour, epsilon, True)
34              cv2.drawContours(image_b_polygons, [approx], 0, (0, 255, 0), 2)
35          # 计算并绘制凸包,降低轮廓复杂度
36              hull = cv2.convexHull(contour)
37              cv2.drawContours(image_b_polygons, [hull], 0, (255, 0, 0), 2)
38  # 查找振动测试图中的轮廓
39  contours_v, _ = cv2.findContours(edges_v, cv2.RETR_EXTERNAL, cv2.CHAIN_APPROX_SIMPLE)
40  contour_features = []
41  for contour in contours_v:
42      # 过滤掉面积较小的轮廓
43      area = cv2.contourArea(contour)
44      if area > 150:
45          # 检测并绘制圆形
46          (x, y), radius = cv2.minEnclosingCircle(contour)
47          center = (int(x), int(y))
48          radius = int(radius)
49          cv2.circle(image_v_circles, center, radius, (0, 255, 0), 2)
50          # 将符合条件的轮廓添加到特征列表中
51          contour_features.append(contour)
52  # 对检测到的轮廓进行比较
53  for i in range(len(contour_features)):
54      for j in range(i + 1, len(contour_features)):
55          similarity = cv2.matchShapes(contour_features[i], contour_features[j], cv2.
CONTOURS_MATCH_I1, 0.0)
56          print(f'Shape similarity between contour {i} and contour {j}: {similarity:.4f}')
57  # 显示输入图像和检测结果
58  ...
```

上述程序首先对图像进行灰度化和高斯模糊处理,再对图像进行轮廓检测并查找图像中轮廓。对每个轮廓,使用 cv2.contourArea 计算其面积,并过滤掉面积小于 250 的轮廓。利用 cv2.minAreaRect 函数和 cv2.minEnclosingCircle 函数绘制最小外接矩形和最小外接圆,使用 cv2.approxPolyDP 函数进行多边形逼近并绘制,最后通过 cv2.convexHull 函数计算并绘制凸包。将符合条件的轮廓保存到特征列表中,并使用 cv2.matchShapes 函数计算轮廓之间的形状相似度。最后,保存并显示处理后的图像。

运行结果显示了三个轮廓之间的形状相似度值,其中轮廓 0 与轮廓 1 的相似度为 2.6901,表示它们的形状有一定相似性;轮廓 0 与轮廓 2 的相似度为 6.8653,轮廓 1 与轮廓 2 的相似度为 5.0355,这两个相似度值较高,表明这些轮廓之间的形状差异较大。附带的图像展示了这些轮廓的形状特征,包括外接矩形、外接圆和凸包等。

5.1.4　矩计算

矩是计算机视觉中常用的特征描述符之一,用于描述图像的形状和几何特征。矩计算是通过对图像的像素值进行数学运算,从而获取图像的几何特征。常见的矩包括空间矩、中心矩、归一化中心矩和不变矩等。

空间矩用于描述图像中像素的空间分布,包括图像的面积和质心位置等信息。中心矩用于描述图像的形状特征,例如主轴方向(形状的主要延伸方向)和偏斜程度(形状的对称性),

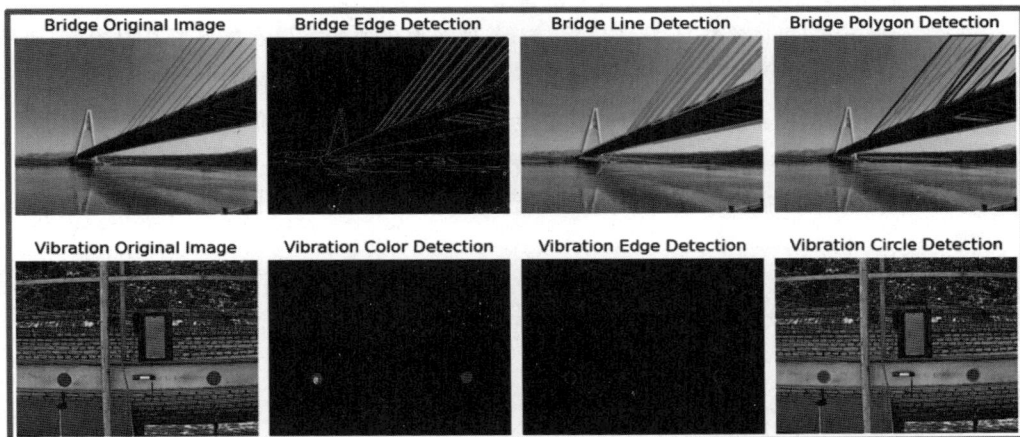

图 5-4　原图、形状检测结果图与部分特征分析运行结果图

通过将图像平移到质心后计算得到。归一化中心矩则是对中心矩进行归一化处理后的结果，用于消除图像尺度变化和旋转的影响。不变矩是一种具有旋转、缩放和平移不变性的特征描述符，其中 Hu 矩是一种著名的不变矩，包含 7 个基于归一化中心矩的组合特征，用于目标识别和分类。

本节将介绍空间矩、中心矩、归一化中心矩和不变矩中的 Hu 矩以及 Hu 矩的应用。

空间矩的计算公式如式(5-4)所示：

$$m_{ij} = \sum_{x,y} \left[\text{array}(x,y) \cdot x^i \cdot y^j \right] \tag{5-4}$$

其中，$\text{array}(x,y)$ 为像素 (x,y) 处的像素值；$(i+j)$ 等于几就叫几阶矩；当 x,y 同时取为 0 时，m_{ij} 为零阶矩，可用于计算某个形状的质心。

中心矩的计算公式如式(5-5)所示：

$$u_{ij} = \sum_{x,y} \left[\text{array}(x,y) \cdot (x-\bar{x})^i \cdot (y-\bar{y})^j \right] \tag{5-5}$$

其中，$(\bar{x},\bar{y})$ 为质心。图像质心计算公式如式(5-6)所示：

$$\bar{x} = \frac{m_{10}}{m_{00}}, \quad \bar{y} = \frac{m_{01}}{m_{00}} \tag{5-6}$$

归一化中心距计算公式如式(5-7)所示：

$$\text{nu}_{ij} = \frac{\text{mu}_{ij}}{m_{00}^{(i+j)/2+1}} \tag{5-7}$$

在 OpenCV 中提供了计算图像矩的函数 cv2. moments (代码 5-13)，用于计算每个轮廓的空间矩、中心矩和归一化中心矩。

> **小贴士**
>
> 仅适用于 Python 绑定中的轮廓矩计算：输入数组的 numpy 类型应为 np. int32 或 np. float32。

代码 5-13　cv2. moments 函数

```
retval = cv2.moments(array [, binaryImage]) -> retval
```

- retval: 返回值。包含计算得到的矩的字典。字典中的键为矩的名称，例如空间矩 m00、m10、m01 等。具体的属性和更多的矩可以查看 OpenCV 的帮助手册。
- array: 输入图像或点的数组。如果是图像，必须是单通道的，且可以是 8 位或浮点型的 2D 数组。如果是点的数组,应为 $1 \times N$ 或 $N \times 1$ 形式的二维点数组。

• binaryImage(可选参数):默认值为 False,即图像中的非零像素将保留其原始值,如果为 True,所有非零图像像素将被视为 1。

Hu 矩(Hu moments),又称为 Hu 不变矩或 Hu 矩阵,是由二阶和三阶中心距计算得到的 7 个不变矩,用于描述图像或轮廓的形状特征。Hu 矩具有平移、旋转和缩放不变性,因此在图像具有旋转和放缩的情况下具有更广泛的应用领域。具体计算公式如式(5-8)所示:

$$
\begin{cases}
\Phi_1 = \eta_{20} + \eta_{02} \\
\Phi_2 = (\eta_{20} - \eta_{02})^2 + 4\eta_{11}^2 \\
\Phi_3 = (\eta_{30} - 3\eta_{12})^2 + (3\eta_{21} - \eta_{03})^2 \\
\Phi_4 = (\eta_{30} + \eta_{12})^2 + (\eta_{21} + \eta_{03})^2 \\
\Phi_5 = (\eta_{30} - 3\eta_{12})(\eta_{30} + \eta_{12})[(\eta_{30} + \eta_{12})^2 - 3(\eta_{21} - \eta_{03})^2] + \\
\qquad (3\eta_{21} - \eta_{03})(\eta_{21} + \eta_{03})[3(\eta_{30} + \eta_{12})^2 - (\eta_{21} + \eta_{03})^2] \\
\Phi_6 = (\eta_{20} - \eta_{02})[(\eta_{30} + \eta_{12})^2 - (\eta_{21} + \eta_{03})^2] + 4\eta_{11}(\eta_{30} + \eta_{12})(\eta_{21} + \eta_{03}) \\
\Phi_7 = (3\eta_{21} - \eta_{03})(\eta_{30} + \eta_{12})[3(\eta_{30} + \eta_{12})^2 - (\eta_{21} + \eta_{03})^2] - \\
\qquad (\eta_{30} - 3\eta_{12})(\eta_{21} + \eta_{03})[3(\eta_{30} + \eta_{12})^2 - (\eta_{21} + \eta_{03})^2]
\end{cases}
\tag{5-8}
$$

在 OpenCV 中,可以使用 cv2. HuMoments 函数(代码 5-14)计算图像的 Hu 矩。为了展示图像中矩的计算方式,例 5-4 给出了计算图像中的矩的相关示例程序。

代码 5-14　cv2. HuMoments 函数

```
hu = cv2.HuMoments(m[, hu]) -> hu
```
• hu: 返回值。输出的 Hu 不变矩。
• m: 输入的矩。由 cv2.moments 计算得到,用于计算 Hu 不变矩。

【例 5-4】 使用 cv2. moments 函数计算图像中每个轮廓的空间矩、中心矩和归一化中心矩,并计算质心。接着使用 cv2. HuMoments 函数计算得到图像的 Hu 矩,并显示所有结果。

代码如下,运行结果如图 5-5 所示。

```
1    import …
2    # 读取图像
3    image = cv2.imread('image/Example-Vibration.jpg')
4    # 创建红色掩码
5    mask = cv2.inRange(image, np.array([0, 0, 180]), np.array([100, 100, 255]))
6    # 只保留振动测试图红色区域
7    red_only = cv2.bitwise_and(image, image, mask=mask)
8    # 转换为灰度图
9    gray = cv2.cvtColor(red_only, cv2.COLOR_BGR2GRAY)
10   # 查找图中的轮廓
11   contours, _ = cv2.findContours(gray, cv2.RETR_EXTERNAL, cv2.CHAIN_APPROX_SIMPLE)
12   # 过滤面积和周长的轮廓
13   …
14   # 计算图像矩
15   output_image = image.copy()
16   for i, contour in enumerate(filtered_contours):
```

例 5-4

```
17        moments = cv2.moments(contour)
18    hu_moments = cv2.HuMoments(moments).flatten()
19    # 计算质心
20    if moments['m00'] != 0:
21        cx = int(moments['m10'] / moments['m00'])
22        cy = int(moments['m01'] / moments['m00'])
23    # 绘制质心与轮廓
24        cv2.circle(output_image, (cx, cy), 5, (0, 0, 255), -1)
25    cv2.drawContours(output_image, [contour], -1, (0, 255, 0), 3)
26    # 输出空间矩、中心矩、归一化中心矩和 Hu 矩
27        ...
28    # 显示质心和轮廓的图像
29    ...
```

代码首先导入相关函数库，然后读取图像并创建一个红色掩码，只保留图像中红色的区域。接着将图像转换为灰度图，寻找轮廓并根据面积和周长过滤轮廓。对于每个符合条件的轮廓，计算图像矩、质心、中心矩、归一化中心矩和 Hu 矩，并在输出图像上绘制质心和轮廓。

图 5-5 的结果展示了图像中的红色区域以及这些区域的轮廓和质心位置，并显示了轮廓的相关矩信息，包括空间矩、中心矩、归一化中心矩和 Hu 矩。质心的坐标是通过计算轮廓的空间矩（m_{00}、m_{10} 和 m_{01}）得出的，其中 $c_x = m_{10}/m_{00}$，$c_y = m_{01}/m_{00}$。计算出的图像矩和 Hu 矩为后续的形状分析或匹配提供了依据。

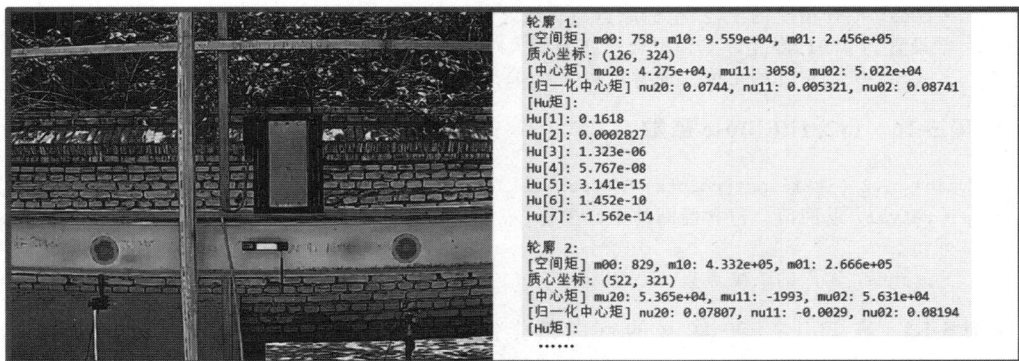

图 5-5　质心位置图和矩计算运行结果图

5.1.5　点集拟合

有时需要处理一些面积较小且数量较多的连通域或像素点，这些区域往往相对集中。若直接对这些区域进行轮廓提取并采用外接多边形进行逼近，可能会生成大量的多边形，从而导致处理复杂化。为了避免这种情况，可以将这些连通域或像素点视作一个整体区域，然后寻找一个能够包围这些区域的规则图形，例如椭圆形或多边形。这种使用规则图像拟合离散点集的方法称为点集拟合。图 5-6 展示了一个椭圆形包围离散点集的示意图。

本节将学习如何为离散点集寻找合适的规则图形进行包围，并介绍 OpenCV 提供的相关函数。

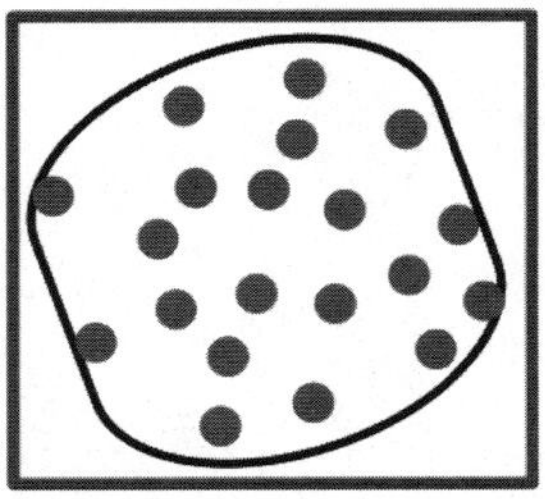

图 5-6　包围离散点集的椭圆形

以下是点集拟合在目标识别中的常见应用：

（1）直线拟合：在 OpenCV 中，可以使用 cv2. fitLine 函数（代码 5-15）来拟合 3D 或 2D 点云数据中的直线。该函数的用途是拟合具有最小二乘意义的三维点集到一条直线，并返回直线的单位方向向量与其中一个点。

（2）圆拟合：圆拟合通常是使用 OpenCV 中 cv2. minEnclosingCircle 函数（代码 5-9）。该函数通过将最小的圆形边界框包围在给定的轮廓上实现圆形拟合。

（3）椭圆拟合：椭圆拟合类似于圆拟合，但用于检测图像中的椭圆形状，例如轮廓、目标跟踪等。OpenCV 中提供 cv2. fitEllipse 函数（代码 5-16），用于拟合一组点到一个椭圆。

（4）多边形拟合：多边形拟合用于拟合图像中的多边形轮廓，OpenCV 中提供 cv2. approxPolyDP 函数（代码 5-10），用于多边形逼近，将连续曲线逼近为多边形。

代码 5-15　cv2. fitLine 函数

```
line = cv2.fitLine(points, distType, param, reps,aeps[, line]) -> line
```
- line: 返回值。输出的直线参数。
- points: 输入的 2D 或 3D 点的向量。
- distType: M 估计器使用的距离类型，指定用于拟合的距离度量。通常设置为 cv.DIST_L2，即欧几里得距离，更多方法可参见 OpenCV 帮助手册。
- param: 某些距离类型的数值参数。通常设置为 0，即根据所选择的距离类型自动选择一个最佳值。
- reps: 拟合精度的半径(坐标原点与直线之间的距离)。指定拟合过程中允许的最大误差。通常设置为 0.01，即允许点到拟合直线的最大距离为 0.01 单位。
- aeps: 拟合精度的角度。通常设置为 0.01，即允许直线角度的误差为 0.01 弧度。

代码 5-16　cv2. fitEllipse 函数

```
retval = cv2.fitEllipse(points) -> retval
```
- retval: 返回值。包含椭圆的中心坐标(x, y)、长轴和短轴长度(a, b)以及旋转角度 angle 的元组。
- points: 输入的二维点集。

【例 5-5】　在 500×500 像素的空白纸上随机生成两种离散点集，再分别使用 cv2. fitLine 函数和 cv2. fitEllipse 函数各自对其中一种离散点集进行拟合，并分别显示拟合结果。

例 5-5

代码如下，运行结果如图 5-7 所示。

```
1   import …
2   # 创建一个 500×500 的空白图像
3   image_line = np.ones((500, 500, 3), dtype = np.uint8) * 255
4   image_ellipse = np.ones((500, 500, 3), dtype = np.uint8) * 255
5   # 生成第一种离散点集(适合直线拟合)
6   num_points_line = 50
7   line_x = np.linspace(50, 500 - 50, num_points_line)
8   line_y = 0.5 * line_x + 100
9   # 添加噪声以使点围绕直线随机分布
10  noise = np.random.normal(0, 20, num_points_line)
```

```
11   points_line = np.vstack((line_x, line_y + noise)).T
12   # 生成第二种离散点集(适合椭圆拟合)
13   num_points_ellipse = 50
14   angles_ellipse = np.linspace(0, 2 * np.pi, num_points_ellipse)
15   radii_ellipse_x = np.random.uniform(0, 200, num_points_ellipse)
16   radii_ellipse_y = np.random.uniform(0, 130, num_points_ellipse)
17   x_points_ellipse = (500 // 2 + radii_ellipse_x * np.cos(angles_ellipse)).astype(np.
float32)
18   y_points_ellipse = (500 // 2 + radii_ellipse_y * np.sin(angles_ellipse)).astype(np.
float32)
19   points_ellipse = np.vstack((x_points_ellipse, y_points_ellipse)).T
20   # 绘制离散点集
21   ...
22   # 使用 cv2.fitLine 对第一组点集进行线性拟合
23   [vx, vy, x0, y0] = cv2.fitLine(points_line, cv2.DIST_L2, 0, 0.01, 0.01)
24   left_y = int((-x0 * vy / vx) + y0)
25   right_y = int(((image_line.shape[1] - x0) * vy / vx) + y0)
26   cv2.line(image_line, (image_line.shape[1] - 1, right_y), (0, left_y), (255, 0, 0), 2)
27   # 使用 cv2.fitEllipse 对第二组点集进行椭圆拟合
28   if len(points_ellipse) >= 5:
29     ellipse = cv2.fitEllipse(points_ellipse)
30   cv2.ellipse(image_ellipse, ellipse, (0, 255, 0), 2)
31   # 显示结果
32   ...
```

上述代码生成了两个图像,每个图像中包含了一组离散点集及其拟合结果。对于直线拟合部分,代码首先创建了一个包含 50 个点的直线($y=0.5x+100$),并在直线附近添加了随机噪声使点分布不完全在直线上。使用 OpenCV 的 cv2.fitLine 函数对这些点进行直线拟合,并在图像上绘制出拟合的直线。对于椭圆拟合部分,代码生成了 50 个点,这些点分布在一个椭圆形状的区域内,通过使用 cv2.fitEllipse 函数拟合这些点并绘制出拟合的椭圆。最终,两幅图像分别展示了直线拟合和椭圆拟合的结果。

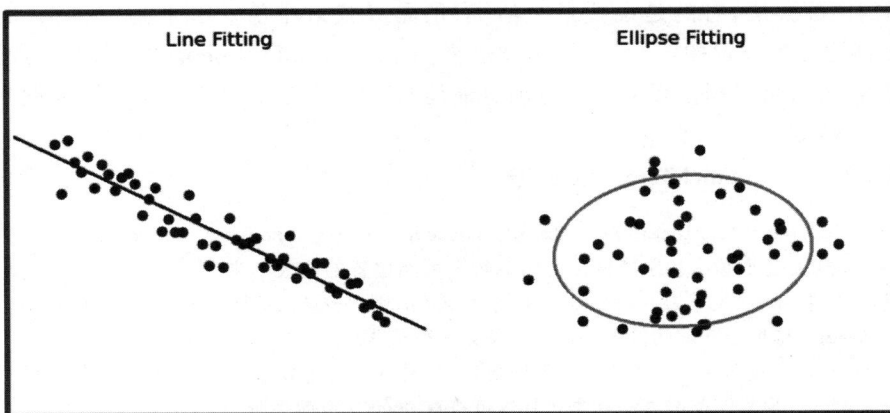

图 5-7　直线拟合与椭圆拟合图

5.1.6　模板匹配

在第 3 章中,利用目标的直方图进行反向投影,实现目标识别。通常是使用一个目标的直方图模型来识别输入图像中与目标相似的区域。但反向投影只考虑了像素值的分布情况,没考虑图像中像素在空间中的位置排布。因此,在举例中出现了捕捉非目标对象的情况。

除了利用反向投影结合输入模型进行目标识别,还有模板匹配。模板匹配是一种基于像素级别的匹配技术,通过将一个小的图像区域与输入图像的不同位置进行逐一比较,以找到与模板最相似的位置,小的图像区域称为模板。模板匹配原理如图 5-8 所示,将比输入图小的一图像作为模板,将模板作为滑动窗口在输入图中从左上角开始滑动,一行一行滑动。每滑动到一个位置开始相似性比较,来评估模板与图像的匹配程度。将模板与图像的每个可能位置进行比较,找到相似性度量得分最高的位置,即为匹配的位置。

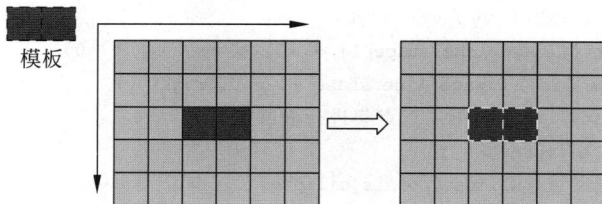

图 5-8　模板匹配原理

在 OpenCV 中实现模板匹配非常简单,可以使用 cv2. matchTemplate 函数(代码 5-17)执行模板匹配操作。首先,准备一个输入图像与一个模板图像。然后选择匹配方法,除了利用反向投影结合输入模型进行目标识别外,模板匹配也是一种常用的目标识别方法。cv2. TM_SQDIFF:平方差匹配,寻找最小值,cv2. TM_SQDIFF_NORMED:标准化平方差匹配,寻找最小值;cv2. TM_CCORR:相关性匹配,寻找最大值;cv2. TM_CCORR_NORMED:标准化相关性匹配,寻找最大值;cv2. TM_CCOEFF:相关系数匹配,寻找最大值;cv2. TM_CCOEFF_NORMED:标准化相关系数匹配,寻找最大值。

不同的匹配方法,有的是寻找最大值,有的是寻找最小值。由于 cv2. matchTemplate 函数输出的是每个位置的匹配结果,因此需要用 cv2. minMaxLoc 函数(代码 3-12)来寻找最大值或最小值,再根据模板的尺寸来确定最佳的匹配区域,如例 5-6 绘制矩形框来显示最佳的匹配区域。

代码 5-17　cv2. matchTemplate 函数

```
result = cv.matchTemplate( image, templ, method[, result[, mask]]) -> result
```

- result:返回值。表示模板在图像上每个可能位置的比较结果,是一个单通道 32 位浮点型数组。如果 image 尺寸为 $W \times H$,templ 尺寸为 $w \times h$,则比较结果的尺寸为 $(W - w + 1) \times (H - h + 1)$。
- image:待模板匹配的输入图像。必须是 8 位或 32 位浮点数图像。
- templ:模板图像。必须不大于源图像,并且具有相同的数据类型。
- method:模板匹配的方法标志。具体可查看 OpenCV 帮助手册。
- mask(可选参数):掩码。

【例 5-6】 用 cv2. matchTemplate 函数在输入图像中查找模板的位置,并在匹配位置处绘制一个矩形框来标识匹配结果。然后,显示输入图像与模板匹配结果。

代码如下,运行结果如图 5-9 所示。

```
1   import …
2   # 读取输入图像和模板图像
3   input_image = cv2.imread('image/Example - Bridge_gray.jpg')
4   template_image = cv2.imread('image/target.jpg')
5   # 应用模板匹配
6   result = cv2.matchTemplate(input_image, template_image, cv2.TM_CCORR_NORMED)
7   # 找到最佳匹配位置
8   min_val, max_val, min_loc, max_loc = cv2.minMaxLoc(result)
9   # 计算模板的宽度和高度
10  w, h = template_image.shape[1], template_image.shape[0]
11  bottom_right = (max_loc[0] + w, max_loc[1] + h)
12  # 在输入图像上绘制矩形框
13  matched_image = input_image.copy()
14  cv2.rectangle(matched_image, max_loc, bottom_right, (0, 255, 0), 2)
15  # 显示输入图像与模板匹配结果
16  …
```

首先读取两幅图像文件,小尺寸的作为模板图像,另一幅图像作为输入图像。接下来,使用 cv2. matchTemplate 函数进行模板匹配,采用 cv2. TM_CCORR_NORMED 方法进行归一化相关性匹配。这一步会生成匹配结果 result,其中包含了输入图像与模板之间相关性值的匹配结果。然后使用 cv2. minMaxLoc 函数找到匹配结果中的最大值以及最大值对应的位置,因为归一化相关性匹配方法的最佳匹配位置的相关性值为最大值。然后计算模板的宽度和高度,用 cv2. rectangle 函数根据最佳匹配位置在输入图像的副本上绘制矩形框。最后,使用 Matplotlib 库显示输入图像、模板图像和带有匹配结果的图像。

由图 5-9 中可见,模板图像为桥梁的主塔,在模板匹配中成功地寻找到了主塔并用矩形框标注出来。当要进行多个模板匹配时,可以多次应用模板匹配方法,每次使用不同的模板图像。当要用一个模板多次匹配时,可以通过设定阈值与循环来找到匹配结果中满足条件的多个位置。

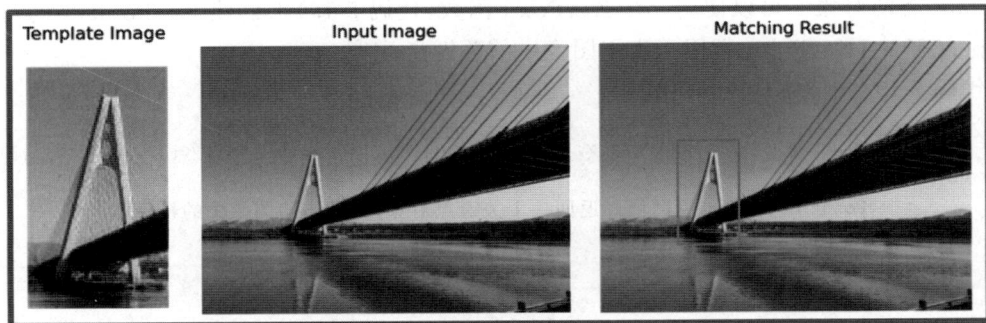

图 5-9 模板匹配

5.2 特征点检测与匹配

在计算机视觉的目标识别领域,特征点检测与匹配是一项重要的任务,用于识别和匹配图像中的独特特征点。有时并不需要使用目标所有的像素,所以,需要从图像中提取能够表示图像特性或者局部特性的像素,这些像素叫作关键点,并用描述子去描述关键点。关键点与描述子组成特征点,通过物体的特征点代替物体本身,通过特征点检测与匹配实现图像配准、目标识别、物体跟踪等。本节将学习关键点及其绘制方法、角点检测、特征点检测以及特征点的匹配。

5.2.1 关键点与绘制

图像中的关键点是指具有显著性、重要性或独特性的位置或特征。这些关键点通常可以是图像中物体的边缘、角点、纹理等特征,用于描述和表征图像的局部结构。与其他类型的图像特征不同,关键点不是关注图像的某一单一特征(如颜色或亮度),而是捕捉了图像的局部结构和形状信息。

OpenCV 提供了 cv2.drawKeypoints 函数(代码 5-18)在图像上绘制关键点。该函数能够在图像上直观地显示关键点,支持对检测到的关键点进行可视化呈现与分析。绘制时可以选择使用圆圈或其他几何形状来表示关键点,并且可以根据关键点的属性进行颜色编码,以更突出地显示这些关键点。

代码 5-18　cv2.drawKeypoints 函数

```
outImage = cv2.drawKeypoints(image, keypoints, outImage,[ color[, flags]]) -> outImage
```
- outImage: 返回值。输出图像。
- image: 输入图像。
- keypoints: 输入图像中的关键点。
- outImage: 用于指定绘制结果的输出位置,可以是输入图像,也可以是新建图像。
- color(可选参数): 关键点的颜色。默认颜色为白色。
- flags(可选参数): 设置绘制特性的标志。默认值为 cv2.DRAW_MATCHES_FLAGS_DEFAULT,即绘制关键点和描述子。更多标志可查看 OpenCV 帮助手册。

在使用 cv2.drawKeypoints 函数绘制图像的关键点时,该函数的第二个参数是 KeyPoint 类的对象。可以使用 cv2.KeyPoint 函数(代码 5-19)来创建 KeyPoint 类的对象。在 OpenCV 中,KeyPoint 类用于表示图像中的关键点。

代码 5-19　cv2.KeyPoint 函数

```
< KeyPoint object > = cv2.KeyPoint(x, y, size[, angle[, response[, octave[, class_id]]]]) ->
< KeyPoint object >
```
- < KeyPoint object >: 返回值。返回一个关键点对象,用于描述图像中的特征点。
- x: 关键点的 x 坐标。
- y: 关键点的 y 坐标。
- size: 关键点直径。
- angle(可选参数): 关键点方向。默认值为 -1,表示关键点的方向未定义。
- response(可选参数): 关键点检测器对关键点的响应(即关键点的强度),默认值为 0,表示关键点的响应值未指定。

- octave(可选参数)：检测到关键点的金字塔层级。默认值为 0,表示默认层级。
- class_id(可选参数)：对象 id。默认值为 − 1,表示关键点的类别 ID 未指定。

为了更清晰地了解 cv2.KeyPoint 函数和 cv2.drawKeypoints 函数的使用方法,例 5-7 给出了相应的示例程序。注意,因为关键点是随机生成的,所以每次在程序的运行结果中关键点位置会有所不同。

【例 5-7】　使用 cv2.KeyPoint 函数随机生成关键点,然后利用 cv2.drawKeypoints 函数在灰度图像和彩色图像的相同位置绘制关键点,并显示绘制结果。

代码如下,运行结果如图 5-10 所示。

例 5-7

```
1    import …
2    # 读取图像
3    image = cv2.imread('image/Example - Bridge.jpg')
4    # 将图像转换为灰度图像
5    gray = cv2.cvtColor(image, cv2.COLOR_BGR2GRAY)
6    # 随机生成关键点
7    keypoints = []
8    for _ in range(100):
9        x = np.random.randint(0, image.shape[1])
10       y = np.random.randint(0, image.shape[0])
11       size = np.random.randint(1, 10)
12       keypoints.append(cv2.KeyPoint(x, y, size))
13   # 绘制关键点
14   image_with_keypoints = cv2.drawKeypoints(gray, keypoints, np.array([]), color = (0, 0, 255))
15   # 在彩色图像上绘制关键点
16   image_with_keypoints_color = cv2.drawKeypoints(image, keypoints, np.array([]), color = (0, 0, 255))
17   # 显示图像
18   …
```

图 5-10　关键点绘制

此程序首先导入 OpenCV 库读取图像,将其转换为灰度图像。随后,随机生成了 100 个关键点,每个关键点包括随机生成的 x、y 坐标和尺寸大小信息,并使用 cv2.KeyPoint 函数创建关键点对象。接着,利用 cv2.drawKeypoints 函数在灰度图像和彩色图像上分别绘制这些随机生成的关键点,最后展示绘制关键点的两幅图像。

5.2.2 角点检测

角点是关键点中的一类,是比较容易检测到的一类关键点。角点在图像矩阵中具有明显的结构性变化,如边缘交会处或纹理变化的区域。角点具有诸多优点,例如对旋转、平移和缩放都具有很好的不变性。如图 5-11 中曲线上被圆圈包围的断点和拐点就是一些常见的角点。

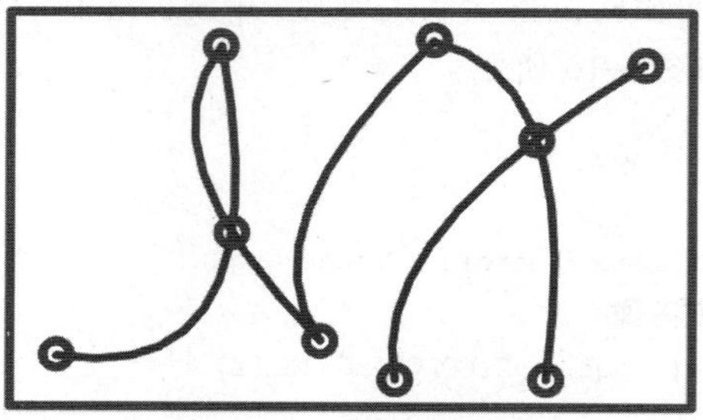

图 5-11 角点示意图

角点检测旨在识别图像中的角点,常用的角点检测包括:①Harris 角点检测;②Shi-Tomasi 角点检测。这些角点检测算法可以根据不同场景和应用选择合适的算法,以提取出最具有代表性和稳定性的角点。

Harris 角点检测是一种被广泛认可的经典角点检测算法,它可以识别图像中具有明显角点特征的位置。该算法的核心理念是使用一个检测窗口在图像上移动,在各个方向探测,从而判断窗口内部的像素点是否构成角点。Harris 角点检测通过计算像素周围区域灰度变化的矩阵来判断是否存在角点。计算结构矩阵前进行灰度差异计算,通常使用 Sobel 算子或其他梯度算子,计算灰度图上的梯度幅值和方向。结构矩阵 M 的定义如下:

$$M = \begin{pmatrix} A & B \\ B & C \end{pmatrix} \tag{5-9}$$

其中,A 是梯度在 x 方向上的平方和;B 是梯度在 x 和 y 方向上的乘积之和;C 是梯度在 y 方向上的平方和。然后使用矩阵 M 计算角点响应函数 R,它用于度量像素是否位于角点。角点响应函数的计算公式如下:

$$R = \det(M) - k \times \text{trace}(M)^2 \tag{5-10}$$

其中,$\det(M)$ 是 M 的行列式;$\text{trace}(M)$ 是 M 的迹;k 是一个常数,通常取值 $0.04 \sim 0.06$。为了减少重复的角点,对 R 值进行非极大值抑制。这意味着只有当一个像素点的 R 值是其周围像素中最大的时候,才将其标记为角点。根据应用的需求,可以设置一个 R 值的阈值来筛选出具有足够强度的角点。

在 OpenCV 中,提供了 cv2.cornerHarris 函数(代码 5-20)来实现 Harris 角点检测。

代码 5-20 cv2.cornerHarris 函数

```
dst = cv2.cornerHarris(src, blockSize, ksize, k[, dst[, borderType]]) -> dst
```
- dst: 返回值。用于存储 Harris 检测器响应的图像,类型为 CV_32FC1,大小与 src 相同。
- src: 输入单通道 8 位或浮点图像。
- blockSize: 邻域大小。
- ksize: Sobel 算子的孔径参数。

- k: Harris 检测器自由参数,取值范围为 0.04～0.06。它控制了角点响应的敏感度。较大的值会导致更少但更强烈的角点被检测到,较小的值会导致更多但较弱的角点被检测到。
- borderType(可选参数):像素外推方法。默认值为 cv2.BORDER_DEFAULT,表示使用默认的边界类型。更多类型可查看 OpenCV 帮助手册。

该函数计算得到的结果是 Harris 角点响应函数 R,但由于其取值范围较广并包含正负值,因此需要使用 cv2. normalize 函数(代码 5-21)将其归一化到指定区域后,再通过阈值比较来判断像素是否 Harris 角点。

> **小贴士**
>
> 当 norm_type 为默认值 cv2. NORM_L2 时,alpha 和 beta 参数不使用

代码 5-21　cv2. normalize 函数

```
dst = cv2.normalize(src, dst[, alpha[, beta[, norm_type[, dtype[, mask]]]]]) -> dst
```
- dst: 返回值。输出数组,包含归一化后的结果,大小与 src 相同。
- src: 输入数组。
- dst: 用于存储归一化结果的输出数组,大小与 src 相同。
- alpha(可选参数):归一化的下限边界。
- beta(可选参数):归一化的上限边界,在规范归一化中不使用此参数。
- norm_type(可选参数):归一化类型,默认值为 cv2.NORM_L2,即使用 L2 范数(数组中所有元素平方和的平方根)进行归一化。更多类型可查看 OpenCV 帮助手册。
- dtype(可选参数):输出数组的深度。默认值是 -1,即输出数组具有与 src 相同的类型,否则,输出数组具有与 src 相同的通道数,并且深度为 CV_MAT_DEPTH(dtype)。
- mask(可选参数):操作掩码。默认值为 None,即没有掩码限制,整个输入数组都会被归一化。

Shi-Tomasi 角点检测是对 Harris 角点检测算法的一种改进,旨在提高角点检测的稳定性和准确性。该算法通过引入最小特征值 λ_{min} 来评估角点,而不像 Harris 算法那样依赖于角点响应函数 R。具体来说,Shi-Tomasi 算法首先计算每个像素点的结构矩阵 $\boldsymbol{M}$ 的特征值。特征值的计算公式如下:

$$\lambda_{1,2} = \frac{1}{2}\left[\text{trace}(\boldsymbol{M}) \pm \sqrt{(\text{trace}(\boldsymbol{M}))^2 - 4\det(\boldsymbol{M})}\right] \tag{5-11}$$

选择其中的最小特征值 λ_{min} 作为角点响应函数 R,即 $R = \min(\lambda_1, \lambda_2)$。而最小特征值表示局部区域中梯度变化最小的方向上的强度。如果最小特征值较大,说明该像素点的周围梯度变化在所有方向上都比较强烈,通常被认为是角点。而如果最小特征值较小,则该像素点所在的区域可能是平坦区域或边缘区域,因此不被视为角点。

最后,根据设定的阈值,算法选择角点响应函数 R 大于阈值的像素点作为检测到的角点。在 OpenCV 中提供了 cv2. goodFeaturesToTrack 函数(代码 5-22)来实现 Shi-Tomasi 角点检测。

代码 5-22　cv2. goodFeaturesToTrack 函数

```
corners = cv2.goodFeaturesToTrack(image, maxCorners, qualityLevel, minDistance[, corners[, mask[, blockSize[, useHarrisDetector[, k]]]]]) -> corners
```
- corners: 返回值。检测到的角点的输出向量。
- image: 输入 8 位或浮点 32 位的单通道图像。
- maxCorners: 返回的最大角点数量。如果找到的角点多于此数,则返回最强的角点。maxCorners <= 0 表示未设置最大数量限制,返回所有检测到的角点。
- qualityLevel: 角点的最小接受质量。
- minDistance: 返回角点之间的最小可能欧氏距离。
- mask(可选参数):可选的感兴趣区域。默认值为 None。

- blockSize(可选参数)：计算每个像素邻域上的导数协方差矩阵的平均块大小,默认值为3。
- useHarrisDetector(可选参数)：指示是否使用 Harris 检测器或 cornerMinEigenVal 的参数。默认值是 False,即使用最小特征值方法(cornerMinEigenVal)进行角点检测。
- k(可选参数)：Harris 检测器的自由参数。当 useHarrisDetector 为 True 时使用,默认值为 0.04。

在角点检测中,无论是 Harris 角点检测还是 Shi-Tomasi 角点检测,通常只能检测到像素级别的角点。因此,为了提高角点位置估计的精度,获得亚像素级别的角点,需要对像素级别的角点进行优化,后续章节会详细介绍亚像素相关概念。

在本节中将介绍一种基于灰度梯度的迭代方法来实现亚像素级别角点检测。该方法通过观察图像中的灰度梯度变化来推断角点位置,然后使用最小二乘法的迭代优化算法不断改进角点位置的估计,以获得亚像素级别的精度。在此方法中,通常会使用 OpenCV 中的 cv2.cornerSubPix 函数(代码 5-23)将检测到的角点位置进一步精确到亚像素级别。

代码 5-23　cv2.cornerSubPix 函数

```
ccorners = cv2.cornerSubPix(image, corners, winSize, zeroZone, criteria) -> corners
```
- corners：返回值。细化后的角点坐标。
- image：输入的单通道 8 位或浮点型图像。
- corners：输入角点的初始坐标和提供的精细化后的坐标。
- winSize：搜索窗口边长的一半。例如,winSize = Size(5,5),则搜索窗口的大小为 $(5 \times 2 + 1) \times (5 \times 2 + 1) = 11 \times 11$。
- zeroZone：搜索区域中间死区大小的一半,在此区域内不进行公式中的求和。值为 $(-1, -1)$ 表示不设置死区。
- criteria：角点精化迭代过程的终止条件。当迭代达到最大次数或角点位置移动量小于精度阈值时,中止精化过程。

为了学习上述函数的使用方法,例 5-8 提供了相关示例程序。

【例 5-8】 在 500×500 像素的空白纸上生成三条相交的直线,并以空白纸左下角作为原点计算交点的坐标,作为真实角点位置,然后分别进行 Harris 角点检测、Shi-Tomasi 角点检测并对 Shi-Tomasi 角点进行亚像素化,绘制图像上的角点,最后比对各方法的角点坐标。

例 5-8

代码如下,运行结果如图 5-12 所示。

```
1   import …
2   # 创建一个白色背景图像
3   image_size = 500
4   image = np.ones((image_size, image_size), dtype = np.uint8) * 255
5   # 定义直线的端点
6   linePoint = [[(0, 0), (500, 500)], [(500, 0), (0, 500)], [(100, 0), (100, 500)]]
7   # 在图像上绘制这些直线
8   cv2.line(image, linePoint[0][0], linePoint[0][1], (0, 0, 0), 2)
9   cv2.line(image, linePoint[1][0], linePoint[1][1], (0, 0, 0), 2)
10  cv2.line(image, linePoint[2][0], linePoint[2][1], (0, 0, 0), 2)
11  # 计算直线的交点
12  …
13  # 绘制交点
14  …
15  # Harris 角点检测
16  harris_dst = cv2.cornerHarris(image, blockSize = 2, ksize = 3, k = 0.01)
17  harris_dst = cv2.normalize(harris_dst, None, 0, 255, cv2.NORM_MINMAX)
```

```
18   threshold = 0.5 * harris_dst.max()
19   harris_corners = np.argwhere(harris_dst > threshold)
20   # 在原始图像上绘制 Harris 角点
21   ...
22   # Shi-Tomasi 角点检测
23   shi_tomasi_corners = cv2.goodFeaturesToTrack(image, maxCorners = 30, qualityLevel =
0.02, minDistance = 20)
24   shi_tomasi_corners = np.float32(shi_tomasi_corners)
25   # 在原始图像上绘制 Shi-Tomasi 角点
26   ...
27   # 亚像素级别角点检测
28   criteria = (cv2.TERM_CRITERIA_EPS + cv2.TERM_CRITERIA_MAX_ITER, 30, 0.02)
29   subpix_corners = cv2.cornerSubPix(image, shi_tomasi_corners, (5, 5), (-1, -1),
criteria)
30   print(f'Harris 角点检测:{subpix_corners}')
31   # 在原始图像上绘制亚像素级别角点
32   ...
33   # 输出真实角点与各方法检测的角点
34   ...
35   # 显示图像
36   ...
```

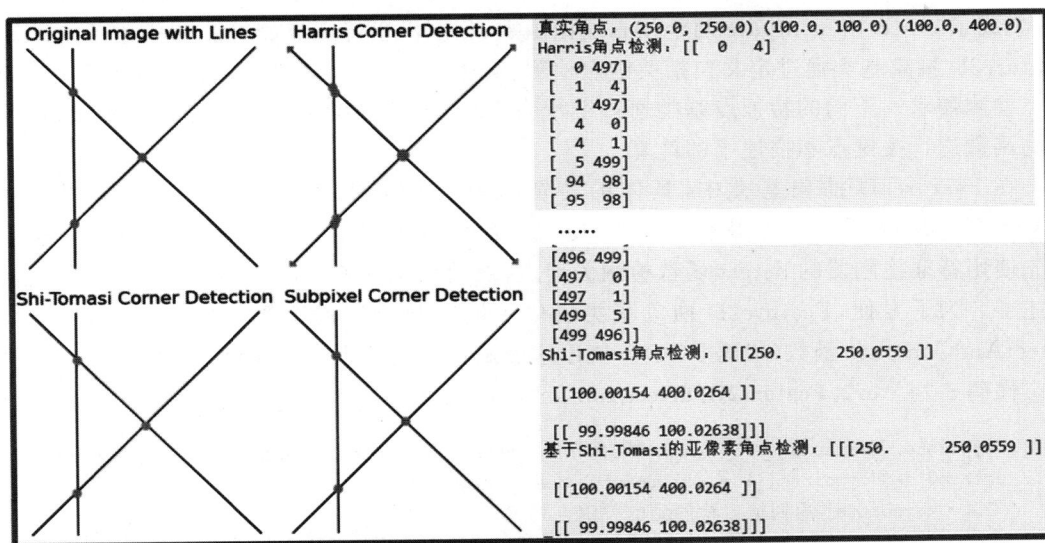

图 5-12　角点检测图

首先,通过 numpy 创建一个 500×500 像素的白色背景图像,并在上面绘制三条直线,形成一个图案。这些直线的端点通过 cv2.line 函数绘制,颜色为黑色,线宽为 2 像素。接下来,定义 find_intersection 函数,利用直线方程的线性代数解法,通过计算行列式判断是否存在交点,并求出交点坐标。如果两条直线平行,返回 None。计算出的交点被绘制为红色圆点,显示在图像上。随后,使用 Harris 角点检测算法 cv2.cornerHarris 识别图像中的角点,并通过阈值过滤出显著的角点。Shi-Tomasi 角点检测则通过 cv2.goodFeaturesToTrack 函数进一步识别角点。最后,通过 cv2.cornerSubPix 对 Shi-Tomasi 检测到的角点进行亚像素级别的精确调整,提升角点检测的准确性。所有检测结果通过 Matplotlib 展示,包括原始图像、Harris 角点检测、Shi-Tomasi 角点检测及亚像素级别角点检测的结果。

运行结果的图像展示了不同角点检测方法的效果。原始图像中包含三条交叉的直线,交点通过红色圆点标记。Harris 角点检测结果显示在右上角子图,该方法检测到的角点包括真实交点,但也伴有一些噪声点,这些噪声点分布在图像的边缘和角落。Shi-Tomasi 角点检测的结果显示在左下角子图,该方法有效减少了虚假角点的数量,准确识别了三个交点的位置,表现出较高的精度。右下角子图展示了基于 Shi-Tomasi 角点的亚像素级别检测结果,这种方法对角点进一步精确调整,使得角点位置非常接近真实交点,精度高于前两种检测方法。总的来看,亚像素级别角点检测提供了最高的准确性,特别适用于需要高精度角点定位的场景。

5.2.3　特征点检测

特征点由关键点和描述子组成,描述子是用于表征关键点所在局部区域视觉特征的数值表示(对称特征向量),是一种数学向量,其设计原则是外观相似的特征应具有相近的向量表示。在计算机视觉中,在不同角度的相同物体或场景的图像中,相同的特征点能被识别为相同的点或块。

鉴于不同类型的特征点需要进行关键点和描述子的计算,OpenCV 引入了 Feature2D 抽象基类以增强使用便利性并优化函数库结构。该抽象基类作为图像特征检测的通用接口,集成了 detect 和 compute 两个核心虚拟函数,分别用于特征点的检测和描述子的计算。Feature2D 抽象基类通过定义包括关键点检测、描述子计算在内的通用功能,满足了不同特征点检测需求。不同的特征点基类通过继承自 Feature2D 抽象基类,从而可以利用其中定义的函数进行关键点和描述子的计算。

在 Feature2D 抽象基类中,具体的特征检测器(如 SIFT、ORB 等)需要提供 cv2.Feature2D.detect 函数实现检测关键点,使用 cv2.Feature2D.compute 函数来计算描述子。首先使用特征检测器的 detect 函数检测关键点,然后使用 compute 函数计算这些关键点的描述子。为了方便,Feature2D 抽象基类提供了同时执行这两个操作的 cv2.Feature2D.detectAndCompute 函数(代码 5-24)。使用这个函数可以简化代码,减少繁琐的步骤。

代码 5-24　cv2.Feature2D.detectAndCompute 函数

```
keypoints, descriptors = cv2.Feature2D.detectAndCompute(image, mask[, descriptors[,
useProvidedKeypoints]]) -> keypoints, descriptors
```
- keypoints: 返回值。检测到的关键点列表。
- descriptors: 返回值。描述子矩阵,用于存储计算得到的关键点的描述子(特征向量)。
- image: 输入图像,通常是灰度图像(单通道图像)。
- mask: 用于指定在哪些区域进行特征点检测。如果不提供,将在整个图像上进行检测。
- useProvidedKeypoints(可选参数): 布尔值,指定是否使用提供的关键点进行描述子计算。默认值为 False,表示不使用提供的关键点,而是重新检测关键点并计算描述子。

然而,cv2.Feature2D.detect 函数、cv2.Feature2D.compute 函数与 cv2.Feature2D.detectAndCompute 函数是一个抽象方法,不能直接调用。Feature2D 抽象基类仅用于表示通用特征检测器的接口,具体的特征检测器类别会实现这个接口,并提供自己的函数来执行特定的特征检测操作。例如,在 SIFT 特征点检测中,可以使用 cv2.SIFT.detectAndCompute 函数计算 SIFT 特征点,在 ORB 类中,可以使用 cv2.ORB.detectAndCompute 函数计算 ORB

特征点。下面将分别介绍 SIFT 特征点检测和 ORB 特征点检测。

　　SIFT(尺度不变特征变换)特征点检测是一种用于图像特征检测和描述的经典算法，由加拿大 David G. Lowe 教授提出。SIFT 特征点对旋转、尺度缩放、亮度变化等保持不变性，其已成为计算机视觉领域中用于图像匹配、物体识别等任务的一种稳定的局部特征。

　　首先通过高斯模糊创建尺度空间，在不同尺度下检测图像的极值点。然后对这些极值点进行关键点的精确定位，并去除低对比度和边缘响应较强的点。接着，为每个关键点计算其主方向，以确保旋转不变性。最后，通过在主方向的基础上计算局部图像的梯度分布，生成描述符，用于后续的匹配和识别任务。

　　正如前文所述，SIFT 类继承自 Feature2D 抽象基类，因此可以直接调用 Feature2D 抽象基类提供的 cv2.Feature2D.detectAndCompute 函数来计算关键点和描述子。但在此之前，需要使用 cv2.SIFT_create 函数(代码 5-25)创建 SIFT 对象。

代码 5-25　cv2.SIFT_create 函数

```
cv2.SIFT_create = ([, nfeatures[, nOctaveLayers[, contrastThreshold[, edgeThreshold[, sigma
[, enable_precise_upscale]]]]]]) -> retval
```
- retval：返回值。cv2.SIFT 对象，用于特征点检测和描述子计算。
- nfeatures(可选参数)：保留的最佳特征数量。特征按其得分排名(在 SIFT 算法中通过局部对比度来衡量)。默认值为 0，即不限制特征的数量。
- nOctaveLayers(可选参数)：每个金字塔组的层数，控制尺度空间金字塔的层数，默认值为 3。即每个八度层有 3 层。
- contrastThreshold(可选参数)：过滤弱特征的对比度阈值，默认值为 0.04。在半均匀(低对比度)区域中，阈值越大，探测器产生的特征越少。
- edgeThreshold(可选参数)：边缘特征过滤阈值，默认值为 10。阈值越大，过滤掉的特征越少(保留的特征越多)。
- sigma(可选参数)：在图像金字塔的第 0 层应用输入图像的高斯滤波器的标准差。默认值为 1.6。
- enable_precise_upscale(可选参数)：布尔值。指定是否在尺度金字塔中启用精确上采样。默认值为 False，即此选项被禁用。

　　ORB 特征点检测是一种广泛用于特征点检测和描述子计算的方法。ORB 特征点提取部分继承了 FAST 算法的核心思想，而特征点描述则借鉴了 BRIEF 特征描述算法的思路，并对其进行了改进，以便获得更好的特征点描述性能。

　　首先，使用 FAST 角点检测算法迅速识别可能的关键点，关键点通常位于图像的角点或边缘。接下来，为每个关键点分配主方向，以提高描述子的鲁棒性，通常使用图像的梯度信息确定主方向。然后，采用 BRIEF 描述子计算每个关键点的描述信息，这是一种生成二进制字符串的方法，用于表示关键点的图像特征。

　　在 OpenCV 中提供的 cv2.ORB_create 函数(代码 5-26)用于创建 ORB 对象。

代码 5-26　cv2.ORB_create 函数

```
retval = cv2.ORB_create([, nfeatures [, scaleFactor [, nlevels [, edgeThreshold [, firstLevel
[, WTA_K [, scoreType [, patchSize [, fastThreshold]]]]]]]]]) -> retval
```
- retval：返回值。cv2.ORB 对象，用于特征点检测和描述子计算。
- nfeatures(可选参数)：最大特征数量。默认值为 500，即检测到的特征点的最大数量为 500。
- scaleFactor(可选参数)：金字塔下采样比率，控制每个金字塔层级的图像尺寸变化。默认值为 1.2,即每个金字塔层级的图像尺寸缩小为前一个层级的 1/1.2。
- nlevels(可选参数):图像金字塔的层级数。默认为 8,即尺度空间金字塔的深度为 8。
- edgeThreshold(可选参数):不检测特征的边界大小。默认值为 31,较大的值意味着更多的边缘区域不会被检测到。
- firstLevel(可选参数):放置源图像的金字塔层级。默认值为 0,即源图像从金字塔的第 0 层开始。
- WTA_K(可选参数):产生每个定向 BRIEF 描述符元素的点数,默认为 2,即使用 2 个点的比较来生成 BRIEF 描述符。
- scoreType(可选参数):特征点排序方式,默认值为 cv2.ORB_HARRIS_SCORE,表示使用 Harris 算法对特征点进行排名。
- patchSize(可选参数):定向 BRIEF 描述符使用的补丁大小。默认值为 31,即每个描述符的补丁大小为 31×31 像素。
- fastThreshold(可选参数):快速阈值,控制角点检测的敏感性。默认值为 20。

【例 5-9】 根据所给图像,分别使用 OpenCV 中的 cv2.ORB_create 函数和 cv2.SIFT_create 函数创建 ORB 对象和 SIFT 对象,然后计算图像的关键点和描述子。然后分别在图像上绘制 ORB 和 SIFT 的特征点,并显示结果。最后,根据特征点数量和检测精度来比较两种算法的效果。

例 5-9

代码如下,运行结果如图 5-13 所示。

```
1   import ...
2   # 读取图像
3   image_color = cv2.imread('image/Example-Bridge.jpg', cv2.IMREAD_COLOR)
4   # 转换为灰度图像
5   image_gray = cv2.cvtColor(image_color, cv2.COLOR_BGR2GRAY)
6   # 创建 SIFT 对象并检测
7   sift = cv2.SIFT_create()
8   keypoints_sift, descriptors_sift = sift.detectAndCompute(image_gray, None)
9   # 创建 ORB 对象并检测
10  orb = cv2.ORB_create()
11  keypoints_orb, descriptors_orb = orb.detectAndCompute(image_gray, None)
12  # 过滤关键点
13  filtered_keypoints_sift = [kp for kp in keypoints_sift if kp.response > 0.0002]
14  filtered_keypoints_orb = [kp for kp in keypoints_orb if kp.response > 0.0002]
15  # 绘制关键点
16  image_color_sift = cv2.drawKeypoints(image_color, filtered_keypoints_sift, outImage = None)
17  image_color_orb = cv2.drawKeypoints(image_color, filtered_keypoints_orb, outImage = None)
18  # 打印 SIFT 关键点数量和响应值范围
19  ...
20  # 打印 ORB 关键点数量和响应值范围
21  ...
22  # 显示 SIFT 和 ORB 结果
23  ...
```

首先读取一张彩色图像并将其转换为灰度图像。然后分别使用 cv2.SIFT_create 函数和 cv2.ORB_create 函数创建 SIFT 和 ORB 对象来检测图像中的关键点并计算描述子。接着,通过设定响应值阈值对检测到的关键点进行过滤,仅保留响应值高于阈值的点。最后,将过滤后的关键点绘制在原图上,并显示和保存结果图像,同时输出关键点的数量及其响应值范围。

运行结果显示，SIFT 算法检测到 506 个原始关键点，并且所有这些关键点都通过了响应值过滤，响应值范围为 0.013～0.077，表明这些关键点具有较高的显著性。相比之下，ORB 算法检测到 477 个原始关键点，但过滤后仅剩 239 个，响应值范围为 -0.00046～0.0021，表明 ORB 的特征点显著性较低，过滤效果明显。

图 5-13　特征点检测图

5.2.4　特征点匹配

特征点匹配用于在不同图像中寻找具有相似特征的物体或区域。这一过程通过分析图像邻域信息，特别是关注每个特征点的唯一描述子，实现了在两幅图像之间建立相似性关系。根据描述子的类型，特征点匹配方法通常可分为两类，使用欧氏距离来比较浮点型描述子（如 SIFT），使用汉明距离来比较二进制描述子（如 ORB）。

由于每个特征点都具有唯一的描述子，因此特征点匹配实质上是在两幅图像中查找具有相似描述子的特征点，从而建立它们之间的联系。首先，在待匹配的两幅图像中分别检测并提取特征点和其对应的描述符。接着，利用某种相似性度量（如欧氏距离或汉明距离）对两幅图像中的特征点进行配对，找出可能的匹配点。然后，应用 RANSAC 等算法剔除错误匹配，保留正确的特征点对。最后，根据这些匹配点对进行图像的配准、变换或其他进一步的处理。

与计算关键点和描述子相似，在 OpenCV 中也提供了特征点匹配的抽象基类：Descriptor Matcher 类。它定义了一组方法和接口，由具体的特征匹配算法类继承并实现。这些实现类可以用来执行不同类型的特征点匹配任务，例如基于距离的匹配、基于近似最近邻搜索的匹配等。如①match 函数，执行特征点描述子的匹配，返回匹配结果。通常用于在两个描述子集之间进行匹配。②knnMatch 函数，执行 K 最近邻匹配，返回每个特征点的 K 个最佳匹配。可以用于获取每个特征点的多个候选匹配。③radiusMatch 函数，执行半径匹配，返回所有匹配距离小于指定阈值的匹配对。可以根据距离筛选匹配。

这些方法是 DescriptorMatcher 类定义的通用接口，由不同的特征点匹配器具体实现。OpenCV 提供了两种主要匹配器：BFMatcher（暴力匹配器）和 FlannBasedMatcher（近似最近邻匹配器），它们都是 DescriptorMatcher 的子类。每个子类通过实现这些接口方法，提供了不同的特征匹配算法实现。

本小节将学习 BFMatcher 类匹配器的用法，该匹配器用的方法是暴力特征匹配（brute-force，BF）法。这是一种简单且直接的特征点匹配方法，通常用于在两组特征点描述子之间执行最近邻匹配。其基本思想是计算训练描述子集合中的每个描述子与查询描述子之间的距离(或相似性分数),然后对这些距离进行排序,以找到最近邻的匹配或满足阈值要求的匹配。可以根据描述子的类型选择不同的距离测量方法,如欧氏距离或汉明距离。这个过程会针对每个查询特征点重复进行,直到所有查询特征点都被匹配。

在 OpenCV 中提供了 BFMatcher 类的 cv2.BFMatcher_create 函数(代码 5-27)用于创建 BFMatcher 对象。为了展示特征点匹配的结果,OpenCV 提供了 cv2.drawMatches 函数(代码 5-28)用于显示两幅图像的特征点匹配结果。

代码 5-27　cv2.BFMatcher_create 函数

```
retval = cv2.BFMatcher_create([, normType[, crossCheck]]) -> retval
```
- retval: 返回值。cv2.BFMatcher 对象。
- normType(可选参数): 指定用于匹配的距离度量类型。默认值为 cv2.NORM_L2,即使用 L2 范数类型。更多类型可查看 OpenCV 帮助手册。
- crossCheck(可选参数): 布尔值。默认值为 False,即找到每个描述符的 k 个最近邻,并对这些匹配进行处理。如果为 True,执行交叉验证,BFMatcher 只返回一致的配对。

代码 5-28　cv2.drawMatches 函数

```
outImg = cv2.drawMatches(img1, keypoints1, img2, keypoints2, matches1to2, outImg
[, matchColor[, singlePointColor[, matchesMask[, flags]]]]]) -> outImg
```
- outImg: 返回值。输出图像。
- img1: 第一张输入图像。
- keypoints1: 第一张输入图像的关键点。
- img2: 第二张输入图像。
- keypoints2: 第二张输入图像的关键点。
- matches1to2: 从 img1 到 img2 的匹配结果,是一个 cv2.DMatch 对象的列表,表示 keypoints1 和 keypoints2 中的对应点。
- outImg: 用于存放绘制结果的输出图像。如果为 None,则函数会自动创建一个合适的图像。
- matchColor(可选参数): 匹配的颜色(线和连接的关键点)。默认值为(0, 255, 0),即颜色为绿色。
- singlePointColor(可选参数): 单个关键点的颜色(圆圈),即表示关键点没有匹配。默认值为(255, 0, 0),即颜色为红色。
- matchesMask(可选参数): 决定哪些匹配被绘制的掩码。默认值为 None,即绘制所有匹配。
- flags(可选参数): 设置绘制特征的标志。默认值为 cv2.DrawMatchesFlags_DEFAULT,即绘制所有匹配点及其连接线。更多标志可查看 OpenCV 帮助手册。

【例 5-10】　使用 cv2.BFMatcher 函数创建 BFMatcher 对象,对两幅图像进行特征点匹配,然后用 cv2.drawMatches 函数绘制两幅图像的特征点匹配的结果,最后显示其结果。

例 5-10

代码如下,运行结果如图 5-14 所示。

```
1   import cv2
2   # 读取两幅图像
3   img1 = cv2.imread('image/Example-Bridge_part.jpg', cv2.IMREAD_GRAYSCALE)
4   img2 = cv2.imread('image/Example-Bridge.jpg', cv2.IMREAD_GRAYSCALE)
5   # 创建 SIFT 特征检测器
6   sift = cv2.SIFT_create()
7   # 在两幅图像上检测特征点和计算描述子
8   keypoints1, descriptors1 = sift.detectAndCompute(img1, None)
9   keypoints2, descriptors2 = sift.detectAndCompute(img2, None)
```

```
10    # 创建暴力匹配器
11    bf = cv2.BFMatcher()
12    # 使用匹配器进行特征点匹配
13    matches = bf.knnMatch(descriptors1, descriptors2, k = 2)  # k = 2 表示获取两个最佳匹配
14    # 应用比例测试,以确保匹配的质量
15    good_matches = []
16    for m, n in matches:
17        if m.distance < 0.75 * n.distance:
18            good_matches.append(m)
19    # 绘制匹配结果
20    output_img = cv2.drawMatches(
21        img1, keypoints1, img2, keypoints2, good_matches, None, flags = cv2.DrawMatchesFlags_
NOT_DRAW_SINGLE_POINTS)
22    # 显示结果图像
23    ...
```

首先读取两幅图像并转换为灰度图像。接着,使用 cv2.SIFT_create 函数创建一个 SIFT 特征检测器对象。随后,使用 detectAndCompute 方法在两幅图像上检测特征点并计算这些特征点的描述子。在获取特征点描述子之后,使用 cv2.BFMatcher 函数创建一个暴力匹配器对象,使用 bf.knnMatch 方法进行特征点匹配,为每个描述子返回两个最佳匹配 ($k = 2$)。并且,为提高匹配质量,采用 Lowe's ratio test(比例测试)进行筛选:计算每对匹配中两个最近邻的距离比值,当最佳匹配距离与次佳匹配距离的比值小于 0.75 时,才保留该匹配。

从运行结果的匹配图来看,两幅图像通过 SIFT 特征检测和匹配后,桥梁结构上的大量特征点得到了匹配,并用彩色线条连接,线条数量和分布反映了图像的特征相似度,表明算法在正常情况下具有一定的有效性。尽管大多数匹配线条呈现平行状态,显示几何关系基本一致,但左侧图像的部分区域为空白,且仅为桥梁的局部视图,而右侧图像为全景图,导致显著的视角差异。这种差异影响了特征点的描述子,可能导致部分匹配不准确,产生错误匹配。因此,在几何形态变化较大的情况下,特征点匹配的准确性和可靠性会受到负面影响。

图 5-14 暴力特征匹配结果图

5.3　运动估计

在计算机视觉中,运动估计是一个重要的研究领域,它的目的是通过分析连续的图像或视频序列,估计特定物体的运动轨迹。在土木工程里的结构健康监测领域,运动估计尤其重要,可以用于监测结构的振动,不仅仅是估计运动轨迹,还包括位移值、速度值与加速度值等。本节将学习运动估计的概念及几个算法,如基于特征颜色的运动估计、基于特征点的运动估计、基于模板匹配的运动估计和基于光流法的运动估计。

5.3.1　运动估计概述

运动估计是指通过分析视频或一系列图像序列中的对象位置、形状和其他特征随时间变化的过程,来确定这些对象的运动路径和行为模式。

运动估计包括识别、匹配和运动分析 3 部分。识别即识别图像中的特定目标,匹配即匹配不同图像中识别出的目标,运动分析即分析匹配出的目标随时间变化过程中的像素坐标与大小的变化。

运动估计根据目标类型可以分为三类:①基于目标的特征,包括目标的颜色、轮廓、形状以及特征点等。②基于目标的模型,包括指定的图像模板模型以及统计模型、机器学习模型与深度学习模型等。③基于图像的光流,包括稀疏光流与稠密光流。

运动分析目标的像素坐标变化可以通过差值法或差分法进行分析。差值法通过坐标相减实现,差分法通过坐标梯度求解实现。对不同的视频帧之间的分析可以分为相邻帧分析与初始帧分析。相邻帧分析是指分析目标相邻帧间的变化,初始帧分析是指分析目标当前帧与初始帧间的变化。

运动估计广泛应用于土木工程中的结构健康监测、施工监测以及地质灾害预警等多个方面。它通过技术手段监测和记录结构或施工现场在时间和空间上的动态变化,关注目标的运动过程,而不仅仅是静态表现。例如,在结构健康监测中,运动追踪技术可以实时跟踪桥梁或建筑物的振动和变形,帮助评估结构的安全性。在施工现场,运动估计有助于监控施工进度和设备位置,确保工程按计划推进并提高施工安全性(图 5-15)。

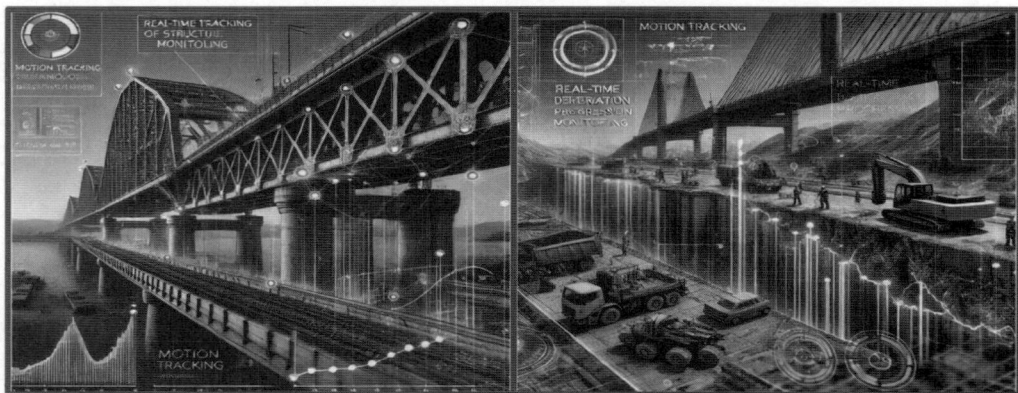

(a)　　　　　　　　　　　　　　　　(b)

图 5-15　运动追踪的应用

(a) 结构健康监测;(b) 施工监测

5.3.2　亚像素

目前,利用数码相机进行运动估计,有两种常用的提高检测精度的方法:一是提升光学系统的放大倍数和相机分辨率;二是采用亚像素细分技术。亚像素技术通过更细致地分析和处理单个像素内部的信息,实现更高的测量精度,例如达到 0.01 像素的水平。

亚像素概念指的是在单个像素层面之下,对像素内部信息进行更精细的分析和描述。传统图像处理视每个像素为最小的信息单元,代表了一个点的颜色或灰度值。而亚像素技术通过对这些像素内部的颜色或灰度值变化进行更细致的分析,可以更精确地描述和计算像素内部的细微变化。这极大提高了计算机视觉任务和图像分析的精确度与可靠性,特别是在需要高度精细化处理的应用中,如图像配准、图像插值或运动估计等。

如图 5-16 所示,原图中每个红色边缘像素构成一个矩形区域,该区域内部的组分像素即为亚像素点。亚像素作为像素内部的更细微单位,可通过双线性或三次插值等插值技术处理,依据周围亚像素的位置估计更精确的值,从而提升图像的分辨率和测量的精度。除常规的插值技术外,还可通过金字塔等其他方法获取亚像素级信息。

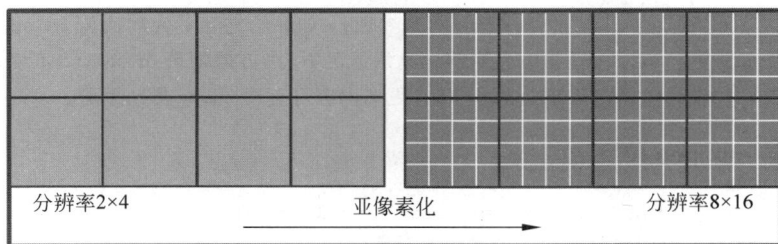

图 5-16　亚像素示意图

二次插值的基本思想是使用二次多项式来估计函数值。假设有 3 个已知数据点(x_1, y_1)、(x_2, y_2) 和 (x_3, y_3),然后找到一个二次多项式 $f(x) = ax^2 + bx + c$ 使得多项式曲线通过这 3 个点,得到一个方程组。接着解这个方程组,可以得到多项式的系数,然后用它来计算任意点处的函数值,即插值结果。

二维二次插值是在固定 y 的情况下,对沿 x 轴的 3 个点进行一维二次插值,得到中间结果。然后,在固定 x 的情况下,对沿 y 轴的 3 个点再次进行一维二次插值,得到最终的插值结果。

OpenCV 库里提供了 cv2.resize 函数(代码 3-23),可以实现图像尺寸变换,可以设置不同的插值方法,得到亚像素化的图像。在角点检测中,可以用 cv2.cornerSubPix 函数(代码 5-23)对角点进行亚像素化。

对于运动估计,大多数算法只能识别目标在图像中的像素级位置,难以满足高精度定位的需求,因此通常需要引入亚像素方法进行进一步细化。常见做法是在识别出目标处于某一像素位置后,选取该位置及其相邻像素的置信度值,通过拟合二次多项式构建局部的置信度分布曲线。此处的目标置信度指的是该像素位置作为真实目标位置的可信程度。通常,置信度曲线的最大值所对应的位置被认为是最优的目标估计位置。

彩图 5-16

为实现上述过程,NumPy 库提供了一系列多项式拟合与求解函数。可以使用 np. polyfit(代码 5-29)对置信度数据进行二次曲线拟合,并通过 np. poly1d(代码 5-30)构造多项式函数;随后,利用 poly1d. deriv(代码 5-31)求导,结合 np. roots(代码 5-32)函数求解导函数为零的点,即可获得亚像素级的极值位置估计。具体实现过程见例 5-11。

代码 5-29   np. polyfit 函数

```
P, V = np.polyfit(x, y, deg, [rcond, full, w, cov]) -> P, V
```
- P:返回值。多项式系数,按照从最高次幂到最低次幂的顺序排列。
- V:返回值。仅在 full = False 且 cov = True 时存在,多项式系数的协方差矩阵。
- x:样本点的 x 坐标。
- y:样本点的 y 坐标。
- deg:拟合多项式的度数。
- rcond(可选参数):相对条件数,用于奇异值分解,默认值为 len(x) * eps,其中 eps 是浮点类型的相对精度,更多内容可查看 numpy 帮助手册。

> **小贴士**
>
> np. poly1d 中如果提供的是系数数组(c),它应该是一个从最高次幂到最低次幂的多项式系数列表。如果提供的是根数组(r),它会生成一个具有这些根的多项式。

- full(可选参数):决定返回值的性质。当为 False(默认值)时,仅返回系数;当为 True 时,还会返回奇异值分解的诊断信息。
- w(可选参数):权重。默认值为 None,即所有的数据点将被赋予相等的权重,更多内容可查看 numpy 帮助手册。
- cov(可选参数):如果给定且不为默认值 False,返回估计值的协方差矩阵。默认情况下,协方差矩阵按 chi2/dof 缩放,其中 dof = M − (deg + 1)。更多内容可查看 numpy 帮助手册。

代码 5-30   np. poly1d 函数

```
polynomial = np.poly1d(c_or_r, r, variable) -> polynomial
```
- polynomial:返回值。返回一个多项式对象。
- c_or_r:多项式的系数或根,c 表示系数数组,r 表示根数组。
- r(可选参数):表示是否将 c_or_r 视为根数组。如果为 False(默认值),则 c_or_r 被视为系数数组,反之,则视为根数组。
- variable(可选参数):指定多项式的变量名称。默认值为 None,即使用默认的变量 x,更多类型可查看 numpy 帮助手册。

代码 5-31   np. poly1d. deriv 函数

```
derivative = np.poly1d.deriv(m) -> derivative
```
- derivative:返回值。返回该多项式的导数。
- m:导数的阶数,如果 $m = 0$ 返回多项式本身,$m = 1$ 返回一阶导数,依次类推。

代码 5-32   np. roots 函数

```
out = np.roots(p) -> out
```
- out:返回值。一个包含多项式根的数组。
- p:一维数组,表示多项式的系数。

【例 5-11】   一个一维的运动轨迹,范围为 0~5。在第 n 帧时,识别到目标在 3 位置上,可信度为 0.96,然后在 2 与 4 位置上,可信度分别为 0.91 与 0.85,使用二次插值对第 n 帧的运动估计位置进行亚像素化。

例 5-11

代码如下,运行结果如图 5-17 所示。

```
1    import ...
2    # 定义已知的位置和可信度
3    positions = np.array([2, 3, 4])
4    confidence = np.array([0.91, 0.96, 0.85])
5    # 拟合二次多项式
6    coefficients = np.polyfit(positions, confidence, 2)
7    # 定义多项式
8    polynomial = np.poly1d(coefficients)
9    # 计算二次多项式的导数
10   derivative = polynomial.deriv()
11   # 求解导数为零的位置, 即最大值的位置
12   max_position = np.roots(derivative)[0]
13   print(f"第 n 帧时, 亚像素化后目标的位置为: {max_position:.4f}")
14   # 计算该位置的最大可信度
15   max_confidence = polynomial(max_position)
16   # 绘制多项式曲线和数据点
17   ...
```

这段代码首先导入相关函数库, 然后使用 np.polyfit 函数通过最小二乘法拟合二次多项式, 这样可以精确描述这 3 个点的运动轨迹。随后, 通过 np.roots 函数计算出二次多项式的极值点(最大值的位置), 即多项式的一阶导数为零的点。这代表了运动轨迹中目标的最佳估计位置, 为亚像素化的位置, 并绘制多项式曲线可视化。

这段代码首先通过 3 个点的坐标和对应的可信度计算出一个二次多项式, 其目的是对第 n 帧时的目标位置进行亚像素化估计。最终结果表明, 使用二次插值可以提高对目标位置的估计精度, 将原本整数形式的目标位置 3, 更精准地估计为亚像素位置 2.8125。这在运动估计和跟踪应用中尤为重要, 尤其是在处理细微振动或微小运动时。

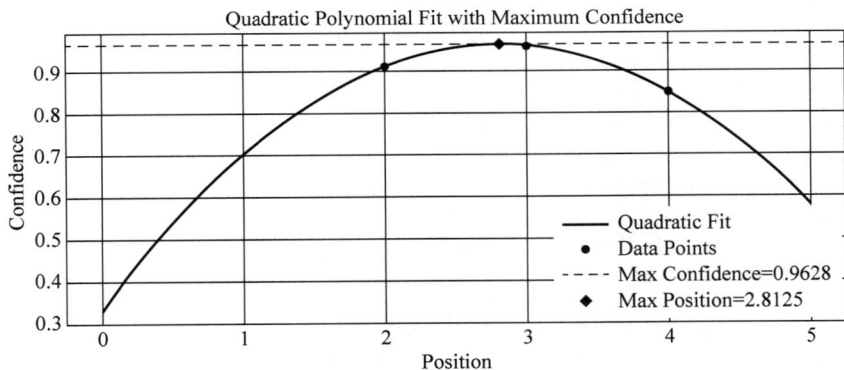

第 n 帧时, 亚像素化后目标的位置为: 2.8125

图 5-17 亚像素示意图

5.3.3 基于特征颜色的运动估计

基于特征颜色的运动估计是跟踪目标中一种常用的方法。这种方法利用物体颜色的稳定性和独特性, 通过分析图像序列中颜色特征来估计物体的运动。基于颜色的运动估计方法简单且计算效率高, 适用于实时应用。然而, 该方法对颜色相似的背景或光照变化敏感, 因此在复杂环境中可能需要结合其他特征(如形状、纹理或边缘信息)以提高鲁棒性。

首先, 从输入图像中提取目标的颜色特征, 然后对提取的颜色特征进行量化。接着通过

将当前帧中的颜色特征与前一帧中的颜色模型进行比较,确定目标在图像中的位置偏移。最后,通过分析目标在不同帧中的位置变化,计算其运动矢量。

在颜色检测中,实现了对目标颜色特征的提取与量化,现在对其目标进行运动估计,具体例子如例 5-12 所示。

【例 5-12】 对所给的示例视频中梁式桥梁的上下振动,用基于特征颜色的运动估方法对其结构上的红色靶标进行运动估计,并实时显示运动估计结果。

例 5-12

代码如下,运行结果如图 5-18 所示。

```
1    import ...
2    # 导入视频
3    cap = cv2.VideoCapture('video/Example - VVibration.mp4')
4    # 初始化,开启交互模式
5    ...
6    # 设置图的标题和坐标轴标签
7    ...
8    # 视频循环
9    while cap.isOpened():
10       ret, frame = cap.read()
11       if not ret:
12           break
13       # 创建红色掩码
14       mask = cv2.inRange(frame, np.array([0, 0, 180]), np.array([100, 100, 255]))
15       red_only = cv2.bitwise_and(frame, frame, mask = mask)
16       # 查找红色区域并计算质心
17   contours, _ = cv2.findContours(mask, cv2.RETR_EXTERNAL, cv2.CHAIN_APPROX_SIMPLE)
18       if contours:
19           c = max(contours, key = cv2.contourArea)
20         M = cv2.moments(c)
21         if M['m00'] > 0:
22             cx = M['m10'] / M['m00']
23             cy = M['m01'] / M['m00']
24             if first_frame is None:
25                 first_frame = (cx, cy)
26             # 计算相对于第一帧的位移
27             dy = cy - first_frame[1]
28             trajectory.append(dy)
29             # 绘制当前帧与红色靶标位置
30     cv2.circle(red_only, (int(cx), int(cy)), 5, (0, 255, 0), - 1)
31     cv2.putText(red_only, f"Position: {cy}", (10, 30), cv2.FONT_HERSHEY_SIMPLEX, 0.7, (255,
0, 0), 2)
32   cv2.imshow('Frame', red_only)
33       # 实时更新振动位移的折线图
34     line.set_xdata(np.arange(len(trajectory)))
35             line.set_ydata(trajectory)
36             ax.relim()
37             ax.autoscale_view()
38             plt.draw()
39             plt.pause(0.01)
40     if cv2.waitKey(10) & 0xFF == ord('q'):
41         break
42   ...
```

首先导入必要的函数库,然后使用 cv2.VideoCapture 函数打开指定的视频文件。接着初始化变量与图形,并利用 plt.ion 启用 matplotlib 的交互模式,以便在循环中实时更新图形。在设置图形的标题和坐标轴标签后,进入视频处理循环。创建红色掩码,得到只包含红色区域的图像。接着查找掩码中的轮廓,找到面积最大的轮廓作为目标物体,并计算轮廓的质心。如果是第一帧,将质心的 y 坐标保存为基准点。对于后续的帧,计算质心 y 坐标与基准点的差值,即垂直位移,并将其添加到列表中。在图像上绘制质心点和位置文本,然后使用 matplotlib 的 set_xdata 和 set_ydata 方法更新折线图的数据,并使用 relim 和 autoscale_view 方法自动调整坐标轴范围,用 plt.draw 函数在循环中实时更新图形界面,最后进行资源释放。

如图 5-18 所示,通过颜色检测识别到了红色的目标,然后通过轮廓检测识别到了面积最大的轮廓目标。接着,通过矩计算得到了目标轮廓的质心,并利用当前帧质心 y 坐标与第一帧质心 y 坐标的差值,得到垂直位移,即桥梁的上下振动幅值。由图 5-18 中的折线图可以看出,识别出的振动是亚像素级别的,这归因于质心的计算是浮点数。但视频中,实际的结构激励是正弦激励,而识别出的振动不是正弦振动。这是因为通过固定值识别的颜色会受光照变化的影响,导致边缘一直有微小的变化。因此得到的亚像素振动有一定的误差,但像素级的运动是与现实一致的。

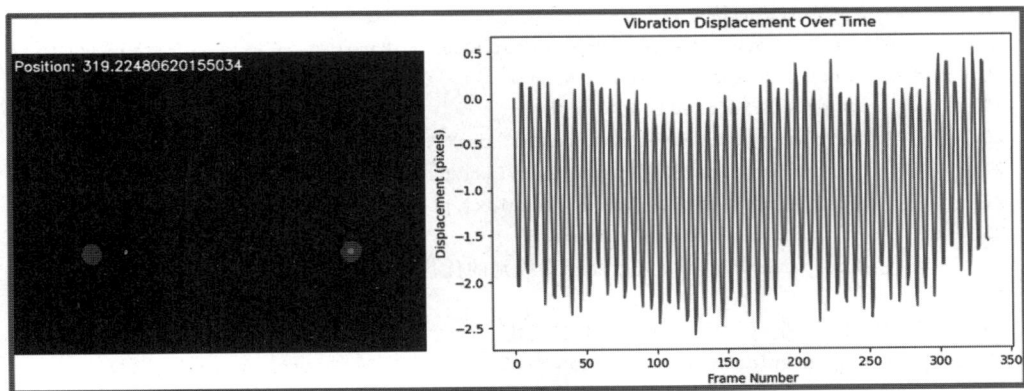

图 5-18　基于特征颜色的运动估计

5.3.4　基于特征点的运动估计

基于特征点的运动估计是视频序列运动估计中的一种常见方法,通过识别图像中的显著特征点,并跟踪这些特征点在不同帧中的位置变化来估计目标的运动。这种方法的优势在于它不依赖于整个图像的像素信息,而是通过一组稳定且显著的特征点进行计算,能够在计算效率和鲁棒性之间取得平衡。它能够适应复杂的场景和各种运动形式,适用于旋转、缩放等较为复杂的运动估计。

首先,使用特征点检测算法从图像中提取特征点。接着,通过特征点匹配算法,计算不同帧间相应特征点的匹配关系,确定每个特征点在帧间的位移。特征点的位移即构成了运动矢量。然后,通过分析特征点的运动矢量,可以估计目标的运动情况。此外,还可以使用 RANSAC 等算法过滤错误的匹配点对来增强运动估计的鲁棒性,或者使用亚像素匹配技术可进一步细化特征点的位置估计,以实现更高精度的运动估计。具体例子如例 5-13 所示。

【例 5-13】 对所给的示例视频中梁式桥梁的上下振动,用基于特征点的运动估计方法对其结构上的红色靶标进行运动估计,并实时显示运动估计结果。

代码如下,运行结果如图 5-19 所示。

```
1   import ...
2   # 初始化视频捕获、ORB 特征检测器和 BFMatcher 对象
3   cap = cv2.VideoCapture('video/Example-VVibration.mp4')
4   orb = cv2.ORB_create(nfeatures = 1000)
5   bf = cv2.BFMatcher(cv2.NORM_HAMMING, crossCheck = True)
6   # 初始化图形界面和轨迹数据
7   ...
8   # 读取第一帧并手动选择 ROI
9   ...
10  # 使用 ORB 提取特征点和描述符
11  kp1, des1 = orb.detectAndCompute(gray1, roi_mask)
12  # 处理视频帧,计算位移并更新图表
13  while cap.isOpened():
14      ret, frame = cap.read()
15      ...
16      # 检测当前帧的特征点
17      kp2, des2 = orb.detectAndCompute(roi_masked, None)
18  if des1 is not None and des2 is not None:
19          # 使用 BFMatcher 匹配特征点
20          matches = sorted(bf.match(des1, des2), key = lambda x: x.distance)
21          pts1 = np.float32([kp1[m.queryIdx].pt for m in matches]).reshape(-1, 2)
22          pts2 = np.float32([kp2[m.trainIdx].pt for m in matches]).reshape(-1, 2)
23          if pts1.size and pts2.size:
24      # 使用 cornerSubPix 函数进行亚像素级别的优化
25          ...
26  # 计算位移:这里仅考虑 y 轴方向上的变化
27              displacement = np.mean(pts2_subpix[:, 1] - pts1_subpix[:, 1])
28              trajectory.append(displacement)
29              # 更新折线图数据
30          ...
31      # 显示特征点匹配结果
32      ...
```

首先导入必要的函数库并打开视频文件,通过 cv2.ORB_create 函数初始化 ORB 特征检测器。同时,创建 BFMatcher 对象进行特征点匹配。接着,利用 matplotlib 创建一个动态图形界面,以实时绘制振动位移图,并通过 plt.ion 启用动态更新。在视频中,手动选择感兴趣区域,以限定特征点检测和匹配区域。对于每一帧,使用 orb.detectAndCompute 函数在 ROI 内检测特征点,并使用 bf.match 函数将其与第一帧的特征点进行匹配,使用 sorted 函数对匹配的特征点进行排序。利用 cv2.cornerSubPix 函数对检测到的特征点进行亚像素级精确定位,通过计算当前帧和第一帧之间匹配特征点的 y 方向位置差值,估计物体的垂直位移。这些位移数据被记录到轨迹曲线中,实时显示位移变化以及将特征点匹配结果通过窗口展示。

由图 5-19 可见,视频中的特征点通过 ORB 特征点匹配和亚像素级别的调整被成功识别和跟踪,从而计算出物体的垂直位移。上半部分的图像展示了连续两帧之间的特征点匹配情况,其中绿色线条连接了当前帧与第一帧的匹配特征点,而蓝色竖线作为分界线,直观地展示了物体在振动中的位置变化。下半部分的折线图则展示了物体在整个视频帧中的位移变化,横轴为帧数,纵轴为位移(以像素为单位)。曲线反映了特征点在 y 方向上的位移差值,经过亚像素处理,提供了精确的位移估计。尽管实际的激励可能为正弦波,物体受到周期性的激励,但基于特征点提取和匹配精度的原因,位移曲线可能带有一些噪声或误差。特别是亚像素级别的振动也反映在图像中,这可能导致曲线呈现出不规则的波动形态。

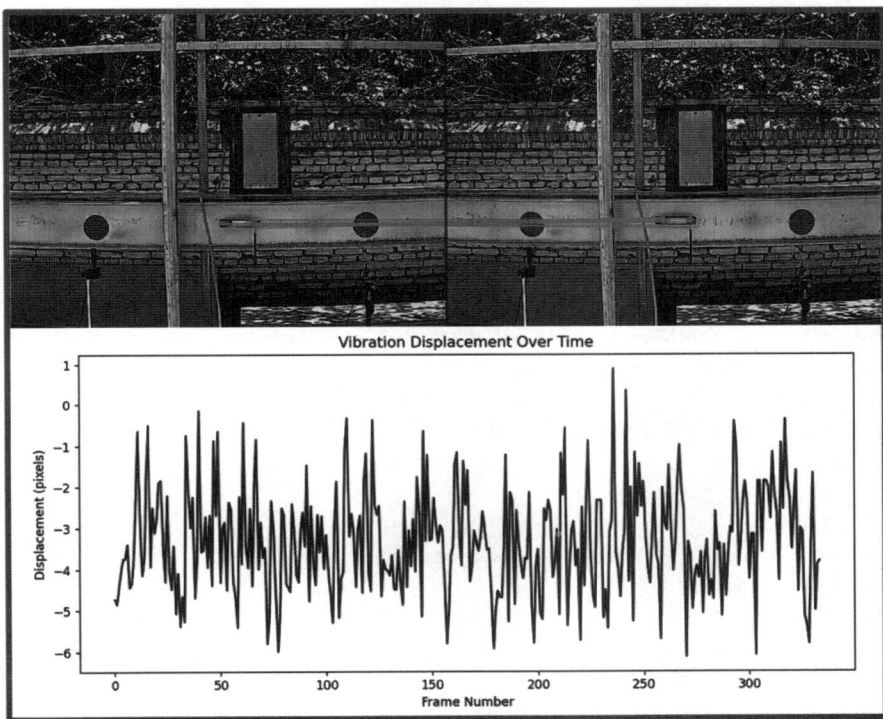

图 5-19 基于特征点的运动估计

5.3.5 基于模板匹配的运动估计

模板匹配通过将一个模板图像与输入图像的不同位置进行逐一比较,以找到与模板最相似的位置。然后,估计视频序列中不同帧之间模板位置的运动。模板匹配算法简单直观,易于实现,但只能进行平行移动估计,对于旋转、缩放等复杂运动估计效果不佳。

首先是选取模板,可以是已有的模板图像,也可以在当前帧中选择模板。然后,通过5.1.6 节里的模板匹配算法,识别每一帧中的模板最相似位置。接着,不同帧间的模板位置差即为模板的运动矢量。最后,可以利用亚像素方式,实现对运动估计的精细化。具体例子如例 5-14 所示。

【例 5-14】 对所给的示例视频中梁式桥梁的上下振动,用基于模板匹配的运动估计方法对其结构上的红色靶标进行运动估计,并实时显示运动估计结果。

代码如下,运行结果如图 5-20 所示。

```
1   import ...
2   # 初始化一些变量
3   ...
4   # 鼠标回调函数,用于选择模板
5   ...
6   # 打开视频文件
7   cap = cv2.VideoCapture('video/Example - VVibration.mp4')
8   # 读取第一帧并显示,供选择模板
9   ...
10  # 初始化图形,开启交互模式
11  ...
12  while True:
13  ret, frame = cap.read()
14   if not ret:
15  break
16  frame_gray = cv2.cvtColor(frame, cv2.COLOR_BGR2GRAY)
17  if template is not None:
18  # 使用模板匹配
19  result = cv2.matchTemplate(frame_gray, cv2.cvtColor(template, cv2.COLOR_BGR2GRAY), cv2.TM_CCOEFF_NORMED)
20  _, max_val, _, max_loc = cv2.minMaxLoc(result)
21  # 提取最大值周围的邻域,用于二次插值
22   x, y = max_loc
23   h_res, w_res = result.shape
24   # 确保不越界
25   if 1 <= x < w_res - 1 and 1 <= y < h_res - 1:
26   # 获取 x 方向上的三个值
27   dx = np.array([-1, 0, 1])
28   val_x = np.array([result[y, x - 1], result[y, x], result[y, x + 1]])
29  # 在 x 方向进行二次拟合
30   coeff_x = np.polyfit(dx, val_x, 2)
31   if coeff_x[0] != 0:
32  peak_offset_x = - coeff_x[1] / (2 * coeff_x[0])
33   else:
34   peak_offset_x = 0
35   # 获取 y 方向上的三个值
36   dy = np.array([-1, 0, 1])
37  val_y = np.array([result[y - 1, x], result[y, x], result[y + 1, x]])
38   # 在 y 方向进行二次拟合
39   coeff_y = np.polyfit(dy, val_y, 2)
40   if coeff_y[0] != 0:
41  peak_offset_y = - coeff_y[1] / (2 * coeff_y[0])
42   else:
43  peak_offset_y = 0
44   # 计算亚像素级别的峰值位置
45   subpixel_x = x + peak_offset_x
```

```
46        subpixel_y = y + peak_offset_y
47    else:
48    ♯ 边界情况,无法进行二次插值,使用整数像素位置
49 subpixel_x = x
50  subpixel_y = y
51 ♯ 绘制匹配结果
52 ...
53    ♯ 记录初始位置,用于计算位移
54      if first_frame_loc is None:
55      first_frame_loc = (subpixel_x, subpixel_y)
56    ♯ 计算上下位移(仅考虑 y 轴方向的变化)
57 vertical_displacement = subpixel_y - first_frame_loc[1]
58 displacements.append(vertical_displacement)
59 ♯ 实时更新折线图
60 ...
61    ♯ 在视频图像上显示位移
62 ...
```

第一步,导入必要的函数库,然后变量初始化,定义一个鼠标回调函数,用于在第一帧中通过鼠标拖动选择模板区域。当用户按住左键时开始选择,移动时更新选择区域,并在窗口中显示选择框,松开左键时确定模板区域。第二步,打开视频文件,读取第一帧,以选择模板。第三步,视频帧循环,使用 cv2.matchTemplate 函数在灰度帧上搜索与模板最相似的区域。这里使用了归一化互相关(cv2.TM_CCOEFF_NORMED)作为匹配方法,它返回每个位置的匹配度。第四步,找到匹配度最高的位置(峰值),并在峰值周围进行二次插值,以得到更精确的亚像素级别峰值位置。这是为了实现位移估计的亚像素化。第五步,绘制匹配结果,计算当前帧中模板区域中心与第一帧中模板区域中心的垂直位移,并实时显示位移折线图。最后,退出并释放资源。

由图 5-20 可见,图中左侧的圆形标志外有着一个方框,这就是选择的模板。模板方框随着视频中的结构振动跟着识别的模板进行振动。然后,通过当前帧与第一帧之间的模板位置差值,得到振动的幅值。值得注意的是,cv2.matchTemplate 函数返回的模板匹配位置是整数级,因此使用二维二次插值实现位移估计的亚像素化。把互相关系数作为 y 值,把同一方向上的三个位置作为 x 值,通过二次函数拟合找到亚像素位置的峰值。这使得折线图里的位移数据不是整数级像素,提高了位移估计的精度。

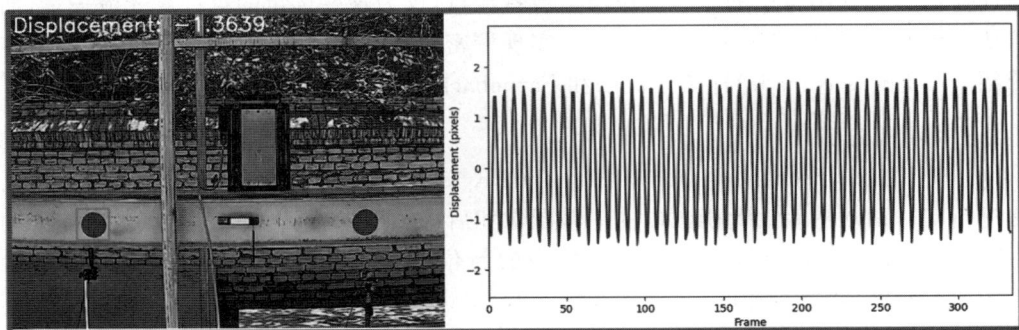

图 5-20　基于模板匹配的运动估计

5.3.6　基于光流法的运动估计

光流是计算机视觉领域的基本概念,用于估计图像序列中相邻帧之间的像素位移或运动信息。其基本思想是追踪图像中每个像素在连续帧之间的运动,以获得像素的速度或位移矢量。其基本的假设是,在短时间内图像中的亮度值不会发生显著变化。类似地,当人的眼睛观察运动物体时,在视网膜上形成一系列连续变化的图像,这一连续变化的信息就好像一种光的"流"一样,因此被称为光流。光流表达了图像的变化,包含了目标运动的信息,可被观察者用来确定目标的运动情况。

光流法具有两个严格的假设:第一,连续性假设,相邻图像帧之间的场景是连续变化的,即物体在短时间内不会突然消失或出现;第二,亮度恒定假设,在短时间内,即使物体发生了位置的移动,物体表面的像素亮度保持不变。基于这些假设,光流法的目标是估计图像中每个像素点的运动矢量,即物体在图像中的位移。最终,光流法生成的结果是一个矢量场,其中每个像素都描述了相应位置的运动情况。

图 5-21 是光流法示意图,图中的 2 张图像是随着时间推移相邻的 2 帧图像,2 帧图像拍摄的时间间隔为 dt。图像中的方框表示图像中的像素,该像素的灰度值用 $I(x,y,t)$ 表示,由第 1 帧图像到第 2 帧图像该图像移动了 (dx,dy)。由于像素的灰度值不变,因此像素移动前后具有式(5-12)所示的关系:

$$I(x,y,t) = I(x+dx,y+dy,t+dt) \tag{5-12}$$

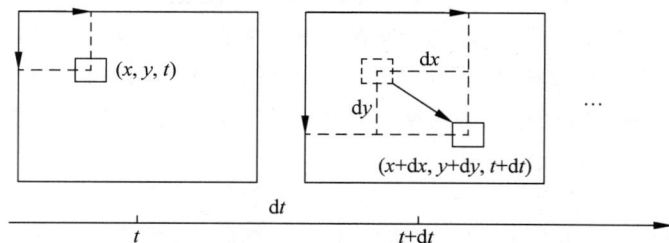

图 5-21　光流法示意图

根据计算光流速度的像素数目不同,光流法分为稠密光流法和稀疏光流法。稠密光流法的目标是为图像中的每个像素计算光流矢量,即估计连续帧之间每个像素的位移或速度。稀疏光流法是选择图像中的一些关键像素或特征点,仅为这些选定的点计算光流矢量,而不计算所有像素的运动。OpenCV 中集成了实现稠密光流法和稀疏光流法的相关函数,本节将介绍 LK(Lucas-Kanade)稀疏光流法和 Farneback 稠密光流法。

1. LK 稀疏光流法

OpenCV 提供了 cv2. calcOpticalFlowPyrLK 函数(代码 5-33)来实现通过 LK 稀疏光流法进行实时运动追踪。此函数以前一帧图像和后一帧图像中已知的特征点坐标作为输入值,并通过迭代计算返回特征点在后一帧中的新位置(nextPts)、每个特征点的追踪状态(status)以及估计误差(err)。

代码 5-33　cv2. calcOpticalFlowPyrLK 函数

```
nextPts, status, err = cv2.calcOpticalFlowPyrLK(prevImg, nextImg, prevPts, nextPts[, status[, err
```

[, winSize[, maxLevel[, criteria[, flags[, minEigThreshold]]]]]]) -> nextPts, status, err

- nextPts：返回值。输出的 2D 点向量(带有单精度浮点坐标),包含输入特征在第二个图像中计算得到的新位置。
- status：返回值。输出的状态向量(无符号字符),用于指示每个特征点的光流计算是否成功。值为 1 表示成功,0 表示失败。
- err：返回值。输出的错误向量,用于返回每个特征点的计算误差。如果未找到光流,则误差未定义。
- prevImg：第一个 8 位输入图像或由 buildOpticalFlowPyramid 构建的金字塔。
- nextImg：第二个输入图像或金字塔,大小和类型与 prevImg 相同。
- prevPts：需要计算光流的 2D 点的向量;点坐标必须是单精度浮点数。
- nextPts：提供了初始估计的点位置,用于计算光流的结果,该参数会被更新为计算得到的新位置。
- winSize(可选参数)：每个金字塔级别的搜索窗口大小,默认值为(21,21)。
- maxLevel(可选参数)：基于 0 的最大金字塔级别数,默认值为 3,即最大金字塔层级编号为 3,更多用法可查看 OpenCV 帮助手册。
- criteria(可选参数)：迭代搜索算法的终止条件。
- flags(可选参数)：操作标志,用于指定特定的计算选项。默认值为 0,即不使用特殊的操作标志。更多标志可查看 OpenCV 帮助手册。
- minEigThreshold(可选参数)：用于计算光流方程的 2×2 正常矩阵(也称为空间梯度矩阵)的最小特征值。该特征值会被除以窗口中的像素数。如果计算得到的特征值小于 minEigThreshold,则对应的特征点及其光流会被过滤掉,不进行处理。默认值为 1e-4,即最小特征值阈值为 1e-4。

【例 5-15】 对所给的示例视频中梁式桥梁的上下振动,用基于 LK 稀疏光流法的运动估计方法对其结构上的红色靶标进行运动估计,并实时显示运动估计结果。

代码如下,运行结果如图 5-22 所示。

例 5-15

```
1    import ...
2    # 鼠标单击回调函数,用于获取靶标的初始点
3    ...
4    # 初始化
5    cap = cv2.VideoCapture('video/Example-VVibration.mp4')
6    ...
7    # 初始化实时绘图
8    ...
9    # 设置图像的标题和坐标轴标签
10   ...
11   # 设置鼠标回调函数
12   cv2.namedWindow('Frame')
13   cv2.setMouseCallback('Frame', select_point)
14   # 获取视频的第一帧
15   ret, first_frame = cap.read()
16   first_gray = cv2.cvtColor(first_frame, cv2.COLOR_BGR2GRAY)
17
18   # 显示第一帧并等待用户单击
19   ...
20   # 视频处理循环,从第二帧开始处理
21   while cap.isOpened():
22   ret, frame = cap.read()
23       ...
24       # 将当前帧转换为灰度图像
```

```
25        gray_frame = cv2.cvtColor(frame, cv2.COLOR_BGR2GRAY)
26        if point_selected:
27      # 计算相对于第一帧的光流
28       new_points, status, error = cv2.calcOpticalFlowPyrLK(first_gray, gray_frame, old_
points, None)
29      # 提取新的点坐标
30 if new_points is not None:
31      new_x, new_y = new_points.ravel()
32    initial_x, initial_y = initial_point
33      # 绘制当前选中的点
34      cv2.circle(frame, (int(new_x), int(new_y)), 5, (0, 255, 0), −1)
35       # 计算相对于第一帧的垂直位移
36      dy = new_y − initial_y
37    trajectory.append(dy)
38      # 更新实时绘图
39      ...
40      # 显示当前帧
41        ...
```

首先,代码通过单击事件选取视频中的跟踪点,程序记录该点的初始坐标。接下来,初始化实时绘图并设置图像的标题和坐标轴标签。再使用 cv2.namedWindow('Frame')和 cv2.setMouseCallback('Frame', select_point)设置视频显示窗口及鼠标单击回调函数。在获取视频第一帧后将其转换为灰度图像,显示第一帧并等待用户单击。一旦点被选中,视频进入逐帧处理阶段,程序开始逐帧处理视频,每一帧都被转换为灰度图像,然后使用 cv2.calcOpticalFlowPyrLK 函数通过比较帧间像素的灰度变化,计算每帧图像中选定点的位移,从而确定初始点在当前帧中的新位置。为了跟踪点的垂直位移,用代码计算新点的垂直坐标与初始点垂直坐标之间的差值,并将这个位移值记录下来。同时,使用 matplotlib 库实时绘制位移随时间变化的曲线,生成一个反映靶点振动位移的图表,展示了其相对于时间的变化情况。

从图 5-22 的运行结果来看,左侧显示的是视频帧,其中绿色圆圈标识了用户通过鼠标选定的目标点,并在每一帧中进行实时跟踪。右侧的振动位移曲线展示了目标点相对于视频第一帧的垂直位移随时间(帧数)的变化情况,x 坐标表示视频帧数,y 坐标表示目标点的垂直位移(单位为像素)。曲线呈现出明显的周期性波动,类似于正弦波形,说明目标点的垂

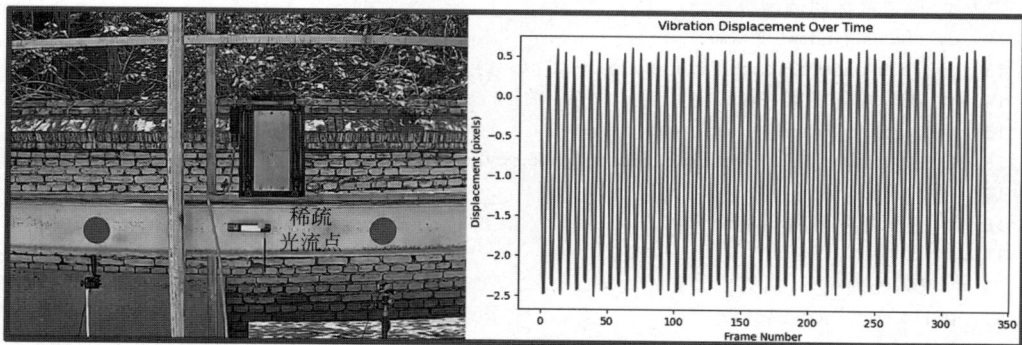

图 5-22 基于 LK 稀疏光流法的运动估计

直运动具有周期性。这种周期性波动表明目标点在垂直方向上有规律地往返移动,通常是由于周期性振动或机械运动引起的。振幅分析显示曲线的振幅为 $-2.5\sim0.5$ 像素,说明目标点的垂直位移范围较小。频率分析表明波峰和波谷间隔均匀,振动频率稳定。

2. Farneback 稠密光流法

Farneback 是一种经典的稠密光流算法,它通过构建多尺度金字塔来精确估计图像中每个像素的运动向量。在 OpenCV2 中提供了 cv2.calcOpticalFlowFarneback 函数(代码 5-34)实现 Farneback 稠密光流法。cv2.calcOpticalFlowFarneback 函数计算图像中每个像素在笛卡儿坐标系中的运动速度分量。然而,为了更清晰地表示像素的运动,通常使用极坐标系将速度分为大小和方向两部分。这种表示方式更易于理解和分析像素的运动特性。使用 cv2.cartToPolar 函数(代码 5-35)将速度信息从笛卡儿坐标系转换为极坐标系,以便更好地理解和可视化光流数据。

代码 5-34 cv2.calcOpticalFlowFarneback 函数

```
flow = cv2.calcOpticalFlowFarneback(prev, next, flow, pyr_scale, levels, winsize, iterations,
poly_n, poly_sigma, flags) -> flow
```

- flow: 返回值。计算得到的流图像,其大小与 prev 相同,类型为 CV_32FC2。
- prev: 第一个 8 位单通道输入图像。
- next: 与 prev 大小和类型相同的第二个输入图像。
- flow: 提供了初始的光流估计,并在函数调用后被更新为计算得到的光流。
- pyr_scale(可选参数): 指定构建每个图像金字塔的图像缩放比例(<1)的参数;默认值为 0.5,表示每一层金字塔的尺寸是前一层的一半。
- levels(可选参数): 包括初始图像在内的金字塔层数;默认值为 3,表示使用 4 个层级(包括原始图像)。更多用法可查看 OpenCV 帮助手册。
- winsize(可选参数): 平均窗口大小。默认值为 15,表示在计算光流时,使用一个 15×15 像素的窗口来平滑图像。
- iterations(可选参数): 算法在每个金字塔层执行的迭代次数。默认值为 3,即每个金字塔层级中算法会执行 3 次迭代。
- poly_n(可选参数): 用于在每个像素中找到多项式展开的像素邻域大小,默认值为 5,表示使用一个 5×5 像素的邻域来计算多项式展开。
- poly_sigma(可选参数): 用于平滑导数的高斯标准差,默认值为 1.1,表示使用标准差为 1.1 的高斯核来平滑图像。
- flags(可选参数): 操作标志,默认值为 0,即不使用任何特定的操作标志。更多标志可查看 OpenCV 帮助手册。

代码 5-35 cv2.cartToPolar 函数

```
magnitude, angle = cv2.cartToPolar(x, y[, angle[, angleInDegrees]]) -> magnitude, angle
```

- magnitude: 返回值。与 x 大小和类型相同的幅值输出数组。
- angle: 返回值。与 x 大小和类型相同的角度输出数组。
- x: x 坐标数组,必须为单精度或双精度浮点数组。
- y: y 坐标数组,必须与 x 的大小和类型相同。
- angleInDegrees(可选参数): 标志,指示角度是以弧度还是以度测量。默认值为 False,表示角度以弧度为单位计算,反之以度为单位计算。

【例 5-16】 对所给的示例视频中梁式桥梁的上下振动,用基于 Farneback 稠密光流法的运动估计方法对其结构上的红色靶标进行运动估计,并实时显示运动估计结果。

代码如下,运行结果如图 5-23 所示。

例 5-16

```
1    import ...
2    # 导入视频
3    cap = cv2.VideoCapture('video/Example - VVibration.mp4')
4    # 读取第一帧
5    ret, first_frame = cap.read()
6    prev_gray = cv2.cvtColor(first_frame, cv2.COLOR_BGR2GRAY)
7    # 使用 selectROI 函数框选感兴趣区域
8    roi = cv2.selectROI('Select ROI', first_frame, showCrosshair = True)
9    cv2.destroyWindow('Select ROI')
10   # 获取 ROI 的坐标
11   ...
12   # 实时绘图初始化
13   ...
14   # 循环处理视频
15   while cap.isOpened():
16       ret, frame = cap.read()
17       ...
18       # 转为灰度图像
19       gray_frame = cv2.cvtColor(frame, cv2.COLOR_BGR2GRAY)
20       # 计算稠密光流
21       flow = cv2.calcOpticalFlowFarneback(prev_gray, gray_frame, None, 0.5, 3, 15, 3, 5,
     1.2, 0)
22       # 可视化光流
23       magnitude, angle = cv2.cartToPolar(flow[..., 0], flow[..., 1])
24       hsv = np.zeros_like(frame)
25       hsv[..., 1] = 255
26       hsv[..., 0] = angle * 180 / np.pi / 2
27       hsv[..., 2] = cv2.normalize(magnitude, None, 0, 255, cv2.NORM_MINMAX)
28       flow_visualization = cv2.cvtColor(hsv, cv2.COLOR_HSV2BGR)
29       # 使用固定的 ROI 区域
30   cv2.rectangle(frame, (x1, y1), (x2, y2), (0, 255, 0), 2)
31       # 提取选取区域中的光流数据
32       selected_flow = flow[y1:y2, x1:x2]
33 selected_magnitude = magnitude[y1:y2, x1:x2]
34       # 计算平均光流大小
35       avg_magnitude = np.mean(selected_magnitude)
36       trajectory.append(avg_magnitude)
37
38       # 绘制折线图
39       ...
40       # 显示当前帧和光流可视化结果
41       ...
42       # 更新前一帧灰度图像
43       prev_gray = gray_frame.copy()
44   ...
```

　　首先导入必要的库并打开视频文件,再通过 cv2.selectROI 函数选择感兴趣的区域 (ROI),提取和记录这个区域的坐标,准备进行后续处理。在处理视频的每一帧时,代码将当前帧转换为灰度图像。然后使用 cv2.calcOpticalFlowFarneback 函数计算稠密光流,生成一个表示相邻两帧之间每个像素运动的光流场。光流场中的运动向量包含水平和垂直方向的位移信息。接下来,代码使用 cv2.cartToPolar 函数将光流向量从笛卡儿坐标系转换为极坐标系,以计算每个像素的光流幅值和方向。光流幅值表示了像素的运动强度,而方向则表示运动的方向。通过 cv2.normalize 函数对光流幅值进行归一化,以便进行可视化。可视化过程中,程序利用 HSV 颜色空间表示不同像素的运动方向和强度。最后,利用 Matplotlib 实时更新绘图,展示每一帧中的平均光流幅值,从而显示振动的变化趋势。

从图 5-23 的运行结果来看,左上角的图像显示了原视频帧,并在用户选择的感兴趣区域(绿色框)中标出了一个红色的圆形标志物,该区域用于跟踪振动。右上角是光流的可视化结果,通过不同的颜色表示像素的运动方向和速度,直观地展现了图像中物体的运动情况。下方的折线图是振动随时间变化的曲线,横轴表示帧数,纵轴表示选定区域的平均光流幅值。曲线呈现周期性的波动,表明该区域存在有规律的振动或周期性运动。根据图中信息,振动幅值的峰值大约为 1.6 个像素,最低接近 0,表明物体的运动幅值随着时间在一定范围内波动,并存在显著的周期性变化,可能是由于某种机械振动或外界周期性力的作用。这些信息反映了视频中物体的动态特性及其振动模式。

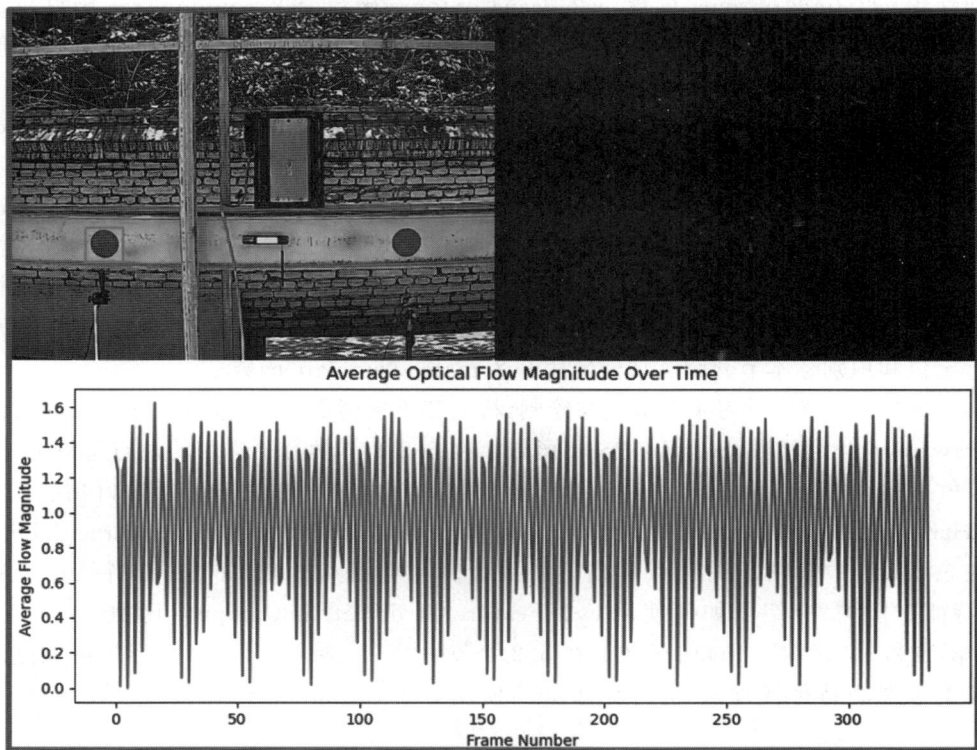

彩图 5-23

图 5-23 基于 Farneback 稠密光流法的运动估计

本章总结

识别与追踪是计算机视觉的基础,涉及对对象的识别、检测与追踪、姿态估计、行为分析和特征提取等多个方面。

本章详细解释了识别与追踪相关内容,可以分为三个主要方面:

(1)目标识别:这包括 5.1 节涉及的图像中颜色、轮廓和形状的检测、矩计算、点集拟合和模板匹配等技术。这部分通常用于从图像中识别和区分不同的物体或物体的特征。

(2)特征点检测与匹配:这包括 5.2 节中涉及的关键点的绘制、角点检测、特征点检测以及特征点匹配。这些技术通常用于图像对比、对象识别、图像拼接等任务。

(3)运动估计:这包括 5.3 节中讲述的关于运动估计的概念和亚像素,以及基于特征颜色、特征点、模板匹配和光流法的运动估计方法。这些方法可用于对视频序列中物体的运动路径和状态进行估计。

下面将总结相关内容及其对应的函数代码:

(1)在 5.1.1 节中学习了颜色检测,使用鼠标单击获取颜色样本,从而定义颜色范围进行目标识别,介绍了如何使用 cv2.setMouseCallback 函数。在 5.1.2 节中学习了轮廓检测,用于查找图像中的物体边界并将其提取为一组连续的像素点。在进行轮廓检测时,可以选择不同的轮廓检索模式和轮廓逼近方法,如 RETR_LIST、RETR_TREE 等。本节介绍了如何使用 cv2.findContours 函数、cv2.drawContours 函数、cv2.contourArea 函数和 cv2.arcLength 函数。在 5.1.3 节中学习了形状检测,包括霍夫变换的基本原理和如何使用 OpenCV 库实现形状检测,介绍了如何使用 cv2.HoughLines 函数、cv2.HoughCircles 函数、cv2.minAreaRect 函数、cv2.minEnclosingCircle 函数、cv2.approxPolyDP 函数、cv2.convexHull 函数和 cv2.matchShapes 函数。在 5.1.4 节中学习了矩计算,包括空间矩、中心矩、中心归一化矩和不变矩中的 Hu 矩,以及 Hu 矩的应用。本节介绍了如何使用 cv2.moments 函数与 cv2.HuMoments 函数。在 5.1.5 节中学习了点集拟合,如直线拟合、椭圆拟合等,介绍了如何使用 cv2.fitLine 函数和 cv2.fitEllipse 函数。在 5.1.6 节中学习了模板匹配,这是通过将小图像模板滑动到另一幅图像上,以寻找与模板相似区域的方法,通常用于目标定位和识别。本节介绍了如何使用 cv2.matchTemplate 函数。

(2)在 5.2.1 节中学习了关键点与绘制,检测和绘制图像中的关键点,介绍了如何使用 cv2.drawKeypoints 函数、cv2.KeyPoint 函数。在 5.2.2 节学习了常用的角点检测方法,如 Harris 角点检测、Shi-Tomasi 角点检测和亚像素级角点检测,并介绍了如何使用 cv2.cornerHarris 函数、cv2.normalize 函数、cv2.goodFeaturesToTrack 函数和 cv2.cornerSubPix 函数。在 5.2.3 节中学习了关键点和描述子的计算与特征点检测,如 SIFT 特征点检测和 ORB 特征点检测,介绍了如何使用 cv2.Feature2D.detectAndCompute 函数、cv2.SIFT_create 函数和 cv2.ORB_create 函数。在 5.2.4 节中学习了特征点匹配,介绍了特征点匹配的抽象类和暴力特征匹配法,并介绍了如何使用 cv2.BFMatcher 函数、cv2.drawMatches 函数。

(3)在 5.3.1 节中学习了运动估计的基本概念,包括运动估计的定义、分类和运用。在 5.3.2 节中学习了亚像素,包括如何把像素点转换为亚像素点,介绍了如何使用 np.polyfit 函数、np.poly1d 函数、np.poly1d.deriv 函数和 np.roots 函数。在 5.3.3 节中学习了基于特征颜色的运行估计,这是一种通过分析图像序列中的颜色特征来估计物体的运动方法。在 5.3.4 节中学习了基于特征点的运动估计,通过检测与匹配视频中的物体的特征点来估计物体的运动估计。在 5.3.5 节中学习了基于模板匹配的运动估计,这是通过将一个模板图像与输入图像的不同位置进行逐一比较,以找到与模板最相似的位置来对物体进行运动估计。在 5.3.6 节中学习了基于光流法的运动估计，包括光流法的假设、LK 稀疏光流法和 Farneback 稠密光流法，介绍了如何使用 cv2. calcOpticalFlowPyrLK 函数、cv2. calcOpticalFlowFarneback 函数与 cv2. cartToPolar 函数。

思考题与练习题

思考题

5-1　简述什么是颜色检测和轮廓检测，以及常用的轮廓检索模式。

5-2　简述霍夫变换的基本原理和作用。

5-3　矩计算中常见的矩有哪些？并说明其作用，至少列举两种。

5-4　简述什么是点集拟合，并列举常见的点集拟合与其使用的 OpenCV 函数。至少列举两种。

5-5　简述模板匹配的原理是什么。

5-6　简述角点的含义，绘图并说明常见的角点有哪几种。请至少列举两种。

5-7　特征点检测中的 Feature2D 接口类提供了哪两个核心虚拟函数。并说明其使用范围。有哪种方法能同时实现这两个功能？

5-8　运动估计是什么？运动估计可分为哪几类。

5-9　简述亚像素的概念，以及如何把像素点转化为亚像素点。二次插值的基本思想是什么？

5-10　简述基于特征颜色的运动估计。如何使用差值法实现运动追踪？

5-11　什么是均值迁移法？均值迁移法的原理和步骤是什么？

5-12　简述光流法是什么，并说明其基本原理和两个假设。

练习题

5-1　选择一个图像并对图像进行轮廓和形状的检测。先检测图像中的物体形状，再使用颜色检测，检测物体的颜色，最后计算图像中物体的空间矩、中心矩、中心归一化矩和不变矩中的 Hu 矩，并显示结果。

5-2　创建一个空白背景，并在背景上随机生成 3 种离散点集，再选取合适的方法对 3 种离散点集进行拟合，并分别显示拟合结果。

5-3　通过模板匹配，定位一幅图像上的模板位置并截取出来。

5-4　创建一个 500×500 像素空白纸，并随机生成一组关键点，然后把关键点绘制到空白纸上。

5-5　选择一幅图像，使用角点检测方法，对图像进行角点检测，并在图像上绘制检测到的角点。

5-6　使用特征点检测法来检测所选两幅图像中的特征点，再使用暴力匹配算法进行特征点匹配，并显示匹配结果。

5-7　选择一个视频，使用特征颜色的运动估计方法，对视频中的某种颜色进行运动估计，并实时显示运动估计结果。

5-8　使用感兴趣区域方法选取所给视频中的某个显著结构，用基于特征点的运动估计方法对其结构进行运动估计,并实时显示运动估计结果。

5-9　选择一个视频并选取其中两个模板,然后使用模板匹配算法识别每一帧中的模板最相似位置,并利用亚像素方式实现对运动估计的精细化,最后实时显示两模板的运动估计结果。

5-10　在视频中随机选取 3 个不同的点作为稀疏点,再使用基于 LK 稀疏光流法的运动估计方法对选择的视频中 3 个不同的稀疏点估计位移,最后计算并显示 3 个稀疏点的振动结构的频域图。

5-11　选取视频中的某个显著结构,使用基于 Farneback 稠密光流法的运动估计方法对其结构进行运动估计以识别位移,最后实时显示并绘制振动结构的频域图。

(注:练习题请使用例题中的数据。)

第 **6** 章

立体视觉与标定

思维导图

单目模型概述
单目标定
单目校正
单目投影
单目反投影
单目姿态估计

单目视觉

立体视觉
与标定

双目视觉

双目模型概述
双目标定
双目校正
双目投影
双目姿态估计

多目视觉

多目视觉概述
多目视觉中的关键技术

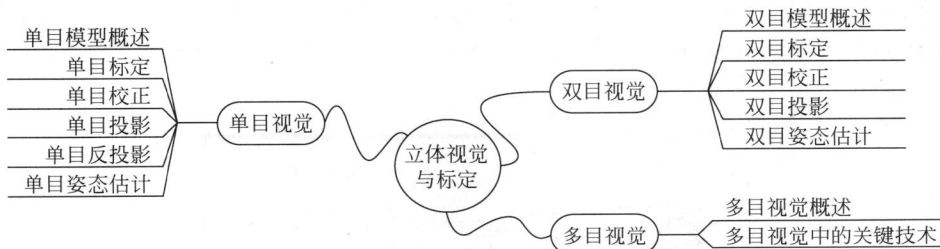

本章开始学习计算机视觉中与世界坐标系相关的内容：立体视觉与标定。

在计算机视觉领域，立体视觉作为一项核心技术，致力于通过分析从不同视角捕获的图像序列，来获取场景的三维信息。这一过程涵盖了从简单的单目视觉系统到复杂的双目乃至多目视觉系统，每种系统都有其独特的优势和应用场景。单目视觉通过单一相机捕捉图像，依赖运动估计与先验知识来推断深度信息；而双目和多目视觉则利用多个相机间的视差效应，直接计算场景中的深度信息，从而提供更加精确和丰富的三维空间感知。立体视觉广泛应用于自动驾驶、机器人导航、虚拟现实等领域。

相机标定作为立体视觉系统的基石，其目的在于精确建立图像坐标系、相机坐标系与世界坐标系之间的数学映射关系。此外，相机标定还需考虑并校正由于镜头制造缺陷和安装误差导致的图像畸变，以确保准确性和可靠性。通过相机标定，计算机视觉系统能够将图像中的像素坐标转换为现实世界中的物理尺寸，从而实现对物体尺寸、形状、位置等参数的精确测量。

立体视觉与标定主要学习三个方面：

（1）单目模型的标定与应用：学习单目模型，并对单目相机进行标定和校正。然后利用标定数据，对单目模型的图像坐标进行转换，求解平面距离以及投影、反投影和姿态估计，对应 6.1 节。

（2）双目模型的标定与应用：学习双目模型与视差计算深度信息，并对双目相机进行标定和校正。然后利用标定数据，对双目模型的图像坐标进行转换，求解深度信息以及投影和姿态估计，对应 6.2 节。

（3）了解多目视觉：学习多目视觉的基本概念、在不同领域的应用以及其中的关键技术。了解多目视觉的相关知识，对应 6.3 节。

6.1 单目视觉

单目视觉是利用单个摄像头或图像传感器来获取和处理图像,以理解和解释环境。其目标是通过分析单张图像来识别物体、场景和运动。相比双目或多目视觉,单目视觉成本低、部署方便。本节将介绍单目模型的概念、单目标定、校正、转换、投影和姿态估计的原理及应用。

6.1.1 单目模型概述

在理想化的单目相机模型中,若不考虑相机畸变影响,其成像过程可以等效于简化的线性凸透镜成像。当物距远大于焦距时,此时凸透镜成像可以近似成小孔成像。凸透镜的中心相当于小孔,如图 6-1 所示,光通过小孔在对面表面上投射出物体的倒立影像,这便是基础的成像系统。

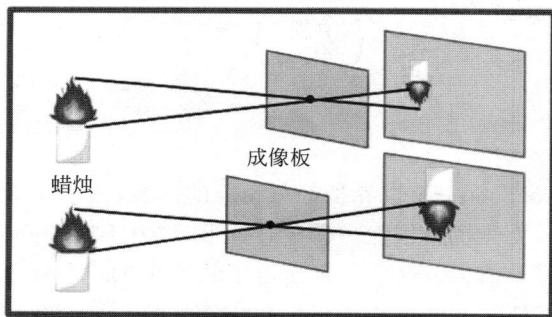

图 6-1 小孔成像图

在小孔成像模型中根据需要建立不同的坐标系,如图 6-2 所示,包括世界坐标系、相机坐标系、图像坐标系以及像素坐标系,它们之间的转换关系如图 6-3 所示。其中世界坐标系是用于在实际环境中描述物体的位置和方向的三维坐标系;相机坐标系是在相机上建立的三维坐标系,是为了从相机的角度描述物体的三维坐标而定义的,它是沟通三维世界坐标系和二维图像坐标系的桥梁;图像坐标系是基于相机成像平面建立的二维坐标系,通常以物理单位(如 mm)表示,用于描述物体在成像平面上的几何位置;像素坐标系则是以图像左上角为原点、以像素为单位的二维坐标系,用于表示图像中像素的具体位置,其与图像坐标系通过单位变换和平移操作建立联系。

在四坐标系之间相互转换的过程中,需要用到下述的三种方法:

(1) 刚体变换描述的是世界坐标系到相机坐标系的转换关系。变换过程中物体的形状、大小以及内部各点的相对位置保持不变。刚体变换包括旋转和平移两部分。首先,三维坐标系绕 Z、Y、X 轴分别逆时针旋转 θ、ω、Φ 角度时,可以用 3×3 的旋转矩阵来描述,其中右手坐标系规定旋转的方向。接着,经过旋转后,世界坐标系和相机坐标系的轴向一致,此时通过一个平移向量完成从世界坐标系到相机坐标系的转换。将旋转和平移结合,可以得到齐次坐标形式的刚体变换矩阵。通过引入齐次坐标(在 2D 或 3D 坐标末尾增加一个额外的 1),可将旋转和平移的矩阵运算合并,从而简化相机的成像过程。刚体变换的核心在于

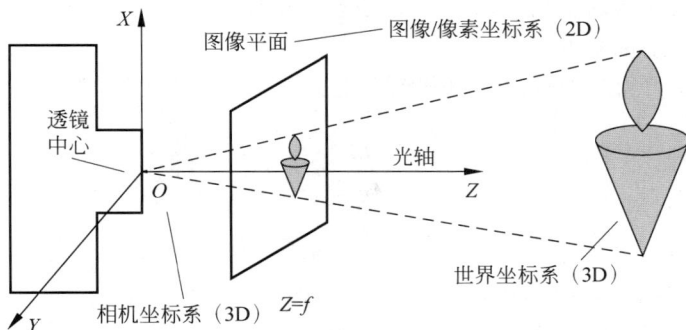

图 6-2　四坐标系图

通过旋转和平移操作,实现从世界坐标系到相机坐标系的转换。

(2) 透视投影描述的是相机坐标系和图像坐标系的关系。如图 6-3 所示。相机坐标系中的任一点 $P(X_C,Y_C,Z_C)$ 通过透视投影,也就是中心投影,在图像平面上的成像点为 $p(x,y)$。中心投影的原理是连接空间点 P 和其在图像平面上的成像点 p,且其延长线必定通过相机光心 O_C,从而构成两个相似三角形。以这两个相似三角形为例,如图 6-3 所示,可以通过相似三角形的比例关系得到一个比例方程。通过相似三角形的相似比公式,将 x 和 y 移动到等式左边,就可得到两个关于 x 和 y 的等式。将它们转换成齐次坐标的形式,就可以得到一个矩阵连乘的公式,这个公式就是对透视投影的数学描述。

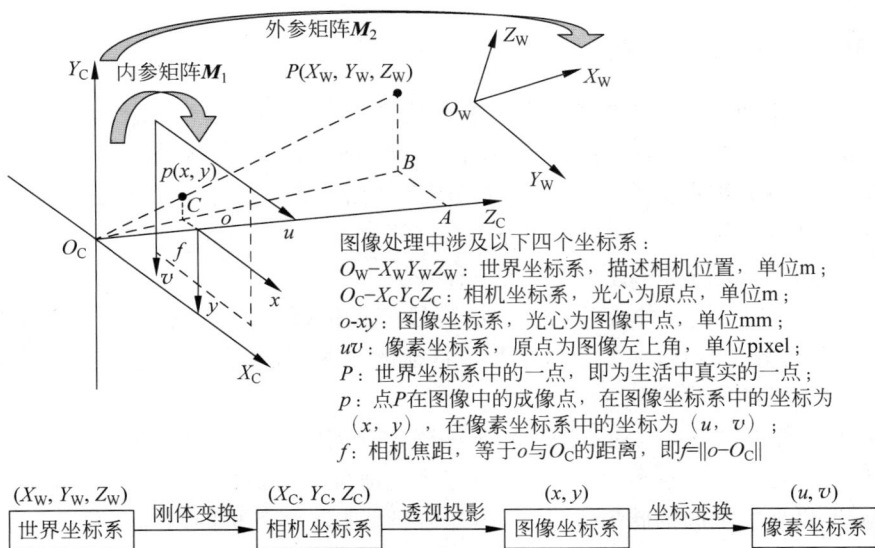

图像处理中涉及以下四个坐标系:

O_W-$X_WY_WZ_W$: 世界坐标系,描述相机位置,单位 m;

O_C-$X_CY_CZ_C$: 相机坐标系,光心为原点,单位 m;

o-xy: 图像坐标系,光心为图像中点,单位 mm;

uv: 像素坐标系,原点为图像左上角,单位 pixel;

P: 世界坐标系中的一点,即为生活中真实的一点;

p: 点 P 在图像中的成像点,在图像坐标系中的坐标为 (x,y),在像素坐标系中的坐标为 (u,v);

f: 相机焦距,等于 o 与 O_C 的距离,即 $f=\|o-O_C\|$

(X_W, Y_W, Z_W) → 世界坐标系 →（刚体变换）→ (X_C, Y_C, Z_C) → 相机坐标系 →（透视投影）→ (x, y) → 图像坐标系 →（坐标变换）→ (u, v) → 像素坐标系

图 6-3　单目模型四坐标系关系图

(3) 坐标变换描述的是图像坐标系与像素坐标系的关系。图像坐标系与像素坐标系的转换关系包括两个步骤:首先是单位变换,如图 6-3 所示,在图像坐标系中,坐标单位为 mm,像素坐标系中的单位为像素(pixel)。因此,使用 $\mathrm{d}x$ 和 $\mathrm{d}y$ 分别表示 x 轴和 y 轴上每个像素的物理尺寸,从而实现从 mm 到像素的转换。接下来是坐标平移,由于图像平面中心可能不位于像素坐标系的原点,通过 u_0 和 v_0 将图像中心平移到像素坐标系中的适当位

置。这两个步骤共同实现了从图像坐标系到像素坐标系的转换,将物理尺寸和坐标位置都映射到像素单位的坐标系中。

通过上述三步可得到图像坐标系到世界坐标系的转换公式如下:

$$z_C \begin{bmatrix} u \\ v \\ 1 \end{bmatrix} = \begin{bmatrix} f_u & \gamma & u_0 \\ 0 & f_v & v_0 \\ 0 & 0 & 1 \end{bmatrix} \begin{bmatrix} r_{11} & r_{12} & r_{13} & t_x \\ r_{21} & r_{22} & r_{23} & t_y \\ r_{31} & r_{32} & r_{33} & t_z \end{bmatrix} \begin{bmatrix} x_w \\ y_w \\ z_w \\ 1 \end{bmatrix} = \boldsymbol{M}_1 \boldsymbol{M}_2 \begin{bmatrix} x_w \\ y_w \\ z_w \\ 1 \end{bmatrix} \tag{6-1}$$

其中 $\boldsymbol{M}_1$ 与 $\boldsymbol{M}_2$ 分别代表相机内参矩阵和外参矩阵。内参矩阵中包含主点坐标 u_0 和 v_0、坐标轴倾斜参数 γ,以及对应于像素坐标系中 u 和 v 两个轴的比例因子 f_u 和 f_v,它们分别等于 $f/\mathrm{d}x$ 和 $f/\mathrm{d}y$。外参矩阵包括 3×3 的旋转矩阵和 3×1 的平移向量两个部分。式(6-1)的意义在于,对于任意一个图像坐标系上的像素坐标 (u,v),都可以通过式(6-1)将其转化为世界坐标系中的坐标 $[x_w \quad y_w \quad z_w \quad 1]$。

在理想化的单目相机模型中,通过简化的线性凸透镜模型、刚体变换、透视投影和坐标变换等方法,实现了从图像坐标系到世界坐标系的转换。通过这些步骤,可以在不同坐标系之间实现有效的映射与转换,使图像中的像素位置准确对应于实际世界的三维坐标。式(6-1)提供了这一过程的数学基础,明确了相机内参矩阵和外参矩阵在转换中的关键作用。总结而言,单目相机模型中的这些转换方法和公式为计算机视觉中的图像处理和物体识别等应用提供了重要的基础支持。理解和掌握这些基本概念,对进一步深入研究和应用单目视觉系统至关重要。

6.1.2 单目标定

单目标定是指使用单个摄像机进行相机标定过程,其目的是确定相机的内部参数(简称内参,即焦距、主点位置)和外部参数(简称外参,即相机在世界坐标系中的位置和方向),以便进行准确的图像处理和分析。这些参数将图像数据转换为实际世界的度量,非常重要,特别是在计算机视觉领域。

单目标定的方法众多,下面是常见的三种方法:

(1)张正友标定法:一种经典且被广泛应用的相机标定方法,基于已知棋盘格图案的多张图像来完成标定。通过多幅含有棋盘格特征的图像,利用棋盘格的已知几何信息构建数学模型求解相机的内外参数。

(2)基于特征点的标定:通过图像中某些已知几何特性和已知世界坐标系位置的特征点进行相机的标定。特征点可以是角点、边缘或其他容易检测的点。通过特征点的成像位置与其实际世界坐标之间的映射关系,利用几何模型来求解相机的内外参数。

(3)自校正方法:该方法不需要人工干预或特殊标定板,而是通过移动相机拍摄多个场景,然后利用图像中自然的几何关系进行标定。通过场景的几何不变性(如平行线、消失点)以及多幅图像中的相对位置变化,计算出相机的内外参数。

本节将学习单目标定中张正友标定法,其他方法如果感兴趣可自行了解。

张正友标定法是由中国计算机视觉科学家张正友于1998年提出的一种经典的相机标定方法。基于透视投影模型和二维棋盘格图案,用平面几何约束和多视角几何进行线性估计,得到相机内外参数的初步解。然后使用 Levenberg-Marquardt 优化算法,对初步标定的参数进行优化,使预测的图像点坐标与实际测量值之间的误差最小化。

　　二维平面棋盘格一般是黑白相间的棋盘方格纸(图 6-4),方格纸中的黑白方格交点处是角点,方便进行角点识别。在 OpenCV 中提供了 cv2.findChessboardCorners 函数(代码 6-1)用于在输入图像中查找棋盘格的角点。为了更精确地确定角点坐标,可以使用计算亚像素级别角点坐标的 cv2.cornerSubPix 函数(代码 5-23),并且在 OpenCV 中也还提供了专用于提高标定板内角点坐标精确度的 cv2.find4QuadCornerSubpix 函数(代码 6-2)。

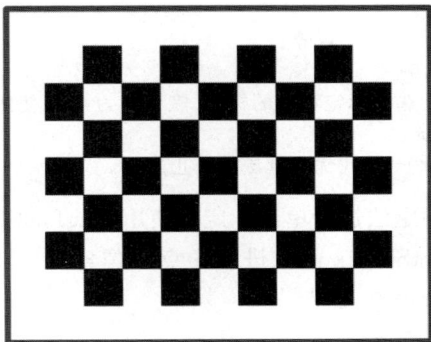

图 6-4　棋盘格标定图

代码 6-1　cv2.findChessboardCorners 函数

```
retval, corners = cv2.findChessboardCorners(image, patternSize[, corners[, flags]]) -> retval, corners
```
- retval: 返回值。指示是否成功找到棋盘格的角点。如果找到,返回 True;否则返回 False。
- corners: 返回值。检测到的角点的输出数组,如果找到角点,返回 True;否则返回 False。
- image: 输入的棋盘视图。必须是 8 位灰度或彩色图像。
- patternSize: 每一棋盘行和列的内角数(图案尺寸 = 尺寸)。
- flags(可选参数): 操作标志,默认值为 0,即没有应用任何额外的标志。更多的标志可参考 OpenCV 帮助手册。

代码 6-2　cv2.find4QuadCornerSubpix 函数

```
retval, corners = cv2.find4QuadCornerSubpix(img, corners, region_size) -> retval, corners
```
- retval: 返回值。表示优化的角点数量。如果返回的值大于零,则表示成功优化了角点位置;如果返回值为零,则表示没有找到优化角点。
- corners: 返回值。包含优化后的角点坐标数组,这些坐标具有亚像素精度。
- img: 输入图像。
- corners: 输入值,输入需要亚像素化的角点坐标数组。
- region_size: 搜索窗口的大小,这是用于角点细化时的区域。

　　在获得棋盘格角点的坐标后,使用 cv2.calibrateCamera 函数(代码 6-3)计算相机的内参和外参(旋转向量与平移向量),以及畸变系数。畸变系数用于相机校正,在下节中进行学习。

代码 6-3　cv2.calibrateCamera 函数

```
retval, cameramatrix, distcoeff, rvecs, tvecs = cv2.calibrateCamera(objectpoints, imagepoints, imagesize, cameramatrix, distcoeff[, rvecs [, tvecs [, flags [, criteria]]]]) -> retval, cameraMatrix, distCoeffs, rvecs, tvecs
```

- retval: 返回值。表示标定的平均重投影误差,值越小,标定结果越精确。
- cameramatrix: 返回值。输出的相机矩阵,是一个 3×3 的矩阵,包含相机的内参。
- distcoeff: 返回值。输出的畸变系数,通常为 1×5 或 1×8 的数组,包含了径向和切向畸变的参数。
- rvecs: 返回值。输出的旋转向量列表。
- tvecs: 返回值。输出的平移向量列表。
- objectpoints: 世界坐标系中的点列表。
- imagepoints: 图像坐标系中的点列表。
- imagesize: 图像的尺寸。
- cameramatrix: 输入的相机矩阵。
- distcoeff: 输入的畸变系数。
- flags(可选参数): 选择标定算法的标志,默认值为 0,即使用默认标定方法。更多的标志可参考 OpenCV 帮助手册。
- criteria(可选参数): 迭代优化算法的终止准则。

【例 6-1】 使用张正友标定法进行单目标定。使用 cv2.findChessboardCorners 函数进行棋盘格角点检测,并用 cv2.cornerSubPix 函数进行角点亚像素化。然后使用 cv2.calibrateCamera 函数计算相机的内外参,并显示标定结果。

例 6-1

代码如下,运行结果如图 6-5 所示。

```
43   import ...
44   # 读取目录下的所有图像
45   images = glob.glob('image//Chessboard_single// * .png')
46   # 设置棋盘格参数、内角点个数与每个方格的实际大小
47   chessboard_size = (8, 6)
48   square_size = 0.03
49   # 准备棋盘格的世界坐标系坐标
50   objp = np.zeros((chessboard_size[0] * chessboard_size[1], 3), np.float32)
51   objp[:, :2] = np.mgrid[0:chessboard_size[0], 0:chessboard_size[1]].T.reshape( - 1, 2)
52   objp * = square_size
53   # 用于存储所有图像的对象点和图像点
54   objpoints = []
55   imgpoints = []
56   for fname in images:
57   if len(images) == 0:
58   raise ValueError("未找到任何图像,请检查图像路径或图像文件是否存在")
59    img = cv2.imread(fname)
60   gray = cv2.cvtColor(img, cv2.COLOR_BGR2GRAY)
61       # 寻找棋盘格角点
62       ret, corners = cv2.findChessboardCorners(gray, chessboard_size, None)
63     # 如果找到了,添加对象点、图像点
64    if ret:
65     objpoints.append(objp)
66     # 精确化角点位置
67     criteria = (cv2.TERM_CRITERIA_EPS + cv2.TERM_CRITERIA_MAX_ITER, 30, 0.001)
68     corners2 = cv2.cornerSubPix(gray, corners, (11, 11), ( - 1, - 1), criteria)
69     imgpoints.append(corners2)
70    # 绘制并显示角点
71     img = cv2.drawChessboardCorners(img, chessboard_size, corners2, ret)
72    # 显示图像
```

```
73    ...
74    # 检查 objpoints 和 imgpoints 是否为空
75    ...
76    # 相机标定
77    ret, mtx, dist, rvecs, tvecs = cv2.calibrateCamera(objpoints, imgpoints, gray.shape[::
      -1], None, None)
78    # 显示所有的标定参数
79    ...
```

第一步,读取指定目录下的棋盘格图像,并将其加载到图像数组中。第二步,设置棋盘格的内角点数量(8×6)以及每个方格的实际大小(0.03m),并据此准备棋盘格在世界坐标系中的三维坐标。第三步,遍历每张图像,将其转换为灰度图。第四步,使用 cv2.findChessboardCorners 函数寻找图像中的棋盘格角点,再使用 cv2.cornerSubPix 函数进一步精确化角点位置,并将对象点和图像点分别保存到 objpoints 和 imgpoints 列表中。同时,绘制并显示检测到的角点。第五步,使用 cv2.calibrateCamera 函数进行相机标定,计算出相机的内参矩阵、畸变系数、旋转向量和平移向量,该函数的输入包括对象点、图像点和图像的分辨率(从灰度图像的尺寸中获取)。最后,输出并显示标定误差及标定结果。

函数的输入包括对象点 objpoints、图像点 imgpoints 和图像的分辨率(从灰度图像的尺寸中获取)。该函数计算出相机的内参矩阵、畸变系数、旋转向量和平移向量。

如图 6-5 所示,左侧图像为棋盘格角点图像,中间为标定的结果,包括相机矩阵、畸变系数、旋转向量、平移向量和总误差。总误差为 0.04100,表明所有标定图像中的角点重投影误差。该误差值较小,一般标定的棋盘格角点越多,求解的误差值越小;标定的棋盘格视角数量越多且差异越大,求解的误差值越小。

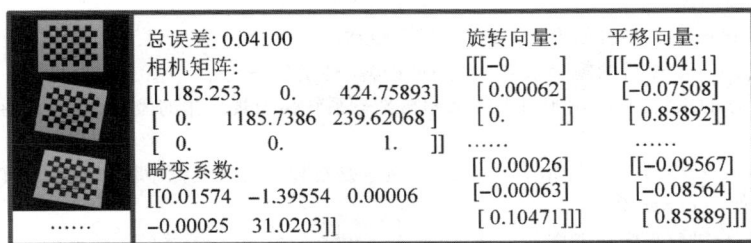

图 6-5　单目相机标定结果图

6.1.3　单目校正

单目校正旨在修复相机镜头产生的几何畸变,使得图像中的直线更加笔直,形状和尺寸更准确。

镜头的几何畸变是不可避免的,主要有两种畸变类型,径向畸变与切向畸变。径向畸变是图像中心以外的直线会向外(桶形畸变)或向内(枕形畸变)弯曲,如图 6-6 所示。在相机的装配过程中,镜头和成像平面不一定平行,这就会产生一个切向畸变。切向畸变会使图像发生倾斜现象。

单目校正所需要的畸变系数矩阵用张正友标定法求取。OpenCV 中提供了两种方式来校正图像畸变:第一种方法是使用 cv2.initUndistortRectifyMap 函数(代码 6-4)计算出

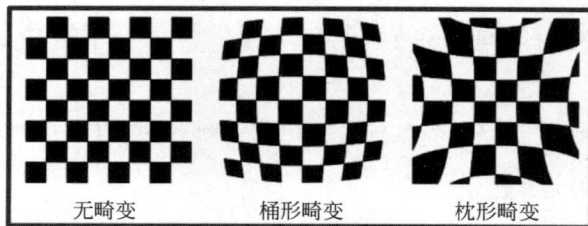

图 6-6　无畸变与畸变图

校正图像所需要的映射矩阵,之后利用 cv2.remap 函数(代码 6-5)去除原图像中的畸变;第二种方法是根据内参矩阵和畸变系数直接通过 cv2.undistort 函数(代码 6-6)对原图像进行校正,这个函数内部实际上也是先计算映射关系,然后应用这些映射关系来校正畸变。

在用这两种方法前,可以利用 cv2.getOptimalNewCameraMatrix 函数(代码 6-7)调整视场,计算最优的新相机矩阵,以便去除图像边缘的无效区域,即由于畸变而扭曲或不可见的区域。

代码 6-4　cv2.initUndistortRectifyMap 函数

```
map1, map2 = cv2.initUndistortRectifyMap(cameraMatrix, distCoeffs, R, newCameraMatrix, size,
m1type[, map1[, map2]]) -> map1, map2
```

- map1: 返回值。输出的第一个映射,用于将输入图像的像素坐标映射到校正后的图像中。表示 X 方向的映射。
- map2: 返回值。输出的第二个映射,用于将输入图像的像素坐标映射到校正后的图像中。表示 Y 方向的映射。
- cameraMatrix: 相机的内参矩阵,包括焦距和主点坐标。
- distCoeffs: 相机的畸变系数,用于描述镜头畸变的程度。
- R: 可选的旋转矩阵,用于将图像从相机坐标系转换为规范化的坐标系,默认值为 3×3 的单位矩阵。
- newCameraMatrix: 新的相机内参矩阵,通常是在校正后的图像中使用内参矩阵。如果不指定,则默认使用 cameraMatrix。
- size: 输出校正映射的图像尺寸,格式为(width, height),表示校正后的图像的宽度和高度。
- m1type: 输出映射的数据类型。

代码 6-5　cv2.remap 函数

```
dst = cv2.remap(src, map1, map2, interpolation[, dst[, borderMode[, borderValue]]]) -> dst
```

- dst: 返回值。目标图像,其大小与 map1 相同,类型与 src 相同。
- src: 输入图像。
- map1: 第一张映射图,包含目标图像每个像素在源图像中的 x 坐标。
- map2: 第二张映射图,包含目标图像每个像素在源图像中的 y 坐标。
- interpolation: 插值方法。默认值为 cv2.INTER_LINEAR,即线性插值法。更多方法可参考 OpenCV 帮助手册。
- borderMode(可选参数): 像素外推方法。默认值为 cv2.BORDER_CONSTANT,表示使用常数值(由 borderValue 指定)填充边界外的区域。更多方法可参考 OpenCV 帮助手册。
- borderValue(可选参数): 在 borderMode 设置为 cv2.BORDER_CONSTANT 时使用的填充值。默认值为 0,表示边界外区域的像素值为黑色。

代码 6-6　cv2. undistort 函数

```
dst = cv2.undistort(src, cameraMatrix, distCoeffs[, dst[, newCameraMatrix]]) -> dst
```

- dst: 返回值。校正后的图像,与 src 具有相同的大小和类型。
- src: 输入图像,即需要进行畸变校正的图像。
- cameraMatrix: 相机的内参矩阵,包括焦距、光心等信息。通常通过相机标定得到。
- distCoeffs: 相机的畸变系数,用于描述镜头畸变的程度。
- newCameraMatrix(可选参数): 指定新的相机矩阵,用于调整图像的视场和图像的中心。如果未指定(默认为 None),则使用与 cameraMatrix 相同的矩阵。

代码 6-7　cv2. getOptimalNewCameraMatrix 函数

```
newCameraMatrixl, validPixROI = cv2.getOptimalNewCameraMatrix(cameraMatrix, distCoeffs,
imageSize, alpha[, newImgSize[, centerPrincipalPoint]]) -> newCameraMatrix, validPixROI
```

- newCameraMatrix: 返回值。输出的新相机内参矩阵。
- validPixROI: 返回值。表示修正后图像中有效像素的矩形区域。
- cameraMatrix: 输入的相机内参矩阵。
- distCoeffs: 输入的畸变系数向量。如果向量为空,则假设畸变系数为零。
- imageSize: 原始图像大小。
- alpha: 自由缩放参数,范围在 0(当所有未畸变图像中的像素都有效时)～1(当所有源图像像素都保留在未畸变图像中时)之间。
- newImgSize(可选参数): 校正后的图像大小。默认值为 imageSize,即使用原始图像的大小作为新的图像大小。更多参数可查看 OpenCV 帮助手册。
- centerPrincipalPoint(可选参数): 指示在新的相机内参矩阵中,主点是否应位于图像中心。默认值为 False,主点位置会被优化以最佳匹配校正后的图像,而不是固定在图像中心。更多参数可查看 OpenCV 帮助手册。

【例 6-2】　分别使用两种校正方法对所给图像进行校正。方法一:使用 cv2. initUndistort-RectifyMap 函数计算出校正图像所需要的映射矩阵,之后利用 cv2. remap 函数去除原图像中的畸变;方法二:直接使用 cv2. undistort 函数进行校正,最后对比两种方法的校正效果并展示校正前后的图像。

例 6-2

代码如下,运行结果如图 6-7 所示。

```
1    import ...
2    # 单目标定
3    ...
4    # 校正一幅图像并展示
5    img = cv2.imread(images[4])
6    h, w = img.shape[:2]
7    # 方法一:使用 initUndistortRectifyMap 和 remap
8    newCameraMatrix, roi = cv2.getOptimalNewCameraMatrix(mtx, dist, (w, h), 1, (w, h))
9    map1, map2 = cv2.initUndistortRectifyMap(mtx, dist, None, newCameraMatrix, (w, h), cv2.
CV_16SC2)
10   undistorted_img1 = cv2.remap(img, map1, map2, cv2.INTER_LINEAR)
11   # 方法二:使用 undistort
12   undistorted_img2 = cv2.undistort(img, mtx, dist, None, newCameraMatrix)
13   # 裁剪图像以去除无效区域
14   x, y, w, h = roi
15   undistorted_img1 = undistorted_img1[y:y + h, x:x + w]
16   undistorted_img2 = undistorted_img2[y:y + h, x:x + w]
17   # 显示图像
18   ...
```

　　这段代码进行了上一节的单目标定操作,获取相机的内参矩阵和畸变系数。选取一张原始图像应用两种校正方法。一种是使用 cv2. getOptimalNewCameraMatrix 函数计算最优的新相机矩阵,这个新相机矩阵用于校正畸变并可能调整视场,以便通过 roi 变量去除图像边缘的无效区域。接着,用 cv2. initUndistortRectifyMap 函数生成两个映射矩阵,这两个映射矩阵定义了从畸变图像到校正后图像的像素映射关系。最后,通过 cv2. remap 函数使用前面生成的映射关系,将畸变图像映射到校正后的图像,其中 cv2. INTER_LINEAR 表示使用双线性插值方法进行像素值的计算。另一种是直接用 cv2. undistort 函数对输入的畸变图像进行畸变校正。两种校正后的图像会被裁剪,去除无效区域并显示结果图像。

图 6-7　部分单目校正前后图像对比结果

6.1.4　单目投影

　　单目投影是通过单个摄像头或相机将三维世界中的点或物体投影到二维图像平面上的过程。这一过程的基本原理是利用相机的内参和外参,通过式(6-1)将三维点坐标转换为二维图像上的像素坐标。在 OpenCV 库中,可以使用 cv2. projectPoints 函数(代码 6-8)来完成这一投影操作,并且可以在标定过程中进行重投影,计算重投影误差,评估标定的准确性。相关示例见例 6-3。

代码 6-8　cv2. projectPoints 函数

```
imagePoints, jacobian = cv2. projectPoints ( objectPoints, rvecs, tvecs, cameramMatrix,
distCoeff[, imagePoints [, jacobian [, aspectRatio]]]) -> imagePoints, jacobian
```

- imagePoints:返回值。输出的图像点数组,表示在图像平面上的 2D 投影点。
- jacobian:返回值。输出的雅可比矩阵,用于优化和计算,包含图像点相对于旋转向量、平移向量、焦距、主点坐标和畸变系数的导数。
- objectPoints:表示相对于世界坐标系的对象点数组。可以是 $3 \times N / N \times 3$ 的单通道或 $1 \times N / N \times 1$ 的三通道,其中 N 是视图中点的数量。
- rvecs:旋转向量,用于从世界坐标系到相机坐标系的基变换。
- tvecs:平移向量,用于从世界坐标系到相机坐标系的基变换。
- cameraMatrix:相机内参矩阵,包括焦距和像素尺寸等。
- distCoeff:相机的畸变系数,包括径向畸变和切向畸变等。
- aspectRatio(可选参数):"固定宽高比"参数。默认值为 0,表示函数不会假设焦距的宽高比 f_x / f_y 固定,如果该参数不为 0,函数假定宽高比 f_x / f_y 是固定的,并相应地调整雅可比矩阵。

　　【例 6-3】 假定一组三维点坐标,使用 OpenCV 库中的 cv2. projectPoints 函数将三维世界中的点投影到二维图像平面上,展示投影结果。并利用标定的三维坐标进行重投影,计算得到重投影误差。

　　代码如下,运行结果如图 6-8 所示。

例 6-3

```
1    import ...
2    # 单目标定
3    ...
4    # 读取单张棋盘格图像进行投影
5    img = cv2.imread(images[0])
6    # 随机生成 6 个三维空间中的点
7    object_points = np.random.uniform(-0.1, 0.2, size=(6, 3))
8    # 使用第一个图像的旋转向量和平移向量进行投影
9    rvec, tvec = rvecs[0], tvecs[0]
10   # 使用 cv2.projectPoints 函数进行单目投影
11   image_points, _ = cv2.projectPoints(object_points, rvec, tvec, mtx, dist)
12   # 绘制投影点
13   for point in image_points:
14       x, y = int(point[0][0]), int(point[0][1])
15       cv2.circle(img, (x, y), 5, (0, 255, 0), -1)
16       cv2.putText(img, f'({point[0][0]:.5f}, {point[0][1]:.5f})', (x, y - 10), cv2.FONT_
HERSHEY_SIMPLEX, 0.7, (255, 100, 100), 2, cv2.LINE_AA)
17   # 评估重投影误差
18   total_error = 0
19   for i in range(len(objpoints)):
20       # 将世界坐标下的点投影到图像坐标系
21       imgpoints2, _ = cv2.projectPoints(objpoints[i], rvecs[i], tvecs[i], mtx, dist)
22       error = cv2.norm(imgpoints[i], imgpoints2, cv2.NORM_L2) ** 2   / len(imgpoints2)
23       total_error += error
24   mean_error = np.sqrt(total_error / len(objpoints))
25   print(f"重投影误差：{mean_error:.5f}")
26   # 显示结果
27   ...
```

这段代码首先进行了单目标定操作，获取相机的内参矩阵和畸变系数。接着从标定结果中提取一个图像的旋转向量和位移向量，随机生成 6 个三维空间中的点，使用该图像的旋转向量和平移向量，通过 cv2.projectPoints 函数将这些点投影到图像平面上，并在图像中绘制投影点及其坐标。最后，计算并打印了重投影误差，以评估标定的准确性。具体步骤如下：初始化总误差为零，然后将每张图像的世界坐标点投影到图像坐标系中，与实际图像进行比较，计算每张图像的误差并累加，最后得到所有图像的平均重投影误差 mean_error，并显示结果。

图 6-8 展示了单目投影的结果，重投影误差为 0.04100。图中的绿色点是从世界坐标系中的随机三维点投影到图像平面上的位置，每个点旁边标记了其像素坐标。这些标注的坐标用于验证相机标定的精确度，并计算重投影误差，从而评估相机模型的准确性。并且绿色点及其对应的坐标还反映了三维点在图像中的投影效果。

图 6-8　单目投影图与标定重投影误差

6.1.5 单目反投影

在对相机与图像进行标定和校正后,可以利用得到的内参与外参进行投影。但有时需要从二维的像素坐标(u,v)得到真实世界中的三维信息,从而实现对物体位置、尺寸、形状等特征进行测量。这时需要进行反方向的投影,称为反投影,将二维的像素坐标系转换为三维的世界坐标系。

坐标系转换过程是通过相机的内参矩阵将像素坐标转换为相机坐标系中的归一化坐标,再结合相机的外参矩阵进行投影转换,便可推导出世界坐标系中的 X 和 Y 坐标。通常情况下,棋盘格所在的平面是世界坐标系中的 $Z=0$ 平面,这是张正友标定法的基本假设,即世界坐标系中的 Z 坐标为 0,无深度信息。

在 OpenCV 中没有直接提供反投影函数,因此根据单目模型的坐标系转换公式(6-1),对内参与外参矩阵求逆,并归一化相机坐标,得到世界坐标系中的三维坐标。这时需要将三维坐标中的 Z 坐标设置为 0。因为反投影是默认投影到棋盘格所在的平面。值得注意的是,由于单目标定获取的是旋转向量,需要使用 cv2.Rodrigues 函数(代码 6-9)将其转换为旋转矩阵,才能进行求逆操作。为了更好地展示反投影如何将二维像素坐标转换为三维世界坐标,例 6-4 给出了相关示例。

代码 6-9   cv2.Rodrigues 函数

```
dst, jacobian = cv2.Rodrigues(src[, dst[, jacobian]]) -> dst, jacobian
```
- dst: 返回值。输出旋转矩阵(3×3)或旋转向量(3×1 或 1×3)。
- jacobian: 返回值。输出雅可比矩阵(3×9 或 9×3),是输出数组分量相对于输入数组分量的偏导数矩阵。
- src: 返回值。输入旋转向量(3×1 或 1×3)或旋转矩阵(3×3)。

【例 6-4】 通过相机标定后进行坐标系转换,得图像中的三维坐标。最后计算图像中两个三维点之间的距离并显示结果。

代码如下,运行结果如图 6-9 所示。

```
1    import ...
2    # 单目标定
3    ...
4    # 对第一张图像进行坐标系转换
5    img = cv2.imread(images[0])
6    gray = cv2.cvtColor(img, cv2.COLOR_BGR2GRAY)
7    # 取第一个角点和最后一个角点
8    u1, v1 = imgpoints[0][0].ravel()
9    u2, v2 = imgpoints[0][-1].ravel()
10   # 定义函数将二维像素坐标转换为三维世界坐标
11   def to_3D(u, v, K, R, t):
12       K_inv = np.linalg.inv(K)
13       R_inv = np.linalg.inv(R)
14       R_inv_T = np.dot(R_inv, t)
15       coords = np.array([[u], [v], [1]])
16       cam_point = np.dot(K_inv, coords)
```

```
17      cam_R_inv = np.dot(R_inv, cam_point)
18      scale = R_inv_T[2][0] / cam_R_inv[2][0]
19      scale_world = scale * cam_R_inv
20      world_point = scale_world - R_inv_T
21      pt = np.zeros((3, 1), dtype = np.float64)
22      pt[0] = world_point[0]
23      pt[1] = world_point[1]
24      pt[2] = 0
25      pt_arr = np.asarray(pt).squeeze()
26      return pt_arr
27  # 计算三维世界坐标
28  rvec, tvec = rvecs[0], tvecs[0]
29  R, _ = cv2.Rodrigues(rvec)
30  world_coords1 = to_3D(u1, v1, mtx, R, tvec)
31  world_coords2 = to_3D(u2, v2, mtx, R, tvec)
32  # 计算两点之间的三维距离
33  distance = np.linalg.norm(world_coords1 - world_coords2)
34  # 绘制角点
35  ...
36  # 绘制文本
37  ...
38  # 显示图像
39  ...
```

代码首先通过标定过程计算出相机的内参矩阵 cameraMatrix、畸变系数 distCoeffs、旋转向量 rvecs 和平移向量 tvecs。在标定完成后,读取第一张图像,并提取出其中第一个和最后一个角点的二维图像坐标。接着,使用 cv2.Rodrigues 函数将旋转向量转换为旋转矩阵。随后,通过自定义的 to_3D 函数,计算相机内参矩阵(K)和旋转矩阵(R)的逆矩阵,并使用它们将二维图像点坐标转换为三维世界坐标。最后,处理第一张图像,绘制角点、连线并展示三维坐标,计算两个三维点之间的距离。

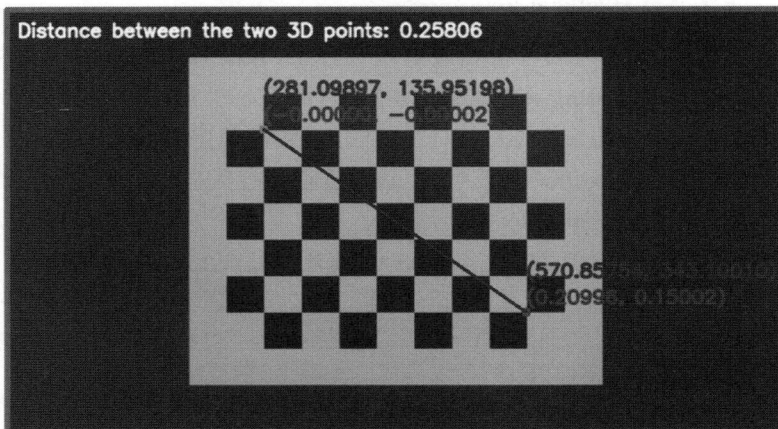

图 6-9　单目反投影结果图

运行结果图显示了检测到的两个角点,一个是绿色的第一个角点,另一个是红色的最后一个角点,并用蓝色直线连接起来。图像顶部显示了这两个点之间的距离为 0.25806。同时,图中还标注了每个角点的 2D 图像坐标以及转换后的 3D 世界坐标。

6.1.6 单目姿态估计

单目姿态估计是指使用单个摄像头的内参、像素坐标系与世界三维坐标系中对应点的坐标,估计该图像视角下的旋转向量和平移向量,即摄像头的姿态参数。如图 6-10 所示的单目姿态估计示意图,当已知点 a_i 的世界坐标系下的三维坐标及其在图像中的二维坐标时,通过应用相机的内参矩阵和畸变系数,可以确定从世界坐标系到相机坐标系的旋转向量和平移向量。

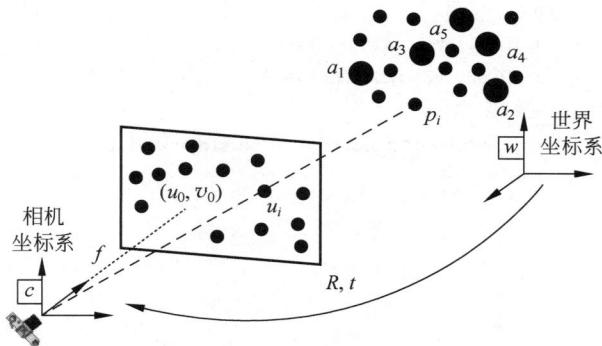

图 6-10　单目姿态估计示意图

常见的方法有两种,PnP 方法和 P3P 方法,用于从已知世界三维坐标系中的点和它们在像素坐标系中的对应点,计算出相机的姿态信息,从而应用到其他的计算机视觉任务中。其中 P3P 方法是 PnP 方法的一个子集,主要区别在于 P3P 方法专注于从已知的三个点来计算姿态,适用于特定情况。而 PnP 方法更为通用,可以通过多个已知点进行姿态估计,因此更灵活且适用于各种单目姿态估计和相机定位问题,可处理更复杂的场景和更多的特征点。选择方法应根据具体问题和数据情况而定。

在 OpenCV 中提供了上述两方法相应的函数,P3P 方法对应的是 cv2. solveP3P 函数,PnP 方法对应的是 cv2. solvePnP 函数(代码 6-10)。由于 cv2. solvePnP 函数中包含了 cv2. solveP3P 函数的功能,故在此只介绍 cv2. solvePnP 函数的使用方法。

然而,如果使用 cv2. solvePnP 函数时,个别数据存在较大误差会影响最终的计算结果。为了解决部分数据具有较大误差的问题,使用 RANSAC 算法可避免部分有较大误差的数据的影响。在 OpenCV 中提供了 PnP 方法与 RANSAC 算法相结合的 cv2. solvePnPRansac 函数(代码 6-11)。

cv2. solvePnP 函数应用示例见例 6-5。

代码 6-10　cv2. solvePnP 函数

```
retval, rvec, tvec = cv2.solvePnP(objectPoints, imagePoints, cameraMatrix, distCoeffs[, rvec
[, tvec[, useExtrinsicGuess[, flags]]]]) -> retval, rvec, tvec
```

- retval: 返回值。表示函数是否成功找到了解。

- rvec：返回值。旋转向量。
- tvec：返回值。平移向量。
- objectPoints：三维坐标系中点的坐标。
- imagePoints：二维像素坐标系中点的坐标，与 objectPoints 参数对应。
- cameraMatrix：相机的内参矩阵。
- distCoeffs：相机的畸变系数。
- useExtrinsicGuess(可选参数)：布尔值，默认值为 False，忽略输入的初始猜测值；如果为 True，则使用输入的 rvec 和 tvec 作为初始猜测值。
- flags(可选参数)：计算方法的标志，默认值为 cv2.SOLVEPNP_ITERATIVE，即基于迭代优化的方法。更多的方法可参考 OpenCV 帮助手册。

代码 6-11 cv2. solvePnPRansac 函数

```
retval, rvec, tvec, inliers = cv2.solvePnPRansac(objectPoints, imagePoints, cameraMatrix,
distCoeffs [, rvec [, tvec [, useExtrinsicGuess [, iterationsCount [, reprojectionError
[, confidence[, inliers[, flags]]]]]]]]) -> retval, rvec, tvec, inliers
```

- retval：返回值。表示 PnP 算法是否成功。True 表示成功，False 表示失败。
- rvec：返回值。旋转向量。
- tvec：返回值。平移向量。
- inliers：返回值。输出向量，包含 objectPoints 和 imagePoints 中内点的索引。
- objectPoints：三维坐标系中点的坐标。
- imagePoints：三维点在图像中对应的像素的二维坐标。
- cameraMatrix：相机的内参矩阵。
- distCoeffs：相机的畸变矩阵。
- useExtrinsicGuess(可选参数)：是否使用旋转向量初值和平移向量初值的标志。默认值为 False，表示从零向量开始优化。若为 True，则使用 rvec 和 tvec 作为初始估计。
- iterationsCount(可选参数)：迭代次数。默认值为 100，表示 RANSAC 算法的最大迭代次数为 100。
- reprojectionError(可选参数)：RANSAC 算法计算的重投影误差的最小值。默认值为 8.0。
- confidence(可选参数)：置信度概率。默认值为 0.99，即置信度概率为 0.99。
- flags(可选参数)：计算方法的标志，默认值为 cv2.SOLVEPNP_ITERATIVE，即基于迭代优化的方法。详细可参考 OpenCV 帮助手册。

【例 6-5】 使用 cv2. solvePnP 函数结合已知三维世界点和二维图像点，计算相机的旋转向量和平移向量，实现单目姿态估计并展示结果。

代码如下，运行结果如图 6-11 所示。

例 6-5

```
1    import ...
2    # 单目标定
3    ...
4    # 对第一张图像进行相机姿态估计
5    img = cv2.imread(images[0])
6    gray = cv2.cvtColor(img, cv2.COLOR_BGR2GRAY)
7    # 估计相机姿态
8    ret, rvec, tvec = cv2.solvePnP(objp, imgpoints[0], mtx, dist)
9    print("此相机姿态下的旋转向量:\n", rvec)
10   print("此相机姿态下的平移向量:\n", tvec)
```

这段代码首先进行了单目标定操作，获取相机的内参矩阵和畸变系数。接着，读取第一张图像并转换为灰度图，然后使用 cv2. solvePnP 函数通过将世界坐标点与图像坐标点匹配，并结合相机的内参和畸变系数，计算相机的旋转向量和平移向量，估计相机在世界坐标系中的位置和方向。最后显示此相机姿态下的旋转向量和平移向量。

图 6-11 显示了相机姿态估计的结果。右图为棋盘格角点图像,棋盘格的每个角点都通过彩色线条连接。左侧的文字部分显示了相机在当前姿态下的旋转向量和平移向量的数值。这些向量表示相机在世界坐标系中的位置和方向,其中旋转向量表示相机相对于世界坐标系的旋转,平移向量表示相机相对于棋盘格在世界坐标系中的位置偏移。根据输出的数值可以看到,旋转向量的数值非常小,表示相机相对于棋盘格的旋转很小,而平移向量的数值则反映了相机相对于棋盘格在世界坐标系各个方向上的位置偏移量。

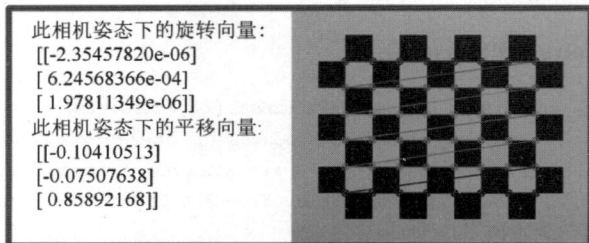

此相机姿态下的旋转向量:
[[-2.35457820e-06]
[6.24568366e-04]
[1.97811349e-06]]
此相机姿态下的平移向量:
[[-0.10410513]
[-0.07507638]
[0.85892168]]

图 6-11 单目姿态估计结果图

彩图 6-11

6.2 双目视觉

双目视觉通过使用两台相机同时捕捉同一场景的不同视角图像,利用视差计算来获取深度信息并实现三维信息的获取。它模拟了人类双眼的工作原理,通过比较左右图像的差异来确定物体的距离和尺寸。本节将与 6.1 节单目视觉一样,介绍双目模型的概念、双目标定、校正、投影、反投影和姿态估计的原理及应用。

6.2.1 双目模型概述

双目相机模型是双目视觉系统的核心,通过使用两台相机同时拍摄同一场景,并通过计算视差来获得三维信息。该模型通过捕捉两个不同视角的图像,从而获取更加准确的深度信息。

双目模型的基本数学模型包括摄像机成像模型和立体匹配模型。成像模型描述了三维点到图像点的映射关系,立体匹配模型则描述了左右图像点之间的对应关系。其中成像模型与单目相机相似,新增了立体匹配模型。图 6-12 展示了双目相机模型的基本结构和原理。

在双目相机系统中,通常会建立左相机坐标系、右相机坐标系和世界坐标系,以描述物体在不同坐标系下的关系。双目相机模型包括两个相机的内参(如焦距、主点位置、镜头畸变等)和外参(两个相机之间的相对位置和方向),以及两者之间的基线距离。基线距离是指两相机之间的距离,它对视差计算和深度估计有重要影响。

通过这些参数可以将两个摄像头拍摄的图像进行配准和立体匹配,以计算视差图并进行三维信息重建。视差图的计算方法包括 SAD(绝对差和)、SSD(平方差和)等,通过立体匹配算法,如块匹配、半全局匹配等,可以找到左右图像点之间的对应关系。双目相机的标

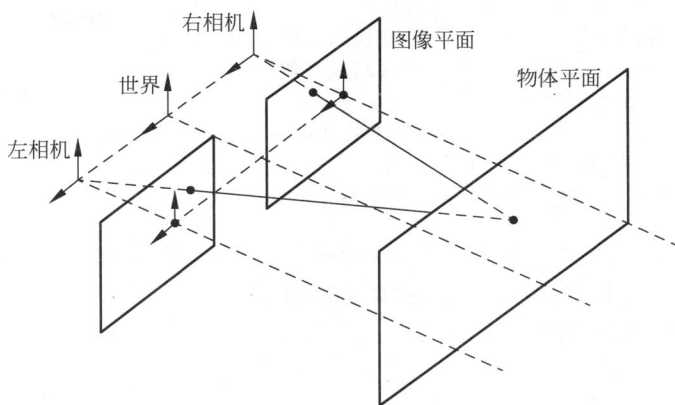

图 6-12　双目相机模型示意图

定方法,通常也可以使用张正友标定法的基本原理,在下节中会详细介绍。

6.2.2　双目标定

双目标定是双目视觉系统中的关键步骤,其目的是确定两个相机的内参和外参。它的标定流程与单目相机相似,都是通过相机在不同位置拍摄同一个棋盘格,然后根据棋盘格内角点在图像中的坐标和世界坐标中的坐标,计算需要标定的参数。不同之处在于双目相机需要两部相机同步拍摄图像。

双目标定的内参是左右相机内参矩阵,外参是右摄像头相对于左摄像头的平移向量和旋转矩阵。在进行双目相机标定之前,需要对两个单目相机分别进行标定。这部分内容在前文已介绍。

在 OpenCV 中,可以使用 cv2. stereoCalibrate 函数(代码 6-12)进行双目相机标定,计算双目的内外参数,单独计算两部相机之间的旋转向量和平移向量等参数。

代码 6-12　cv2. stereoCalibrate 函数

```
retval, cameraMatrix1, distCoeffs1, cameraMatrix2, distCoeffs2, R, T, E, F = cv2. stereoCalibrate
(objectPoints, imagePoints1, imagePoints2, cameraMatrix1, distCoeffs1, cameraMatrix2, distCoeffs2,
imageSize[, R[, T[, E[, F[, flags[, criteria]]]]]]) - > retval, cameraMatrix1, distCoeffs1,
cameraMatrix2, distCoeffs2, R, T, E, F
```

- retval:返回值。标定的整体误差。
- cameraMatrix1:返回值。第一个相机的内参矩阵。
- distCoeffs1:返回值。第一个相机的畸变系数。
- cameraMatrix2:返回值。第二个相机的内参矩阵。
- distCoeffs2:返回值。第二个相机的畸变系数。
- R:返回值。两个相机坐标系之间的旋转矩阵。
- T:返回值。两个相机坐标系之间的平移向量。
- E:返回值。两个相机坐标系之间的本质矩阵。
- F:返回值。两个相机坐标系之间的基础矩阵。
- objectPoints:棋盘格内角点的三维坐标。
- imagePoints1:棋盘格内角点在第一个相机拍摄的图像中的像素坐标。
- imagePoints2:棋盘格内角点在第二个相机拍摄的图像中的像素坐标。
- cameraMatrix1:第一个相机的输入相机内参矩阵。

- distCoeffs1：输入的畸变系数向量。
- cameraMatrix2：第二个相机的输入相机内参矩阵。
- distCoeffs2：第二个相机的输入镜头畸变系数。
- imageSize：图像的尺寸。
- flags(可选参数)：选择双目相机标定算法的标志。默认值为 0,表示所有参数都可以优化。更多标志可参考 OpenCV 帮助手册。
- criteria(可选参数)：迭代优化算法的终止准则。

【例 6-6】　对于所给双目相机图像,首先对两个相机分别进行单目标定,再使用 cv2. stereoCalibrate 函数进行双目标定。最后显示其结果。

代码如下,运行结果如图 6-13 所示。

例 6-6

```
1    import ...
2    # 单目标定部分
3    # 读取左相机和右相机的图片
4    images_left = glob.glob('image/Chessboard_dual/left/ * .png')
5    images_right = glob.glob('image/Chessboard_dual/right/ * .png')
6    ...
7    # 双目标定
8    if len(objpoints) > 0 and len(imgpoints_left) > 0 and len(imgpoints_right) > 0:
9        criteria = (cv2.TERM_CRITERIA_EPS + cv2.TERM_CRITERIA_MAX_ITER, 30, 1e - 6)
10       retval, cameraMatrix1, distCoeffs1, cameraMatrix2, distCoeffs2, R, T, E, F = cv2.
     stereoCalibrate(
11           objpoints, imgpoints_left, imgpoints_right, cameraMatrixL, distCoeffsL,
12           cameraMatrixR, distCoeffsR, grayL.shape[:: - 1], R = None, T = None, E = None, F =
     None,
13           flags = cv2.CALIB_FIX_INTRINSIC, criteria = criteria)
14       # 打印结果
15       ...
```

这段代码首先对左相机和右相机分别进行了单目标定操作,获取左相机和右相机的内参矩阵和畸变系数。第二步,通过 if 语句检查是否有足够的棋盘格世界坐标和图像角点数据。如果数据充足,代码继续执行。第三步,设置迭代终止准则,规定算法在达到一定精度或最大迭代次数(30 次)时停止,精度要求设置为 1e-6。第四步,输入三维棋盘格的世界坐标和左右相机的图像坐标,并结合每个相机的内参矩阵和畸变系数使用 cv2. stereoCalibrate 进行双目标定,计算出两个相机的旋转矩阵、平移向量、本质矩阵和基础矩阵。在标定过程中,flags = cv2.CALIB_FIX_INTRINSIC 指定内参矩阵保持不变,只优化外参。最后,显示标定结果。

图 6-13 显示了双目相机标定的结果。上侧图为棋盘格角点图像,棋盘格的每个角点都通过彩色线条连接。下侧的文字为双目标定的结果。其中,相机 1 的内参矩阵表示其焦距约为 316(x 方向)和 177(y 方向)像素,主点位于 $(414.35,238.15)$ 像素位置。相机 2 的内参矩阵显示其 x 方向焦距约为 320 像素,y 方向焦距约为 180 像素,主点位于 $(433.97,238.92)$。两台相机的畸变系数反映了镜头的畸变程度,主要是径向畸变和轻微的切向畸变。平移向量表明相机 2 相对于相机 1 在 x 方向上左移了 0.24m,z 方向上前移了 0.11m。本质矩阵和基础矩阵则描述了相机间的几何关系,基础矩阵主要用于立体视觉中的图像匹配和极线约束。

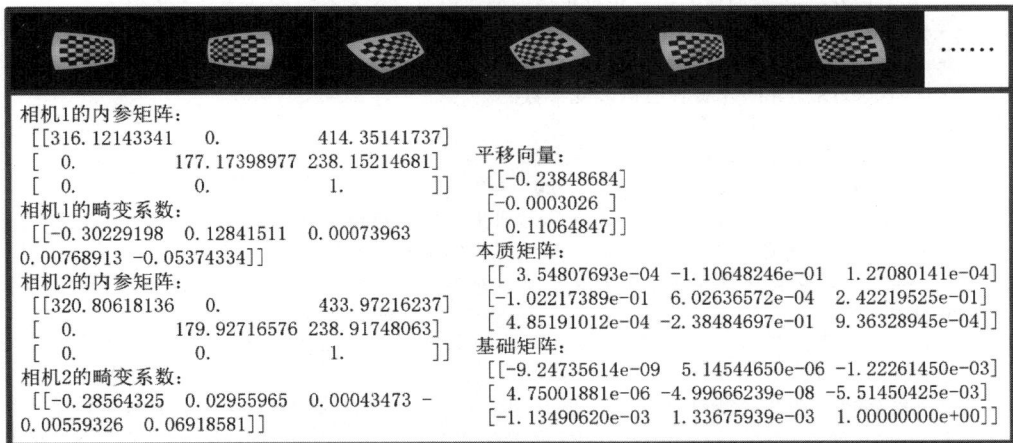

相机1的内参矩阵:
[[316.12143341   0.   414.35141737]
 [0.   177.17398977 238.15214681]
 [0.   0.   1.   ]]
相机1的畸变系数:
[[-0.30229198 0.12841511 0.00073963
0.00768913 -0.05374334]]
相机2的内参矩阵:
[[320.80618136   0.   433.97216237]
 [0.   179.92716576 238.91748063]
 [0.   0.   1.   ]]
相机2的畸变系数:
[[-0.28564325 0.02955965 0.00043473 -
0.00559326 0.06918581]]

平移向量:
[[-0.23848684]
 [-0.0003026]
 [0.11064847]]
本质矩阵:
[[3.54807693e-04 -1.10648246e-01 1.27080141e-04]
 [-1.02217389e-01 6.02636572e-04 2.42219525e-01]
 [4.85191012e-04 -2.38484697e-01 9.36328945e-04]]
基础矩阵:
[[-9.24735614e-09 5.14544650e-06 -1.22261450e-03]
 [4.75001881e-06 -4.99666239e-08 -5.51450425e-03]
 [-1.13490620e-03 1.33675939e-03 1.00000000e+00]]

图 6-13　双目相机标定结果图

6.2.3　双目校正

双目校正是指对双目相机拍摄的图像进行几何校正,消除相机镜头的畸变,使左右相机的图像对齐,从而便于进行立体匹配和深度计算。通过双目校正,可以提高立体匹配的精度,减少误匹配,提高深度估计的可靠性。

双目校正过程包括以下两个主要步骤:

(1) 畸变校正:利用相机的内参去除镜头的径向和切向畸变,以及图像中心的畸变,确保图像中的直线在图像中仍然保持直线,从而提高后续立体匹配的准确性。

(2) 极线校正:将两幅图像的扫描线对齐,使得在极线上对应点的像素位置在同一水平线上,减少立体匹配的计算复杂度和误匹配的风险。极线校正通过旋转和平移图像,使它们的投影平面共面,并确保在极线上的对应点具有一致的几何关系。

双目校正通过对两个相机的图像进行几何变换,使它们在同一坐标系下对齐,简化立体匹配过程,提高深度估计的精度和可靠性。OpenCV2 提供了 cv2.stereoRectify 函数(代码 6-13),用于根据双目相机的标定结果对图像进行校正。该函数返回校正后的相机矩阵和投影矩阵,使得立体视觉处理更加简便和准确。接着,再使用 cv2.initUndistortRectifyMap(代码 6-4)分别计算出左右相机校正图像所需的映射矩阵,之后利用 cv2.remap 函数(代码 6-5)去除原图像中的畸变。

代码 6-13　cv2.stereoRectify 函数

```
R1, R2, P1, P2, Q, validPixROI1, validPixROI2 = cv2.stereoRectify(cameraMatrix1, distCoeffs1,
cameraMatrix2, distCoeffs2, imageSize, R, T[, R1[, R2[, P1[, P2[, Q[, flags[, alpha
[, newImageSize]]]]]]]]) -> R1, R2, P1, P2, Q, validPixROI1, validPixROI2
```

- R1:返回值。输出的第一个相机的 3×3 旋转矩阵。
- R2:返回值。输出的第二个相机的 3×3 旋转矩阵。
- P1:返回值。输出的 3×4 投影矩阵。
- P2:返回值。输出的 3×4 投影矩阵。
- Q:返回值。4×4 视差-深度映射矩阵(重投影矩阵),如果不传入,OpenCV 会自动计算并返回该矩阵。

- validPixROI1：返回值。第一张校正后的图像中所有像素有效的可选输出矩形。
- validPixROI2：返回值。第二张校正后的图像中所有像素有效的可选输出矩形。
- cameraMatrix1：第一个摄像机的内参矩阵。
- distCoeffs1：第一个摄像机的畸变参数。
- cameraMatrix2：第二个摄像机的内参矩阵。
- distCoeffs2：第二个摄像机的畸变参数。
- imageSize：用于立体校正的图像尺寸。
- R：从第一个摄像机坐标系到第二个摄像机坐标系的旋转矩阵。
- T：从第一个摄像机坐标系到第二个摄像机坐标系的平移向量。
- flags(可选参数)：操作标志，默认值为 0，表示不设置特殊标志。更多标志可参考 OpenCV 帮助手册。
- alpha(可选参数)：自由缩放参数。默认值为 -1，表示使用默认缩放。更多用法可参考 OpenCV 帮助手册。
- newImageSize(可选参数)：校正后的新图像分辨率。默认值为(0, 0)，表示保持原始的图像尺寸。

双目校正是在双目标定的基础上进行的，需要用到双目标定的结果，为了能够更直观地展示双目校正的效果，需要在例 6-6 的基础上做进一步的处理，例 6-7 给出了实现双目校正的具体程序。

【例 6-7】 使用 cv2.stereoRectify 函数计算校正变换矩阵，之后利用 cv2.initUndistortRectifyMap 函数生成校正映射，再用 cv2.remap 函数进行校正映射，最后保留并对比校正前后的图像。

例 6-7

代码如下，运行结果如图 6-14 所示。

```
1    import ...
2    # 标定部分
3    ...
4    # 双目校正
5    if len(objpoints) > 0 and len(imgpoints_left) > 0 and len(imgpoints_right) > 0:
6        R1, R2, P1, P2, Q, validPixROI1, validPixROI2 = cv2.stereoRectify(cameraMatrix1,
    distCoeffs1, cameraMatrix2, distCoeffs2, grayL.shape[::-1], R, T, flags = cv2.CALIB_ZERO_
    DISPARITY, alpha = -1)
7        map1x, map1y = cv2.initUndistortRectifyMap(cameraMatrix1, distCoeffs1, R1, P1,
    grayL.shape[::-1], cv2.CV_32FC1)
8        map2x, map2y = cv2.initUndistortRectifyMap(cameraMatrix2, distCoeffs2, R2, P2,
    grayR.shape[::-1], cv2.CV_32FC1)
9        # 显示原图像与校正后的图像
10       for idx, (img_left, img_right) in enumerate(zip(images_left, images_right)):
11           # 读取图像
12           imgL = cv2.imread(img_left)
13           imgR = cv2.imread(img_right)
14           # 校正图像
15           rectifiedL = cv2.remap(imgL, map1x, map1y, cv2.INTER_LINEAR)
16           rectifiedR = cv2.remap(imgR, map2x, map2y, cv2.INTER_LINEAR)
17           # 水平拼接原图像和校正后的图像
18           concat_top = cv2.hconcat([imgL, imgR])
19           concat_bottom = cv2.hconcat([rectifiedL, rectifiedR])
20           # 垂直拼接图像
21           concatenated_img = cv2.vconcat([concat_top, concat_bottom])
```

22 ♯ 显示拼接后的图像

这段代码首先进行了双目标定操作,获取两个相机的内参矩阵、畸变系数以及相对位置关系。在双目校正过程中,根据双目标定的结果通过 cv2. stereoRectify 函数计算校正所需的映射矩阵,分别对左右相机使用 cv2. initUndistortRectifyMap 函数生成映射表(map1x,map1y,map2x,map2y),这些映射表用于对图像进行几何校正和畸变消除。接下来,遍历左右相机的图像,读取每组图片,并使用 cv2. remap 函数对图像进行校正处理,以消除相机之间的畸变和错位。再使用 cv2. hconcat 函数将校正前后的左右相机图像分别进行水平拼接(concat_top 为原始图像,concat_bottom 为校正图像),最后使用 cv2. vconcat 函数将这些拼接后的结果垂直拼接,形成一个完整的对比图(原始图像在上,校正图像在下),并显示出来。

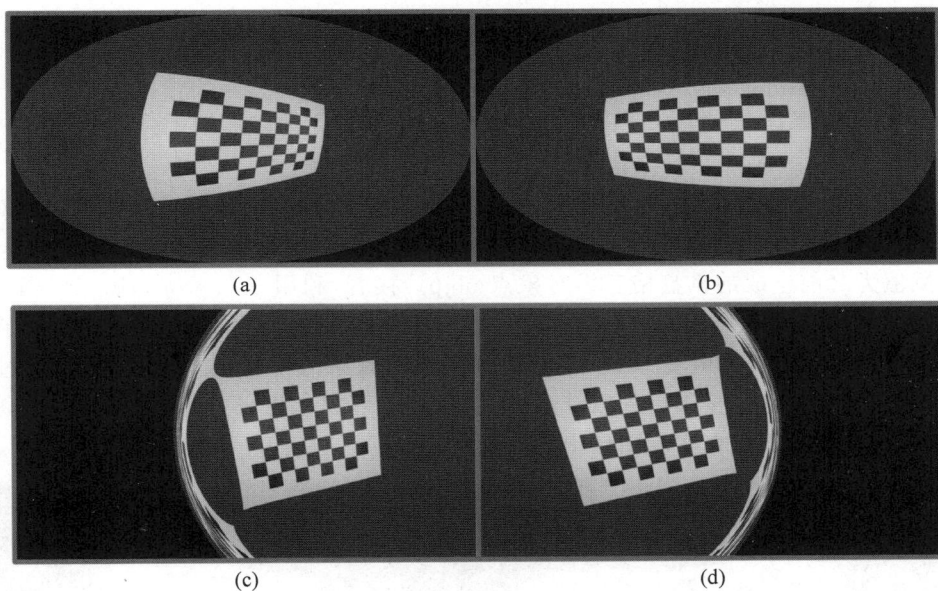

图 6-14 部分双目校正前后图像对比结果
(a) 左相机原图;(b) 右相机原图;(c) 左相机校正后图像;(d) 右相机校正后图像

6.2.4 双目投影

双目投影是指通过两个摄像头或相机从不同视角拍摄三维世界中的点或物体,并将其投影到各自的二维图像平面上的过程。其基本原理是通过两台相机各自的内参矩阵与外参矩阵,将三维世界坐标点分别投影到左右两个图像平面的像素坐标系中。

双目投影通常涉及使用两组投影矩阵将三维坐标转换为两组二维坐标。每组投影矩阵包括相机的内参和外参,以及投影类型(透视或正交)。双目投影的步骤与单目投影类似,都是通过 OpenCV 库中的 cv2. projectPoints 函数(代码 6-8)将三维点云投影回二维图像平面。

【例 6-8】 对所给图像进行标定后,利用 cv2. projectPoints 函数将三维世界坐标点投影到二维图像上。最后,展示并保存结果。

代码如下,运行结果如图 6-15 所示。

例 6-8

```
1    import ...
2    # 标定部分
3    ...
4    # 对第 1 张图像进行投影
5    imgL = cv2.imread(images_left[0])
6    imgR = cv2.imread(images_right[0])
7    # 定义示例的三维投影点
8    example_points_3D = objp
9    # 将世界坐标系中的三维点投影到左右相机图像平面
10   projected_points_2D_left, _ = cv2.projectPoints(example_points_3D, rvecsL[0], tvecsL
[0], cameraMatrix1, distCoeffs1)
11   projected_points_2D_right, _ = cv2.projectPoints(example_points_3D, rvecsR[0], tvecsR
[0], cameraMatrix2, distCoeffs2)
12   for point in projected_points_2D_left:
13       cv2.circle(imgL, tuple(point[0].astype(int)), 10, (0, 255, 0), -1)
14   for point in projected_points_2D_right:
15       cv2.circle(imgR, tuple(point[0].astype(int)), 10, (0, 255, 0), -1)
16   # 显示水平拼接图像
17   ...
```

这段代码首先进行了双目标定操作,获取两个相机的内参矩阵、畸变系数以及相对位置关系。其次,选择第一对图像进行三维点投影。再次,定义了三维投影点 example_points_3D,并将其赋值为之前生成的棋盘格三维对象点 objp。接着,利用 cv2.projectPoints 函数将三维世界坐标点(example_points_3D)投影到二维图像上,该函数的输入包括相机的旋转向量、平移向量、内参矩阵和畸变系数,从而得到左右图像中的投影点坐标。最后,通过 cv2.circle 函数在图像上标记投影后的二维点,绘制圆点以可视化投影效果,并拼接左右图像进行显示,以便观察投影点在实际图像中的位置。

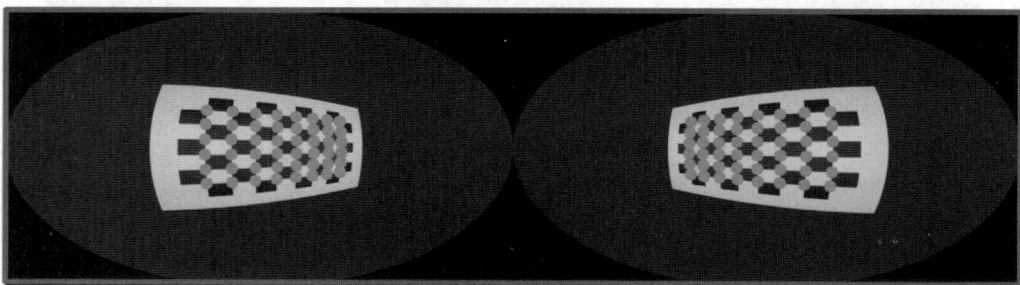

图 6-15　双目投影图

6.2.5　双目姿态估计

双目姿态估计与单目姿态估计类似,其核心是估计两个相机视角下的旋转向量和平移向量。通常会把双目看成两个单目,分别进行单目姿态估计。

OpenCV 提供了相关函数如 cv2.solvePnP(代码 6-10)和 cv2.solvePnPRansac 函数(代码 6-11)来实现姿态估计,分别用于精确求解和通过 RANSAC 算法提高求解的鲁棒性。为了更好地学习双目姿态估计,例 6-10 展示了如何利用这些函数从立体视觉系统中获取双目姿态信息。

【例 6-9】　首先对所给图像进行双目标定,再使用 OpenCV 库中的 cv2.solvePnPRansac 函数对校准结果进行双目姿态估计,最后,观察并保留其结果。

例 6-9

代码如下,运行结果如图 6-16 所示。

```
1    import ...
2    # 用标定图集里的第 1 张图进行姿态估计
3    if len(objpoints) > 0 and len(imgpoints_left) > 0 and len(imgpoints_right) > 0:
4        imgL = cv2.imread(images_left[0])
5        imgR = cv2.imread(images_right[0])
6        # 使用 solvePnPRansac 计算左相机姿态
7        retvalL, rvecL, tvecL, inliersL = cv2.solvePnPRansac(objp, imgpoints_left[0],
cameraMatrix1, distCoeffs1)
8        # 使用 solvePnPRansac 计算右相机姿态
9        retvalR, rvecR, tvecR, inliersR = cv2.solvePnPRansac(objp, imgpoints_right[0],
cameraMatrix2, distCoeffs2)
10       # 将旋转向量转换为旋转矩阵
11       R_matL, _ = cv2.Rodrigues(rvecL)
12       R_matR, _ = cv2.Rodrigues(rvecR)
13       # 打印姿态信息
14       ...
```

这段代码首先进行了双目标定操作,获取两个相机的内参矩阵、畸变系数以及相对位置关系。然后,检查是否有足够的标定数据(对象点和图像点)进行姿态估计。接着,通过读取第一对左、右相机的图像,并使用 cv2.solvePnPRansac 函数来计算相机的姿态,包括旋转向量和位移向量。这些参数通过相机的内参矩阵、畸变系数以及图像中的角点位置进行计算。随后,使用 cv2.Rodrigues 函数将旋转向量转换为旋转矩阵。最后,显示姿态估计结果。

图 6-16 中上侧图像为棋盘格角点图像,下侧内容展示了左、右相机相对于棋盘格的姿态信息。左相机的旋转矩阵显示其主要方向与世界坐标轴大致对齐,但在 Z 轴方向上有少许旋转,而平移向量表明左相机在 X 和 Y 方向上略微向负方向偏移,距离棋盘格约 0.197m。右相机的旋转矩阵与左相机类似,但在空间中的旋转状态略有不同,其平移向量则表明右相机距离棋盘格更远,特别是在 Z 方向上为 0.280m,且在 X 方向上有更大的偏移。其中平移向量的差异反映了相机间的基线距离,旋转矩阵的差异则显示了它们的相对方向。

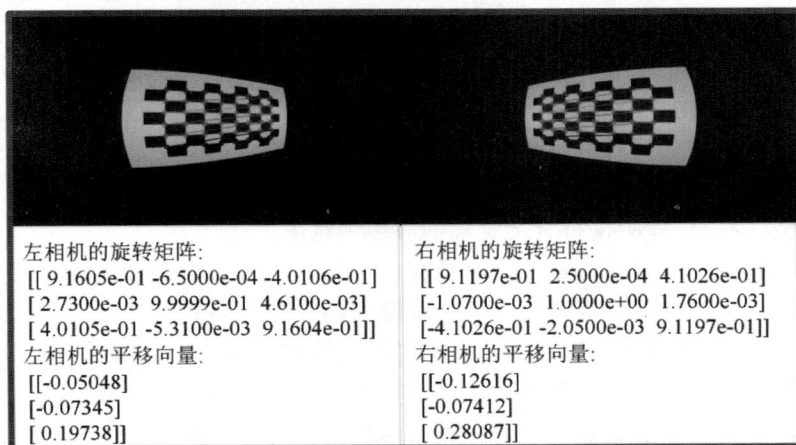

图 6-16　双目姿态估计运行结果图

6.3 多目视觉

多目视觉是指使用三个或更多的摄像头同时捕捉同一场景的不同视角图像,通过分析这些图像之间的视差和关系实现深度感知。多目视觉技术在自动驾驶、机器人导航、虚拟现实等领域具有广泛的应用。相比单目视觉和双目视觉,多目视觉能够提供更丰富的深度信息、更高的精度和更大范围场景的捕捉。

6.3.1 多目视觉概述

多目视觉系统通常由三个或更多的摄像头组成,这些摄像头按照特定的几何布局安装在固定的结构上。通过这些摄像头同步拍摄同一场景的多个角度,系统能够捕捉到更丰富的视角信息,从而在三维重建和深度感知的过程中提供更高的精度。相比单目和双目视觉,多目视觉系统的优势在于其对复杂场景和动态物体处理的鲁棒性与灵活性。

这种系统不仅能够对单个场景进行精确的三维感知,还能通过多摄像头的布局扩展视野范围,尤其适用于大范围的环境监控或复杂的动态场景。通过增加摄像头的数量并结合图像拼接与视差计算,多目视觉系统可以执行更广泛的计算机视觉任务。例如,在某些应用中,摄像头以球形布局排列,提供完整的360°全方位视觉输入。这在诸如虚拟现实(VR)视频拍摄、自动驾驶车辆感知系统、无人机视觉避障系统等领域极具价值。

1. 多目视觉的应用

在消费级应用中,多目视觉的应用越来越广泛。以 VR 为例,多个摄像头共同捕捉不同角度的视频,随后通过算法拼接图像,生成沉浸式的全景视频体验。无人机避障系统通过多目视觉实现对周围障碍物的高精度识别与实时反应,增强了无人机在复杂环境中的飞行安全性。

以特斯拉的自动驾驶系统为例,该系统依赖于一套强大的多目视觉感知体系。特斯拉的车辆配备了 8 个摄像头,这些摄像头以不同的方向和角度布置,提供360°全方位的环境感知。通过这套多目视觉系统,特斯拉的自动驾驶系统能够实时感知车辆周围的道路、其他车辆、行人以及交通标志等信息,确保自动驾驶的安全性和有效性。更重要的是,多目视觉使系统在复杂交通场景下(如高速公路的车道变换、城市道路的行人识别)具备更高的精度和应对能力。

在仓库管理和配送中心,通过多个摄像头同步捕捉不同视角的图像,生成高精度的三维模型,帮助实现对货物的实时监控和管理。多目视觉系统可以对货物堆放和搬运过程进行全面监控,确保货物的安全和正确的库存管理,提高物流效率和准确性。图 6-17(a)展示了多目视觉系统在物流仓库中进行货物管理的应用示意图。

在智能安防监控中,多目视觉技术也具有广泛的应用。智能监控系统需要对监控区域进行实时的三维感知,以便更准确地识别和跟踪目标对象。多目视觉系统通过多个摄像头捕捉不同视角的图像,可以提供高精度的三维信息,帮助安防系统实现更精确的目标检测和行为分析。图 6-17(b)展示了智能安防监控系统中多目视觉的应用示意图。

2. 多目视觉的缺点和挑战

尽管多目视觉系统在三维重建、深度感知和大范围场景捕捉中具有明显优势,但它也有

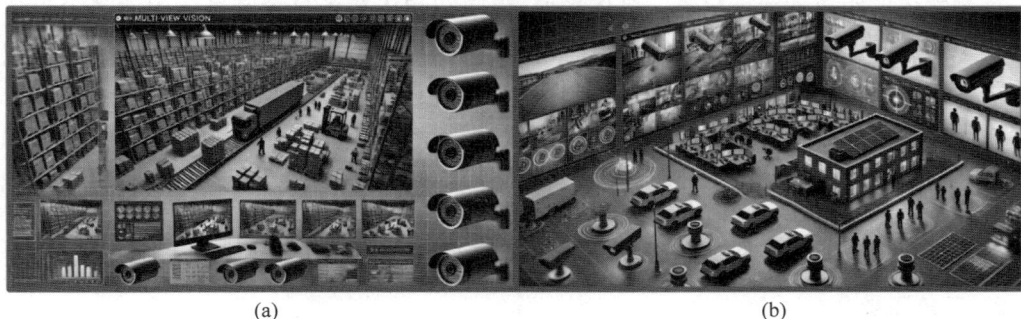

图 6-17 多目视觉系统的应用

(a) 物流仓库中进行货物管理的应用示意图；(b) 智能安防监控系统中多目视觉的应用示意图

一些固有的缺点和挑战。

首先是硬件成本高,多目视觉系统需要多个高质量的摄像头以及同步拍摄的硬件支持,这显著增加了成本。

其次是复杂的标定过程,为了保证每个摄像头的图像能够有效结合并进行三维重建,系统必须进行准确的几何标定。摄像头间的相对位置、角度、镜头畸变等都需要精确校准,尤其是在涉及大范围或高精度的应用中。

还有计算资源消耗大,多目视觉生成的大量图像数据需要强大的计算能力来处理,尤其是在实时应用(如自动驾驶和无人机视觉避障)中。处理多张图像进行深度感知和三维重建的算法复杂,计算资源消耗大,处理延迟的时间也可能较长。

最后是同步问题,多目系统要求多个摄像头同步捕捉场景。如果不同摄像头的帧率不同步,可能导致图像失真或深度计算误差,影响系统的精度和可靠性。

3. 多目视觉与单目视觉的权衡

平衡选择可以根据应用场景的需求来决定。对于需要精确三维信息和深度感知的应用场景,多目视觉系统能够提供更高的精度和鲁棒性。而在一些对成本敏感且对深度无要求的任务中,单目视觉可以作为一种低成本的替代方案。

目前,通常在某些场景下,可以结合使用多目与单目视觉系统,利用单目摄像头进行基础的场景感知和识别,同时使用少数多目摄像头进行关键区域的深度感知和三维重建,从而在成本、计算资源和精度之间取得平衡。

近年来,基于深度学习的单目深度估计算法取得了很大进展,可以在没有多摄像头的情况下估计出场景的深度信息。对于部分低成本应用场景,使用单目视觉加上深度学习算法可以在保持系统简化的同时获得较高的深度感知能力。

6.3.2 多目视觉中的关键技术

多目视觉中的关键技术包括视差计算、三角测量、图像融合等核心技术。这些技术共同作用,帮助多目视觉系统在多种应用中实现高效、准确的三维重建和场景感知。

1. 视差原理

多目视觉技术的核心原理是视差,即通过分析物体在不同摄像头拍摄图像中的位置变化来推测物体的距离和深度信息。具体来说,当同一物体在多目视觉系统中的多个摄像头下被拍摄时,由于摄像头的几何位置不同,该物体在每张图像中的位置也会发生一定的偏移。这种位置偏移就是视差。视差越大,说明物体距离摄像头越近;反之,视差越小,则物体距离摄像头越远。

视差计算的关键步骤是通过特征匹配找到同一物体在不同视角图像中的对应点。通过这些对应点的位置差异,结合摄像头之间的相对位置关系,能够精确推算出物体的深度信息。视差计算通常与立体匹配算法结合,用于对场景中的每一个像素点进行深度估计。

2. 三角测量

三角测量原理也是多目视觉系统中的关键技术之一。通过多个摄像头构建的三角形,结合已知的摄像头间的相对位置,可以计算出物体在三维空间中的精确位置。具体来说,在多目视觉系统中,每个摄像头都能为场景中的物体提供一个独立的视角。通过测量物体在不同图像中的视差,以及已知摄像头之间的几何关系,可以应用三角测量法推算出物体的实际位置和深度。

三角测量的核心在于利用已知的三角形的边长和角度来计算未知的三维坐标。由于多目视觉系统中的摄像头位置是预先标定的,这些信息为物体位置的精确计算提供了基础。因此,三角测量能够在场景的三维重建过程中提供精度较高的深度感知。

3. 图像融合

图像融合是多目视觉系统实现高精度三维感知的第三个关键技术。在多目视觉系统中,摄像头拍摄的每一张图像都包含了不同视角下的场景信息。通过对这些图像进行融合处理,可以生成一个更加全面、精确的三维场景表示。

图像融合的第一步是对各摄像头采集的图像进行特征提取和匹配,即找到不同视角下同一物体的对应点。通过这些对应点的位置关系可以将多个图像的信息合并,进而生成一个更完整的三维模型。接下来,利用拼接和叠加算法对多个图像进行处理,形成一个统一的三维场景。同时,图像融合技术还能提高场景的分辨率和清晰度,减少噪声和误差,从而对复杂场景和动态物体进行更为精细的分析与识别。

本章总结

立体视觉是计算机视觉中的关键领域,通过处理多视角图像来获取三维信息。本章详细解释了立体视觉相关内容,可以分为三个主要方面:

(1)单摄像机进行视觉处理的方法:这一方面包括几个子领域,如单目模型概述、单目标定、单目校正、单目投影、单目反投影以及单目姿态估计,在6.1节中学习。这是立体视觉的重要基础。

(2)双摄像机进行视觉处理的方法:这一方面包括几个子领域,如双目模型概述、双目标定、双目校正、双目投影以及双目姿态估计,在6.2节中学习。这是立体视觉的重要基础。

(3)多目视觉:这一方面介绍了多目视觉的概念以及多目视觉中的关键技术,在6.3节中学习。本节展示多目视觉在不同领域中的应用以及部分关键技术,如视差计算、三角测量、图像融合等。

下面将总结相关内容以及对应的函数代码：

（1）在 6.1.1 节中学习了单目模型相关概念，包括小孔成像模型和坐标系转换等基础知识。在 6.1.2 节中学习了单目标定，建立并使用标定板，按张正友标定法进行标定，介绍了如何使用 cv2.findChessboardCorners 函数、cv2.find4QuadCornerSubpix 函数和 cv2.calibrateCamera 函数的组合。在 6.1.3 节中学习了单目校正，校正相机的内参和外参，以减小或消除图像中的畸变，介绍了如何使用 cv2.initUndistortRectifyMap 函数、cv2.remap 函数、cv2.undistort 函数和 cv2.getOptimalNewCameraMatrix 函数。在 6.1.4 节中学习了单目投影，包括如何进行投影并计算重投影误差，介绍了如何使用 cv2.projectPoints 函数。在 6.1.5 节中学习了单目反投影，如何将二维像素坐标转换为三维世界坐标，介绍了如何使用 cv2.Rodrigues 函数。在 6.1.6 节中学习了单目姿态估计，估计摄像机在三维空间中的位置和朝向，如 P3P 方法和 PnP 方法，介绍了如何使用 cv2.solvePnP 函数、cv2.solvePnPRansac 函数。

（2）在 6.2.1 节中学习了双目模型相关概念。在 6.2.2 节中学习了双目标定，使用标定板进行双目标定，介绍了如何使用 cv2.stereoCalibrate 函数。在 6.2.3 节中学习了双目校正，校正相机的内参和外参，确保图像对齐，介绍了如何使用 cv2.stereoRectify 函数、cv2.initUndistortRectifyMap 函数与 cv2.remap 函数。在 6.2.4 节中学习了双目投影，通过两个摄像头从不同视角拍摄三维世界中的点或物体，并将其投影到二维图像平面上。在 6.2.5 节中学习了双目姿态估计，结合视差信息进行物体的姿态估计，介绍了如何使用 cv2.solvePnP 函数与 cv2.solvePnPRansac 函数。

（3）在 6.3.1 节中学习了多目视觉的概述，包括多目视觉的概念、多目视觉的应用及其缺点和挑战。在 6.3.2 节中学习了多目视觉中的关键技术，包括视差原理、三角测量和图像融合。

思考题与练习题

思考题

6-1　四坐标系之间相互转换的过程中，需要用到哪三种方法？

6-2　解释以下含义：单目校正、单目投影、单目反投影和单目姿态估计。

6-3　简述什么是双目视觉，为什么双目视觉可以更准确地获取深度信息？什么是极线校正，为什么在双目视觉中需要进行极线校正？

6-4　解释如何进行单目反投影？

6-5　描述立体匹配的基本过程，并列举常用的立体匹配算法。

6-6　什么是视差？视差图是什么？视差图是如何生成的？它们在立体视觉中有什么作用？

6-7　简述 PnP 方法和 RANSAC 算法的区别及其在姿态估计中的应用，以及各自在 OpenCV 中对应的函数。

6-8　简述什么是多目视觉，并简单介绍多目视觉中的关键技术。

练习题

6-1　对所给图像进行单目标定与校正，并显示标定与校正结果。

6-2　假设一组已知的三维点坐标,通过计算所给图像中相机的内参矩阵和畸变系数,将这些三维点投影到二维图像平面上,并计算重投影误差。最后展示投影效果。

6-3　在所给棋盘格图像上,选取两个不同的角点进行单目反投影,以此得图像中的三维坐标。最后计算图像中两个三维点之间的距离并显示结果。

6-4　通过计算图像中相机的内参矩阵、畸变系数、像素坐标系与世界三维坐标系中对应点的坐标,进行姿态估计,来估计该图像视角下的旋转向量和平移向量。最后,展示估计结果。

6-5　对所给的一组左相机和右相机图像进行双目标定与校正,并显示标定结果与校正后的图像。

6-6　对所给的一组左相机和右相机图像指定三维坐标进行双目投影。然后,在图像上绘制这些点的位置,以展示投影效果。

6-7　对所给的左右相机图像进行双目姿态估计,以确定双目图像视角下的旋转向量和平移向量。最后,观察并保留其结果。

(注:练习题请使用例题中的数据。)

第 **7** 章

计 算 摄 影

思维导图

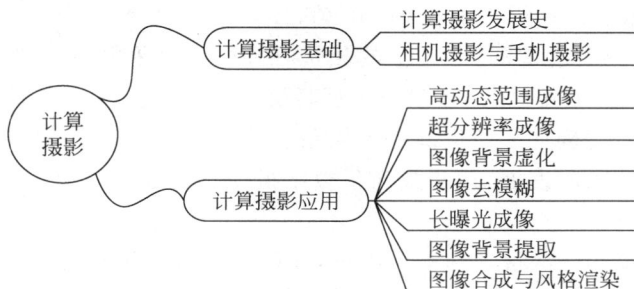

本章开始学习与计算机视觉紧密相关的领域——计算摄影。

计算摄影是指利用计算机视觉算法替代或者增强传统光学过程的数字图像拍摄。计算摄影主要关注计算机视觉中图像捕捉、增强和生成领域,它利用算法以及计算能力来改进或扩展传统摄影的功能,诸如高动态范围成像、多帧超分辨率、去噪、去雾、全景拼接、景深增强等技术。计算摄影的核心在于改进图像捕捉的过程,使得最终生成的图像在质量和表现力上超越传统方法的限制,还涉及对图像进行复杂的后期处理,以获得理想的效果。

计算摄影与图像处理在许多方面相互交织,可以说图像处理是一系列简单的算法,而计算摄影是由一系列简单算法组成的复杂算法,通过复杂算法实现目标。计算摄影可以提供高质量的图像和视频,这些数据可以作为计算机视觉任务的输入,提升视觉系统的分析和识别能力。

本章的主要目的有两个方面:

(1)了解计算摄影的相关发展过程,并学习移动互联网时代下的手机摄影相关知识,以及手机摄影与传统数码相机摄影的区别,对应 7.1 节。

(2)学习计算摄影的相关具体应用,如高动态范围成像、超分辨率成像、图像背景虚化、图像去镜头模糊、长曝光成像、图像背景提取、图像合成与风格渲染,对应 7.2 节。

7.1 计算摄影基础

计算摄影(computational photography)技术广义上是指用于提高和增强数码摄影能力的计算成像技术,目的是生成普通相机难以捕捉的高质量图片。计算摄影学是一门计算机视觉、数字信号处理、图形学等深度交叉的新兴学科,旨在结合计算、数字传感器、光学系统和智能光照等技术,从成像机理上来改进传统相机,并将硬件设计与软件计算能力有机结合,突破经典成像模型和数码相机的局限性,增强或者扩展传统数码相机的数据采集能力,全方位地捕捉真实世界的场景信息。学习计算摄影有助于掌握后续的图像处理方法。

7.1.1 计算摄影发展史

现代数字摄影的发展始终伴随着图像传感器和图像处理算法的进步。

胶片摄影的时代从 20 世纪 30 年代开始,在近 50 年的时间里占据了整个摄影界的主导地位。20 世纪 60 年代,随着 CCD 芯片的研究与开发,航天事业开始应用数字化相机。在 1975 年柯达生产了一台类似机床的数码相机,开启了数码相机时代。此后于 1981 年索尼生产了真正意义上的第一台数码相机 Mavica。第一台商用数码相机出现在 90 年代初,但因其价格昂贵所以未能占据很大的市场。但在 1993 年引入的 CMOS(互补金属氧化物半导体)图像传感器促进了所谓的"芯片上的相机"的发展,使更便宜的设备成为可能。1995 年尼康与富士共同生产的相机 E2 代表着单反相机的数字化。1996 年柯达发布的 DC25 相机中使用了 CF 卡,自此确立了相机储存卡体系。在之后的时间里,相机中的传感器、光学部件和软件算法等技术的发展,逐步提高了数字摄像机的成像质量,使胶片时代逐渐成为过去。

2000 年拍照功能第一次被加到手机当中,在第一部拍照手机诞生后,手机内置拍照功能进入高速发展期。2005 年自动对焦功能被加入手机拍照中。2007 年推出的 iPhone 是移动设备发展的分水岭,改变了手机和相机技术的发展历程。2010 年是移动摄影发展的关键节点,随着无线通信的初步应用和高分辨率屏幕显示器的发展,用户能够在移动设备上欣赏到自己拍摄的照片,而且可以将照片分享给更多人。2010—2013 年手机摄像头的像素也飞速增长。随着手机拍照技术的发展,如今双摄成为手机拍照发展的新趋势。图 7-1 形象地展示了计算摄影的发展史,由第一台数码相机诞生,再到手机的兴起,以芯片和 4G/5G 通信技术为基石,智能手机的计算摄影功能得到了显著提升,并广泛应用于生活中的各个领域。

图 7-1 计算摄影发展史

　　计算摄影的定义也随着设备的更新换代有所不同。最早的计算摄影定义为：计算摄影是由照相机、计算机、软件等与改进的摄影流程相结合的产物。它所得到的图像并非以上部分简单相加而成，计算摄影师采用计算机算法或科学的摄影技术进行艺术处理。2004 年斯坦福大学计算摄影课程以及 2005 年麻省理工专题讨论会上给出的定义是：计算摄影结合了大量的计算、数字传感器、现代光学、激励器、探测器以及巧妙的光线来摆脱传统胶片相机的限制，并且能够创造新颖的图像应用。现如今，针对计算摄影的定义基本上是：使用数字计算而不是光学处理的数字图像捕获和处理技术。

　　计算摄影可以提高照相机的能力，或者引入基于胶片的摄影根本不可能的特征，或者降低照相机元件的成本或尺寸。计算摄影的实例包括数字全景图的照相机内计算、高动态范围图像和光场照相机。光场照相机使用新的光学元件来捕获三维场景信息，然后这些三维场景信息可以用于产生 3D 图像、增强的景深和选择性去聚焦（或"后聚焦"），增强的景深减少了对机械聚焦系统的需要，所有这些特征都会使用到计算成像技术。总体而言，计算摄影是利用计算机软件方法结合现代传感器及现代光学等技术创造出新型摄影设备以及相关应用的综合技术。

7.1.2　相机摄影与手机摄影

1. 相机摄影

　　相机摄影是指利用相机进行摄影创作的一种方式。相机摄影可以利用不同的摄影机身和镜头实现不同的摄影效果与创意，通常需要摄影师具备掌握和调节光线、构图、快门速度、光圈等参数的能力。相机摄影还可以利用各种后期处理软件对拍摄的照片进行编辑和修饰，进一步提升照片的质量和艺术效果。

　　一般相机的主要硬件分为机身与镜头，如图 7-2 所示。

相机　　　　　　　　　机身　　　　　　　　　镜头

图 7-2　一般相机的主要硬件

　　机身主要由外壳、按键、取景器、处理芯片、传感器（CMOS 或 CCD）等组成。外壳的主要作用是保护支撑、便于握持及美观等；按键和屏幕触控的主要作用则是控制相机、调整参数、更换模式等；取景器和屏幕能让使用者看到要拍摄的画面、参数等信息。对成像最有用、最基本的还是处理器和传感器。单反相机全名单镜头反光式照相机，有胶片和数码之分。数码相机最核心的部分是处理器，其中包含中央处理器和图像处理器；中央处理器负责整台相机的所有动作，比如开机、控制相机等；图像处理器负责将传感器记录下来的光学图像信息（模拟信号）转换为数字信号，也就是照片和视频，然后保存到 SD 卡中。

　　镜头主要由镜片、对焦马达、光圈叶片以及对焦环、变焦环等组成，此外还有开关、接口、卡口、标识、镜头防抖、UV 镜等。从功能上讲,不同镜头的技术特征,可以为作品带来不同的视觉特色,如不同的透视感、虚化程度、放大倍率、色彩特征等。镜头的分类有很多方式,但大体可分为变焦和定焦两大类。变焦镜头是指焦距在一定范围内可以变化的镜头,如 $12\sim24$mm,$24\sim70$mm,$70\sim200$mm 等。定焦镜头是指焦距无法改变的镜头,如 35mm,50mm,85mm 等。变焦镜头的取景视野可变,适用于活动场景的快速抓拍,在不更换镜头的情况下拍摄不同景别的照片。同样地,由于变焦镜头的结构更加复杂,光路设计也更加困难,相对于定焦镜头来说,变焦镜头的价格更高、图像质量更差、光圈也更小。定焦镜头由于不需要变焦功能,因此光学设计和机械结构更加简单,可以在较低制造成本的条件下实现更高的画面质量、更大的光圈,并且相对于同样档次变焦镜头更加轻便。同时,相较于变焦镜头而言,定焦镜头的光圈更大,这意味着有利于光线较暗环境下的拍摄,并更容易拍出背景虚化的效果。由于无法变焦,定焦镜头无法改变取景视野的大小,所以定焦镜头在需要快速改变取景视野的工作环境下无法更好地满足拍摄要求。

2．手机摄影

手机摄影是指利用手机进行摄影创作的一种方式。手机计算摄影可以通过手机的摄像头和相关软件来实现图像的捕捉与处理。手机摄影的特点是便携、实用和易于操作。由于手机体积的限制,手机摄影导致手机的摄像模组相对相机的摄像模组较小,因此相对相机更依赖计算摄影,可以通过各种摄影应用软件进行滤镜、修饰和分享。

手机的相机系统可以分为两部分,即传感器模组和定焦镜头模组,如图 7-3 所示。

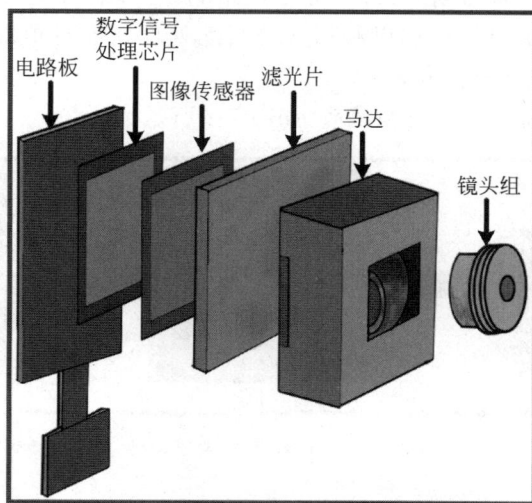

图 7-3　手机相机的主要硬件

手机相机模组通常设计精致小巧,包括镜头、对焦马达、滤光片和感光器。使用多个透镜组合,可提供不同的视场角和焦距以适应不同的拍摄需求。

手机的图像传感器与专业相机类似,但尺寸和功能上有所缩减。手机利用多摄系统(如双摄、三摄)来扩展拍摄能力,如背景虚化、光学变焦和低光条件下的成像优化。但由于体积和电池寿命限制,手机摄像机在传感器大小和光学组件上通常不如专业相机那样多样化和灵活。

7.2　计算摄影应用

计算摄影学被广泛应用于摄影和计算机视觉领域。在摄影领域,计算摄影技术能够改善图像质量、修复瑕疵和增强细节。在计算机视觉领域,图像增强和图像合成等技术提供了清晰、准确的图像数据。本节将学习常见的计算摄影应用技术。

7.2.1　高动态范围成像

高动态范围(high-dynamic range,HDR),又称宽动态范围。在计算机图形学中,高动态范围是用来实现比普通数字图像技术更大曝光动态范围(即更大的明暗差别)的一组技术。高动态范围成像的目的就是要正确地表示真实世界中从太阳光直射到最暗的阴影这样大的范围亮度。

当在强光源(日光、灯具或反光等)照射下的高亮度区域及阴影、逆光等相对亮度较低的区域在图像中同时存在时,摄像机输出的图像会出现明亮区域因曝光过度成为白色,而黑暗区域因曝光不足成为黑色,严重影响图像质量。摄像机在同一场景中对最亮区域及较暗区域的表现是存在局限的,这种局限就是通常所讲的"动态范围"。在谈及摄像机产品拍摄的图像指标时,"动态范围"通常指摄像机对拍摄场景中景物光照反射的适应能力,具体指亮度(反差)及色温(反差)的变化范围。

计算摄影里,HDR 图片是使用多张不同曝光的图片,然后用软件组合成一张图片。它的优势是最终可以得到一张无论在阴影部分还是高光部分都有细节的图片。在正常的摄影当中,或许只能选择两者之一。

在 OpenCV 中,实现高动态范围成像的常用函数主要包括曝光序列融合和色调映射相关的函数。其中曝光序列融合通常使用 cv2.createCalibrateDebevec 函数(代码 7-1)创建 Debevec 校正对象。然后使用 cv2.CalibrateDebevec.process 函数(代码 7-2)来计算曝光响应函数。返回一个或多个响应相关的参数,这些参数将用于后续的 HDR 图像合成。接着,使用 cv2.createMergeDebeve 函数(代码 7-3)创建 Debevec 合并对象。使用 cv2.MergeDebevec.process 函数(代码 7-4)通过校正后的图像序列、曝光时间以及从前一步获得的曝光响应参数来合成 HDR 图像。最后,使用 cv2.createTonemapDrago 函数(代码 7-5)创建 Drago 色调映射对象。使用 cv2.createTonemap.process 函数(代码 7-6)输入 HDR 图像,生成对应的 LDR 版本图像。

代码 7-1　cv2.createCalibrateDebevec 函数

```
retval = cv2.createCalibrateDebevec([,samples[, lambda_[, random]]]) –> retval
```
- retval:返回值。代表辐射度校准对象的实例。
- samples:一个包含多个曝光图像的列表或数组。每个元素都是一张图像的数组(通常是灰度图或已转换为线性域的图像),这些图像应该在不同的曝光设置下拍摄同一场景。
- lambda(可选参数):控制平滑程度的权重参数。数值越大结果越平滑,但也可能导致响应曲线偏离实际测量值。
- random(可选参数):如果真样本像素位置是随机选择的,则为随机,否则形成矩形网格。

代码 7-2　cv2. CalibrateDebevec. process 函数

```
dst = cv2.CalibrateDebevec.process(src, times[, dst]) -> dst
```
- dst: 返回值。代表处理后的 HDR 图像。
- src: 一个图像序列,包含同一场景但不同曝光级别的多个图像。
- times: 与 src 图像序列相对应的曝光时间列表。每个元素代表 src 中相应图像的曝光时间。

代码 7-3　cv2. createMergeDebeve 函数

```
retval = cv2.createMergeDebevec() -> retval
```
- retval: 返回值。代表 Debevec 曝光融合器对象的实例。

代码 7-4　cv2. MergeDebevec. process 函数

```
dst = cv2.MergeDebevec.process(src, times[, dst]) -> dst
```
- dst: 返回值。代表处理后的 HDR 图像。
- src: 一个图像序列,包含同一场景但不同曝光级别的多个图像。
- times: 与 src 图像序列相对应的曝光时间列表。每个元素代表 src 中相应图像的曝光时间。

代码 7-5　cv2. createTonemapDrago 函数

```
retval = cv2.createTonemapDrago([, gamma[, saturation[, bias]]]) -> retval
```
- retval: 返回值。创建 Drago 色调映射器对象,用于将 HDR 图像动态范围压缩到 LDR 显示范围。
- gamma(可选参数):控制图像亮度和对比度的参数。较高的值会使图像的暗部更暗,亮部更亮,从而增加对比度。较低的 gamma 值则会使图像整体变亮,减少对比度。默认值由函数的具体实现决定。
- saturation(可选参数):用于控制图像的色彩饱和度。值大于 1 增加饱和度,而值小于 1 减少饱和度。
- bias(可选参数):调整图像的亮度基准点或用于控制曝光校正的强度。偏差函数值在[0,1]范围内。通常取值在 0.7～0.9 之间,可以得到较好的效果,默认值为 0.85。

代码 7-6　cv2. Tonemap. process 函数

```
dst = cv2.Tonemap.process(src[, dst]) -> dst
```
- dst: 返回值。代表色调映射后的图像。
- src: 图像序列,代表要应用色调映射的 HDR 图像。

【例 7-1】　对同一场景拍摄的一组曝光序列图片,运用 HDR 技术通过曝光序列融合和色调映射,生成 LDR 图像。

例 7-1

代码如下,运行结果如图 7-4 所示。

```
1   import ...
2   # 读取曝光序列图片与曝光时间
3   images = [cv2.imread('image/Exposure_ image_1.jpg'),
4   cv2.imread(' image/Exposure_ image_2.jpg'),
5   cv2.imread(' image/Exposure_ image_3.jpg')]
6   exposure_times = np.array([200, 1600, 12800], dtype = np.float32)
7   # 创建 Debevec 校正对象并处理响应
8   calibrateDebevec = cv2.createCalibrateDebevec()
9   response = calibrateDebevec.process(images, times = exposure_times)
10  # 创建 Debevec 合并对象并合成 HDR 图像
```

```
11  mergeDebevec = cv2.createMergeDebevec()
12  hdr = mergeDebevec.process(images, times = exposure_times, response = response)
13  # 创建 Drago 色调映射对象并处理 LDR 图像
14  tonemapDrago = cv2.createTonemapDrago(1.0, 0.7)
15  ldr = tonemapDrago.process(hdr)
16  # 转换 HDR 图像到 8 位范围(0-255)并保存 LDR 图像
17  ldr = np.clip(ldr * 255, 0, 255).astype('uint8')
18  output_path = 'ldr_result.jpg'
19  cv2.imwrite(output_path, ldr)
20 print(f"LDR 图像已保存至:{output_path}")
21  # 显示 LDR 图像
22  cv2.imshow('LDR Image', ldr)
23  cv2.waitKey(0)
24  cv2.destroyAllWindows()
```

图 7-4　高动态范围成像结果

首先导入必要的函数库,读取曝光序列图片与曝光时间,然后使用 cv2.createCalibrate Debevec 函数和 cv2.CalibrateDebevec.process 函数创建 Debevec 校正对象并处理响应,使用 cv2.createMergeDebevec 函数和 cv2.MergeDebevec.process 函数创建 Debevec 合并对象并合成 HDR 图像。接着,使用 cv2.createTonemapDrago 函数创建 Drago 色调映射对象,再通过该对象的 process 方法(即 cv2.TonemapDrago.process)处理 HDR 图像以得到 LDR 图像。最后,显示 LDR 图像。

此例题为运用 HDR 技术捕捉并保留场景中从暗到亮的广泛亮度范围,通过曝光序列融合,将不同曝光度下的图像细节结合起来,生成一张亮度细节丰富的 LDR 图像。如图 7-4 所示,可减少曝光问题使图像更加接近人眼观察到的真实场景。

7.2.2 超分辨率成像

图像分辨率反映成像系统捕捉物体细节的能力,相较于低分辨率图像,高分辨率图像通常包含更大的像素密度、更丰富的纹理细节及更高的可信赖度。

但在实际情况中因受诸多因素约束,通常并不能直接得到具有边缘锐化、无成块模糊的理想高分辨率图像。提升图像分辨率的最直接的做法是对采集系统中的光学硬件进行改进。但是物理上解决图像低分辨率问题往往代价太大,所以从软件和算法的角度着手实现图像超分辨率成像技术,成为计算摄影领域的热点研究课题。

1984 年,Tsai 和 Huang 等在前人的基础上首次提出使用多帧低分辨率图像重建出高分辨率图像的方法——超分辨率(super-resolution,SR)成像技术(简称超分),是指利用光学及其相关光学知识,根据已知图像信息恢复图像细节和其他数据信息的过程。简单来说超分辨率成像技术就是增大图像的分辨率,给定的低分辨率图像通过特定的算法恢复成相应的高分辨率图像。旨在克服或补偿由于图像采集系统或采集环境本身的限制,导致的成像图像模糊、质量低下、感兴趣区域不显著等问题。超分效果如图 7-5 所示。

(a)   (b)

图 7-5 超分辨率展示
(a) 原始图像;(b) 超分辨率成像

超分辨率成像技术根据输入输出的不同,可分为多图像超分辨率、视频超分辨率和单图像超分辨率三类。

多图像超分辨率方法利用多幅图像得到一幅真实且清晰的超分辨率图像,主要采用基于重建的算法,即试图通过模拟图像形成模型来解决图像中的混叠伪像问题。多图像超分辨率重建算法根据重建过程所在域不同可分为频域法和空域法。

视频超分辨率输入的是一个视频序列,该技术不仅可以提高视频中每一帧的分辨率,还可以利用算法在时域中增加图像帧的数目,从而达到提高视频整体质量的目的。视频超分辨率方法可以分为增量视频超分辨率方法和同时视频超分辨率方法。

单图像超分辨率输入的是一幅图像,仅利用一幅图像来重建得到超分辨率图像。目前单幅图像超分辨率方法主要分为三类,即基于插值的图像超分辨率算法、基于重建模型的图像超分辨率算法和基于深度学习的图像超分辨率算法。

1. 基于插值的图像超分辨率算法

基于插值的图像超分辨率算法利用基函数或插值核来逼近损失的图像高频信息,从而实现高分辨率(HR)图像的重建。常见的基于插值的方法包括最近邻插值法(即简单地将每个输出像素设置为最近输入像素的值,这种方法计算速度快,但可能会产生块状效应)、双线性插值法(即使用 4 个最近邻像素的加权平均值来计算输出像素的值,这种方法通常能得到较好的视觉效果,是 OpenCV 的默认插值方法),以及双立方插值法(即使用 16 个最近邻像素的信息来估算输出像素的值,这种方法能够得到更平滑的图像,但计算成本也更高)。

2. 基于重建模型的图像超分辨率算法

基于重建模型的图像超分辨率算法从图像的降质退化模型出发,假定高分辨率图像是经过了适当的运动变换、模糊及噪声才得到低分辨率图像。常见的方法包括迭代反投影法、凸集投影法和最大后验概率法等。

3. 基于深度学习的图像超分辨率算法

基于深度学习的图像超分辨率算法是利用大量的训练数据,从中学习低分辨率图像和高分辨率图像之间的某种对应关系,然后根据学习到的映射关系来预测低分辨率图像所对应的高分辨率图像,从而实现图像的超分辨率重建过程。基于深度学习的图像超分辨率算法可以分为基于深度卷积神经网络的图像超分辨率(SRCNN)、基于深度递归卷积网络的图像超分辨率(DRCN)、基于高效亚像素卷积神经网络的图像超分辨率和基于生成对抗网络的图像超分辨率(SRGAN)方法。其中 SRCNN 相对于传统方法提高了图像重建质量,但计算量较大,训练速度慢。DRCN 利用残差学习的思想(跳跃连接),加深了网络结构,使网络能够捕捉更大范围的图像特征(即增大感受野),其重建效果比 SRCNN 有了较大提高。基于高效亚像素卷积神经网络的方法采用像素重排列策略,不需要对原图像进行上采样,使用卷积的方式逐步恢复至目标分辨率大小,效率会得到提高。基于生成对抗网络的图像超分辨率(SRGAN)模型是由两个网络组成的深层次神经网络结构,最后生成器模型能够生成以假乱真的高分辨率图像。

超分辨率的研究工作中,传统超分辨率重建方法不适用于放大倍数较大的超分辨率重建。深度学习的出现解决了传统超分辨率技术中的许多瓶颈问题。

在 OpenCV 库中提供了多种用于超分辨率成像的函数和工具,但 OpenCV 本身并不直接包含所有高级的超分辨率重建算法,可使用 cv2. resize 函数通过传统的图像插值方法估算或创建缺失的像素来增加图像的分辨率。虽然 OpenCV 提供了一些基本的超分辨率成像工具,但高级的超分辨率算法通常需要使用深度学习框架来实现。在这些框架中,可利用更复杂的网络结构和优化技术来获得更好的重建效果。

【例 7-2】 使用 cv2. resize 函数双三次插值法对图片进行超分辨率成像以提高图片的分辨率,并使用边缘增强滤波器增强图像细节。

代码如下,运行结果如图 7-6 所示。

例 7-2

```
1   import ...
2   # 打开图片
3   input_image = cv2.imread('image/Example - Bridge.jpg')
4   # 使用双三次插值法进行超分辨率成像
5   resized_image = cv2.resize(input_image, None, fx = 2, fy = 2, interpolation = cv2.INTER_
    CUBIC)
6   # 使用边缘增强滤波器来提高清晰度
```

```
7    kernel = np.array([[0, -1, 0], [-1, 5, -1], [0, -1, 0]])
8    enhanced_image = cv2.filter2D(resized_image, -1, kernel)
9    # 显示图片
10   ...
```

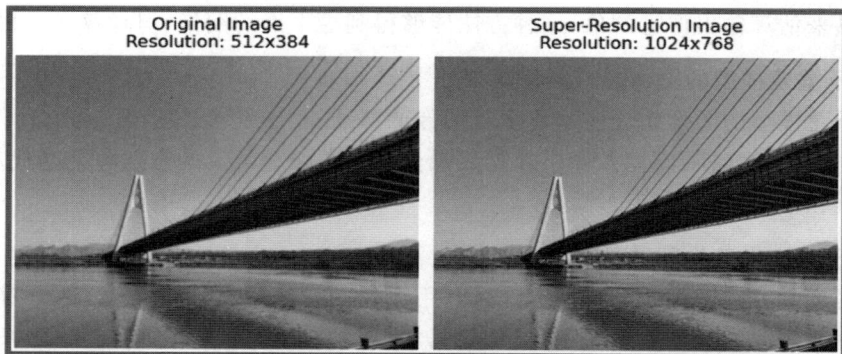

图 7-6　　超分辨率结果

首先导入必要函数库，读取图形。然后，使用 cv2.resize 函数结合双三次插值法（INTER_CUBIC）将图像分辨率进行放大。创建一个拉普拉斯滤波器核，使用 cv2.filter2D 函数对放大后的图像应用滤波器，以增强图像边缘。最后，显示提高分辨率前后的图像分辨率。

如图 7-6 所示，原始图形的长和宽两个方向的分辨率都提高了 2 倍，总体分辨率提高到原来的 4 倍，并进行了边缘增强，实现了超分辨率，提升了细节。这对于后续的图像分析、处理或展示都非常重要。

7.2.3　图像背景虚化

图像背景虚化就是使景深变浅，使焦点聚集在主题上。其方法主要涉及如何模拟和理解景深。景深是指被摄物体在镜头前后一定距离范围内成像清晰的长度，超出这个范围，背景就会逐渐模糊，从而使主体更加突出。当拍摄动物或人像时，常控制成像系统的焦距和光圈大小，使得摄影中的背景模糊，从而突出前景物体的清晰度。

光学摄影上，通过调节相机的光圈大小以实现背景虚化。较大的光圈能够产生浅景深效果，使背景模糊；而较小的光圈则会增加景深范围，使得整体图像更加清晰。对于镜头焦距，长焦镜头更容易产生浅景深，增加背景虚化效果。

计算摄影上，实现背景虚化通常涉及距离估计与前景提取，需要估计图像中各个物体或场景元素的深度信息。这可以通过多种技术来实现，例如立体视觉或深度传感器等，根据深度信息可以提取出前景物体和背景之间的边界，然后采用适当的数学模型来计算图像中每个像素的虚化程度。经典的景深模型通常可以描述为径向深度模糊或椭球形深度模糊等形式。将计算得到的景深信息应用于图像合成过程中，这包括对背景进行适当程度的模糊处理，以模拟出不同距离处的物体的焦距效应。合成图像时，将清晰的前景物体叠加在模糊的背景之上，以增强图像的真实感和视觉吸引力。

在 OpenCV 中，不知道深度信息时，可以通过 Canny 边缘检测算法来提取出前景物体和背景之间的边界。然后，可以通过使用高斯滤波 cv2.GaussianBlur 函数（代码 3-44）或其他的滤波函数,对背景进行图形模糊处理。最后,将清晰的前景物体叠加在模糊的背景之上,实现背景虚化。

【例 7-3】　读取图片后,使用 cv2.GaussianBlur 函数对特定的区域进行背景虚化处理,以突出前景。

例 7-3

代码如下,运行结果如图 7-7 所示。

```
1    import ...
2    # 读取图像
3    image = cv2.imread('image/Example-Bridge.jpg')
4    # 获取图像的高度和宽度
5    height, width = image.shape[:2]
6    # 定义前景的范围(竖向方向的 1/3~2/3 处)
7    foreground_start = height // 3
8    foreground_end = 2 * height // 3
9    # 将整个图像进行高斯模糊,作为背景模糊效果
10   blurred_image = cv2.GaussianBlur(image, (21, 21), 0)
11   # 将模糊后的背景与清晰的前景区域合成
12   blurred_image[foreground_start:foreground_end, :] = image[foreground_start:foreground_
     end, :]
13   # 显示图片
14   ...
```

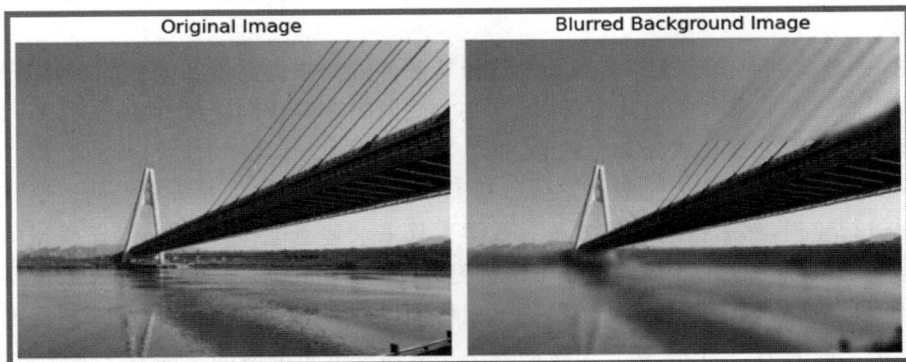

图 7-7　背景虚化结果

首先导入必要函数库,读取图形。然后,获取图像的高度和宽度,从而定义前景的范围,前景被定义为图像竖向方向上的 1/3~2/3 区域。接着,使用 cv2.GaussianBlur 函数对整个图像进行高斯模糊处理,模糊核大小为(21,21)。这里选择(21,21)是为了获得较为明显的模糊效果。然后,将模糊后的图像中对应前景范围的区域替换为原始图像中相同区域的清晰部分。最后,显示图像、展示背景虚化效果。

如图 7-7 所示,对背景区域进行模糊处理,突出了图像中的前景部分,增强了视觉吸引力。但此例题简单地规定了前景,在实现背景虚化中往往需要复杂的算法实现前景与背景的分离,甚至为了独特的应用场景(如人像拍摄会用深度学习算法),专门分离人与背景。此例题对于背景进行虚化,没有用虚化模型处理边缘的虚化效果,而是模糊部分与清晰的部分直接相接,没有光学摄影上的真实感。

7.2.4 图像去模糊

对于很多领域来说,高质量图像有很重要的利用价值,比如视频监控、目标检测等。但在日常生活中,有很多因素会造成图像模糊,例如相机的抖动、物体的快速移动、镜头的失焦、场景深度的变化、噪声的影响等。图像的模糊会导致质量下降和细节丢失,严重影响图像的后续操作。因此,对于成像后的模糊图形,可以通过计算摄影实现图像去模糊。

造成图像模糊的原因有很多,主要分为三大类,即离焦模糊、像差模糊和运动模糊。离焦模糊是由于场景中的物体处于成像景深范围之外而变得模糊,离焦模糊的去除一般对应着景深的扩展技术。像差模糊是由于镜头加工和制造的缺陷造成了物方的一个点在成像平面形成了一个弥散斑。运动模糊是在成像过程中因相机运动或者场景变化所造成的不同空间位置信息的混叠。

其中最为常见的是运动模糊,拍摄图像时往往需要一定的曝光时间,如果在这一段曝光时间内投射到传感器上的画面运动超过单个像素尺寸,那么模糊就会出现。曝光时间越长,图像中的模糊往往就越剧烈。场景点的运动轨迹累计形成的图像即为模糊核,其记录着在曝光时间内,当前场景点在图像上的能量分布和影响范围。

曝光时间越长,图像就越有可能出现模糊。因而减小模糊的最直接方式就是缩短曝光时间,比如相机拍照时都有一个安全快门,使用小于安全快门的曝光时间拍摄,可以尽量减少相机抖动造成的模糊。然而,在许多场景下减小曝光时间往往会带来其他问题,如高噪声、偏色等。

因此,在光学上为消除这种模糊一般选择从硬件方面来提高设备的性能,例如置换高成像镜头或提高感光元器件响应速度等,但这些方法同时会导致制造成本的上升,所以从计算摄影方面进行图像去模糊成为必然趋势。

计算摄影可以分为基于模型的方法和基于深度学习的方法。基于模型的方法就是先对模糊过程进行建模,然后借助优化方法等数学工具来求解逆过程。然而,基于模型的去模糊方法也有其局限性。首先就是大多数方法都是基于经典的卷积模型,针对的是全局均匀的模糊,对于非全局均匀模糊很难使用单一模糊核描述,而对于场景中物体运动造成的局部运动模糊更是无能为力。另外,基于模型的方法一般需要大量的时间。随着深度学习的普及,许多基于深度学习的图像复原方法也开始兴起。

在 OpenCV 中,常用于图像去镜头模糊的函数主要是基于传统图像处理和信号处理的方法,如使用 cv2.filter2D 函数对图像进行卷积操作。读者可以根据兴趣学习更多的相关算法。

7.2.5 长曝光成像

长曝光成像是一种摄影技术,原理是利用相机的快门打开时间较长,让相机在较长的时间内接收光线,从而捕捉到物体在这段时间内的运动轨迹,物体的运动轨迹会在成像中留下模糊或者轨迹的效果,从而呈现出一种动感和流畅的效果。

通常情况下,快门打开时间超过 1s 就可以被称为长曝光成像。长曝光成像的应用范围非常广泛,可以用于拍摄夜景、流水、星轨、车轨等场景,还可以用于创意摄影和艺术表现等方面。

在光学摄影中,长曝光成像需要注意一些技巧。首先,需要使用三脚架或者其他稳定的支架来固定相机,避免由于相机晃动而导致模糊的效果。其次,需要使用较小的光圈和较低的 ISO 值,以控制曝光量,避免过曝或者欠曝的情况发生。此外,还需要根据拍摄场景和光线条件来选择合适的快门速度。

在计算摄影中,通过多帧图像进行加权平均,模拟相机在较长的时间内接收光线,实现长曝光效果。

在 OpenCV 中,用 cv2. accumulate 函数(代码 7-7)累加图像像素值,用 cv2. accumulate-Weighted 函数(代码 7-8)进行带权重的累加,这两个函数可以逐帧更新累加结果,适用于实时长曝光效果。最近,会使用 cv2. convertScaleAbs 函数(代码 7-9)将累加图像转换为 8 位无符号整数数组用于显示。

代码 7-7　cv2. accumulate 函数

```
dst = cv2.accumulate(src, dst[, mask]) -> dst
```
- dst: 返回值。累加后的图像。
- src: 输入图像。需要累积的图像。
- mask(可选参数): 掩码图像。

代码 7-8　cv2. accumulateWeighted 函数

```
dst = cv2.accumulateWeighted(src, dst, alpha[, mask]) -> dst
```
- dst: 返回值。累加后的图像。
- src: 输入图像。需要累积的图像。
- alpha: 浮点数,表示当前图像在累积中的权重。alpha 值应在 0 到 1 之间,alpha 值越大,表示当前帧的影响越大; alpha 值越小,表示之前累积结果的影响越大。
- mask(可选参数): 掩码图像。

代码 7-9　cv2. convertScaleAbs 函数

```
dst = cv2.convertScaleAbs(src[, dst[, alpha[, beta]]]) -> dst
```
- dst: 返回值。输出图像,与输入图像 src 具有相同的尺寸和类型。
- src: 输入图像。可以是任意类型的单通道或多通道图像。
- alpha(可选参数): 缩放因子。乘以 src 中的每个像素值。默认值为 1,即不进行缩放。
- beta(可选参数): 用于调整像素值的偏移量,即对 src 中每个像素值加上该参数值。默认值为 0,即不进行偏移。

【例 7-4】 使用 cv2. accumulateWeighted 函数对一个视频进行累加操作,实现长曝光效果。

代码如下,运行结果如图 7-8 所示。

```
1    import ...
2    # 打开的视频文件
3    cap = cv2.VideoCapture('video/Example - VBridge.mp4')
4    # 读取第一帧以初始化累加矩阵
5    ret, frame = cap.read()
6    if not ret:
7        print("无法读取视频")
8        cap.release()
9        exit()
10   # 将第一帧转换为浮点型(用于累加)
```

例 7-4

```
11   avg_frame = np.float32(frame)
12   # 设置累加权重,值越小累积效果越明显
13   alpha = 0.02
14   while cap.isOpened():
15       ret, frame = cap.read()
16       if not ret:
17     break
18       # 将当前帧累加到 avg_frame 中,产生长曝光效果
19       cv2.accumulateWeighted(frame, avg_frame, alpha)
20       # 将累加结果转换为 8 位图像用于显示
21       long_exposure_frame = cv2.convertScaleAbs(avg_frame)
22       # 显示长曝光效果
23       ...
24   # 释放资源
25   ...
```

图 7-8　图像长曝光结果

首先导入必要的函数库,打开视频文件。然后,从视频中读取第一帧,将这一帧转换为 float32 类型的 NumPy 数组,以便后续进行浮点数的累加操作。接着,设置累加权重,并循环读取视频中的帧,使用 cv2.accumulateWeighted 函数将它们累加到一起。为了显示这个累加结果,使用 cv2.convertScaleAbs 函数将其转换为 8 位无符号整数数组并显示。最后释放资源。

例题中的 cv2.accumulateWeighted 函数是实时累积图形,函数的累加权重决定了新帧对累积图像的贡献程度。累加权重越小,新帧对累积图像的影响就越小,因此累积效果会更加明显,因为旧帧的信息在累积图像中保留的时间更长。在累积的时候,转换为 float32 类型进行累积,因为直接对 8 位无符号整数进行累加可能会导致溢出,而浮点数 float32 类型则提供了更大的数值范围和精度。

7.2.6　图像背景提取

图像背景提取是指从图像中分离出主体物体,将主体和背景分开以便后续处理和分析的一种图像处理技术。图像背景提取可以通过多种方法实现,下面将介绍几种常用的方法。

(1) 基于像素颜色和灰度值的分离是图像背景提取的一种简单方法。通过设置一个阈值,将图像中灰度值高于或低于该阈值的像素分为前景和背景两部分。这种方法适用于对

比较简单的图像进行处理,但对于复杂的图像效果并不理想。

(2)基于边缘检测的方法也是一种常见的图像处理技术,通过检测物体和背景之间的边缘,可以实现背景提取。

(3)基于颜色模型的方法是针对彩色图像处理的,可以根据颜色信息进行背景提取。比如,可以利用 HSV 颜色空间中的色调、饱和度和亮度等信息来识别和分离出主体与背景。

(4)基于图像分割的方法是一种将图像分成若干个具有独立含义的区域的图像处理方法。通过分割技术可以将图像中的主体和背景分开。

每种方法都有其适用的场景和局限性。在实际应用中,可以根据具体的需求和图像特点选择合适的方法进行背景提取。

上述背景提取方法主要依赖于复杂的图像处理技术,如边缘检测、阈值分割、形态学操作等。这些方法在处理简单或特定场景下的图像时可能表现出色,但泛化能力弱、难以捕捉复杂特征且计算复杂度高。为有效解决上述方法中的局限性,可通过深度学习构建深层神经网络模型,自动学习图像中的高级特征表示。

基于深度学习的图像背景提取已经发展出几种有效的方法,主要依赖于深度卷积神经网络(CNN)和其他相关的神经网络结构。常用的深度学习方法有 U-Net 模型、Mask R-CNN、DeepLabCut 和生成对抗网络。其中 U-Net 模型是一种全卷积神经网络,适用于一般的图像背景提取任务。Mask R-CNN 能同时进行目标检测和分割,提供更精确的背景提取效果。DeepLabCut 是一种利用深度学习模型跟踪和提取对象关键点的方法,可以通过训练自定义模型来检测背景和前景分离。生成对抗网络通过生成器和判别器的对抗训练,能够学习到更真实的背景信息,从而实现更自然的背景提取。如图 7-9 所示为基于深度学习的背景提取。

| 原图 | 选择前景 | 提取背景 |

图 7-9 基于深度学习的背景提取展示

7.2.7 图像合成与风格渲染

图像合成是指将多个图像或图像中的元素进行融合,生成一个新的图像。常见的图像合成应用包括景深合成、虚实融合、全景图拼接等。图像合成技术广泛应用于虚拟现实、增强现实、电影特效等领域,如图 7-10 所示。

风格渲染是指将图像或图像中的元素按照某种艺术风格进行渲染,使其呈现出特定的视觉效果。常见的风格渲染技术包括风格迁移、卡通渲染、油画渲染和水彩渲染等。

(1)风格迁移是通过将源图像与风格图像进行融合,将风格图像的艺术风格应用于源

图 7-10　图像合成过程

图像。常用的风格迁移算法包括基于神经网络的方法、通过学习源图像和风格图像的特征表示、通过优化目标函数来实现风格迁移效果。

（2）卡通渲染是一种将图像转化为卡通风格的渲染技术。通过简化图像的细节和色彩强调边缘和形状，使图像呈现出类似于卡通或漫画的效果。卡通渲染常用的方法包括边缘检测、调整色彩饱和度和对比度以及添加卡通风格的纹理和阴影等。

（3）油画渲染是一种将图像转化为油画风格的渲染技术。通过模拟油画的笔触和颜料效果，使图像呈现出油画的质感和绘画效果。油画渲染常用的方法包括基于纹理合成的方法和基于图像分析的方法。前者通过合成油画纹理和笔触，后者通过分析图像的结构和颜色分布，模拟油画的绘画过程。

（4）水彩渲染是一种将图像转化为水彩风格的渲染技术。通过模拟水彩画的颜料扩散和混合效果，使图像呈现出水彩的柔和和透明感。水彩渲染常用的方法包括基于纹理合成的方法和基于图像分析的方法。前者通过合成水彩纹理和水彩笔触，后者通过分析图像的颜色分布和边缘信息，模拟水彩的绘画过程。

除了卡通渲染、油画渲染和水彩渲染，还有许多其他风格的渲染方法，如铅笔画渲染、沙画渲染、绘画风格迁移等。这些方法通过不同的技术手段和算法，实现了各种不同的艺术风格效果。

OpenCV 中可使用 cv2.add 函数（代码 3-20）来合成两张图像，并用边缘检测算法实现各种边缘风格化，如例 7-5 所示。可以通过定义不同的滤波核，以及对不同的区间进行不同的处理，形成自己的风格化。随着深度学习和计算机图形学的发展，图像合成与风格渲染技术也得到了更多的研究和应用。

【例 7-5】　使用 cv2.add 函数将两张图像合成到一起，然后使用图形处理中的算法实现卡通效果图像。

代码如下，运行结果如图 7-11 所示。

例 7-5

```
1   import ...
2   # 读取图像
3   bridge_image = cv2.imread('image/Example-Bridge.jpg')
4   bird_image = cv2.imread('image/bird.png')
5   # 检查图像是否正确读取
6   ...
7   # 处理鸟的图像,去除白色背景
8   gray = cv2.cvtColor(bird_image, cv2.COLOR_BGR2GRAY)
9   _, mask = cv2.threshold(gray, 240, 255, cv2.THRESH_BINARY_INV)
10  bird_no_bg = cv2.bitwise_and(bird_image, bird_image, mask = mask)
```

```
11  # 确定鸟图像在桥梁图像中的位置(左上角为起点)
12  y1, y2   = 10, 10  + bird_no_bg.shape[0]
13  x1, x2   = 10, 10  + bird_no_bg.shape[1]
14  # 防止鸟图像超出桥梁图像的边界
15  ...
16  # 定义 ROI(感兴趣区域)并创建反转的遮罩
17  roi = bridge_image[y1:y2, x1:x2]
18  mask_inv = cv2.bitwise_not(mask)
19  # 通过掩码合并桥梁图像和鸟图像
20  bridge_image_bg = cv2.bitwise_and(roi, roi, mask = mask_inv)
21  bird_fg = cv2.bitwise_and(bird_no_bg, bird_no_bg, mask = mask)
22  combined_roi = cv2.add(bridge_image_bg, bird_fg)
23  # 将合成后的图像放回原图
24  bridge_image[y1:y2, x1:x2] = combined_roi
25  # 转换为灰度图并应用中值滤波
26  gray = cv2.medianBlur(cv2.cvtColor(bridge_image, cv2.COLOR_BGR2GRAY), 5)
27  ...
28  # 使用自适应阈值检测边缘
29  edges = cv2.adaptiveThreshold(gray, 255, cv2.ADAPTIVE_THRESH_MEAN_C, cv2.THRESH_
BINARY, 9, 9)
30  # 使用双边滤波进行模糊处理,保留边缘
31  color = cv2.bilateralFilter(bridge_image, 9, 300, 300)
32  # 将边缘和彩色图像结合,生成卡通效果
33  cartoon_image = cv2.bitwise_and(color, color, mask = edges)
34  # 显示原图、鸟图和结果图
35  ...
```

图 7-11　图像合成与风格渲染结果

　　首先导入必要的函数库,分别读取桥梁图像和鸟图像。然后,使用阈值操作创建一个掩码,从鸟图像中移除背景。接着,创建一个掩码的反转版本,用于在桥梁图像的 ROI 中保留原始像素(即鸟图像将覆盖的像素),使用位运算将鸟图像添加到桥梁图像的指定区域。之后依次进行中值模糊去除噪声,自适应阈值处理生成边缘掩码,双边滤波平滑处理桥梁图像以保持边缘清晰,再利用边缘掩码和位运算从平滑后的图像中提取边缘,创建出卡通效果。最后显示图像结果。

　　由图 7-11 中可见,将鸟与桥梁图像合成到一起,并通过一系列图像处理步骤,将桥梁图像转换成了一种卡通效果。这种效果通过增强边缘和减少颜色细节来实现,使图像看起来更像是手绘的或动画的。

本章总结

计算摄影作为计算机视觉的重要组成部分在图像处理方面具有重要意义，计算摄影涉及图像处理、目标检测与跟踪、图像合成与增强现实、图像分析与理解以及自动化摄影流程等方面，从而对摄影过程进行模拟、辅助或增强。

本章详细解释了计算摄影相关内容，可以分为两个主要方面：

（1）计算摄影基础：这一部分涵盖了计算摄影的发展历史以及在相机和手机方面的应用和具体硬件、成像原理等方面的知识，在 7.1 节中学习。掌握计算摄影基础后方能在后续的实际操作中更加得心应手。

（2）计算摄影应用：这一方面涵盖了计算摄影操作的有关内容，如通过计算摄影改善图像质量、修复瑕疵和增强细节，对图像所需部分进行提取，对多个图像中的元素融合或对图像进行某种风格渲染，使其呈现出所需效果，便于后续的应用与处理。

下面将总结相关内容以及对应的函数代码：

（1）在 7.1.1 节中学习了计算摄影的发展史，展示了从数字图像处理的起源，到数码相机的普及，再到结合深度学习技术进行图像增强的整个过程。计算摄影不仅提升了图像质量，还带来了许多新的摄影和图像处理方式，极大地拓展了摄影的可能性和应用范围。在 7.1.2 节中学习了相机摄影与手机摄影的硬件组成和两者间的相似与区别，分别阐述了相机摄影与手机摄影的特点与发展趋势。

（2）在 7.2.1 节中学习了高动态范围成像可使用多张不同曝光的图片组合成一张图片，最终得到一张无论在阴影部分还是高光部分都有细节的图片，并介绍了 cv2.createCalibrateDebevec 函数、cv2.CalibrateDebevec.process 函数、cv2.createMergeDebeve 函数、cv2.MergeDebevec.process 函数、cv2.createTonemapDrago 函数和 cv2.createTonemap.process 函数。在 7.2.2 节学习了超分辨率成像可以通过特定的算法使低分辨率图像恢复成相应的高分辨率图像。在 7.2.3 节学习了图像背景虚化可使景深变浅，使焦点聚集在主题上。在 7.2.4 节学习了图像去镜头模糊中可通过提高硬件设备或使用软件来处理最常见的运动模糊。在 7.2.5 节学习了长曝光成像，即利用延长相机的快门打开时间，捕捉到物体在这段时间内的运动轨迹，呈现出一种动感和流畅的效果，并介绍了 cv2.accumulate 函数、cv2.accumulateWeighted 函数和 cv2.convertScaleAbs 函数。在 7.2.6 节学习了图像背景提取技术，可从图像中分离出主体物体，将主体和背景分开。在 7.2.7 节学习了图像合成与风格渲染，图像合成为将多个图像或图像中的元素进行融合生成新图像，风格渲染为按照某种艺术风格对图像进行渲染。

思考题与练习题

思考题

7-1　简述计算摄影的发展过程。

7-2　手机的相机系统由哪两个部分组成，分别具有什么功能。

7-3　为什么高动态范围成像（HDR）技术能够呈现比普通图像更丰富的细节？使用

cv2. createTonemap 函数时应注意哪些参数？

　　7-4　超分辨率成像的基本原理是什么？有哪些常用的超分辨率算法？

　　7-5　如何处理图像的运动模糊问题？常用的去模糊方法有哪些？

　　7-6　长曝光成像有哪些应用场景？使用 OpenCV 中的哪些函数可以实现长曝光效果？

　　7-7　图像背景提取的定义是什么，请简述图像背景提取的方法。

　　7-8　图片合成的定义是什么，常见的风格渲染有哪些。

练习题

　　7-1　使用 cv2. imread 函数读取一张低曝光图像和一张高曝光图像，使用 cv2. createTonemap 函数合成高动态范围图像，并显示结果。

　　7-2　选择一张低分辨率图像，使用超分辨率算法将其放大，并比较原图和处理后的图像效果。

　　7-3　选择一段视频，提取其中 5 帧图像，使用 cv2. addWeighted 函数实现长曝光效果，并显示最终图像。

　　7-4　使用 cv2. add 函数将两张图像合成，并对合成后的图像进行图像水彩风格化处理。

　　（注：练习题请使用例题中的数据。）

第 **8** 章

三 维 重 建

思维导图

基于图像的三维重建方法分类
基于图像的三维重建方法流程
运动恢复结构的基本概念
基于多视图立体重建的基本概念
三维重建相关的数据格式
三维重建相关的数据集

三维重建基础

曲面重建原理及应用
  曲面重建原理
  曲面重建的应用

COLMAP算法介绍
对极几何
捆绑调整
运动恢复结构的应用

运动恢复结构算法的原理及应用

三维重建

纹理贴图原理及应用
  纹理贴图原理
  纹理贴图的应用

邻域帧选择
深度图计算
多视图立体重建的应用

多视图立体重建算法的原理及应用

三维重建延展应用

SLAM基本概念与历史发展
SLAM技术应用现状
增强现实基本概念与历史发展
增强现实技术应用现状
虚拟现实基本概念与历史发展
虚拟现实技术应用现状

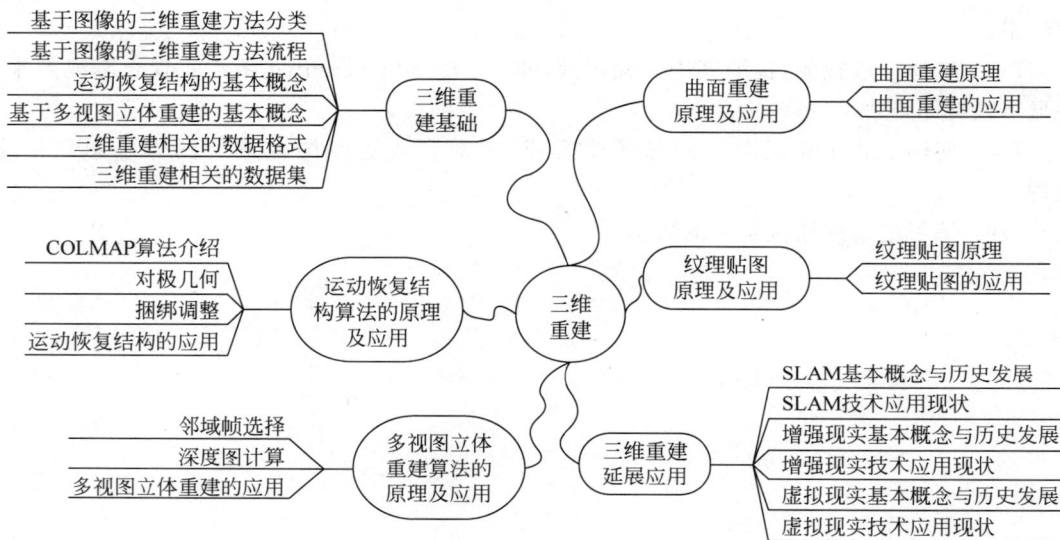

本章开始学习计算机视觉中最主要的任务之一——三维重建。

三维重建是指通过测量等方法对现实中已有的物体进行建模,生成其三维模型的过程。广义上的三维重建涵盖不同类型的传感器和多样化的解码方式,应用领域广泛,特别是在测绘、地图制作等领域中得到了广泛应用。本章将着重学习基于图像的三维重建方法。三维重建能够精确地捕捉物体的几何形状和细节,从而生成高度逼真的三维模型,对于如今的数字化与智能化时代具有重要意义,是联系现实世界与数字世界的重要手段。

在土木工程领域,三维重建技术也正逐渐被引入和融合,以实现结构的数字化建模。这种数字化的三维模型不仅能够提供精确的结构几何信息,还为智能建造奠定了坚实的基础。它在土木工程中的应用潜力巨大,在设计与规划、结构质量控制与检验、维护管理、数据监测与历史建筑保护等方面发挥重要作用,并且有望为未来的工程建设带来更加智能化和精准化的解决方案。

本章的主要目的有三个方面:

(1)学习三维重建的基础知识,了解三维重建的不同方法及流程,以及学习三维重建相关的数据格式,对应 8.1 节。

（2）学习三维重建算法流程中的主要理论和具体应用方法，如运动恢复结构、多视图立体、三维稠密重建、曲面重建与纹理贴图。在应用方面，以 COLMAP 算法和 OpenMVS 算法为例，对应 8.2 节～8.5 节。

（3）学习三维重建的延展应用，SLAM、增强现实和虚拟现实的基本概念、历史发展及应用现状，对应 8.6 节。

8.1 三维重建基础

基于图像的三维重建（3D reconstruction）是用相机拍摄真实世界的物体、场景，并通过计算机视觉技术进行处理，从而得到物体的三维模型。本节将分为三维重建方法分类、三维重建方法流程、运动恢复结构的基本概念、基于多视图立体的基本概念、三维重建相关的数据格式以及三维重建相关的数据集 6 个部分进行介绍。

8.1.1 基于图像的三维重建方法分类

目前三维重建方法主要分为传统方法和基于深度学习的方法。如图 8-1 所示，这些方法涵盖了从传统到基于深度学习的多种三维重建技术。传统方法包括多视图立体法和 RGBD 重建法。多视图立体对相机与物体间的距离不敏感，适用于大型建筑物等大场景的三维重建，但精度较低，最优精度通常在厘米级别。RGBD 重建法结合了 2D 图像的 RGB 颜色和深度信息（D），其中深度信息来源于结构光方法或飞行时间法（TOF），具有较高的精度，但受距离测量方法的限制，主要适用于小场景或小物体的三维重建。基于深度学习的方法则包括单帧图像 mesh 模型和双目/MVS 深度图等技术，例如 IFNet 和 MVSNet 等。本章主要探讨多视图立体视觉重建方法，涉及运动恢复结构（SfM）、多视图立体（MVS）、曲面重建和纹理贴图等概念。

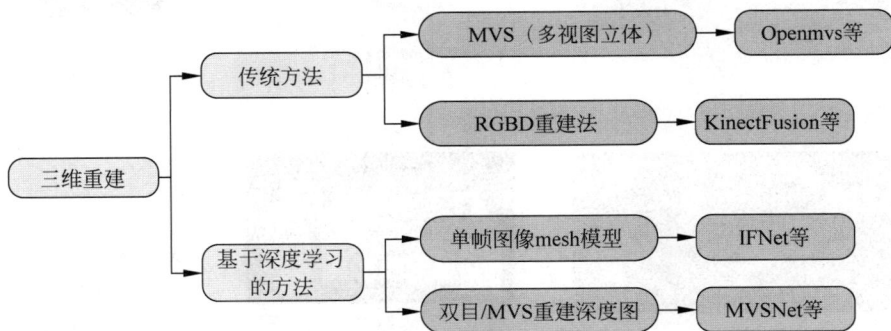

图 8-1 基于图像的三维重建方法分类

8.1.2 基于图像的三维重建方法流程

基于图像的三维重建基本流程分为以下 6 个方面：多视角图像采集、运动恢复结构（SfM）、多视图立体（MVS）、稀疏点云及相机位姿格式转换、曲面重建（surface reconstruction）和纹理贴图（texture mapping）。流程图如图 8-2 所示，下面具体介绍方法流程。

　　首先进行多视角图像采集,获取目标物体或场景不同视角的图像。接着执行运动恢复结构(SfM)算法,此算法通过 SIFT 等特征检测方法识别出图像中的特征点,并将不同图像中的相同特征点进行匹配,求解相机参数同时计算得到特征点的空间位置,即稀疏点云。这一步与相机标定的过程类似,不同的地方在于相机标定采用的是棋盘格,而 SfM 利用的是图像中的特征点。因此,基于图像的三维重建方法适用于表面纹理丰富且无反光的目标。

　　通过运动恢复结构得到了三维稀疏点云、相机位姿和相机参数等信息。在已知相机参数的前提下,对图像中的每一个像素进行遍历搜索,计算其空间位置。由于每个图像中的每个像素都被搜索并返回三维空间,该步骤生成的三维点云比上一步骤中仅包含特征点的点云密度要高很多,称为稠密点云。

　　在得到稠密点云后,可以进行曲面重建。稠密点云已包含能够从图像中获得的所有几何信息,但点云模型无法渲染光线反射等效果,因此需要通过计算将非结构化的点云转化为结构化的网格模型。常用的曲面重建方法有泊松曲面重建、滚球法等。通过曲面重建,可以得到物体或场景的三维网格模型。

　　最后,基于曲面重建结果可以进行纹理贴图。曲面重建过程生成的网格模型仅包含多边形(通常为三角形)面的信息,称为白模,无法在视觉上较好地模拟拍摄目标。可以将点云(即多边形顶点)的颜色信息赋给多边形,从而显示与拍摄目标近似的效果;或将原图像分解为块,覆盖在白模上,补足其颜色信息。由于三维重建要求拍摄图像之间的搭接部分较多,在生成三维节点与二维图像块的对应关系时,可选择将原图像合成为一张冗余度较小的贴图文件,以减小模型所需的存储空间。通过纹理贴图,可以得到与实际场景一致的三维网格模型。

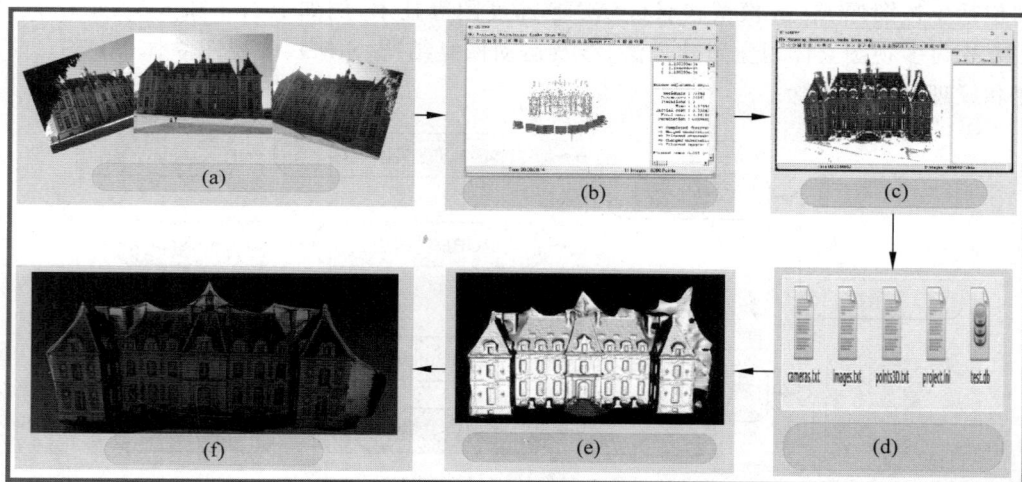

图 8-2　基于图像的三维重建方法基本流程图
(a) 多视角图像采集;(b) 运动恢复结构(SfM);(c) MVS;
(d) 稀疏点云及相机位姿格式转换;(e) 曲面重建;(f) 纹理贴图

8.1.3　运动恢复结构的基本概念

　　运动恢复结构(SfM)是计算机视觉和摄影测量学中的一种方法,通过分析物体在不同视角下相机的运动信息,从而恢复出其三维结构。书中运动恢复结构的基本思想是通过跟踪图像序列中的特征点来推断相机位置的变化,并通过这些变化重建出物体的三维模型和每张图片所对应的位姿。

1970 年,Marr 等首次发表利用图像信息对场景进行三维重建的想法。1992 年,Tomasi 通过相机是一个正交投影模型的假设,使用仿射分解方法来求解相机内外参数和计算需要重建对象的三维空间结构,首次完成一个基于多幅图像的三维重建系统。1999 年,比利时的 Pollefeys 也开发出了一个三维场景自动构建系统,其优势在于只利用相机围绕目标对象拍摄一系列图像就可以实现相机标定以及物体的结构重建,但三维重建中的图像采集和算法的稳定性问题仍然是其发展的瓶颈。2006 年,Pollefeys 等提出了通过便携式相机拍摄的图像进行场景 3D 重建的方法。2010 年,Yasutaka 等研究从稀疏点云扩散到密集点云的理论,可根据计算出的稀疏点云进一步变换成更加稠密的点,使得效果进一步提升。QiShan 在 Yasutaka 基础之上,优化光照和密集点云模型,进一步提高了场景重建的可靠性。

运动恢复结构包括特征提取与匹配、相机姿态估计、三维点云稀疏重建、捆绑调整(bundle adjustment,BA)优化等概念。

特征提取与匹配是指在图像序列中提取出稳定且易于识别的特征点(如角点或纹理),然后在不同图像之间匹配这些特征点。常用的特征检测算法包括 SIFT(scale-invariant feature transform)和 SURF(speeded-up robust features)。如图 8-3 所示的是某边坡图像数据集特征提取与匹配的结果,将所有图像中的特征点进行提取及匹配后可用不同特征点的匹配结果计算出不同摄像机的位姿。

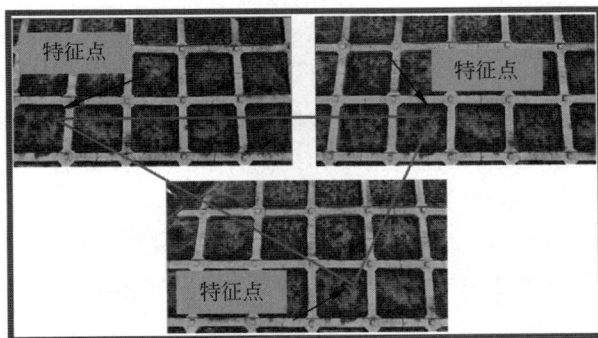

图 8-3　特征提取与匹配结果

在进行特征提取与匹配后,通过匹配特征点的移动,可以估计出相机在不同时间点的位置和姿态。这涉及多视图几何学中的基础矩阵或本质矩阵计算,用于描述两幅图像之间的几何关系。图 8-4 展示了在 COLMAP 软件中的相机位姿估计结果。

三维稀疏点云计算是利用相机的运动信息和匹配的特征点,采用三角测量法计算出物体表面点的三维坐标,这一步需要结合相机的内参和外参。

捆绑调整优化是将相机参数和三维点作为优化变量,构建目标函数(重投影误差的总和),使用当前的相机参数和三维点坐标作为初始值,通过迭代优化算法,不断调整相机参数和三维点坐标,最小化重投影误差。

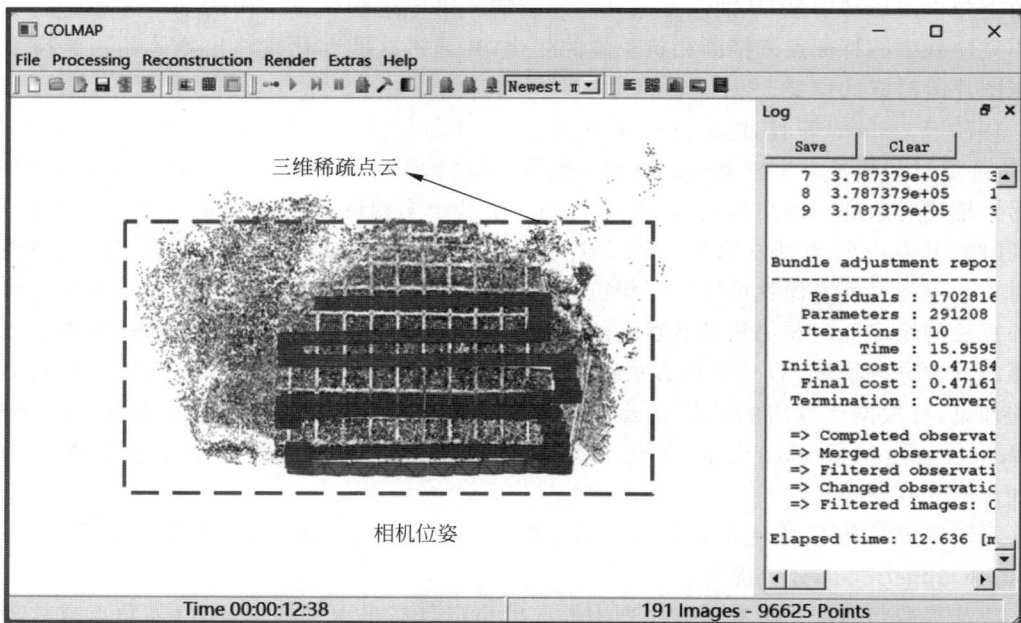

图 8-4　相机位姿与三维稀疏点云

8.1.4　基于多视图立体的基本概念

基于多视图立体重建是从多张不同视角的二维图像中重建出三维场景的技术。与运动恢复结构主要用于稀疏点云重建不同,多视图立体专注于生成高密度的三维点云。该算法通过对多幅图像进行匹配,计算出每个像素对应的深度信息,从而生成稠密的三维点云。稠密重建技术广泛应用于计算机视觉、建筑结构监测、文化遗产保护等领域。目前基于深度学习的多视图立体算法层出不穷,在提高精度和提高计算效率方面有很多学者做出了很多贡献。下面介绍多视图立体方法相关的基本概念。

(1)特征匹配:这一步与运动恢复结构类似,但在多视图立体视觉中,需要更高的密度和精度。在多视图立体视觉算法中,特征匹配主要用于从密集的图像点对中推导深度信息,进行三维稠密重建。

(2)视图同步与校正:通过几何校正将多视图图像对齐,消除图像间的失真和视角差异,确保图像在统一的坐标系下进行处理。

(3)深度估计:使用视差计算或深度图生成算法,从匹配的特征点中推导出各点的深度信息,形成深度图。这一步可以采用基于代价函数的优化方法,如图割算法或信念传播算法。

(4)点云生成与融合:将多个深度图结合起来,生成稠密点云,并进行后处理以减少噪声和冗余点,提高点云质量。

(5)曲面重建:曲面重建旨在从点云数据、图像或其他输入数据中生成一个连续的、光滑的三维曲面模型,主要方法有三角剖分法、泊松曲面重建法等。

(6)纹理贴图:通过将二维图像(纹理)映射到三维模型的表面,纹理贴图可以为模型增加色彩、图案、纹理感以及其他视觉特性,使其更加逼真。

图 8-5 展示了使用 OPENMVS 开源算法的示例数据集计算得到的稠密点云结果、曲面重建结果及纹理贴图结果,可以直观地展示出不同类型模型之间的区别。

三维稠密点云结果　　　　　　　曲面重建结果　　　　　　　纹理贴图结果

图 8-5　稠密点云结果、曲面重建结果及纹理贴图结果

近年来,深度学习技术在多视图立体视觉领域取得了显著进展。基于深度学习的多视图立体方法通过神经网络模型自动学习图像特征和匹配关系,大大提高了重建精度和效率。下面介绍基于深度学习的多视图立体算法进行的具体改进。

在深度特征提取方面,部分学者利用卷积神经网络(CNN)提取图像的深度特征。这种方法相比传统的手工特征提取具有更强的表达能力和鲁棒性。在深度匹配方面,深度学习模型可以在特征提取的基础上,进行更精确的特征匹配。通过训练神经网络,可以自动学习匹配特征,并生成高质量的视差图。在深度学习框架方面,深度学习模型可以将 MVS 的各个步骤整合在一个端到端的框架中,从输入图像直接生成稠密的三维点云。典型的端到端多视图立体方法包括 MVSNet、PVSNet 等,这些方法通过多层卷积网络和 3D 卷积网络联合优化,提高了重建的精度和效率。

在算法训练方面,为了减少对大量训练数据的依赖,近年来部分研究者提出了基于自监督学习的多视图立体方法。这些方法通过设计合理的损失函数,进一步提升模型的泛化能力。

无论是传统的多视图立体方法,还是基于深度学习的多视图立体方法,其目标都是通过多视角图像生成高质量的三维重建模型。传统方法依赖于手工设计的特征和匹配算法,虽然成熟但在复杂场景中表现有限;而基于深度学习的方法通过数据驱动的方式,利用强大的特征学习和匹配能力,实现了更高的重建精度和效率,推动了三维重建技术的发展。随着深度学习技术的不断进步,基于 MVS 的稠密重建方法将在更多领域中发挥重要作用。

8.1.5　三维重建相关的数据格式

三维重建技术目前已广泛应用于计算机视觉、建筑结构、古建筑监测等领域。为了有效地存储、处理和传输三维数据,通常需要特定的数据格式。在本节将学习使用不同软件、算法及方法得到的多种与三维重建相关的数据格式,了解不同数据格式间的转换,增加三维数据在不同情况下的适用性。

三维重建相关的数据有点云数据、网格数据、深度图等。

1. 三维点云数据

三维点云是由空间中大量的离散点组成的一个数据集合,每个点包含至少三个坐标信息(x,y,z),用于描述点在三维空间中的位置。三维点云主要可以分为 PLY(polygon file format)、LAS(laser data format)、PCD(point cloud data)三种格式。

1) PLY 文件

PLY 文件可以存储点云和多边形信息,支持 ASCII 和二进制两种存储方式。其简单和灵活的结构使其在计算机视觉和三维扫描领域广泛应用。为了便于分析 PLY 文件的构成,接下来我们将对图 8-6 所示的文件进行解析。第 1 行表示文件类型为 PLY;第 2 行声明存储方式为 ASCII,并指定版本号为 1.0;第 3、4 行是注释,提供了文件的创建信息,包括使用的软件(CloudCompare)及其版本号(v2.12.4)和创建时间(2023-04-01T11:01:50);第 5 行是 obj_info 注释,表明该文件由 CloudCompare 生成;第 6 行表示总点云数量;第 7～9 行表示点云的第 1～3 列数据为点的 x、y、z 坐标;第 10～12 行表示每个点的 RGB 颜色;第 13 行表示头文件结束,在点云文件中包含的数据标题结束;从第 14 行开始,每行展示一个点的具体数据,依次列出各点的三维坐标$(x$、y、$z)$及其 RGB 颜色信息,共同构成点云 PLY 文件;第 14～16 行具体展示了 3 个点的数据点,如图 8-6 所示。三维点云的可视化结果如图 8-7 所示。

```
1   ply
2   format ascii 1.0
3   comment Created by CloudCompare v2.12.4 (Kyiv)
4   comment Created 2023-04-01T11:01:50
5   obj_info Generated by CloudCompare!
6   element vertex 2981619
7   property float x
8   property float y
9   property float z
10  property uchar red
11  property uchar green
12  property uchar blue
13  end_header
14  0.918219 -0.444150 2.773593 79 69 57
15  -0.198579 0.108182 3.098654 93 78 59
16  3.217151 0.089420 3.147424 91 74 66
```

图 8-6 PLY 文件

图 8-7 三维点云

2) LAS 文件

LAS 文件是专为激光雷达(LiDAR)数据开发的二进制文件格式,包含丰富的点属性信息,如强度、分类、GPS 时间等,常用于地形测绘和环境监测。LAS 文件一般由地面激光扫描仪、机载雷达等仪器设备获得。

3) PCD 文件

PCD 文件是处理点云数据的常用格式,支持 PCL 库的丰富功能,使处理点云数据更为便捷高效。该格式文件由头部信息与数据部分构成。头部信息描述点云数据的元数据,如图 8-8 所示,第 1 行♯. PCD v0.7 - Point Cloud Data file format 表明文件为 PCD 格式且版本为 0.7;第 2 行 VERSION 0.7 再次明确版本号;第 3 行 FIELDS x y z rgb 定义了点云数据的字段,其中 x,y,z 表示点的三维坐标,rgb 表示点的颜色信息;第 4 行 SIZE 4 4 4 4 表示每个字段的数据大小均为 4 字节；第 5 行 TYPE F F F U 指明前 3 个字段(x,y,z)的数据类型为浮点型(F)，最后一个字段(rgb)为无符号整数型(U)；第 6 行 COUNT 1 1 1 1 表示每个字段对于每个点仅有一个值；第 7 行 WIDTH 5 定义点云宽度为 5 个点；第 8 行 HEIGHT 1 对于无序点云数据，高度通常设为 1；第 9 行 VIEWPOINT 0 0 0 1 0 0 0 为点云的视点参数，一般可保持默认；第 10 行 POINTS 213 表示点云中点的总数量为 213 个；第 11 行 DATA ascii 定义点云数据存储方式为 ascii(文本格式)。从第 12 行开始为实际点云数据，每行代表一个点，包含 x，y，z(点的三维坐标)和 RGB(点的颜色信息)，如示例中的数值(在实际应用中，RGB 值可用 24 位无符号整数表示颜色，分为红、绿、蓝三个 8 位部分)。

2. 网格数据

网格通过顶点、边和面的组合来表示三维形状，是三维重建中最常见的数据格式。网格根据设定可分为三角网格或多边形网格。三维模型的精细程度可用其包含的多边形个数来衡量。通常情况下，多边形个数越多，模型越精细，存储模型所需要的磁盘空间越大，渲染所需的计算量也越大。常见的网格数据格式有 OBJ、STL 等。

1) OBJ 文件

OBJ 文件是一种广泛使用的标准格式，支持顶点、法线、纹理坐标和面定义，兼容性好，适用于多种三维建模和渲染软件，数据格式如图 8-9 所示。在 OBJ 文件中，v 代表几何体顶点(geometric vertices)，后续三列数据分别为三维点的坐标。f 代表面(face)，后续三列数据分别为组成该面的三个点号，l 代表线(line)，后续两列数据分别为组成该面的两个点号，vt 代表纹理坐标(texture coordinates)，vn 代表顶点法线(vertex normal)。由于示例数据并未定义贴图坐标点和顶点法线，因此在图 8-9 中不做展示。该示例数据定义的三维模型如图 8-10 所示。

```
1  # .PCD v0.7 - Point Cloud Data file format
2  VERSION 0.7
3  FIELDS x y z rgb
4  SIZE 4 4 4 4
5  TYPE F F F U
6  COUNT 1 1 1 1
7  WIDTH 5
8  HEIGHT 1
9  VIEWPOINT 0 0 0 1 0 0 0
10 POINTS 213
11 DATA ascii
12 0.93773 0.4376 0.25057 255
13 0.99266 0.4427 0.25382 255
14 0.95079 0.4338 0.25755 255
```

图 8-8 PCD 文件

```
#OBJ File generated by Abaqus/CAE
#List of Vertices
v 5.00002 1.99315 15
v 5.00004 1.99318 14.4998
v 5.00003 2.49232 14.4999
v 5.00007 2.49236 15
v 5.00002 2.49236 13.9997
...
f 1 2 1
f 1 3 2
f 3 1 4
f 5 6 2
f 5 2 3
...
l 3893 3894
l 3894 3895
l 3895 3896
l 3896 3897
l 3897 3898
```

图 8-9 OBJ 文件

2) STL 文件

STL 文件三维数据常用于 3D 打印，在文件中可以存储三角形面片的几何信息，每个三角形面片由一个法向量和三个顶点定义，具有 ASCII 和二进制两种版本。该格式文件只能描述三维物体的表面几何形状，不包含颜色、纹理等其他属性。

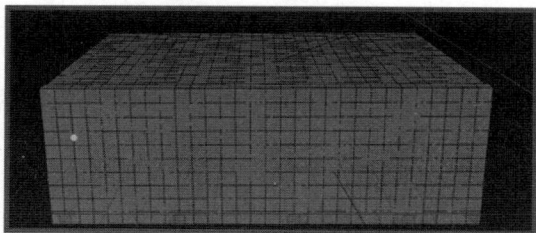

图 8-10　OBJ 文件三维模型

3. 深度图

使用本节所述方法计算得到的深度图为". pfm"格式。其数据构成成分为二维数组,记录了每个像素的深度,可以映射为灰度图。通过不同的灰度值反映相机与被拍摄物体之间的距离大小。它是计算机视觉中常用的一种图像表示方式,用于描述场景的三维结构。同时可以使用伪彩色转换的方式对深度图进行处理,便于更好地展现深度图的质量。伪彩色转换后的深度图如图 8-11 所示。

图 8-11　普通图像与深度图对比

8.1.6　三维重建相关的数据集

三维重建相关的数据集是用于训练、测试和评估计算机视觉算法的关键资源,尤其是在从二维图像中恢复物体或场景的三维结构时。它们通常包含图像数据、相机参数、深度图或点云等信息。

1. DTU 数据集

DTU 数据集由丹麦技术大学(Danish Technical University)提供,它提供了一系列物体在不同角度、不同光照条件下的多视图图像,适用于多视图立体和物体识别任务。同时提供了精确的地面真实三维模型,可以用于评估重建算法的精度。图 8-12 展示了 DTU 数据集中的部分图片。

2. Tanks & Temples 数据集

Tanks & Temples 数据集是一个用于评估多视图立体算法性能的高质量数据集,由东京大学和 Facebook 联合创建。它包含了一系列具有挑战性的室内外场景的多视图图像,旨在推动三维重建技术的发展和评估。在数据集图片中涉及了复杂的场景和真实世界中的挑战,如遮挡、反射、光照变化等。Tanks & Temples 数据集包含多个场景,每个场景都具有不同的几何复杂性和光照条件。图 8-13 展示了 Tank & Temples 数据集中的部分图片。

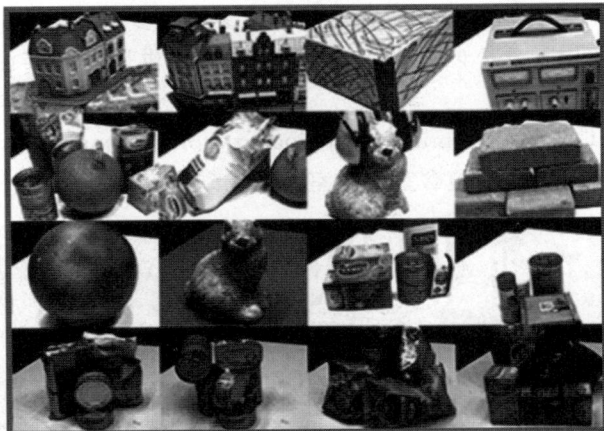

图 8-12　DTU 数据集中部分图片

数据集包含的场景有：

　　Tank：一个坦克模型，具有复杂的几何结构和丰富的细节。

　　Temple：一个寺庙模型，包含大量细致的雕刻和结构。

　　Courthouse：一个具有复杂建筑结构的法院模型。

　　Ignatius：一个教堂内部的场景，包含细致的建筑细节。

　　Horse：一个马的雕像，具有丰富的表面细节。

　　M60：一个军事车辆模型，包含复杂的机械结构。

图 8-13　Tank & Temples 数据集

3. ETH3D 数据集

　　ETH3D 数据集由苏黎世联邦理工学院（ETH Zurich）提供，是用于评估多视图立体（MVS）和视觉里程计（VO）算法性能的基准数据集。ETH3D 数据集提供了多种场景的多视图图像、深度图和相机轨迹数据，涵盖了多种复杂的室内和室外场景，包含复杂的真实场景和精确的地面真实数据，适用于各种三维重建任务。图 8-14 展示了使用 ETH3D 数据集中部分图片进行三维重建的结果。ETH3D 数据集分为以下几部分：

　　低分辨率（约 0.5MP[①]）的多视图图像，提供相机内参和外参。

---

　　① MP 代表"Mega pixel"（兆像素），是图像分辨率的单位。1MP 等于 100 万像素。

高分辨率(约 5MP)的多视图图像,提供相机内参和外参。

立体对的图像,适用于立体匹配和深度估计任务,提供地面真实深度图(ground truth map)。

用于即时定位与地图构建(simultaneous localization and mapping,SLAM)和视觉里程计任务的图像序列和相机轨迹,包含室内和室外的场景。

图 8-14　ETH3D 数据集三维重建结果

8.2　运动恢复结构算法的原理及应用

运动恢复结构算法的基本原理是基于多视几何,它通过检测和匹配图像中的特征点,推断出这些特征点在三维空间中的位置。通过这些三维点的集合,运动恢复结构能够生成一个稀疏的点云模型,并在此基础上进一步优化,生成更精细的三维模型。在本节中将详细介绍该算法的部分算法原理及具体应用,相关的主要原理有对极几何、捆绑调整等。

8.2.1　COLMAP 算法介绍

在运动恢复结构算法的应用中,使用了 COLMAP 算法,COLMAP 算法可以根据输入图像集进行计算,依次得到稀疏点云、稠密点云和三维曲面模型。由 SfM 算法得到稀疏重建后,稠密重建需要 CUDA(NVIDIA 推出的并行计算平台,可借助 GPU 并行计算加速任务)支持。

在 COLMAP 算法中,采用了增量式运动恢复结构算法。目前主流的运动恢复结构算法分为全局式和增量式两种。

全局式运动恢复结构可以一次性处理所有图像,使用所有图像的特征点匹配,构建一个全局优化问题,通过求解全局最优解来获得三维结构。该算法能够一次性得出所有的相机姿态和场景点结构。它通常先求得所有相机的位姿,然后通过三角化获得场景点。其中相机位姿求解也分为两步:第一步是求解全局旋转,第二步是根据全局旋转求解全局平移向量。因为第二步的计算依赖于第一步的输出,因此第一步输出结果的准确性直接决定了第二步的结果的优劣,也就是说,全局旋转的求解是相机姿态估计的核心关键问题。全局式运动恢复结构算法只需要在最后进行一次捆绑调整,因此效率较高,但是其鲁棒性差,很容易受到离群点的影响而导致重建失败。

　　增量式运动恢复结构算法从数据集中的部分图像对开始计算,逐步添加新图像并调整现有模型,一边三角化和多点透视(perspective-n-points,PNP),一边进行局部捆绑调整。这类算法在每次添加图像后都要进行一次捆绑调整,效率较低,而且由于误差累积,容易出现漂移问题,其优点是鲁棒性较高,适应性较强。

　　增量式运动恢复结构算法具体步骤如下:①对图像的特征进行提取和匹配。其中特征提取部分采用尺度不变特征变换算法(SIFT),利用高斯金字塔对特征进行提取。在运动恢复结构的过程中,输入的是场景图,输出的是检索的图片的位姿估计和重建的场景点。②在图片检索阶段,选定匹配图像对后,利用对极几何关系分解获得两张图像的位姿,然后通过三角化生成三维点。每次向系统中加入一张新图像时,首先将其与当前地图中的图像进行特征点匹配(即 2D-2D 匹配),然后通过 2D-3D 匹配建立对应关系,使用 RANSAC-PnP 算法估计该图像的相机位姿。

　　在三角化过程中使用的 RANSAC 算法,可以解决在进行特征点匹配时,有很多点会匹配错误的问题,这对后面估计基础矩阵的精度有很大的影响。为此,可以基于 RANSAC 算法来估计基础矩阵,并进一步剔除一些匹配错误的点信息。在使用 SfM 算法得到图像对应的位姿后,可以使用多视图立体算法进行稠密重建、网格重建及纹理贴图。

8.2.2　对极几何

　　对极几何方法的作用是确定图像中的像素点在空间中的位置。在运动恢复重建和多视图立体视觉中均使用了该方法。如图 8-15 所示,使用单一图像无法确定二维图像中某一点的空间三维坐标,因此,需要引入两个视角的图片并使用对极几何方法计算二维图像中点对应的三维坐标。

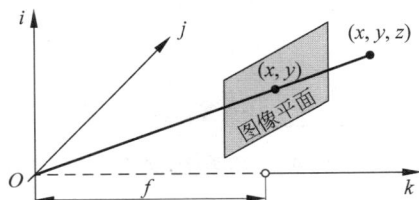

图 8-15　单一图像无法确定某点的三维坐标示意图

　　如图 8-16 所示,C_1、C_r 为两个相机的位置,左图像平面为 I_1,右图像平面为 I_r。P 为空间中一点,在左右两图像中的投影分别为 p_1 和 p_r。p_1 必然在 C_1P 方向的射线上,且 p_r 在对应的 C_rP 的连线上,即可能的 p_1 与 p_r 位置处于由 C_1C_rP 确定的平面上(称为极平面,epipolar plane)。相机中心连线 C_1C_r 与图像平面的交点 e_1、e_r 称为极点(epipoles),e_1p_1 与 e_rp_r 称为极线(epipolar lines)。这种 p_1 与 p_r 受极平面、极点和极线约束的关系称为对极约束。给定图像上的一个特征,它在另一幅图像上的匹配视图一定在对应的极线上。极线约束给出了对应点匹配的约束条件,它将对应点匹配从整幅图像中查找压缩到一条线上查找,大大减小了搜索范围,对对应点的匹配起指导作用。

8.2.3　捆绑调整

　　捆绑调整的核心是减少图像特征点从三维空间投射到不同相机视图中的实际位置与观

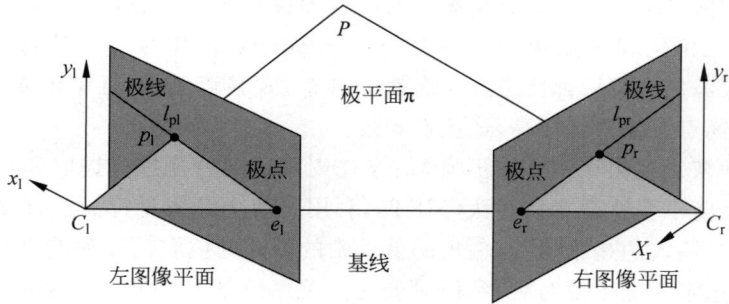

图 8-16　对极几何

测到的图像坐标之间的差异,即重投影误差。如图 8-17 所示,对于一个已知的三维点 P 和相机参数,可以计算出该点在图像上的投影坐标 P_2。如果实际观测到的特征点位置为 P_2',则重投影误差 e 定义为二者之差

$$e = P_2' - P_2 \tag{8-1}$$

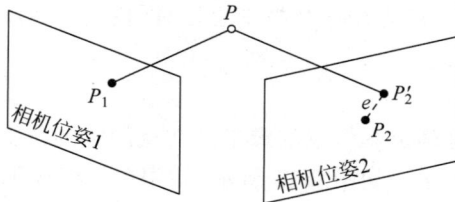

图 8-17　重投影误差示意图

因此需要将重投影误差 e 最小化。捆绑调整通常被表述为一个非线性最小二乘问题,公式如下:

$$\min_{X,c} \sum_{i=1}^{N_c} \sum_{j=1}^{N_i} \| \pi(\boldsymbol{X}_j, \boldsymbol{c}_i) - \boldsymbol{u}_{ij}' \|^2 \tag{8-2}$$

其中,X 代表三维点的坐标集合;c 代表相机参数集合;N_c 是相机总数;N_i 是第 i 个相机观测到的特征点数量;$\boldsymbol{X}_j$ 是第 j 个三维点的坐标;$\boldsymbol{c}_i$ 是第 i 个相机的参数集合,包含旋转矩阵 $\boldsymbol{R}_i$、平移向量 $\boldsymbol{t}_i$ 和内参矩阵 $\boldsymbol{k}_i$;$\pi(\cdot)$ 是从三维空间到二维图像平面的投影函数,它将三维点和相机参数映射到图像坐标;$\boldsymbol{u}_{ij}'$ 是第 i 个相机观测到的第 j 个特征点在图像上的实际观测坐标。

为了解决这个非线性最小二乘问题,可以利用莱文贝格-马夸特算法(Levenberg-Marquardt,LM)、高斯-牛顿法(Gauss-Newton,GN)或其变种。这些方法基于泰勒展开近似目标函数,并构建雅可比矩阵和目标函数的海森伯矩阵,通过迭代更新优化变量以逐步减小重投影误差,能够显著提高重建或定位的精度,消除累积误差,生成更为精确和一致的三维模型以及更准确的相机姿态轨迹。

8.2.4　运动恢复结构的应用

在运动恢复重建方法应用过程中,使用编译好的 COLMAP 算法程序。在应用过程中,数据集采用 OpenMVS 算法中的示例文件,共有不同角度图像 10 张,在重建过程中要求计

算机配备英伟达显卡。

　　COLMAP 3.6 版本算法程序界面如图 8-18 所示。

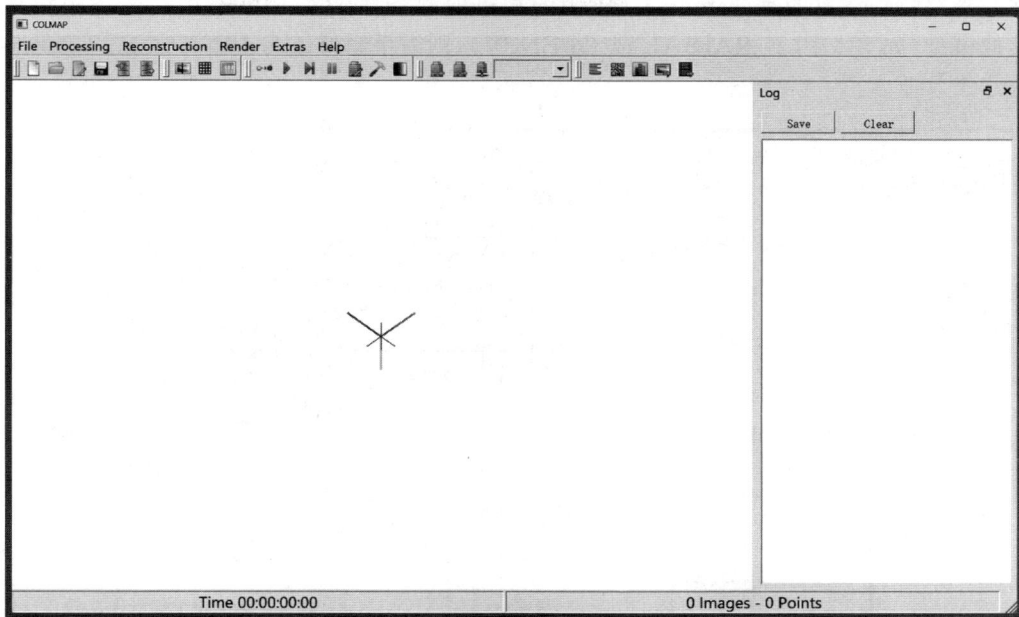

图 8-18　COLMAP 3.6 版本算法程序界面

　　如图 8-19 所示,首先,在 COLMAP 软件中"File"(文件)菜单栏下选择"New project"选项,在单击"New"选项后,创建新的三维重建工程项目,工程项目可以命名为"test1"或自命名。将带有数据集的文件夹移动到与工程文件同一目录下,在"Images"(图像)栏中单击"Select",选择图像数据集所在文件夹。注意:在文件地址中,不能出现中文字符。

　　然后在数据集范围内进行特征提取和特征匹配。单击"Processing"(进程)菜单栏,选择"Feature extraction"(特征提取)选项,根据摄像机的类型选取相机类型。在相机类型中有多种类型可供选择,如简单针孔相机(SIMPLE_PINHOLE)、针孔相机(PINHOLE)、简单鱼眼相机(SIMPLE_RADIAL_FISHEYE)、鱼眼相机(RADIAL_ FISHEYE)等。简单针孔相机和针孔相机模型之间的区别在于针孔相机允许独立设置横向和纵向的焦距 f_x、f_y。鱼眼相机由于其独特的广角视角和显著的畸变特性,可以获得独特的广角视角和视野,适用于拍摄室内场景和需要广角场景的情况。由于目前的相机可以较好地处理图像畸变问题,因此在采用常规摄像头、专业相机、无人机等设备进行图像采集时,使用简单针孔相机模型(SIMPLE_PINHOLE)即可。

　　接下来开始进行运动恢复结构(SfM)和三维稀疏重建。通过这一方法可以获得相机位姿及三维稀疏点云。具体操作为:在"Reconstruction"(重建)菜单下单击"start reconstruction"(开始重建)选项,算法开始进行运动恢复结构(SfM)流程。通过该方法可以获得目标结构的三维稀疏点云和每张图像对应的位姿。

　　为确保后续曲面重建过程的顺利进行,需要提前将 COLMAP 生成的模型结果从二进制格式(.bin)导出为文本格式(.txt)。在 COLMAP 界面中文件菜单"File"单击"Export model as txt"选项,并选择工程目录或新建子文件夹以保存导出的文件。此操作会生成cameras. bin、images. bin 和 points3D. bin 对应的 cameras. txt、images. txt 和 points3D. txt文件。需要特别注意的是,cameras. txt 中的相机模型类型应为 PINHOLE,若导出结果中为其他模型(如 SIMPLE_RADIAL 或 OPENCV),则需手动修改为 PINHOLE 以确保与后续重建工具兼容。

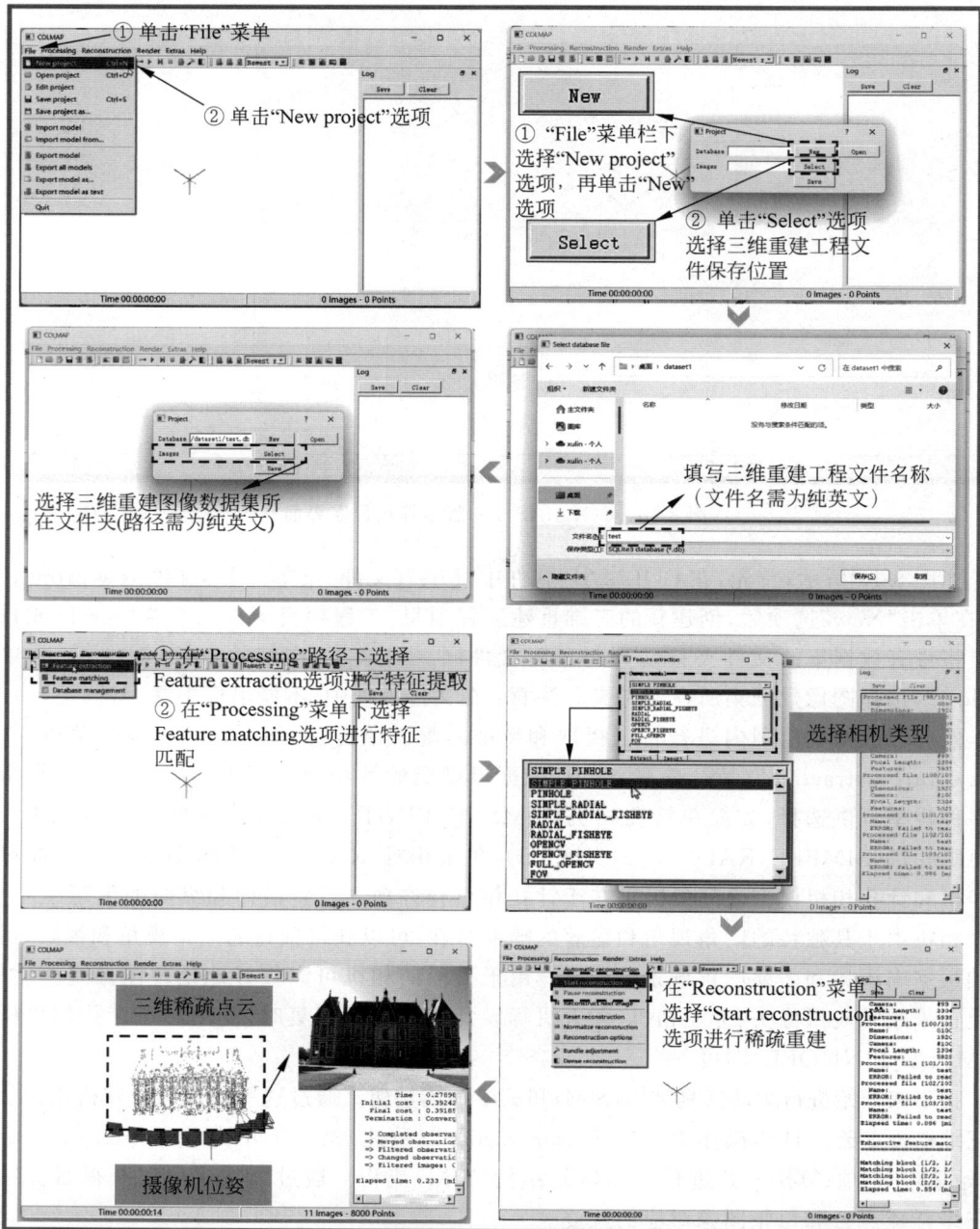

图 8-19 运动恢复结构(SfM)具体应用

8.3　多视图立体算法的原理及应用

多视图立体是计算机视觉中重要的研究领域,也是迈入三维计算机视觉研究的重点问题。它利用多张互相重叠的图像恢复出原始三维场景的几何结构和纹理信息。相关的主要概念有邻域帧选择和深度图计算等,下面逐一进行介绍。

8.3.1　邻域帧选择

多视图立体算法需要输入图像和对应的相机内参、外参,然后给每个参考图像选择所有有用的邻域帧,这个邻域帧是用来做匹配的帧。合适的选择策略可以提升重建效果,所以这步非常重要。图 8-20 中展示了邻域帧选择中部分参数之间的关系。在邻域帧选择过程中,该算法计算了候选邻域帧 N(其包括 R)内的每个视图 V 的全局得分 g_R 作为与 R 共享的特征的加权和,具体公式如式(8-3)~式(8-6)所示。

$$\text{Score}(V) = \text{area}_R \cdot \sum_{f \in F_V \cap F_R} w_N(f) \cdot w_s(f) \tag{8-3}$$

为了使邻域帧图像具有良好的视差范围,权重函数 $w_N(f)$ 被定义为 N(候选邻域帧)中所有视图对的乘积:

$$w_N(f) = \prod_{\substack{V_i, V_j \in N \\ s.t. i \neq j, f \in F_i \cap F_j}} w_a(f, V_i, V_j) \tag{8-4}$$

$$w_a(f, V_i, V_j) = \min\left[(\alpha/\alpha_{\max})^2, 1\right] \tag{8-5}$$

其中,area_R 为当前帧与邻域帧存在的共视点所占图像的面积;$w_N(f)$ 为共视点 f 在两个图像间的夹角平均值;Score 用于衡量邻域帧与当前帧的匹配程度;α 是在图像 V_i 和 V_j 中,从相机中心到三维点 f 所形成的光线之间的角度。函数 $w_a(f, V_i, V_j)$ 将三角测量角度的权重降低到 $\alpha_{\max}$ 以下。在 $w_a(f, V_i, V_j)$ 计算过程中,将 $\alpha_{\max}$ 设置为 $10°$。二次权重函数用于抵消随着角度减小而共有特征数量增加的趋势。同时,过大的三角测量角度会导致共享 SIFT 特征的相关性降低,从而减少不准确匹配的发生。

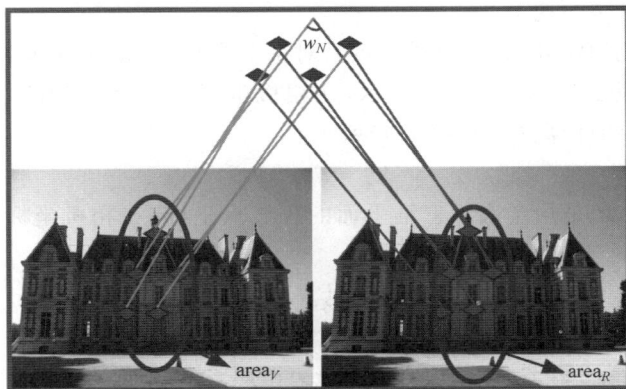

图 8-20　邻域帧选择

加权函数 $w_s(f)$ 表示在特征 f 处,测量图像 R 和 V 的相似性,计算公式如式(8-6)所示。为了估计特征 f 在图 V 中的 3D 采样率,计算以 f 为中心的球体的直径 $S_V(f)$,该球

体在 V 中的投影直径等于 V 中的像素间距。类似地计算图 R 的 $S_R(f)$ 并定义比例权重 $w_s(f)$ 中 $r=S_R(f)/S_V(f)$：

$$w_s(f)=\begin{cases}2/r, & 2\leqslant r \\ 1, & 1\leqslant r<2 \\ r, & r<1\end{cases} \qquad (8\text{-}6)$$

8.3.2　深度图计算

传统的深度图计算方法主要有两种，分别是 SGM 方法和 Patchmatch 方法。SGM 方法是通过对图像做校正，在视差层面下计算深度图，匹配关系是由三角测量转换得到的，视差图可以与深度图相互转换。PatchMatch 方法与 SGM 方法不同，该方法直接计算深度图。COLMAP 算法就是使用 Patchmatch 方法计算深度图。

1. 深度图初始化

在深度图初始化阶段首先需要将运动恢复结构(SfM)算法计算得到的稀疏点投影到对应帧，得到稀疏深度图，然后通过三角化算法将稀疏点云转换为三角网格，再对三角网格内的平面区域进行插值处理，得到完整的稠密深度图。三角化示意图如图 8-21 所示。

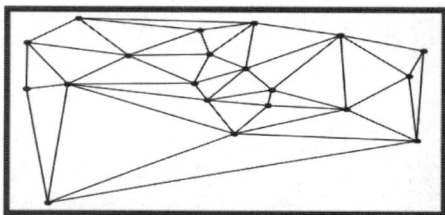

图 8-21　三角化

该方法的核心思路是为目标图像的每个像素寻找最优支撑平面，使聚合匹配代价最小。如图 8-22 所示，对于目标图像中的任意像素 p，算法会估计其对应的三维平面。设 C_i 与 C_j 分别为目标图像与参考图像的相机光心，在两相机的对应视线上存在多个候选三维平面(如平面 f_1，f_2 与 f_3)，其中与像素点匹配代价最小的平面即为该像素的最优支撑平面，其中 f_2 为最优支撑平面，其中 f_2 为最优支撑平面。支撑平面由目标相机 C_i 坐标系下的三维点 $\boldsymbol{X}_i$ 及其法向量 $\boldsymbol{n}_i$ 表示，其中，C_i 为目标图像的相机光心，$C_i\text{-}xyz$ 坐标系为该相机的相机坐标系。

2. patch 初始化

基于上述初始化的深度图，结合稀疏点云对每个像素的 patch 平面进行初始化(该平面由三维点和法向量表示)。如图 8-23 所示，在相机坐标系下，该 patch 平面为曲面的切平面。patch 平面参数的计算方式如式(8-7)所示。

$$\boldsymbol{X}_i=d\boldsymbol{K}^{-1}\boldsymbol{P} \qquad (8\text{-}7)$$

其中，$\boldsymbol{K}$ 是相机内参，$\boldsymbol{P}$ 是用于表示三维平面的三维点坐标(在相机坐标系下的坐标为 (X, Y, Z))，d 是 $\boldsymbol{P}$ 点的深度。

该方法采用相机 C_i 为中心的球坐标系计算。法向量 $\boldsymbol{n}_i$ 计算如下：

$$\boldsymbol{n}_i=\begin{bmatrix}\cos\theta\sin\phi \\ \sin\theta\sin\phi \\ \cos\phi\end{bmatrix} \qquad (8\text{-}8)$$

其中，θ 为一个在 $[0°,360°]$ 之间的随机角度，ϕ 为一个在 $[0°,60°]$ 之间的随机角度。上述角度范围的设置是基于如下假设：若一个平面块在图像 I_i 中可见，则其法向量 $\boldsymbol{n}_i$ 与该相机坐标系 z 轴的夹角应低于某一阈值(该方法中阈值设为 $60°$)。

根据平面 $f_p = \{\boldsymbol{X}_i, \boldsymbol{n}_i\}$ 计算像素 p 的聚合代价,该方法首先计算由平面诱导的单应矩阵:

$$\boldsymbol{H}_{ij} = \boldsymbol{K}_j \left(\boldsymbol{R}_j \boldsymbol{R}_i^{\mathrm{T}} + \frac{\boldsymbol{R}_j (\boldsymbol{C}_i - \boldsymbol{C}_j) \boldsymbol{n}_i^{\mathrm{T}}}{\boldsymbol{n}_i^{\mathrm{T}} \boldsymbol{X}_i} \right) \boldsymbol{K}_i^{-1} \qquad (8\text{-}9)$$

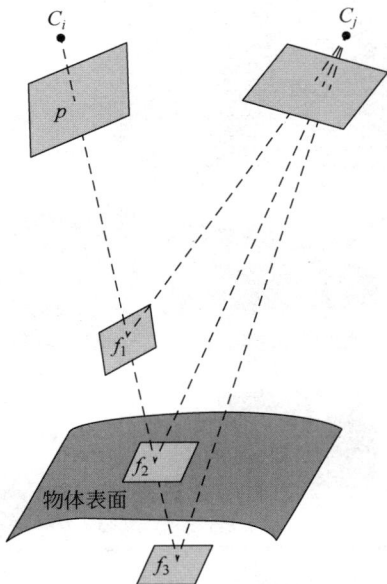

图 8-22　寻找具有最小的聚合匹配成本的 patch 平面　　图 8-23　patch 平面的组成

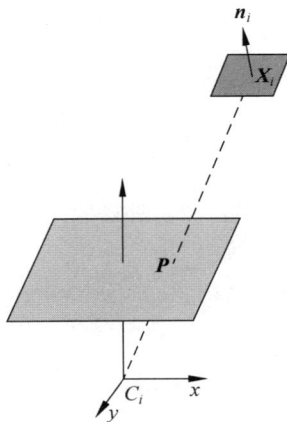

在像素 p 周围设定一个正方形窗口 W,对于 W 中的每个像素 q,该方法通过式(8-9)得到的单应矩阵 $\boldsymbol{H}_{ij}$ 计算其在参考图像中对应的像素位置。基于此,像素 p 的聚合匹配代价 $m(p, f_p)$ 定义为 $1-q$ 与 $\boldsymbol{H}_{ij}(q)$ 之间的归一化互相关得分:

$$m(p, f_p) = 1 - \frac{\sum\limits_{q \in W} (q - \overline{q}) \left[\boldsymbol{H}_{ij}(q) - \overline{\boldsymbol{H}_{ij}(q)} \right]}{\sqrt{\sum\limits_{q \in W} (q - \overline{q})^2 \sum\limits_{q \in W} \left[\boldsymbol{H}_{ij}(q) - \overline{\boldsymbol{H}_{ij}(q)} \right]^2}} \qquad (8\text{-}10)$$

8.3.3　多视图立体的应用

本节中进行基于多视图立体算法的稠密重建,计算得到三维稠密点云。这一过程依然使用 COLMAP 算法实现,步骤如图 8-24 所示。

首先,在数据集所在的文件夹下创建一个"dense"文件夹,然后在重建菜单"Reconstruction"下选择"Dense reconstruction"(稠密重建)选项,对话框内选择"Select"选项,然后选择之前创建的"dense"文件夹,先后执行"Undistortion""Stereo"和"Fusion"操作后,可以获得数据集内每张图片所对应的深度图及三维稠密点云。通过对比可以发现,经过运动恢复结构得到的三维稀疏点云数量为 21719,在稠密重建后得到的三维稠密点云数量为501047,点云数量增加了 22 倍。从宏观上看,点云密度显著增大,点云细部纹理明显增加。

为了接下来的曲面重建能正常运行,在此处需要进行格式转换与文件的文件替换。其转换方法与 8.2.4 节运动恢复结构的应用中所述一致,选择文件夹"dense"下的"sparse"文件夹,把".bin"类型的相关的文件转成".txt"格式。之后使用稀疏重建后导出 cameras.txt、

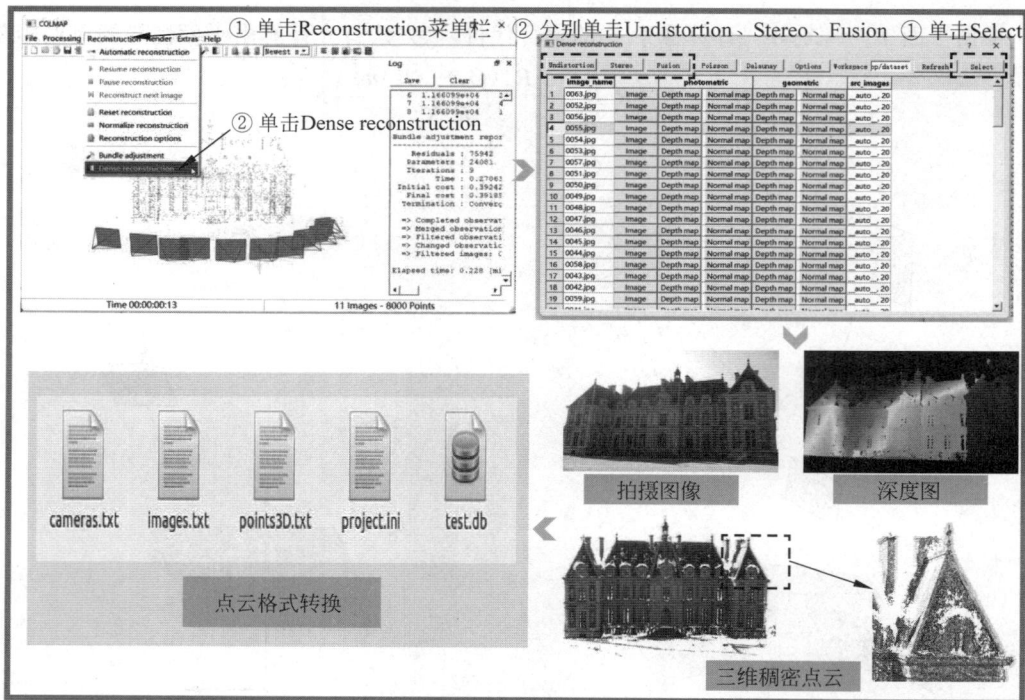

图 8-24 三维稠密重建的具体步骤

images. txt 文件替换稠密重建导出的 cameras. txt、images. txt 文件。

8.4 曲面重建原理及应用

曲面重建也称网格重建,是指从三维点云出发重建出目标的三维网格。如图 8-25 所示,左图是一个三维点云,右图是它重建出来的网格。网格与点云最大的区别是,整个模型不再由独立的点组成,而是一个整体模型。但是这个曲面不是完全理想的曲面,只是分片线性的曲面。最常见的网格是三角网格,这里讨论的网格重建也是三角网格的重建。

图 8-25 点云模型与网格模型对比

8.4.1 曲面重建原理

曲面重建方法可分为显式重建法和隐式重建法。如图 8-26 所示,显式重建方法把点云点当作网格顶点,然后直接三角化这些顶点,使得任何一个三角形的外接圆内不包含其他点。常见的三角化方法是 Delaunay 三角化。隐式重建法通过定义隐式函数来描述曲面,然后利用等值面提取技术生成网格。常见的隐式重建方法是泊松曲面重建。

显式重建法由于直接处理点云数据,计算复杂度较低,计算效率较高。但是显式方法对噪声和点云密度的变化较为敏感,处理稀疏或有噪声的点云时效果不佳。因此在进行曲面重建前需要进行去噪,否则会对重建效果产生较大影响。

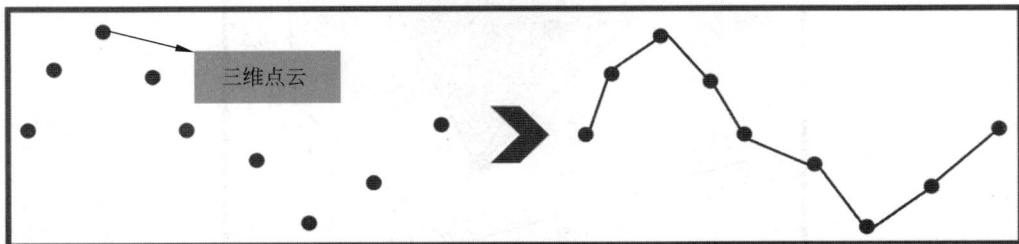

图 8-26 显式重建法

如图 8-27 所示,隐式重建法适用于形状复杂结构的重建,由于在曲面拟合过程中会过滤掉一部分噪声点,因此该方法具有较好的抗噪能力。如泊松曲面重建基于泊松方程,是一种全局重建方法。它通过将点云视为曲面上的采样点,利用这些点及其法向信息求解泊松方程,构建出隐式函数,从中提取等值面生成三角网格。

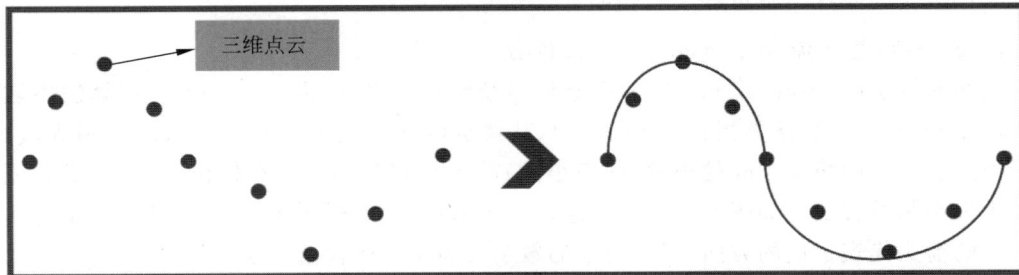

图 8-27 隐式重建法

在曲面重建算法具体执行过程中,算法将所有点划分成四面体网格,通过每个点的可视信息计算每个四面体(cell)的权重,利用最小割方法找到权重最小的分割面(face),这些分割面就是要重建的曲面。

1. 四面体网格(delaunay tetrahedralization)

在进行曲面重建时使用了四面体网格。四面体网格划分是将点云分割成四面体,四面体的顶点就是点云的所有点。四面体是指由 4 个不共面的点组成的几何形状。如图 8-28 所示,一个四面体(cell)由 4 个顶点(vertex),4 个面(face)和 6 个边(edge)组成。多个四面体间的关系是要么不相交,要么共享一个共同的面(face)。

在曲面重建过程中,为了保证生成的网格局部连续,OpenMVS 在每次插入新的三维点 p 时,都会进行局部一致性检查。重建过程是逐点插入的,插入过程中会计算每个顶点在每个视角上的权重 α_{vis}。α_{vis} 的计算公式如式(8-11)所示。在插入三维点 p 的过程中,如果已插入点与 $S(p)$ 之间的距离大于点 p 与 $S(p)$ 之间的距离,则不插入该点 p。

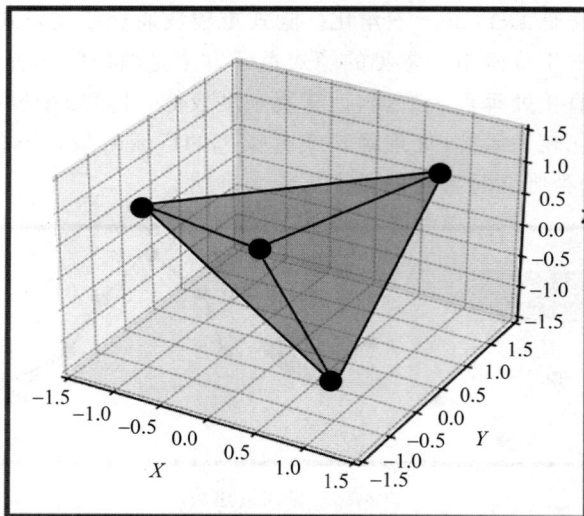

图 8-28 四面体网格

$$\alpha_{\text{vis}}(p) = \sum_{x \in S(p)} N_{\text{c}}(x) \tag{8-11}$$

其中，$N_{\text{c}}(x)$ 为输入 3D 点云中与该点相关联的摄像机的数目；$S(p)$ 为四面体化的点集。最后利用最小割原理求解最理想的曲面。

2. 最小割/最大流（minimum cut/max flow）

最小割算法（minimum cut）是图像分割的经典算法之一，常在"graph cut"算法中被使用。最小割/最大流算法是指：在有向图中，从源点（source）到汇点（terminal）的最大流量，等于剪除后能使网络流中断的边集（即最小割）的最小容量和。即在任何网络中，最大流的值等于最小割的容量。如图 8-29 所示，这是一个有向带权图，共有 4 个顶点和 5 条边。每条边上的箭头代表了边的方向，每条边上的数字代表了边的权重。

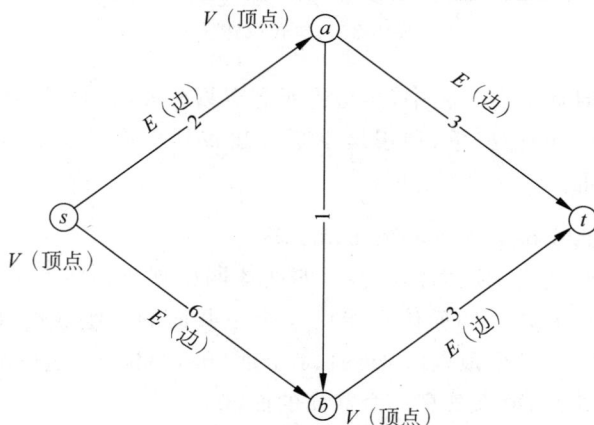

图 8-29 最小割/最大流理论示例

如图 8-29 中 V 表示顶点（vertex）所构成的集合，E 表示边（edge）所构成的集合。顶点的集合和边的集合 E 构成了图 G（graph）。图中顶点 s 表示源点（source），顶点 t 表示终点

(terminal)，从源点 s 到终点 t 共有 3 条路径，分别为：

(1) $s{\rightarrow}a{\rightarrow}t$；

(2) $s{\rightarrow}b{\rightarrow}t$；

(3) $s{\rightarrow}a{\rightarrow}b{\rightarrow}t$。

下面将分别用最小割理论和最大流理论来分析。

最小割理论：基本思路为在图 8-29 所示的线路中割去最少的路线，使得 s 无法到达 t。因此，需要割去 $s{\rightarrow}a$ 路线和 $b{\rightarrow}t$ 路线。两条路线的权重和为 5。

最大流理论：基本思路是假如顶点 s 源源不断有水流出，边的权重代表该边允许通过的最大水流量。三条路线的最大水流量分别为：

(1) $s{\rightarrow}a{\rightarrow}t$：受路线 $s{\rightarrow}a$ 限制，最大水流量为 2；

(2) $s{\rightarrow}b{\rightarrow}t$：受路线 $b{\rightarrow}t$ 限制，最大水流量为 3；

(3) $s{\rightarrow}a{\rightarrow}b{\rightarrow}t$，该路线流量被其他路线使用，无流量。三条路线的权重和为 5。

因此，将各路径可同时通过的最大流量相加得到的权重，即 $2+3=5$，与最小流相同。

最小割方法与能量最小化密切相关。在曲面重建中，可以定义一个能量函数，该函数衡量曲面光滑性和数据一致性。最小割方法通过最小化这个能量函数，得到一个最佳的曲面重建结果。

8.4.2　曲面重建的应用

曲面重建是用 OpenMVS 算法实现的。该算法集成了三维重建的完整技术方案，包括相机模型、多视立体几何、稠密重建、曲面重建、点云融合、纹理贴图等多个环节。它利用高度并行化的架构和 GPU 加速计算，能够处理大规模的图像数据，生成详细的三维模型。在本节中曲面重建前期工作由 COLMAP 算法进行计算，在实际测试中可以获得优于全程使用 OpenMVS 算法得到的三维模型。本节中的操作分为格式转换和曲面重建两部分。

OpenMVS 算法程序的可执行文件在 openMVS_sample-master/bin/文件夹里面，需要按照顺序在控制台（在 win 运行里输入"cmd"命令打开控制台）中执行如下命令（-w 设置的是数据的路径，可以使用绝对路径或相对路径；-i 是输入的文件名；-o 是输出的文件名）。

(1) 格式转换。在控制台进入 openMVS_sample 的 bin 文件夹，执行命令："./Interface COLMAP.exe -i X:\XX\openMVS_sample-master\dense\（此处为 COLMAP 导出文件的文件夹）-o X:\XX\openMVS_sample-master\scence.mvs（此处为转换格式文件的保存路径及名称）--image-folder X:\XX\openMVS_sample-master\images（图片数据路径）"。

(2) 曲面重建。在控制台进入 openMVS_sample 的 bin 文件夹，执行命令："./Reconstruct Mesh -i X:\XX\openMVS_sample-master\scence.mvs（此处为转换格式文件的保存路径及名称）-o X:\XX\openMVS_sample-master\test_mesh.mvs（曲面重建数据存放路径）"。

计算结束后可以得到三维网格模型，计算结果如图 8-30 所示。

(3) 网格优化。在控制台进入 openMVS_sample 的 bin 文件夹，执行命令："./RefineMesh -i X:\XX\openMVS_sample-master\test_mesh.mvs（曲面重建数据存放路径）-o X:\XX\openMVS_sample-master\test_refinemesh.mvs（网格优化数据存放路径）"。该命令可以进行网格优化，大幅度改善曲面重建的质量，去除一些由于杂点导致的错误网格，计算结果

8-2 OpenMVS 算法程序

图 8-30　曲面重建结果

如图 8-31 所示。

查看 OpenMVS 算法执行命令后输出的".mvs"格式结果,可以用 MeshLab 软件进行查看。打开 MeshLab 软件后,单击"File"菜单下的"Import Mesh"(导入网格),选择输出的".mvs"格式结果,即可查看曲面重建结果。

8-3
MeshLab
软件

图 8-31　网格优化结果

8.5　纹理贴图原理及应用

纹理贴图是计算机图形学中的一种重要技术,它通过将二维图像(纹理)映射到三维模型的表面来增强模型的视觉细节和真实感。这一过程不仅提升了模型的外观,还有效降低了计算成本,避免了创建复杂几何体。下面学习纹理贴图的原理及应用。

8.5.1　纹理贴图原理

纹理贴图指的是将输入的 2D 图像中的颜色信息映射到重建的 3D 网格上。纹理贴图主要分为两个方面的工作:第一方面是给每个三角面选择合适的视图,其中三角面视图选择的基本原理是将网格和 2D 图片通过相机参数对应,通过相机参数来计算二者之间的对应关系,如图 8-32 所示。第二方面是由于不同视角下图像的亮暗程度不一样,且位姿可能有偏差导致网格的纹理贴图在不同图片之间会有一些色差,因此需要做颜色融合,消除这些色差,最后生成纹理图集。如图 8-33 所示为三维模型的纹理图集。

图 8-32　为三角面选择合适的视图

在纹理贴图的过程中,选择贴图图像的方法通常采用马尔可夫随机场(Markov random field,MRF)。这种方法有效处理了图像和视频中的不确定性与依赖关系,从而提升了纹理映射的质量和自然性。具体来说,马尔可夫特性意味着一个随机变量序列的当前状态(第 $N+1$ 时刻的分布特性)仅与其前一状态(N 时刻)有关,而与之前的状态无关。同时,随机场的概念指的是在每个位置根据某种分布随机赋予值,所有位置的值集合构成了一个随机场。

图 8-33　纹理图集

在纹理贴图的应用中,当为每个面选择视图时,该面所选择的视图与其邻域的视图存在概率关系。这意味着每个面的选择不仅依赖于自身的属性,还与周围面相互作用,从而生成更加和谐且自然的视觉效果。与此相对,其他不相关面的选择则不会影响当前面的选择。

目前,MRF 在图像分割、去噪等方面被广泛使用。在图像分割中,该方法通过将图像像素或超像素表示为一个随机场,使用 MRF 模型可以有效地分割图像中的不同区域。图像去噪中,该方法从受噪声污染的图像中恢复原始图像。MRF 模型通过捕捉图像中的空间依赖关系,可以有效地去除噪声。

此外,在三维重建过程中,立体匹配和纹理贴图均利用了马尔可夫随机场的概念。例如,在 OpenMVS 算法的立体匹配过程中,把每个视差层看作一个标签(label),通过不断寻找最佳标签以最小化全局代价。在纹理贴图中,由于图像数据集中可能包含多张展示目标面的图片,运用马尔可夫随机场可以为每个面选择一个最优视图,最终把所选择的最优视图用于纹理贴图。

在掌握马尔可夫随机场的基本理论后,实际应用中还需要使用置信度传播(belief propagation,BP)算法,通过节点之间相互传递信息来更新当前整个 MRF 的标记状态。这是一种基于 MRF 的近似计算方法,能够有效解决概率图模型中的概率推断问题,并且所有信息的传播可以并行实现。BP 算法的两个关键过程包括:第一,通过加权乘积计算所有的局部消息;第二,节点之间的概率消息在随机场中传递。经过多次迭代后,所有节点的置信度不再发生变化,此时每个节点的标记即为最优标记,MRF 也达到了收敛状态,得到了最优解。

8.5.2 纹理贴图的应用

纹理贴图可以从多个图像生成的纹理映射到经过三维重建的 3D 网格表面,提高 3D 模型的视觉效果,可以应用于古建筑、桥梁结构等建筑物的表面检测。在进行纹理贴图时,同样采用 OpenMVS 算法,并使用 OpenMVS 开源软件的示例数据集。

从控制台进入 openMVS_sample 的 bin 文件夹,执行命令:"./bin/TextureMesh -i test_refinemesh.mvs(网格优化数据存放路径)-o test_texture.mvs(纹理贴图数据存放路径)",即可开启纹理贴图任务。在算法完成纹理贴图运算后可以得到纹理贴图模型。纹理贴图结果如图 8-34 所示。用 MeshLab 软件打开".mvs"格式可以查看结果。

图 8-34 纹理贴图结果

8.6 三维重建延展应用

三维重建延展应用是指在获得三维模型后,将其应用于工业设计、虚拟现实等多个领域。随着技术的发展,三维重建不仅限于物体模型,还能与机器学习和计算机视觉结合,实现更精准的模型生成。例如,在建筑设计中,三维重建提升了设计效率和准确性。此外,虚拟现实和增强现实技术的兴起使得三维重建为用户提供了沉浸式体验。相关的主要概念有 SLAM、增强现实和虚拟现实等,下面逐一进行介绍。

8.6.1 SLAM 基本概念与历史发展

同时定位与地图构建(simultaneous localization and mapping,SLAM)技术可以描述为:机器人在未知环境中从一个未知位置开始移动,在移动过程中,根据位置和地图进行自身定位,并在此基础上构建增量式地图,从而实现自主定位和导航。这项技术能够在 GPS 信号弱的环境中提供空间定位信息,同时估计自身位置并构建虚拟场景的地图。具体来说,定位是指确认自身及周围物体在世界坐标系下的位置,而地图构建则是建立机器人感知的

周围环境的地图。SLAM 的发展分为经典模型、算法分析和鲁棒感知三个阶段,如图 8-35
所示。

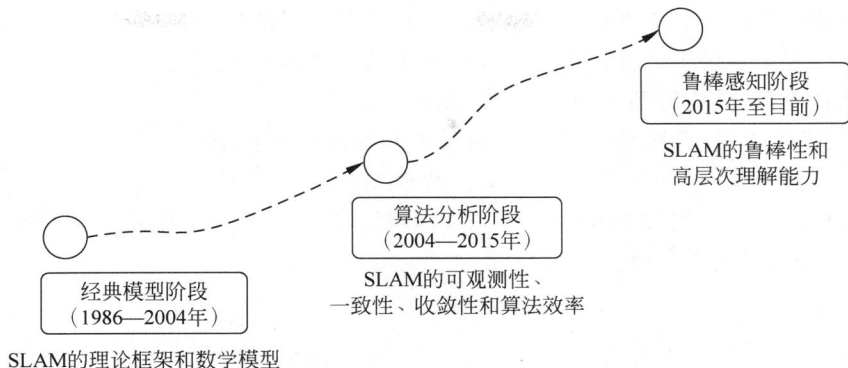

图 8-35　SLAM 的发展阶段

随着人工智能和机器人产业的不断发展,SLAM 的研究逐渐受到广大研究者的关注。
从传感器类型上来看,SLAM 主要有激光 SLAM 和视觉 SLAM。还有其他多种类型的
SLAM 技术,如惯性 SLAM、声呐 SLAM 和多传感器融合 SLAM 等。

1. 激光 SLAM

激光 SLAM 由最早出现在军用潜艇上的红外测距定位装置演变而来,使用激光雷达获
取数据,相比红外测距装置,激光 SLAM 测距的距离远、数据精准度高(见图 8-36)。激光雷
达获取的数据是一幅幅的点云,这些点云是外界环境中物体外观表面的点数据集合,且包含
角度和深度(距离),有助于导航的路径规划。激光 SLAM 系统往往通过对相邻两幅点云进
行特征提取和匹配,解算传感器自身运动相对环境的位姿变换,可以实现传感器自身的定
位。激光雷达探测距离较远,且能准确获取物体的三维点云信息,数据简单,误差模型简单,
鲁棒性和稳定性好,即使在昏暗和光线变化的环境下也依然可以很好地发挥作用。

(a)　　　　　　　　　　　　　　　　(b)

图 8-36　激光传感器及应用效果

(a) 激光雷达;(b) GoogleCar 激光雷达的 3D 场景

2. 视觉 SLAM

视觉 SLAM 以相机作为主要传感器获取周围环境的图像序列,利用丰富的纹理信息,
实现对自身的追踪。噪声的存在会使运动方程和观测方程的解算结果与现实位姿之间产生
误差,为了在有噪声的数据中进行准确的状态估计,提出了基于滤波的 SLAM 系统和基于

优化的 SLAM 系统。

一个视觉 SLAM 系统主要由前端、后端、回环检测 3 个部分组成。前端的任务是估算相邻图像间相机的运动和局部地图的信息。回环检测的目的是判断自身是否在之前已经到达过相同的位置。后端的任务是接收不同时刻前段估算的相机位姿以及回环检测信息,对它们进行整合优化,最终得到全局一致的轨迹和地图。

与激光 SLAM 相比,视觉 SLAM 利用颜色和纹理信息能够有效识别和追踪动态变化的场景,便于进行可靠的回环检测与定位。虽然激光 SLAM 具有较完善的技术支持,但由于传感器价格从数千元到数十万元不等,推广和量产难度较大,因此视觉 SLAM 系统选择相机作为传感器,以提高实用性和可及性。

3. SLAM 发展

激光与视觉 SLAM 技术经过几十年的发展,现已成熟并广泛应用于军事和民用领域。然而,单一传感器的 SLAM 技术存在局限性,例如激光 SLAM 在动态物体众多的场景中效果不佳,而视觉 SLAM 在低纹理环境中表现较差。因此,激光与视觉及其他传感器的融合将成为未来的主流方向。

早期研究主要集中在基于激光雷达的 SLAM 方案,框架多基于卡尔曼滤波及其变体。随着计算机视觉技术的进步,研究者发现摄像机能够提供比激光雷达更丰富的纹理信息,且成本低、结构简单。基于特征的方法解决了传统 SLAM 的误差累积和高计算复杂度问题。

深度学习的兴起为计算机视觉中的许多传统问题提供了解决方案。专家指出,深度学习能够自动学习特征,适应动态场景,并更好地处理非线性变换。

目前,多传感器 SLAM 已取得一些进展,但相较于传统的视觉和激光 SLAM 仍处于发展阶段,更多传感器的引入要求更强的计算能力和完善的系统来过滤无用信息,这对 SLAM 的实时性能构成挑战。未来,随着算法和软硬件的不断更新,这一状况将有望改善。

8.6.2　SLAM 技术应用现状

SLAM 技术在近年来取得了显著的发展,尤其在三维重建领域得到了广泛应用。SLAM 技术能够通过传感器(如激光雷达、RGB-D 摄像头等)获取环境的空间信息,实时估计设备自身的运动轨迹,同时构建出环境的三维地图。这项技术最初主要应用于机器人导航和无人驾驶领域,而随着计算能力和传感器技术的提升,SLAM 在建筑施工监控、地下设施定位与测绘、灾后建筑评估以及城市规划与基础设施管理等多个领域展现出巨大的潜力。

在建筑施工监控方面,实时监控施工进度和质量是确保项目按时完成并符合规范的重要手段。传统的监控方法往往依赖人工巡查或固定摄像头,这些方式存在盲区,并且无法动态追踪施工的具体进展。基于视觉的 SLAM 系统可以安装在无人机、自动驾驶施工设备或移动机器人上,通过捕捉施工现场的图像或视频数据,生成施工区域的实时三维数据。通过这些三维数据,不仅可以展示当前的施工状态,还可以与预定的施工计划进行对比,自动识别潜在的施工问题,如施工偏差和进度落后等,帮助工程师及时调整施工策略,避免潜在的风险。

在地下设施定位与测绘方面,地下设施(如隧道、管道和电缆等)在城市基础设施中占据重要地位,但由于其复杂性和不可见性,定位和测绘变得困难。传统方法依赖人工测量或已知的旧图纸,可能导致不准确甚至错误。利用配备视觉传感器的机器人或无人机,SLAM技术可以在地下环境中进行定位与测绘,生成精确的三维地图。这不仅有助于识别现有地下设施的位置,还可以用于规划新的地下工程,避免对现有设施的破坏,如图 8-37(a)所示。此外,SLAM 生成的地图还可用于定期检查和维护,确保地下设施的长期稳定运行。

在灾后建筑评估方面,基于视觉的 SLAM 系统可以安装在无人机或地面机器人上,迅速进入受灾区域,生成建筑物的三维模型,如图 8-37(b)所示。这些模型可以帮助评估人员快速识别建筑物的损毁程度,例如倾斜、裂缝或部分倒塌等情况,进而确定建筑物是否需要修复、加固或拆除。这种方式显著提高了灾后评估的效率和安全性。

图 8-37　SLAM 技术的应用
(a) 地下设施定位与测绘;(b) 灾后建筑评估

在城市规划与基础设施管理方面,SLAM 技术可以用于创建城市的高精度三维地图,通过在城市环境中移动的车辆、无人机或手持设备采集数据。这些地图不仅可用于城市规划,如新建道路、桥梁或地下设施的布局,还能用于现有基础设施的管理,例如监控地下管网的健康状况,规划维护和修复工作,提升基础设施监测效率。

总的来说,SLAM 技术的三维重建应用还处于快速发展阶段,未来随着硬件性能的进一步提升和算法的不断优化,SLAM 在更加复杂和动态环境中的应用将会更加广泛,可能催生出更多创新的行业应用。

8.6.3　增强现实基本概念与历史发展

增强现实(augmented reality,AR)是一种将虚拟景物或信息与现实物理环境叠加融合的技术,使用户能够在同一空间中体验虚拟与现实的共享。本质上,增强现实是一种集定位、呈现、交互等软硬件技术于一体的新型界面技术,旨在让用户在感官上感知虚实空间的时空关联与融合,从而增强对现实环境的感知与认知。

增强现实技术拥有三个基本要素:虚实空间的融合呈现、实时在线的交互以及虚实空间的三维注册。虚实空间的融合呈现强调虚拟元素与真实元素的并存,这是用户对现实环境感知得以增强的关键;实时在线的交互强调用户与虚实物体之间互动响应的实时性,以满足用户对时间维度的响应需求;而虚实空间的三维注册则确保用户对空间感知的精确性和智能性,体现了虚实融合呈现的时空一致性。这三个要素是实现现实环境增强感知的关键所在。

增强现实技术不仅能够有效体现真实世界的内容,还能够促使虚拟信息内容的显示。这些细腻的内容相互补充和叠加,为用户提供了超越现实的感官体验。通过头盔显示器等特制设备,用户可以看到真实世界与计算机生成的图形之间的重合,从而更全面地感知周围环境。

增强现实技术的发展可以追溯到 20 世纪 60 年代。1968 年,Ivan Sutherland 提出了"终极显示器"的设想,创建了第一个头戴式 AR 显示器,但当时只能显示简单的线框模型。1974 年,Myrib Krueger 发明了 Videoplace 系统,实现了用户剪影与投影画面的互动。1990 年,波音工程师 Tom Caudell 和 David Mizell 研发了穿透式头戴显示装置,首次提出"增强现实"一词。1993 年,美国空军的 Louis Rosenberg 开发了沉浸式远程 AR 系统 Virtual Fixture。1994 年,Julie Martin 在舞台剧中实现了舞者与虚拟景物的同台表演。1998 年,Sportsvision 公司在 NFL 实况转播中运用视频增强技术。2000 年,Hirokazu Kato 发布了 ARToolkit,成为首个计算机 AR 程序库,推动了 AR 技术的应用。2017 年,苹果和谷歌分别推出 ARKit 和 ARCore,标志着 AR 技术在移动终端上的普及,商汤科技、网易等公司也相继推出自主开发平台,使 AR 逐渐成为服务社会的新型技术。随着技术的不断进步和应用场景的扩展,增强现实正逐步改变我们的生活、工作和娱乐方式,成为影响社会的一项重要技术。

目前,增强现实的显示装置按使用方法可以分为三大类:可穿戴式设备、移动手持显示设备和空间增强设备,图 8-38 展示了三类增强现实设备。增强现实系统的技术特点包括三维注册技术、真实感绘制以及人机交互。这些特点确保了虚实空间的有效融合,并促进用户与系统之间的实时互动。一个完整的增强现实系统是由一组紧密联结、实时工作的硬件部件与相关软件系统协同实现的,通常包括基于计算机显示器的增强现实系统、视频透视式增强现实系统和光学透视式增强现实系统等组成形式。

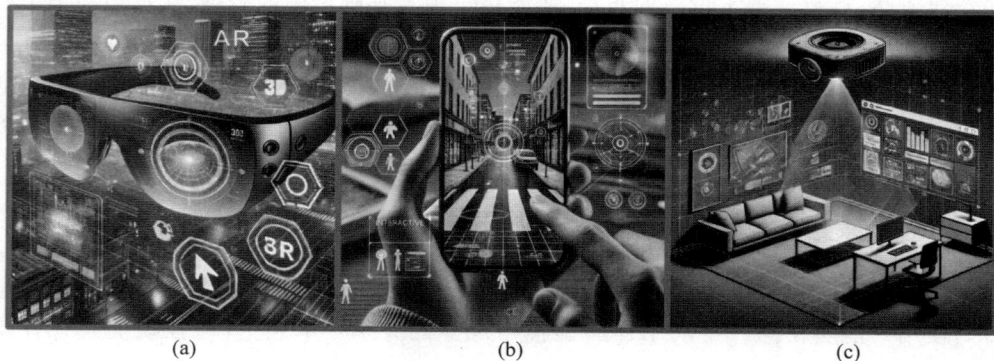

(a)　　　　　　　　　　　　(b)　　　　　　　　　　　　(c)

图 8-38　增强现实 AR
(a) 可穿戴设备;(b) 移动式手持设备;(c) 空间增强设备

在增强现实技术中,多媒体、三维建模以及场景融合等技术手段得到了广泛应用,提供了丰富的信息内容,并增强了人类感知的深度和广度。这使得用户不仅能够在感官上体验虚实融合的效果,还能够更好地理解和感知他们的现实环境。

8.6.4 增强现实技术应用现状

增强现实技术作为将虚拟信息与现实环境叠加融合的创新科技,近年来在土木工程、计算机视觉与三维重建领域得到了广泛应用与发展。AR 不仅为建筑和基础设施建设项目提供了新的可视化和交互方式,还在三维重建与精确建模方面展现出强大的潜力,极大地提高了工作效率与精度。

增强现实在三维重建中具有重要应用,特别是在土木工程项目中。计算机视觉技术赋予 AR 强大的环境感知能力,能够通过摄影测量或激光扫描生成精确的三维模型。这些模型与 AR 结合后,可以实时展示建筑重建过程,并根据实际环境动态调整。例如,通过无人机航拍施工现场,计算机视觉技术可自动生成三维模型,并与实际环境进行对比分析。在复杂项目中,如地下隧道或高层建筑的建设,三维重建技术通过实时数据捕获与 AR 系统整合,提供动态反馈,使施工人员能够看到模型与现实之间的差异,从而调整施工策略,确保项目按计划进行,如图 8-39(a)所示。此外,虚实空间的精准对齐是 AR 在三维重建中的关键挑战。先进的计算机视觉算法使 AR 设备能够精确识别和跟踪现场物理环境,确保虚拟模型与现实场景的无缝融合,从而帮助施工人员实时感知结构变形或施工误差,进行及时调整或补救。

增强现实技术在土木工程中的应用显著提升了施工效率与精度。施工人员通过 AR 设备实时查看建筑设计方案与施工进度,依据虚拟模型操作,减少人为误差。此外,AR 与建筑信息模型(BIM)的结合使工程师能在施工前识别潜在问题,避免后续返工,节省时间和资源,如图 8-39(b)所示。AR 还优化了协作,项目经理、设计师与施工人员可以同时查看同一虚拟模型,提升沟通效率,减少误解。同时,AR 技术能够将大量工程数据可视化,实时叠加传感器数据,帮助工程人员进行现场分析与决策,使得分析更直观,提高准确性。通过 AR,工程师和施工人员能够在现场查看设计模型与实际建筑的叠加效果,及时发现设计与施工的偏差。此外,AR 在基础设施维护中同样重要,维护人员可以查看历史维修记录与实时状况,利用三维模型指导维修操作,有效识别潜在问题并进行修复。

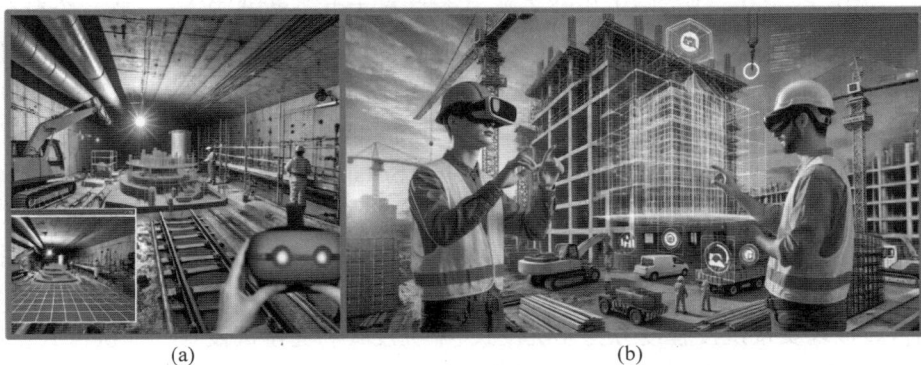

(a)　　　　　　　　　　　　　　(b)

图 8-39　增强现实技术的应用

(a)三维重建中的应用;(b)土木施工中的应用

随着计算机视觉、三维重建与增强现实技术的不断进步,AR 在土木工程领域的应用前景广阔。未来,硬件设备的升级与算法的优化将使 AR 技术在建筑设计、施工和维护等环节更加普及与深入。与物联网、大数据等技术的结合,将推动土木工程领域实现智能化管理与决策,促进数字化转型与创新发展。总之,AR 技术通过无缝融合虚拟与现实,不仅提高了工作效率与精度,还为工程管理与维护提供了更直观、灵活的解决方案,未来将在工程建设中发挥更为重要的作用。

8.6.5 虚拟现实基本概念与历史发展

虚拟现实(virtual reality,VR)是一种通过计算机技术生成的模拟环境,旨在让用户沉浸其中,体验接近真实的感觉。顾名思义,虚拟现实将虚拟与现实相结合,利用特定技术创建出一种虚拟情境,使用户在此环境中获得身临其境的感受。理论上,虚拟现实技术是一种计算机仿真系统,通过创建模拟环境,使用户在视听触等多感知系统中体验各种现象,这些现象可以是真实存在的物体,也可以是肉眼看不到的虚拟元素。由于这些现象是通过计算机技术生成的,因此称之为虚拟现实。

随着技术的发展,虚拟现实技术逐渐受到认可,用户在虚拟世界中体验到的真实感令人难以分辨与现实的差异。虚拟现实不仅具备丰富的感知功能,包括视觉、听觉、触觉、味觉和嗅觉,还实现了人机交互,使用户在操作过程中能得到真实的反馈。这些特征,如存在性、多感知性和交互性,使得虚拟现实受到广泛欢迎。

虚拟现实技术可以根据其类型进行分类,主要包括小型传感器、沉浸式虚拟现实、增强现实性虚拟现实和分布式虚拟现实等。其核心特征涵盖沉浸性、交互性、多感知性、构想性和自主性。此外,虚拟现实的关键技术包括动态环境建模、实时三维图形生成、立体显示和传感器技术、应用系统开发工具以及系统集成技术。

虚拟现实(VR)技术的发展经历了四个阶段。第一阶段(1929—1962 年)蕴含了初步思想,1929 年 Edward Link 设计了飞行员训练模拟器,1956 年 Morton Heilig 开发了多通道仿真体验系统 Sensorama。第二阶段(1963—1972 年)是 VR 的萌芽期,1965 年 Ivan Sutherland 发表了名为"*Ultimate Display*"的论文,并在 1968 年研制了头盔式立体显示器(HMD);1972 年,Nolan Bushell 开发了第一个交互式电子游戏 Pong。第三阶段(1973—1989 年)是 VR 概念产生与理论初步形成的时期,1977 年 Dan Sandin 等研制出数据手套 Sayre Glove,1984 年 NASA 开发了用于火星探测的虚拟环境显示器。第四阶段(1990 年至今)标志着 VR 理论的完善与应用发展,1990 年明确了 VR 技术的组成要素,1993 年宇航员通过 VR 系统成功完成航天任务;2022 年,加拿大 Seaspan 公司引入 3D 沉浸式虚拟现实系统于船舶设计。21 世纪以来,VR 技术快速发展,2022 年 VR/AR 技术入选"智瞻 2023"论坛的十项焦点科技。2023 年,世界 VR 产业大会在江西南昌召开,专家们探讨了虚拟现实在工业制造领域的创新应用。

目前,虚拟现实按沉浸程度分为非沉浸式、半沉浸式和完全沉浸式。非沉浸式使用电脑或移动设备屏幕,通过键盘、鼠标或触摸屏交互,常见于 VR 游戏和视频。半沉浸式采用大型投影屏幕、3D 显示器或 CAVE 系统,常用于飞行和驾驶模拟器。完全沉浸式利用头戴显示器(HMD)、全身跟踪系统和触觉反馈设备,适用于高端 VR 游戏和专业培训模拟器。图 8-40 展示了虚拟现实设备中的半沉浸式 CAVE 系统和完全沉浸式头戴显示器。

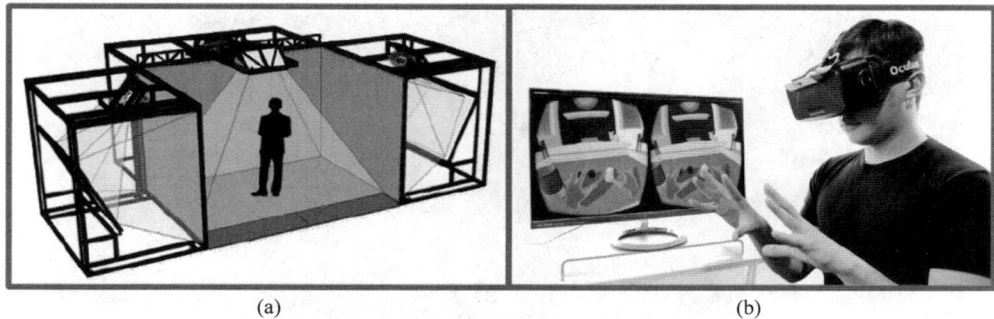

图 8-40　虚拟现实

(a) 半沉浸式 CAVE 系统；(b) 完全沉浸式头戴显示器

　　未来,虚拟现实和增强现实技术将朝着更高的分辨率和更高的帧率发展,以提供更加沉浸式的体验。同时,这些系统将采用更加智能的交互方式,如手势识别、语音识别和脑机接口等。此外,虚拟现实和增强现实技术将在医疗、教育、游戏、娱乐和工业等更多实际应用场景中得到广泛应用。然而,这些技术仍面临着图像质量、交互延迟和运动沉浸度等技术限制,设备成本较高的问题,以及用户接受度、安全性和法律法规等应用限制。

8.6.6　虚拟现实技术应用现状

　　虚拟现实技术在各个领域的应用逐渐成熟,尤其是在土木工程领域。VR 技术的引入为土木工程的三维重建提供了强大的支持,改变了传统的设计、施工和管理方式。通过将虚拟现实与三维重建技术相结合,土木工程师能够在虚拟环境中更直观地呈现和操作复杂的工程项目。

　　虚拟现实技术在三维重建中,尤其是在土木工程的设计阶段,显著提高了项目的可视化效果,如图 8-41(a)所示。传统的二维设计图纸往往难以直观理解,而结合三维模型和虚拟现实技术,为设计师提供了更全面的视角。这一过程通常通过激光扫描、摄影测量等技术获取现场数据,然后利用计算机软件生成三维模型。虚拟现实技术不仅在设计阶段提供了沉浸式的直观参考,还能在施工阶段促进协作与沟通。此外,通过在虚拟环境中进行操作,施工人员能够在没有实际风险的情况下进行训练,提升他们的技能和安全意识。这种沉浸式的培训方法帮助工人提前熟悉施工流程,识别潜在的安全隐患,从而降低实际施工过程中发生事故的可能性,尤其在复杂的施工项目中更为明显。

　　在项目管理和沟通方面,VR 技术同样具有重要价值,如图 8-41(b)所示。土木工程项目通常涉及多个利益相关者,包括设计师、工程师和客户等。通过将三维重建的模型导入 VR 环境,项目经理能够在虚拟空间中与各方进行实时互动和讨论。这种直观的展示方式不仅提高了沟通效率,还降低了信息误解的风险,使各方在项目推进过程中能够更容易达成共识。通过整合这些技术,土木工程的设计、施工与管理过程变得更加高效与安全。

　　尽管虚拟现实技术前景广阔,但其发展也面临多重局限。用户在使用 VR 设备时常常感到眩晕、呕吐等不适,这是因为设备清晰度不足和刷新率不够高。研究表明,至少需要 14000 像素的分辨率才能有效减少不适感,而目前国内的 VR 设备尚未达到这一标准。此外,VR 设备的高价格也是限制其普及的重要因素,目前市场上的 VR 眼镜一般售价在 3000 元

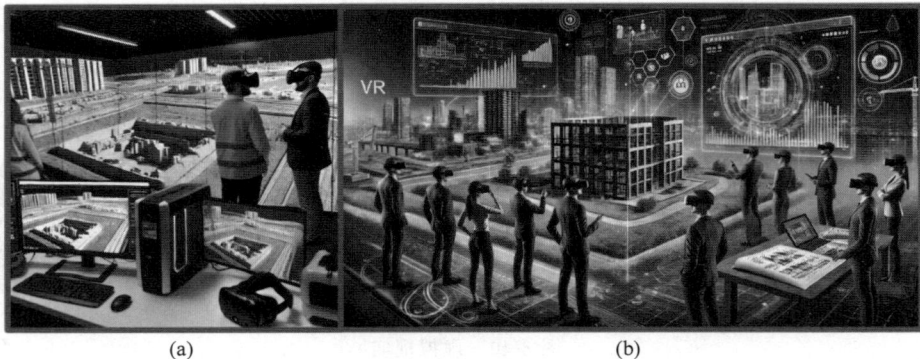

图 8-41　虚拟现实的应用

(a) 土木工程和三维重建中的应用；(b) 项目管理和沟通方面的应用

以上，用户还需为高端电脑支付额外费用，导致整体体验的经济负担较重。同时，VR 内容的高制作成本及其回报的不确定性也加剧了内容开发的难度，影响消费者对 VR 技术的接受程度。

　　未来，随着技术的进步，VR 设备将实现更高的沉浸感和更广的视野，同时 5G 网络的普及将提升 VR 体验的实时性和流畅性，允许更复杂的应用出现。此外，VR 与增强现实（AR）及混合现实（MR）的跨平台整合将创造更加丰富的用户体验。然而，设备成本仍是普及的主要挑战，而用户在使用时可能感到的不适感以及高质量内容的开发需求也将限制其进一步发展。

本章总结

　　三维重建算法作为计算机视觉中的重要组成部分，在建筑结构、桥梁结构等土木工程结构的设计与规划、基础设施维护与管理、古建筑保护等方面均发挥着重要作用。

　　本章所介绍的内容主要分为三个部分：

　　(1) 三维重建基础：介绍了三维重建的基本概念与分类，主要方法包括运动恢复结构（SfM）和多视图立体（MVS）。通过相机拍摄的图像，结合特征点匹配、相机姿态估计等算法，重建出物体的三维点云模型。关键步骤包括图像特征提取、相机参数估计、稀疏与稠密点云生成等。

　　(2) 三维重建算法流程：详细讲解了基于图像的三维重建流程，涵盖运动恢复结构、多视图立体、曲面重建与纹理贴图等环节。在运动恢复结构中，利用特征点匹配计算相机运动与空间点的三维位置关系；在多视图立体中，通过视差计算生成稠密点云；最后通过曲面重建生成网格模型，并通过纹理贴图增强模型的视觉效果。

　　(3) 三维重建的延展应用：探讨了三维重建技术在土木工程中的应用，尤其是在建筑数字化建模、结构监测、历史建筑保护等方面的潜力。此外，三维重建与 SLAM、增强现实（AR）和虚拟现实（VR）技术的结合也为未来智能建造提供了更多可能性。

　　通过本章的学习，读者不仅掌握了三维重建的基本理论与算法，还能够应用这些技术进行实际建模与分析，为后续智能建造和计算机视觉领域的进一步探索奠定了基础。

思考题与练习题

思考题

8-1　思考 MVS 与 SLAM 的区别。

8-2　为什么基于图像的三维重建算法对无纹理、弱纹理区域重建效果较差? 有哪些方法可以改进?

8-3　思考在进行三维重建获得三维点云、三维网格模型和纹理贴图后可以怎样与智能建造专业工作进行结合?

8-4　了解一个基于深度学习的三维重建算法,并思考基于深度学习的三维重建算法与本章介绍的传统算法在三维重建效率、三维重建精度方面的差异。

8-5　在自学 SGM、Plane Sweeping 方法后思考本章所介绍的 PatchMatch 算法相对于 SGM,Plane Sweeping 等深度图计算方法精度更高的原因是什么?

8-6　简述三维重建方法的具体步骤。

8-7　除基于深度图的三维重建方法外还有哪些三维重建方法?

8-8　简述 SLAM 技术的基本概念和其三个发展阶段。

8-9　简述什么是增强现实及其三个基本要素。

8-10　简述什么是虚拟现实及其核心特征与关键技术。

练习题

8-1　请用例题中的数据集,进行基于图像的三维重建。

8-2　请网上下载数据集,进行基于图像的三维重建。

8-3　请自行拍摄桥梁并制作数据集,进行基于图像的三维重建。

8-4　请自行拍摄建筑并制作数据集,进行基于图像的三维重建。

第 **9** 章
机 器 学 习

思维导图

机器学习简介
机器学习的发展
监督学习与无监督学习
机器学习相关类库
→ 机器学习基础

深度学习简介
深度学习的发展
深度学习模型
神经网络基础
卷积神经网络
→ 深度学习基础

机器学习

K-均值聚类算法
K-近邻算法
决策树算法
随机森林算法
支持向量机
→ 计算机视觉与机器学习

图像分类
目标检测
实例分割
图像生成
→ 计算机视觉与深度学习

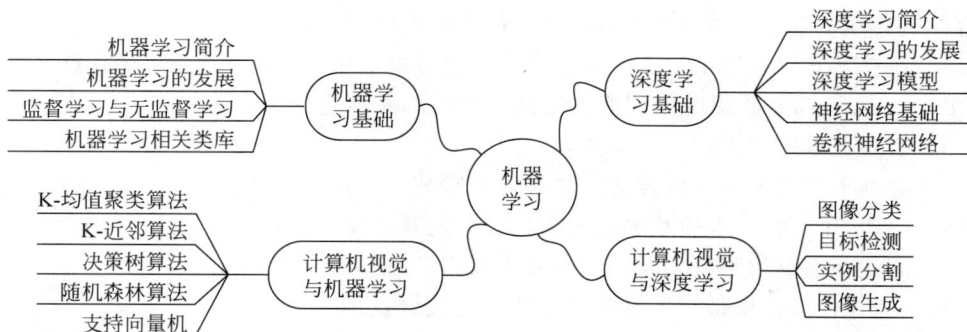

本章开始学习计算机视觉里最关键的部分——机器学习。

机器学习是指从有限的观测数据中学习或猜测出具有一般性的规律,使其能够自动识别模式和进行决策,而无须显式编程。它是人工智能的一个重要分支,并逐渐成为推动人工智能发展的关键因素。

机器学习在计算机视觉中具有重要的意义,它能够为计算机视觉任务提供必要的智能算法支持,从而使计算机视觉实现智能化。通过机器学习,可以从图像数据中自动化地获取大量信息,通过对这些信息的学习实现诸如分类、识别等特定任务目标。机器学习现在在各领域均得到了广泛应用,希望通过对本章的学习,使读者能对机器学习有初步的了解,激发起继续探究机器学习的兴趣。

本章主要介绍计算机视觉中使用的一些机器学习方法,主要包括两部分,分别是机器学习与深度学习。

(1)机器学习基础部分:学习机器学习是什么,并了解机器学习的发展历程。然后探讨监督学习与无监督学习的基本概念,以及相关的机器学习类库,帮助读者掌握机器学习的基本工具和框架,对应 9.1 节。

(2)计算机视觉与机器学习的结合:介绍几种常见的机器学习算法,包括 K-均值聚类、K-近邻、决策树、随机森林和支持向量机,对应 9.2 节。

(3)深度学习基础部分:首先简要介绍深度学习的概念和发展历程,随后详细讲解深度学习模型的结构,特别是神经网络的基本原理和卷积神经网络(CNN)在图像处理中的应用,对应 9.3 节。

　　（4）计算机视觉与深度学习的结合：包括图像分类、目标检测、实例分割和图像生成等具体应用，展示深度学习在计算机视觉领域的应用，对应 9.4 节。

9.1　机器学习基础

　　本章将学习机器学习的基础知识，帮助读者理解机器学习的定义及其在现代科技中的重要性（广泛应用于各个领域，如图像识别、自然语言处理和推荐系统）。并将回顾机器学习的发展历史，了解技术进步如何推动这一领域的演变。此外，本章还将介绍监督学习与无监督学习的基本概念和机器学习相关的常用函数库，这些库为研究人员和开发者提供了强大的工具和框架，以实现机器学习模型的构建与应用。

9.1.1　机器学习简介

　　你是否发现当你在手机旁讨论某事或某一物品后，当你打开手机的软件时，系统就会推送相关的新闻或物品信息；你是否会好奇人脸识别系统究竟是如何认定你就是你的；你是否会惊叹目前绘图软件已经可以根据你给定的词语自动生成图像了。上述种种都是机器学习（machine learning，ML）带来的奇妙体验。那么，到底什么是机器学习呢？它的原理是什么呢？下面将简要介绍机器学习相关知识。

　　机器学习是一种使计算机系统能够从数据中学习并做出预测或决策的技术，而无须明确编程指令。简而言之，机器学习通过分析大量数据，发现数据中的模式或规律，并利用这些发现来做出预测或决策。

　　例如，当你看到一面墙倾斜时，你觉得很危险，会下意识地选择躲避；当你看到一个桥墩布满裂缝时，你会认为这个桥墩需要进行检修。这些都是基于经验做出的决策。但你是否想过，这种基于经验的判断是否可以被计算机系统模拟和实现呢？

　　机器学习致力于研究如何通过计算的手段，利用经验来改善系统自身的性能。在计算机系统中，"经验"通常以"数据"形式存在，因此，机器学习所研究的主要内容是关于在计算机上从数据中产生模型的算法，即学习算法。有了学习算法，只要把经验数据提供给它，它就能基于这些数据产生模型。可以说机器学习就是研究关于"学习算法"的一门学科（图 9-1）。

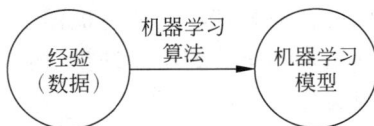

图 9-1　机器学习

　　计算机科学家汤姆·米切尔对机器学习做了一个定义，"如果一个程序的性能在任务'T'中体现，通过性能衡量标准'P'来衡量，并通过经验'E'来提升，那么该程序可以被视为针对一些任务类型'T'和性能衡量标准'P'从经验'E'中进行学习"。假设有一个图像数据集，每一张图像描述了一座桥梁或一座房屋，任务是将图像分为桥梁类和房屋类，而程序可以通过观察已经被分类好的图像来学习执行这个任务，同时它可以通过计算分类图像的正确比例来提升性能。

　　机器学习具有许多优点，其中最重要的是能够处理大规模和多样化的数据。通过训练模型，机器学习可以从大量的数据中发现并理解隐藏的模式和趋势。这使得机器学习能够进行高效的数据分析和预测，从而为决策提供更准确的信息。与传统的基于规则的编程方法相比，机器学习更具灵活性和适应性，因为它可以根据数据的变化自动调整模型，从而不断优化性能。

目前,机器学习在众多领域得到广泛应用。在金融领域,机器学习被用于风险评估、投资组合优化和欺诈检测等,如通过分析历史数据和市场趋势,机器学习模型可以帮助金融机构更好地管理风险并做出更明智的投资决策。在医疗领域,机器学习可用于疾病预测、药物发现和医疗图像分析,如通过分析患者的健康数据和医学影像,帮助医生更早地发现疾病迹象并制订个性化的治疗方案。在交通领域,机器学习可以优化交通流量、改善智能驾驶和预测事故发生率,如通过分析车辆轨迹和道路条件,帮助交通管理部门更有效地规划道路和交通信号系统,减少拥堵和事故发生率(图9-2)。在结构健康监测领域,机器学习可以判别结构损伤的类型,也可以预测结构变形的趋势等,提升了结构健康监测的智能性,使结构监测更高效准确。此外,机器学习在自然语言处理、图像识别、推荐系统等领域也有广泛应用。通过分析文本、图像和用户行为数据,机器学习可以帮助人们更快速地找到所需信息、识别物体和人脸,以及推荐个性化的产品和服务。

图 9-2 优化交通流量与智能驾驶

总的来说,机器学习的概念和应用能够帮助人们更好地理解与利用大数据。通过机器学习,计算机系统可以从数据中学习并自动更新自身的性能,从而在各个领域实现更准确和高效的任务处理。这使得机器学习在现代技术和科学发展中具有重要地位。随着数据量的不断增加和算法的不断进步,相信机器学习将在未来发挥更加重要和广泛的作用,为人类创造更美好的生活。

9.1.2 机器学习的发展

机器学习是人工智能(artificial intelligence,AI)研究发展到一定阶段的必然产物。机器学习的起源可以追溯到20世纪中期,当时的研究主要集中在模式识别和计算学习理论。1959年,Arthur Samuel提出了"机器学习"这个术语,他定义机器学习为"计算机在没有被明确编程的情况下学习的能力"。从那时起,机器学习经历了几个重要的发展阶段,包括符号学习、神经网络、支持向量机以及最近的深度学习。

20世纪50—70年代初,人工智能研究处于"推理期",那时人们以为只要能赋予机器逻辑推理能力,机器就能具有智能,这一阶段的代表性工作主要有A. Newell和H. Simon的"逻辑理论家"程序以及此后的"通用问题求解"程序等,这些工作在当时取得了令人振奋的结果。例如,"逻辑理论家"程序在1952年证明了著名数学家罗素和怀特海的名著《数学原理》中的38条定理,在1963年证明了全部52条定理。A. Newell和H. Simon因为这方面的工作获得了 1975 年图灵奖。然而,随着研究向前发展,人们逐渐认识到,仅具有逻辑推理能力是远远实现不了人工智能的。E. A. Feigenbaum 等认为,要使机器具有智能,就必须设法使机器拥有知识。在他们的倡导下,从 20 世纪 70 年代中期开始,人工智能研究进入了"知识期"。在这一时期,大量专家系统问世,在很多应用领域取得了大量成果。E. A. Feigenbaum 作为"知识工程"之父在 1994 年获得图灵奖。但人们逐渐认识到,由人把知识总结出来再教给计算机是相当困难的。于是,一些学者想到,如果机器自己能够学习知识该多好!

1957 年,F. Rosenblatt 发明了感知机(perceptron),这是神经网络的雏形,在当时引起了不小的轰动。其实设计感知机的初衷是制造一个用于图像模式识别的机器,而不是单纯的算法。虽然它的第一次实现是在 IBM704 计算机上模拟的,但随后出现了定制的硬件实现"Mark 1 感知器"。这台机器用于图像识别,它拥有一个由 400 个光电池单元组成的阵列,随机连接到"神经元",连接权重使用电位编码,而且在学习期间由电动马达实施更新。

1960 年,B. Widrow 提出了 Delta 学习规则,即如今的最小二乘问题,立刻被应用到感知机中,并且得到了一个极好的线性分类器。

1969 年,M. Minskey 和 S. Papert 提出了著名的"异或"问题,指出了(当时的)神经网络只能处理线性分类,甚至对"异或"这么简单的问题都处理不了。由此,给神经网络的发展画上了一个逗号,以洪荒之力将如火如荼的 ML 暂时封印了起来。

1986 年,D. E. Rumelhart 等重新发明了著名的反向传播(back propagation,BP)算法,并产生了深远影响。BP 算法可以解决很多现实问题,一直是被应用最广泛的机器学习算法之一。

1986 年,J. R. Quinlan 提出了另一个同样著名的 ML 算法——决策树算法。决策树作为一个预测模型,代表的是对象属性与对象值之间的一种映射关系,而且紧随其后涌现出了很多类似或者改进算法,如 ID4、回归树、CART 等。

1995 年,Yan LeCun 提出了卷积神经网络(convolution neural network,CNN),受生物视觉模型的启发,卷积神经网络主要用于手写数字识别,包含两个卷积层和两个全连接层(图 9-3)。

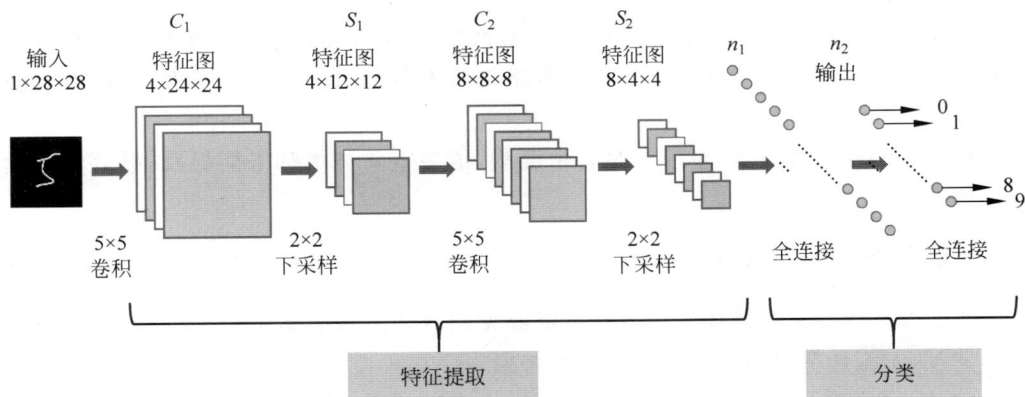

图 9-3　卷积神经网络(引自 *Gradient-Based Learning Applied to Document Recognition*)

2001 年,Hochreiter 发现使用 BP 算法时,在神经网络单元饱和之后会发生梯度损失。简单来说就是训练神经网络模型时,超过一定的迭代次数后容易过拟合。神经网络的发展一度陷入停滞状态。

2006 年,Hinton 和他的学生在 *Nature* 上发表了一篇文章,同一年另外两个团队也实现了深度学习,从此开启了深度学习阶段,掀起了深度神经网络即深度学习的浪潮。

2009 年,微软研究院和 Hinton 合作研究基于深度神经网络的语音识别,历时两年取得成果,彻底改变了传统的语音识别技术框架,使得错误率相对降低 25%。

2012 年,Hinton 又带领学生在目前最大的图像数据库 ImageNet 上,对分类问题取得了惊人的结果,将 Top5 错误率由 26% 大幅降低至 15%。ImageNet 是一个计算机视觉系统识别项目,是目前世界上图像识别最大的数据库,是美国斯坦福的计算机科学家模拟人类的识别系统建立的,能够从图片识别物体。

2016 年,谷歌人工智能程序 AlphaGo 与围棋世界冠军李世石的人机大战,最终结果是李世石以 1∶4 认输结束。AlphaGo 本质上是一个深度神经网络,进一步推动了人工智能的发展。

2022 年,OpenAI 研发了一款聊天机器人程序——ChatGPT(chat generative pre-trained transformer),该程序一问世就在短时间内引爆全球,网友们纷纷晒图,分享自己与人工智能的流畅对话。

2023 年 7 月,中国幻方量化公司创立 DeepSeek(深度求索),总部位于杭州,专注于大语言模型与多模态 AI 技术研发。2024 年 5 月,该公司推出高性价比的 DeepSeek-V2 模型,凭借开源策略被称为“AI 界拼多多”;同年 12 月,发布 DeepSeek-V3,总参数量达 6710 亿,采用混合专家架构(MoE),每个输入仅激活 370 亿参数,并通过多头潜在注意力(MLA)机制将推理时的 Key-Value 缓存降低至传统架构的 5%~13%。该模型支持 FP8 混合精度训练,总成本仅 557 万美元(为同类模型的 1/11),在数学推理(MATH-500 测试得分 90.2)、编程(Codeforces 评分 2029)等任务中超越 GPT-4o。

2025 年 1 月,DeepSeek 发布轻量化模型 DeepSeek-R1,用户量 7 天内突破 1 亿,成为全球增长最快的 AI 产品。其技术已应用于工业设计(加拿大 Seaspan 船舶 VR 系统)、通信(中国三大运营商智能客服)、医疗(药物研发知识图谱)及教育(作业帮自适应学习)等领域,合作企业覆盖阿里云、腾讯云等 70 余家。截至 2025 年,DeepSeek 推动工业元宇宙市场规模预计突破 5400 亿美元,并以高性价比模型冲击芯片市场,间接导致英伟达股价下跌 5.2%(2024 年第 4 季度数据)。通过开源策略与技术普惠,DeepSeek 持续引领 AI 行业智能化转型。

机器学习仍在持续发展,本节仅是管中窥豹,很多重要技术都未能提及,感兴趣的读者可以自行学习。

9.1.3 监督学习与无监督学习

机器学习系统经常被描述为在人类监督或无监督之下从经验中学习,即机器学习可分为监督学习、无监督学习和半监督学习三种类型。

1. 监督学习

监督学习(supervised learning)是指在模型训练过程中接收数据样本(称为训练数据)

和相应的输出(称为标签或响应)的学习算法。即如果机器学习的目标是建模样本的特征 x 和标签 y 之间的关系：$y = (x; \theta)$ 或 $p(y \mid x; \theta)$，并且训练集中每个样本都有标签，那么这类机器学习称为监督学习。监督学习试图从训练数据中对输入和输出的关系进行建模，以便能够根据输入与目标输出之间的关系和映射，对新的数据预测输出响应。这正是监督学习方法在预测分析中被广泛使用的原因。预测分析的主要目标是预测输入数据的响应，这些数据通常被输入到经过训练的监督机器学习模型中。

根据标签类型的不同，监督学习又可分为分类问题和回归问题两大类。

1) 分类问题

分类问题的目标是将输入数据分配到预定义的类别或标签中。每个样本根据其特征被分到一个特定的类别。分类问题可以是二分类，也可以是多分类，取决于标签的数量。分类(classification)问题中的标签 y 是离散的类别(符号)，其关键目标是根据模型在训练阶段学到的知识预测输出标签，这些标签本质上是输入数据的类别。这里的输出标签也称为类或类标签，因为它们本质上是分类的，意味着它们是无序的和离散的值。因此，每个输出响应都属于特定的离散类或类别。学习到的模型被称为分类器(classifier)。

假设用一个真实的例子来预测混凝土结构表观损伤类型。简单起见，假设根据损伤的长度和宽度来预测混凝土结构表观损伤是裂缝还是剥落。由于预测可以是裂缝或剥落，共有两个不同的分类，因此，这个问题称为二分类(binary classification)问题。通过对每个数据样本/观测的输入数据样本(长度、宽度)及其对应的类别标签(裂缝、剥落)的训练，将监督模型描述为裂缝或剥落的二元混凝土结构表观损伤分类任务。

如果在一个任务中，不同类的总数超过 2 个，则为一个多分类(multi-class clssification)问题，每个预测响应都是这个集合中的任何一个可能的类。一个简单的例子就是手写数字预测。在这种情况下，它变成了一个 10 分类问题，因为任何图像的输出类标签都可以是 $0 \sim 9$ 的某个数字。在这两种情况下，输出类都是指向一个特定类的标量值。

2) 回归问题

回归问题的目标是预测一个连续的数值输出。回归分析关注自变量与因变量之间的关系，并用这种关系来预测新的数据点的连续值。回归(regression)问题中的标签 y 是连续值(实数或连续整数)，$y = (x; \theta)$ 的输出也是连续值，其关键目标是预测一个连续响应变量的值。回归模型利用输入数据属性或特征(也称为解释变量或自变量)及其相应的连续数值输出值(也称为响应、因变量或结果变量)来学习输入及其相应输出之间的特定关系和关联。有了这些知识，它就可以预测新的、不可见的数据实例的输出响应，这些数据实例类似于分类，但具有连续的数值输出。

回归问题按照输入变量和输出变量之间关系的类型即模型的类型，分为线性回归和非线性回归。线性回归(linear regression)是机器学习和统计学中最基础和最广泛应用的模型，是一种对自变量和因变量之间线性关系进行建模的回归分析。自变量数量为 1 时称为简单回归，自变量数量大于 1 时称为多元回归。而非线性回归(non-linear regression)是一种用于建立自变量与因变量之间非线性关系的回归分析，通过拟合非线性函数来估计自变量与因变量之间的关系。

2. 无监督学习

无监督学习(unsupervised learning)是指从不包含目标标签的训练样本中自动学习到

一些有价值的信息。在无监督学习中,其训练样本的标记信息是未知的,是通过对无标记训练样本的学习来解释数据的内在性质及规律,为进一步的数据分析提供基础。因此,无监督学习更关心的是从数据中提取有意义的见解或信息,而不是根据先前可获得的监督训练数据来预测结果。通常,无监督学习可能是构建一个庞大的智能系统所涉及的任务之一。例如,假设你已经收集了描述混凝土结构表观损伤长度和宽度的数据,一个无监督学习的例子是将数据划分到不同的组中。典型的无监督学习问题有聚类、降维、关联规则挖掘等。

1) 聚类问题

聚类(clustering)是研究最多、应用最广的一种无监督学习,会基于一些相似性衡量标准,把观测值放入比其他群组更加类似的群组中。该方法是完全不受监督的,因为它试图通过查看数据特性来对数据进行聚类,而不需要任何事先培训和监督,也不需要了解数据属性、关联和关系。

聚类试图将数据集中的样本划分为若干个通常不相交的子集,每个子集称为一个"簇"(cluster)。通过这样的划分,每个簇可能对应一些潜在的概念(类别),如"裂缝""剥落"等。需要说明的是,这些概念对聚类算法而言事先是未知的,聚类过程仅能自动形成簇结构,簇所对应的概念语义需由使用者来把握和命名。

聚类既能作为一个单独过程,用于找寻数据内的分布结构,也可作为分类等其他学习任务的前驱过程。例如,在一些商业应用中需对新用户的类型进行判别,但定义"用户类型"对商家来说可能不太容易,此时往往可先对用户数据进行聚类,根据聚类结果将每个簇定义为一个类,然后基于这些类训练分类模型,用于判别新用户的类型。

2) 降维问题

降维(dimension reduction)是另一种常见的使用无监督学习完成的任务。一些问题可能包含数千或者上百万个特征,这会导致计算能力的极大消耗。另外,如果一些特征涉及噪声或者和潜在的关系无关,程序的泛化能力也将减弱。降维就是发现对响应变量影响最大的特征的过程,即通过某种数学变换将原始高维属性空间转变为一个低维"子空间"。为什么进行降维? 这是因为在很多时候,人们观测或收集到的数据样本虽是高维的,但与学习任务密切相关的也许仅是某个低维分布。

主成分分析(principal component analysis,PCA)是一种最常用的数据降维方法,其将一系列可能相关联的高维变量减少为一系列被称为主成分的低维度线性不相关合成变量。这些低维度数据会尽可能多地保存原始数据的方差。PCA 通过将数据投影到一个低维度子空间来减少一个数据集的维度。例如,一个二维数据集可以通过把点投影到一条直线来减少维度,数据集中的每一个实例会由单个值来表示而不是一对值。一个三维数据集可以通过把变量投影到一个平面上来降低到二维。总的来说,一个 m 维数据集可以通过投影到一个 n 维子空间来降维,$n<m$。更正式地,PCA 可以用于找出一系列向量,这些向量可以扩张成能将投影数据平方误差和最小化的子空间,这个投影能保留原始数据集的最大方差比例。

3) 关联规则挖掘问题

关联规则挖掘是数据挖掘中最活跃的研究方法之一,是指搜索业务系统中的所有细节或事务,找出所有能把一组事件或数据项与另一组事件或数据项联系起来的规则,以获得存在于数据库中的不为人知的或不能确定的信息。它侧重于确定数据中不同领域之间的联系,也是在无指导学习系统中挖掘本地模式的最普通形式。

关联规则最早由 R. Afrawal 等于 1993 年提出,最初的动机是针对购物篮分析问题提出的,其目的是发现交易数据库中不同商品之间的联系规则。通过对顾客的相关交易数据的智能分析,获得有关顾客购买模式的一般性规则,为进销存提供有效的数据支撑。R. Afrawal 和 R. Srikant 提出的 Apriori 算法,至今仍是关联规则挖掘的经典算法。

3. 半监督学习

监督学习与无监督学习可以被认为是一个范围的两端,而半监督学习(semi-supervised learning)是介于它们之间的一类问题,其核心是结合少量有标记数据与大量未标记数据进行学习。半监督学习的现实需求非常强烈,因为在现实应用中往往能容易地收集到大量未标记的样本,而获取"标记"却需耗费人力、物力。例如,在进行计算机辅助医学影像分析时,可以从医院获得大量医学影像,但若希望医学专家把影像中的病灶全部标识出来则是不现实的。"有标记数据少,未标记数据多"这个现象在互联网应用中更明显,例如在进行网页推荐时需请用户标记出感兴趣的网页,但很少有用户愿花很多时间来提供标记,因此,有标记网页样本少。但互联网上存在无数网页可作为未标记样本来使用,半监督学习恰是提供了一条利用"廉价"的未标记样本来提升模型性能的有效途径。

半监督学习可分为纯半监督学习和直推学习,前者假定训练数据中的未标记样本并非预测的数据,而后者则假定学习过程中所考虑的未标记样本恰是待预测数据,学习的目的就是在这些未标记样本上获得最优泛化性能。

人们主要关注监督学习和无监督学习,因为这两个类别包含了最常见的机器学习问题。

9.1.4　机器学习相关类库

1. OpenCV 库 StatModel 类

OpenCV 库中的 StatModel 类是一个用于机器学习和统计建模的基础类库,是 OpenCV 早期机器学习模块的重要组成部分。自发布以来,StatModel 成为 OpenCV 中构建监督学习和无监督学习模型的核心,支持多种经典的统计学习算法,如分类和回归任务中的支持向量机(SVM)、K-近邻(KNN)、决策树、随机森林以及 K-均值聚类等。

StatModel 类提供了一致的接口,使不同的机器学习算法在使用上更加简化,方便用户在分类、回归和聚类等任务中切换和比较模型。该类主要提供了一些基本的方法,如训练模型、预测结果、计算错误率以及保存/加载模型等功能,这些特性为开发者提供了便捷的模型训练、参数优化和评估工具。

该模块由 OpenCV 的核心函数和优化模块构建,结合了高效的图像处理与机器学习算法。该模块是用 C++ 语言编写,特别适用于图像处理和计算机视觉任务,能够无缝集成到 OpenCV 的图像处理工作流中。这种集成性使得在图像数据分析和处理时,用户可以轻松应用这些统计模型进行分类、对象检测、手势识别等复杂任务。

与其他流行的机器学习库(如 scikit-learn、TensorFlow)相比,StatModel 更侧重于与图像相关的数据处理,适合从小型到中型规模的数据集,并在性能和灵活性方面表现出色。虽然 StatModel 相较于现代的机器学习框架功能较少,但它依然提供了一些经典且快速的算法,尤其适用于计算机视觉领域的研究者和开发者。

尽管随着 OpenCV 的发展,很多新的机器学习算法已经转移到更现代化的 ML 模块中，但 StatModel 作为早期的机器学习模块依然在经典算法实现中发挥着重要作用。通过简单的配置和调用，用户能够快速应用各种机器学习算法，完成从数据预处理、特征提取到结果可视化的一系列任务，是 OpenCV 中功能强大且灵活的组件，为图像处理和机器学习提供了坚实的支持。

2. scikit-learn 库

scikit-learn 自 2007 年发布以来，是被广泛使用的机器学习类库之一。scikit-learn 库提供用于机器学习的算法，包括监督学习与无监督学习中的分类、回归、降维和聚类。同时，该类库还提供了用于数据预处理、特征提取、优化超参数和评估模型的模块。

scikit-learn 是基于 Python 的 Numpy 和 Scipy 库构建的。Numpy 扩展了 Python 以支持大数组和多维矩阵更高效的操作。Scipy 提供了用于科学计算的模块。matplotlib 库也是经常与 scikit-learn 库一同使用的类库，用于可视化数据。

scikit-learn 库非常灵活、易于使用，仅需要修改几行代码，研究者就可以使用 scikit-learn 库对不同的算法进行计算。scikit-learn 库的算法对于非巨型数据集运算速度非常快且具有可扩展性。

可使用 conda 命令或 pip 命令安装 scikit-learn 库。

3. TensorFlow 库

TensorFlow 库是由谷歌开发的开源深度学习框架，旨在简化机器学习和人工智能模型的构建、训练和部署。它的灵活性使得用户能够构建从简单的线性回归模型到复杂的深度神经网络，如卷积神经网络和循环神经网络。用户可以选择使用低级 API 进行详细控制，或通过高级 API 快速实现模型，这种多样性适应了不同开发者的需求。

TensorFlow 采用计算图的方式表示计算过程，节点代表操作（如加法和乘法），边代表数据流（张量）。这种结构不仅提高了计算效率，还方便了模型的调试与优化。此外，TensorFlow 支持分布式训练，能够在多台机器上运行，利用 GPU 和 TPU 等硬件加速，适合处理大规模数据集和复杂模型。

TensorFlow 的生态系统非常丰富，包括 TensorFlow Lite（用于移动和嵌入式设备）、TensorFlow Serving（高效部署模型）和 TensorFlow.js（在浏览器中运行模型）等。这些工具拓宽了 TensorFlow 的应用场景，使其在各种设备和平台上都能发挥作用。

凭借强大的社区支持，TensorFlow 拥有丰富的文档、教程和示例，帮助开发者快速上手并解决问题。它在图像识别、自然语言处理、生成对抗网络和强化学习等多个领域得到了广泛应用，成为许多研究人员和企业在机器学习和深度学习领域的首选工具。通过这些特性，TensorFlow 推动了人工智能技术的快速发展，塑造了现代深度学习的格局。

可使用 conda 命令或 pip 命令安装 TensorFlow 库。

4. PyTorch 库

PyTorch 库是由 Facebook（现为 Meta）开发的开源深度学习框架，旨在提供灵活且高效的工具，简化深度学习模型的构建和训练。PyTorch 的一大核心特性是动态计算图，即用户可以在运行时动态定义和调整网络结构。这种特性特别适合处理复杂模型、调试和实现前沿算法，因为它允许用户逐步构建模型并实时监控中间结果。与其他框架如早期版本的 TensorFlow（静态计算图）不同，PyTorch 的计算图在每次前向传播时都会重新构建，提供了极大的灵活性,便于调试和实验。

PyTorch 提供了直观的 Python 接口,适合从初学者到高级研究人员的广泛使用。它的核心数据结构是 Tensor(张量),这是一种多维数组,支持 GPU 加速和高效的数学运算。张量运算与 NumPy 的数组计算相似,但 PyTorch 的张量运算可以无缝地在 CPU 和 GPU 之间切换,大大提高了计算效率,尤其适合处理大规模数据集和复杂神经网络的训练任务。

PyTorch 拥有广泛的生态系统,包含多个用于不同任务的扩展库。例如,TorchVision 是专门用于计算机视觉任务的库,提供了常用的图像处理工具和预训练模型;TorchText 则为自然语言处理任务提供了文本处理和序列化工具;TorchAudio 适用于处理音频数据,可用于语音识别和音频分析。此外,PyTorch 支持分布式训练,能够在多个 GPU 或机器上并行处理数据,极大提升了大规模模型训练的速度和效率。它还为研究人员提供了丰富的 API,使得自定义深度学习算法和优化器更加方便。

得益于活跃的社区,PyTorch 提供了详尽的文档、教程和示例,帮助开发者快速上手并解决问题。它在多个领域得到了广泛应用,包括图像识别、自然语言处理、生成对抗网络和强化学习等。由于 PyTorch 具有高度的灵活性和高效性,它不仅受到研究人员的青睐,也被广泛应用于工业界,推动了人工智能和深度学习技术的持续发展,成为现代深度学习领域的重要工具之一。

可使用 conda 命令或 pip 命令安装 PyTorch 库。

9.2 计算机视觉与机器学习

本节将探讨机器学习在计算机视觉领域中的经典算法及其应用,揭示这些算法如何帮助计算机理解和分析视觉信息。首先介绍 K-均值聚类算法,这是一种无监督学习方法,用于将数据点分组,从而实现图像分割和对象识别。然后学习 K-近邻算法,它通过计算新样本与已标记样本之间的距离,进行分类,适合于实时图像处理任务。此外,决策树算法将在本节中详细讨论,其通过树形结构进行决策,易于理解且易于可视化,适用于图像分类。随机森林算法则是对决策树的扩展,通过集成多棵树的预测结果,提高了分类的准确性和鲁棒性。最后,将深入探讨支持向量机,它通过在高维空间中寻找最佳超平面来实现分类,尤其适用于复杂的图像数据集。通过学习这些算法,读者将掌握计算机视觉中常用的机器学习方法,为解决实际问题打下坚实基础。

9.2.1 K-均值聚类算法

K-均值聚类算法也叫 K-Means 算法或 K-平均值算法,该算法于 1967 年由 MacQueen 首次提出,是目前使用最广泛的聚类算法之一。K-均值算法是一种基础的典型的划分式聚类算法,适用于大型数据集的处理,特别是当样本分布呈类内团聚状时,处理效率较高,并且可以得到很好的聚类结果。

K-均值聚类算法的基本思想是:对于给定的样本集,按照样本之间的距离大小将样本集划分为 K 个聚类;让聚类内的点尽量紧密地连在一起,而让聚类间的距离尽量大。

K-均值聚类算法的优点在于:简单高效,因为所做的只是计算点和簇中心之间的距离;可扩展性,对于处理大数据集,该算法是相对可伸缩的;当结果簇是密集的,而簇之间区别明显时,K-均值聚类算法通常能产生较好的效果。

K-均值聚类算法的缺点在于算法通常终止于局部最优解,只有当簇均值有定义的情况下才能使用,这可能不适用于某些应用,例如:涉及有分类属性的数据;必须事先给定要生成的簇的数目;对噪声和孤立点数据敏感,少量的该类数据能够对平均值产生极大的影响;不适合发现非凸面形状的簇,或者大小差别很大的簇。

K-均值聚类算法主要分为以下 4 个步骤:

(1) 指定将数据分成 K 类,并随机生成 K 个中心点。

(2) 遍历所有数据,根据数据与中心的位置关系将每个数据归到不同的中心。

(3) 计算每个聚类的均值,并将均值作为新的中心点。

(4) 重复第(2)步和第(3)步,直到每个聚类中心点的坐标收敛,输出聚类结果。

OpenCV 中提供了 cv2.kmeans 函数(代码 9-1),用于实现数据的 K-均值聚类算法。同样地,在 scikit-learn 库中提供了类似的方法来实现 K-Means 聚类算法,更多相关内容可自行参考 scikit-learn 库。为了更好地展示 cv2.kmeans 函数的使用方法,例 9-1 给出了对图像中像素坐标进行聚类的程序示例。

代码 9-1　cv2.kmeans 函数

```
retval, bestLabels, centers = cv.kmeans(data, K, bestLabels, criteria, attempts, flags[,
centers]) -> retval, bestLabels, centers
```

- retval: 返回值。紧凑性度量,即每次尝试后计算的紧凑性度量的最佳(最小)值。
- bestLabels: 返回值。输入/输出的整数数组,存储每个样本的聚类索引。
- centers: 返回值。输出的聚类中心矩阵,每个聚类中心一行。
- data: 需要进行聚类的输入数据。
- K: 将数据集分割成的聚类数量。
- criteria: 算法的终止标准,即最大迭代次数和/或所需的精度。精度通过 criteria.epsilon 指定。当每个聚类中心在某次迭代中移动的距离小于 criteria.epsilon 时,算法停止。
- attempts: 指定算法使用不同初始标记执行的次数,算法返回产生的最佳聚类结果。
- flags: 指定算法的标志。默认值为 cv.KMEANS_RANDOM_CENTERS,即在每次尝试中选择随机的初始中心。更多标志可参考 OpenCV 帮助手册。

【例 9-1】　使用 K-均值聚类算法对所给图像进行颜色分割,并将图像分割成 5 类,最后直观地展示结果。

代码如下,运行结果如图 9-4 所示。

例 9-1

```
33    import ...
34    # 读取图像
35    image = cv2.imread('image/Example - Bridge.jpg')
36    ...
37    h, w, s = image.shape
38    # 使用纯白、三种灰色和纯黑进行测试
39    colors = [(255, 255, 255), (192, 192, 192), (128, 128, 128), (64, 64, 64), (0, 0, 0)]
40    # 构建图像数据
41    data = image.reshape((-1, 3))
42    data = np.float32(data)
43    # 定义迭代算法终止条件
44    criteria = (cv2.TERM_CRITERIA_EPS + cv2.TERM_CRITERIA_MAX_ITER, 10, 1.0)
45    # 设置图像分割的类别
```

```
46   num_clusters = 5
47   # 图像分割
48   ret, labels, centers = cv2.kmeans(data, num_clusters, None, criteria, num_clusters, cv2.
KMEANS_RANDOM_CENTERS)
49   # 根据定义的颜色集合对不同类别的图像区域进行填充
50   result_data = np.array([colors[int(label)] for label in labels.flatten()])
51   # 将数据转换为 uint8 类型
52   result_data = np.clip(result_data, 0, 255).astype(np.uint8)
53   # 还原图像尺寸
54   result = result_data.reshape((h, w, s))
55   # 显示图片
56   ...
```

首先,代码导入必要的库,再读取并获取图像的尺寸(高度 h、宽度 w 和通道数 s),并定义了五种颜色(纯白、三种灰色和纯黑),用于后续的颜色分割测试。接着,将图像数据重塑为二维数组,每个像素的 RGB 值成为一行,并将数据类型转换为 float32,以便于 K-均值算法处理。定义 K-均值算法的终止条件,包括最大迭代次数和精度。随后,设置图像分割的类别数为 5,即 K 值。通过调用 cv2.kmeans 函数,算法将像素数据分为 5 个聚类,每个聚类的中心代表一种主要颜色,并返回每个像素对应的标签和中心颜色。根据这些标签将图像区域用预定义的颜色集合进行填充,确保结果数据在 $0\sim255$ 的范围内。最后将数据重塑为原始图像的尺寸,得到分割后的图像。

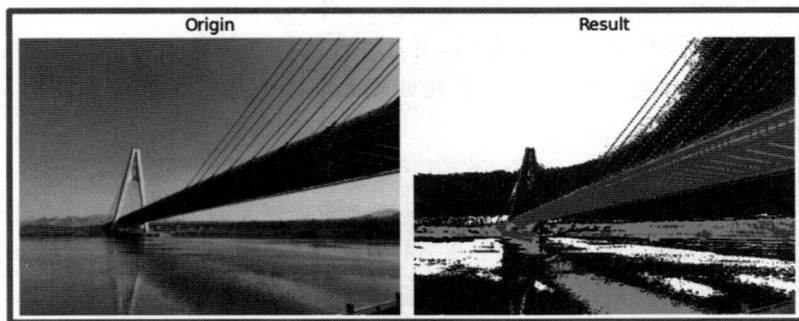

图 9-4　图像颜色分割结果

9.2.2　K-近邻算法

K-近邻算法,也称为 KNN(K-nearest neighbor)算法或 K-最近邻算法,是机器学习中最经典的算法之一。所谓 K-近邻,是指 K 个最近的邻居,表示每个样本都可以用其最接近的 K 个邻居来代表。概括而言,K-近邻算法通过将已知类别的样本作为参照,计算未知样本与这些已知样本之间的距离,从中选取距离最近的 K 个已知样本,并根据“少数服从多数”的投票规则,将 K 个最近邻样本中类别占比较多的那一类作为未知样本的类别。

K-近邻算法主要用于对目标的分类,它的基本思想可以用“近朱者赤,近墨者黑”来概括。当需要对一个目标进行分类时,常将此目标与已知物体进行比较。例如,在判断一个桥是悬索桥还是斜拉桥时,通常会将需要分类的桥分别与斜拉桥与悬索桥进行对比,如果与斜拉桥更相似,则认为该桥为斜拉桥。在具体操作中,需要将待分类的数据与已知数据进行比较，找出最相似的 M 个数据。如果这 M 个数据中某种类别的数据占多数，则认为这个需要分类的数据属于该类别。

在图 9-5 中，需要判定中心区域的三角形是属于圆形还是长方形。在与三角形距离最近的 3 个图案中，有 2 个长方形和 1 个圆形。如果根据这 3 个图案判断三角形的类别，则三角形会被归类为长方形；如果以与三角形距离最近的 5 个图案作为判断依据，圆形有 3 个，而长方形有 2 个，则三角形会被归类为圆形。

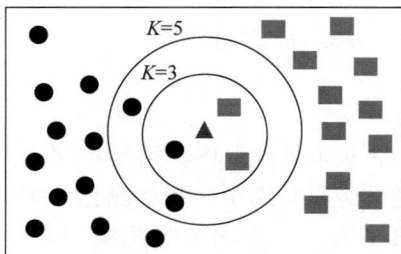

图 9-5　K-近邻算法示例

对于给定测试对象，在使用 K-近邻算法进行分类时，需注意以下关键问题：首先，训练数据集应充分代表历史数据，确保每个类别样本数量接近并覆盖各种情况。其次，选择适当的距离度量（如欧氏距离、曼哈顿距离或切比雪夫距离）至关重要。最后，K 值的选择对结果影响显著，通常通过交叉验证确定最佳 K 值。总体而言，K-近邻算法适用于分类和回归，其优点在于思想简单、操作方便、效果强大，并能生成灵活的决策边界，同时避免类别不平衡问题。尽管如此，它也存在一些缺点，比如在处理大规模数据时计算成本较高，而且预测结果通常缺乏解释性。

在 OpenCV 中提供了 KNearest 类，用于实现 K-近邻算法，而 KNearest 类继承自 StatModel 类。StatModel 类是统计学习模块，该类中提供了对数据进行训练和预测的 cv2.ml.StatModel.train 函数（代码 9-2）和 cv2.ml.StatModel.predict 函数（代码 9-3）。当某些算法继承该类时，便可以使用这两个函数对数据进行训练和预测。

代码 9-2　cv2.ml.StatModel.train 函数

```
retval = cv2.ml.StatModel.train(samples, layout, responses) -> retval
```
- retval：返回值。训练的结果或状态指示。
- samples：用于训练的样本数据矩阵。设置为 float32 类型。
- layout：样本数据排列方式的标志。默认值为 cv.ml.ROW_SAMPLE，即每个训练样本是样本矩阵的一行。更多标志可参考 OpenCV 帮助手册。
- responses：与训练样本相关联的响应向量。

代码 9-3　cv2.ml.StatModel.predict 函数

```
retval, results = cv2.ml.StatModel.predict(samples[, results[, flags]]) -> retval, results
```
- retval：返回值。预测结果的矩阵或者表示预测状态的标志。
- results：返回值。预测结果的输出矩阵。
- samples：用于训练的样本数据矩阵。设置为 float32 类型。
- flags(可选参数)：模型构建方法的标志。默认值为 0，表示使用模型的默认配置进行预测。更多标志可参考 OpenCV 帮助手册。

因为在 OpenCV 中 KNearest 类继承自 StatModel 类,所以该类可以使用 StatModel 类中的 cv2. ml_StatModel. train 函数和 cv2. ml_StatModel. predict 函数来训练模型和预测新数据。但在使用之前需要先使用 cv2. ml. KNearest_create 函数(代码 9-4)进行初始化,再通过 setDefaultK 函数(代码 9-5)设置最近邻的数目和模型是否属于分类模型。

代码 9-4　cv2. ml. KNearest_create 函数

```
retval = cv2.ml.KNearest_create() -> retval
```
- retval: 返回值。一个 KNearest 分类器的对象。

代码 9-5　cv2. ml. KNearest. setDefaultK 函数

```
cv2.ml.KNearest.setDefaultK(val) -> None
```
- None: 返回值。表示函数没有返回值。
- val: 设置的默认 k 值(整数类型)。

在对模型进行训练后,可以使用 KNearest 类中定义的 cv2. ml. KNearest. load 函数(代码 9-6)加载已经保存的模型。在加载模型后,可以使用 cv2. ml. KNearest. findNearest 函数(代码 9-7)对新数据进行预测和判断。

代码 9-6　cv2. ml. KNearest. load 函数

```
retval = cv2.ml.KNearest.load(filepath) -> retval
```
- retval: 返回值。一个 cv.ml.KNearest 类的对象,表示从文件中加载的 KNearest 模型。
- filepath: 序列化 KNearest 模型的文件路径。

代码 9-7　cv2. ml. KNearest. findNearest 函数

```
retval,results, neighborResponses, dist = cv.ml.KNearest.findNearest(samples, k[, results[,
neighborResponses[, dist]]]) -> retval, results, neighborResponses, dist
```
- retval: 返回值。指示操作是否成功。
- results: 返回值。存储每个输入样本预测结果(回归或分类)的向量。
- neighborResponses: 返回值。对应邻居的可选输出响应值和可选的输出矩阵。
- dist: 返回值。输出距离矩阵,用于存储输入向量与对应邻居之间的距离。
- samples: 以行存储的输入样本。
- k: 使用的最近邻的数量,应大于 1。

为了展示 OpenCV 中 K-近邻算法的使用方式,例 9-2 给出了利用所给数据集中圆形、三角形、正方形和星形图形的图片各 500 张,100×100 的图片尺寸作为数据,使用 K-近邻算法进行训练和预测的示例程序。

【例 9-2】　使用 K-近邻算法对 train_image 文件夹中的形状图片进行训练,再对 predict_image 文件夹中的图片进行预测,最后直观地展示训练结果和模型的准确率。

例 9-2

代码如下,运行结果如图 9-6 所示。

```
1    import ...
2    def load_images(folder):
3        test_images = []
4        test_labels = []
5        filenames = []
6        for filename in os.listdir(folder):
7            img = cv2.imread(os.path.join(folder, filename), cv2.IMREAD_GRAYSCALE)
```

```
8              if img is not None:
9              # 保持图像原始 100×100 的尺寸
10   img_resized = img.reshape((1, 10000))
11              test_images.append(img_resized)
12              filenames.append(filename)
13   # 假设测试标签与训练标签的生成规则相同
14              label = filename.split('_')[0]
15              if label == 'circle':
16                  test_labels.append(0)
17              elif label == 'square':
18                  test_labels.append(1)
19              elif label == 'star':
20                  test_labels.append(2)
21              elif label == 'triangle':
22                  test_labels.append(3)
23       return np.array(test_images, dtype='float32'), np.array(test_labels, dtype=
'int32'), filenames
24   # 模式选择
25   mode = input("请输入模式 ('train' 或 'predict'): ").strip().lower()
26   if mode == 'train':
27       # 训练模型部分
28       train_images, train_labels, _ = load_images('image\\Learn\\train_image')
29       # 将数据整合为 KNN 输入格式
30       train_data = train_images.reshape(-1, 10000).astype(np.float32)
31
32       # 创建 KNN 模型
33       knn = cv2.ml.KNearest_create()
34       knn.setDefaultK(5)
35       # 训练模型
36       knn.train(train_data, cv2.ml.ROW_SAMPLE, train_labels)
37       # 保存训练模型和数据
38       ...
39   elif mode == 'predict':
40       # 加载 KNN 模型
41       knn = cv2.ml.KNearest_load('./results/knn_model.yml')
42       # 加载预测数据
43       test_images, test_labels, filenames = load_images('image\\Learn\\predict_image')
44       test_data = test_images.reshape(-1, 10000).astype(np.float32)
45       # 进行预测
46       ret, results, neighbours, dist = knn.findNearest(test_data, k=1)
47       # 记录每种类别的正确预测数和总预测数
48       ...
49   else:
50       print("无效的模式输入,请输入 'train' 或 'predict'。")
```

首先,定义了一个 load_images 函数,用于从指定文件夹加载图像数据并生成标签。函数遍历文件夹中的每个图像文件,使用 OpenCV 读取图像,并将其转换为一维数组(100×100 的图像展平为 1×10000),并基于图像的名称前缀生成标签(如"circle""square"等)。在模式选择部分,可输入"train"或"predict"以选择训练或预测模式。在训练模式下,代码调用 load_images 函数加载训练图像和标签,然后将其格式化为 KNN 输入数据。接着,使用

cv2. ml. KNearest_create 创建 KNN 模型,设置 K 值为 5,通过 knn. train 方法使用训练数据和标签进行模型训练,完成后将训练数据、标签和模型保存到指定路径。在预测模式下,加载已训练的 KNN 模型后,定义了 load_test_images 函数用于读取测试图像,然后通过 knn. findNearest 方法对待预测的图像进行分类预测。

　　运行结果显示,在训练模式下,通过训练所给数据集生成 knn_model. yml、train_data. png 和 train_labels. png 文件。在 predict 模式下,模型的整体准确率为 70.50%。具体分类的准确率表现出较大的差异:类别 0(圆形)准确率为 74.00%,类别 1(方形)准确率为 56.00%,类别 2(星形)准确率为 100.00%,而类别 3(三角形)准确率为 52.00%。这些结果表明,模型对"星形"类别的分类非常准确,但对其他类别的分类效果有所差异,特别是对方形和三角形的分类性能较差。整体来看,模型的分类能力较为均衡,但仍需优化以提高对不同类别的识别精度。

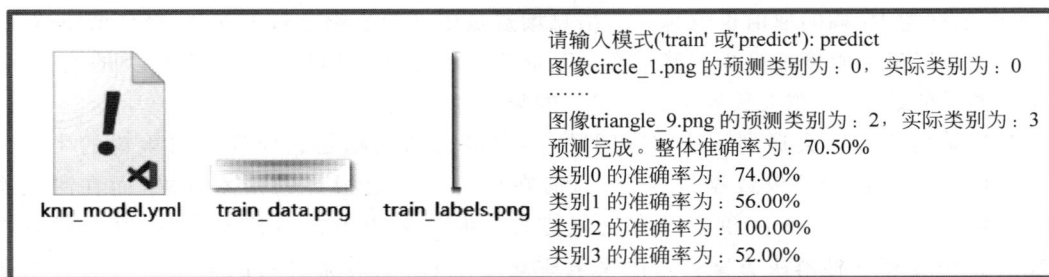

图 9-6　K-近邻算法示例训练与预测结果

9.2.3　决策树算法

　　决策树(decision tree)算法,最早产生于 20 世纪 60 年代,是应用最广的归纳推理算法之一。该算法从一组无次序、无规则的事例中推理出决策树表示形式的分类规则。在数据处理过程中,将数据按树状结构分成若干分枝形成决策树,每个分枝包含数据元组的类别归属共性,从决策树的根到叶节点的每条路径都对应着一条合取规则,整棵决策树就对应着一组析取表达式规则。因此,从本质上来说,决策树就是通过一系列规则对数据进行分类的过程。

　　现实生活中往往会遇到各种各样的抉择,把决策过程整理一下就可以发现,该过程实际上就是一个树的模型。"决策"是指"判断",这种"判断"就像编程语言中的 if-else 判断结构一样:首先 if+判断条件,判断是否为真,为真则符合条件而结束判断;否则继续下一个条件判断,else 后面再次介入一个 if-else 判断结构。"树"是指数据结构中的树形结构,那么决策树则表示一类采用树形结构的算法,如二叉树和多叉树等。

　　图 9-7 所示是决策树的一个简单示意图,可以通过该决策树进行预测:当天气晴朗,交通畅通时,预测该活动很可能要举办;当天下小雨,交通拥挤时,预测活动很可能被取消。决策树主要由根节点、内部节点和叶节点三部分构成。其中,根节点是初始节点,包含样本的全集;内部节点对应特征属性测试;叶节点是决策的结果,如上例中的"取消"或"进行"。

　　决策树在选择特征进行分叉的时候,需要对特征携带的信息量进行评价。熵、信息增益和基尼不纯度是常用的几个用于选择特征的指标。熵用来衡量分类结果的不确定性的程

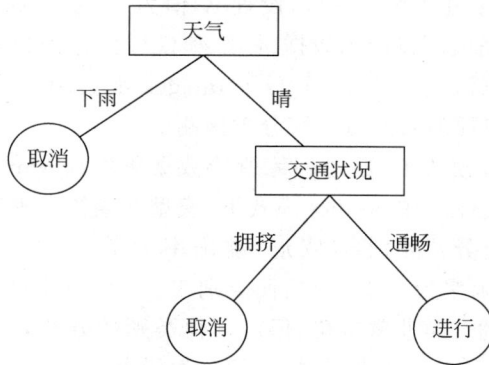

图 9-7　决策树示意图

度,不确定性越大,熵的取值也就越大。信息增益是用来衡量熵的减少程度,信息增益越大,代表特征可以最大限度地减少不确定性。基尼不纯度是用来衡量一个集合中类的比例,依赖于可能类的数量,值越大代表集合中包含的类越多。

在决策树学习时会遇到一些实际问题,其中最大的问题是怎样确定决策树的生长深度。过深的决策树会导致数据过拟合,只能在训练集上有很好的预测效果,而在测试集上预测结果会很差,从而使模型没有泛化能力。但如果决策树生长不充分,就会没有判别能力。对此有一种解决方案:先让决策树充分生长,然后通过对决策树进行剪枝来避免过拟合问题。

决策树算法的优点是易于使用,并不要求对数据进行标准化,整体上分类逻辑清晰易懂,采用树形结构进行分类,便于可视化,在需要演示和讲解的场景下可直观展现决策树整个分类过程。而决策树算法的缺点是易过拟合,目前认为较好的解决方法是剪枝。

在 OpenCV 中决策树算法被集成为 ML 模块中的 DTrees 类,该类同样继承自 StatModel 类。因此,在 OpenCV 中,决策树算法的使用方式与 K-近邻算法相似,首先需要定义该算法类型的变量,然后使用 OpenCV 中提供的 cv2. ml. DTrees_create 函数(代码 9-8)来初始化决策树类型变量。虽然,初始化函数没有任何参数,但 DTrees 类中有众多构建决策树的约束参数,如表 9-1 所示,其中部分参数可选取默认值,但取默认值可能会对结果的准确性有所影响,更多使用方法可参考 OpenCV 帮助手册。

在对模型进行训练后,可以使用 DTrees 类中定义的 cv2. ml. DTrees_load 函数(代码 9-9)来加载已经保存的模型。在加载完成后,可以使用该模型对新数据进行预测和判断。

代码 9-8　cv2. ml. DTrees_create 函数

```
retval = cv2.ml.DTrees_create() -> retval
```
　　• retval: 返回值。是一个 cv2.ml.DTrees 类的对象,表示一个空的决策树模型。

代码 9-9　cv2. ml. DTrees_load 函数

```
retval = cv2.ml.DTrees_load(filepath[, nodeName]) -> retval
```
　　• retval: 返回值。是一个 cv2.ml.DTrees 类的对象,表示从文件中加载的 DTrees 模型。
　　• filepath: 序列化 DTrees 模型的文件路径。
　　• nodeName(可选参数): 包含分类器的节点名称。默认值为 None,即加载文件中的默认节点。

表 9-1　DTrees 类中构建决策树时需要的参数

参　　数	是否必需	默认值	说　　明
setMaxDepth()	是	−1	设置决策树的最大深度,如果设置为−1,则表示不限制深度
setCVFolds()	是	0	设置用于交叉验证的折数(k 值),用于在决策树剪枝时进行交叉验证;0 表示不使用交叉验证
setUseSurrogates()	否	False	设置是否使用替代分裂规则,默认不使用
setMinSampleCount()	否	2	设置每个节点上所需的最小样本数,默认要求每个节点至少有 2 个样本才能继续分裂
setUse1SERule()	否	False	设置是否使用误差标准规则进行决策树剪枝,默认不使用严格剪枝
setTruncatePrunedTree()	否	False	设置是否截断已剪枝的树,默认剪枝后不完全移除分支
setMaxCategories()	否	10	设置分类变量的最大类别数量,默认最多处理 10 个类别
setPriors()	否	None	设置各类别的先验概率,默认不使用
setRegressionAccuracy()	否	0.01	设置回归模型的精度,默认回归精度为 0.01

为了展示 OpenCV 中决策树算法的使用方式,例 9-3 给出了使用包含 2000 张简单几何形状(如圆形)的图像数据集作为数据,构建和训练一个 DTrees 模型,并对构建的 DTrees 模型进行训练和预测,最后显示 DTrees 模型分类的准确率和对简单几何形状中的圆的预测结果的示例程序。

【例 9-3】　使用决策树算法构建一个 DTrees 模型,并对所给数据集进行训练和预测,最后直观展示分类的准确率和预测结果。

代码如下,运行结果如图 9-8 所示。

例 9-3

```
1    import ...
2    def load_images(folder):
3        ...
4    # 训练模型部分
5    train_images, train_labels, _ = load_images('image\\Learn\\train_image')
6    train_data = train_images.reshape(-1, 10000).astype(np.float32)
7    # 创建决策树模型
8    dt = cv2.ml.DTrees_create()
9    # 设置决策树的最大深度
10   dt.setMaxDepth(20)
11   # 设置用于交叉验证的折数
12   dt.setCVFolds(0)
13   # 设置每个节点上所需的最小样本数
14   dt.setMinSampleCount(10)
15   # 设置是否使用误差标准规则进行树剪枝
16   dt.setUse1SERule(False)
17   # 设置是否截断已剪枝的树
18   dt.setTruncatePrunedTree(False)
19   # 训练模型
20   dt.train(train_data, cv2.ml.ROW_SAMPLE, train_labels)
```

```
21  # 计算训练准确率
22  retval, results = dt.predict(train_data)
23  matches = results == train_labels
24  correct = np.count_nonzero(matches)
25  accuracy = correct * 100.0 / results.size
26  print('DTrees 模型训练的准确率为{}%'.format(accuracy))
27  # 测试模型对图形的识别情况
28  test_images, test_labels, filenames = load_images('image\\Learn\\predict_image')
29  test_data = test_images.reshape(-1, 10000).astype(np.float32)
30  # 进行图形识别
31  ret, result = dt.predict(test_data)
32  # 初始化每个类别的统计信息
33  ...
```

首先,定义了 load_images 函数,从指定文件夹中加载图像数据并提取标签,标签的生成依据是图像文件名的前缀。接下来,在训练模型部分,调用 load_images 函数加载训练图像和标签,并将其格式化为适合决策树模型的输入格式。通过 cv2.ml.DTrees_create 创建决策树模型,并设置最大深度参数为 20、最小样本数参数为 10 等关键参数。随后,使用 dt.train 方法对训练数据和标签进行训练,构建出分类模型。在训练完成后,使用 dt.predict 方法对训练数据进行预测,并计算训练准确率,输出模型在训练集上的表现。在训练完成后,加载测试图像进行分类预测,并统计每个类别的正确预测和总数量,最终计算整体和各类别的准确率。

运行结果显示,模型在训练集上的准确率为 89.9%,表明模型在训练数据上有较好的拟合度。然而,在测试集上,模型的整体准确率为 72.00%。对于不同类别的分类准确率,代码计算得出:类别 0(圆形)的准确率为 64.00%,类别 1(方形)的准确率为 48.00%,类别 2(星形)的准确率为 98.00%,而类别 3(三角形)的准确率为 78.00%。结果表明,模型对星形的识别效果最好,表现出极高的准确率,而对方形的识别效果较差,准确率仅为 48.00%。整体来看,虽然模型在训练数据上的表现较好,但在测试数据上,不同类别之间的准确率差异较大,显示出模型在泛化能力上的不足,尤其是在区分方形和其他类别时表现较差。

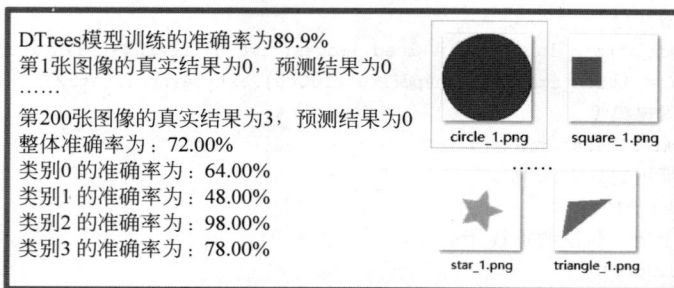

图 9-8　决策树计算的准确率与形状的预测结果

9.2.4　随机森林算法

决策树算法通过构建单棵决策树进行分类或回归,但这容易导致过拟合。为了解决这一问题,随机森林算法(random decision forests)作为决策树算法的改进,通过组合多棵决策树来提高模型的准确性和鲁棒性,从而有效避免过拟合。它使用自助法从训练数据中随机抽取样本来训练每棵树,同时在生成树时,每个节点的划分变量从随机选择的特征子集中选择。这种随机化的过程包括对样本(行)和特征(列)的随机选择,生成大量的决策树。随机森林通过对所有树的分类结果进行投票或对回归结果进行平均,最终得到更稳定的预测结果。由于每棵树都依赖于不同的随机样本和特征子集,这种多样性增强了模型的泛化能力,使其在处理异常值和噪声时具有更高的鲁棒性。

在 OpenCV 中提供了 RTrees 类用于实现随机森林算法。RTrees 类继承了决策树的 DTrees 类,因此它的类名和使用过程与决策树的操作非常相似,只是在具体的参数设置上有所不同。RTrees 的初始化函数为 cv2.ml.RTrees_create(代码 9-10),可以根据需求设置各种参数,或者使用默认值以加快算法的运行速度。具体的参数设置可以参考表 9-1 和表 9-2。通过合理配置这些参数,如调整树的数量或特征选择的方法,可以有效地实现随机森林算法并优化其性能。

代码 9-10　cv2.ml.RTrees_create 函数

```
retval = cv2.ml.RTrees_create() -> retval
```
- retval:返回值。是一个 cv2.ml.RTrees 类的对象,表示一个空的随机森林模型。

表 9-2　RTrees 类中构建决策树时需要的参数(补充部分)

参　　数	是否必需	默认值	说　　明
setActiveVarCount()	否	未指定	设置在每个节点分裂时参与分裂的特征数量
setCalculateVarImportance()	否	False	设置是否计算特征的重要性
setTermCriteria()	否	默认的终止准则	设置算法的终止准则。包括最大迭代次数、精度要求等

同样地,在训练好模型后可使用 cv2.ml.RTrees_load 函数(代码 9-11)加载已经训练好的 RTrees 模型文件。为了更好地了解随机森林算法的使用,例 9-4 给出了利用随机森林算法对 2000 张简单几何形状(如圆形)图像进行模型训练和识别几何形状的示例程序。

代码 9-11　cv2.ml.RTrees_load 函数

```
retval = cv2.ml.RTrees_load(filepath[, nodeName]) -> retval
```
- retval:返回值。是一个 cv2.ml.RTrees 类的对象,表示从文件中加载的 RTrees 模型。
- filepath:序列化 RTrees 模型的文件路径。
- nodeName(可选参数):包含分器器的节点名称。默认值为 None,即加载文件中的默认节点。

【例 9-4】　使用随机森林算法对 2000 张几何形状图像进行分类训练和预测,最后直观展示分类的准确率和预测结果。

代码如下,运行结果如图 9-9 所示。

```
1    import ...
2    def load_images(folder):
3        ...
4    ♯ 训练模型部分
5    train_data, train_labels, _ = load_images('image\\Learn\\train_image')
6    ♯ 创建随机森林模型
7    rt = cv2.ml.RTrees_create()
```

例 9-4

```
8   rt.setTermCriteria((cv2.TERM_CRITERIA_EPS + cv2.TERM_CRITERIA_MAX_ITER, 100, 0.01))
9   rt.setMaxDepth(20)
10  rt.setMinSampleCount(10)
11  rt.setCVFolds(0)
12  rt.setCalculateVarImportance(True)
13  rt.setActiveVarCount(4)
14  rt.train(train_data, cv2.ml.ROW_SAMPLE, train_labels)
15  # 保存模型到 result 文件夹
16  rt.save('./results/rtrees_model.xml')
17  print('模型训练完成并已保存.')
18  # 计算训练准确率
19  _, train_results = rt.predict(train_data)
20  train_matches = train_results == train_labels.reshape(-1, 1)
21  train_correct = np.count_nonzero(train_matches)
22  train_accuracy = train_correct * 100.0 / len(train_results)
23  print(f'RTrees 模型训练的准确率为{train_accuracy:.2f}%')
24  # 加载模型进行预测
25  loaded_rt = cv2.ml.RTrees_load('./results/rtrees_model.xml')
26  # 准备测试数据
27  test_data, test_labels, filenames = load_images('image\\Learn\\predict_image')
28  # 进行预测
29  _, result = loaded_rt.predict(test_data)
30  # 初始化每个类别的统计信息
31  ...
```

首先,通过 load_images 函数加载训练图像数据和标签,图像在读取后被缩放至 20×20 像素并展平为一维数组。接下来,在训练模型部分使用 cv2.ml.RTrees_create 创建随机森林模型,然后使用 rt.setTermCriteria 和其他设置函数配置模型参数,包括最大深度、交叉验证折数和变量重要性计算等。随后,通过调用 rt.train 方法使用训练数据和标签来训练模型,并将训练好的模型保存到指定文件夹中。训练完成后,代码使用 rt.predict 函数对训练数据进行预测,通过比较预测结果与实际标签计算训练准确率,使用 np.count_nonzero 函数计算正确预测的数量,从而得出准确率。最后,代码加载保存的模型,准备测试数据,再用 cv2.ml.RTrees_load 加载模型,使用 loaded_rt.predict 对测试数据进行预测,计算整体和每个类别的准确率。

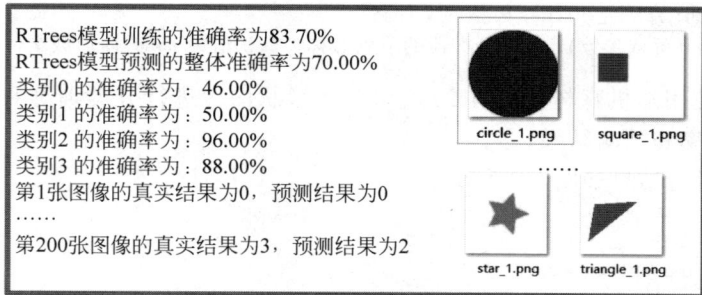

图 9-9　随机森林算法 RTrees 模型的准确率与预测结果

模型在训练数据上的准确率为 83.70%,显示出较好的分类能力,但在测试数据上的整体准确率下降至 70.00%,说明模型在新数据上的表现不如训练数据。分析具体类别的表现,星形(类别 2)和三角形(类别 3)分别达到了 96.00％和 88.00％的高准确率,显示出较强的识别能力。而圆形(类别 0)和正方形(类别 1)的准确率较低,分别为 46.00％和 50.00％,可能由于这些类别的图像特征复杂性较高或训练数据类别不平衡,导致模型难以有效区分这些形状。

9.2.5　支持向量机

支持向量机(support vector machine,SVM)是一种分类器,用于通过超平面将不同类别的样本分割在不同的区域内。在样本空间中,对于存在两类数据的情况,SVM 旨在寻找一条最优的直线(在高维空间中为超平面)来分割这两类样本。SVM 通过将特征空间进行非线性映射,使得原本线性不可分的问题在高维空间中变为线性可分,并最终找到最优的分界超平面。该方法在处理小样本、非线性及高维模式识别问题时具有独特的优势,并将问题转化为求解凸二次规划。图 9-10 展示了支持向量机对二维数据分割的示意图,其中左侧图像表示通过不断改变直线来寻找最优分割方案,右侧图像则展示了 SVM 定义的最优分割方案。

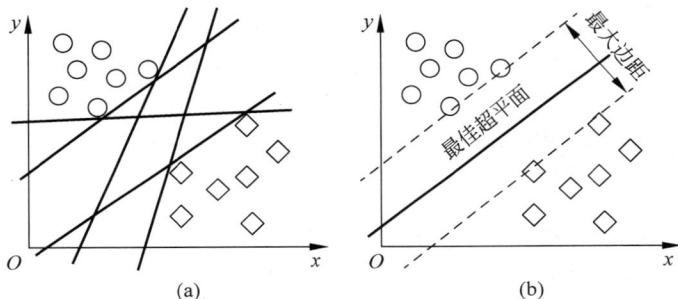

图 9-10　支持向量机对二维数据进行分割的示意图

在使用直线分割样本数据时,如果直线距离样本太近,则会使直线容易受到噪声的影响,使其泛化性较差。因此,寻找最佳分割直线就是寻找一条与所有点距离最远的直线。通过图 9-10(b)可知,当经过两类样本数据边缘处的两条直线距离最远时,这两条直线的中心线便是最佳分割线。在支持向量机中,两条直线之间的距离称为间隔。关于最优分割线的具体推导,如感兴趣可自行阅读相关资料。

在 OpenCV 中,实现支持向量机算法的 SVM 类也集成在 ml 模块中,它也继承了 StatModel 类,因此 SVM 类的使用方法与 K-近邻算法相似。首先需要使用 cv2.ml.SVM_create 函数(代码 9-12)初始化一个 SVM 类型的对象。同样的,在训练好模型后可使用 cv2.ml.SVM_load 函数(代码 9-13)加载已经训练好的 SVM 模型文件。

代码 9-12　cv2.ml.SVM_create 函数

```
retval = cv2.ml.SVM_create() -> retval
```
　　• retval: 返回值。SVM 模型的对象。

代码 9-13　cv2.ml.SVM_load 函数

```
retval = cv2.ml.SVM_load(filepath) -> retval
```
　　• retval: 返回值。是一个 SVM 类的对象,表示从文件中加载的 SVM 模型。

- `filepath`: 序列化 SVM 模型文件的路径。

与决策树算法和随机森林算法类似，在 SVM 类中也存在约束参数，它影响着支持向量机算法的效果，而设置主要约束参数的函数有许多，如 cv2. ml. SVM. setKernel 函数（代码 9-14）用于设置核函数模型，cv2. ml. SVM. setType 函数（代码 9-15）用于设置 SVM 的类型。更多详细内容可参考 OpenCV 帮助手册。为了更好地了解支持向量机的使用方法，例 9-5 给出了利用支持向量机对二维像素进行分类的示例程序。

代码 9-14　cv2. ml. SVM. setKernel 函数

```
cv2.ml.SVM.setKernel(kernelType) -> None
```
- `kernelType`: 指定支持向量机(SVM)模型的核函数类型,如 LINEAR,线性核函数。不进行映射,在原始特征空间中进行线性判别(或回归); RBF,径向基函数。更多类型可参考 OpenCV 帮助手册。

代码 9-15　cv2. ml. SVM. setType 函数

```
cv2.ml.SVM.setType(val) -> None
```
- `val`: 设置 SVM 的类型,如 cv2. ml. SVM_C_SVC,表示使用 C - 支持向量分类。更多类型可参考 OpenCV 帮助手册。

【例 9-5】　随机生成包含两类像素的 yml 文件，并使用支持向量机算法，最后直观展示分类预测结果。

代码如下，运行结果如图 9-11 所示。

```
1   import ...
2   # 生成正弦曲线和余弦曲线的数据点
3   x_values = np.linspace(0, 640, 200)
4   y_values_sine = 50 * np.sin(0.01 * x_values) + 120
5   y_values_cosine = -50 * np.cos(0.01 * x_values) + 360
6   # 在两条曲线周围生成两类数据点
7   data = []
8   labels = []
9   for x, y_sin, y_cos in zip(x_values, y_values_sine, y_values_cosine):
10      for _ in range(10):  # 每个曲线点周围生成10个随机点
11          # 生成正弦曲线附近的点
12          data.append([np.random.normal(x, 15), np.random.normal(y_sin, 15)])
13          labels.append(0)
14          # 生成余弦曲线附近的点
15          data.append([np.random.normal(x, 15), np.random.normal(y_cos, 15)])
16          labels.append(1)
17  data = np.array(data, dtype = np.float32)
18  labels = np.array(labels, dtype = np.int32)
19  # 创建空白图像用于显示点
20  img = np.ones((480, 640, 3), dtype = 'uint8') * 255
21  # 绘制正弦曲线和余弦曲线
22  for i in range(1, len(x_values)):
23      cv2.line(img, (int(x_values[i-1]), int(y_values_sine[i-1])), (int(x_values[i]),
```

```
int(y_values_sine[i])), (0, 0, 0), 2)
24        cv2.line(img, (int(x_values[i-1]), int(y_values_cosine[i-1])), (int(x_values
[i]), int(y_values_cosine[i])), (0, 0, 0), 2)
25    # 绘制原始数据点
26    for i in range(len(data)):
27        x, y = data[i]
28        color = (255, 0, 0) if labels[i] == 0 else (0, 0, 0)
29        cv2.circle(img, (int(x), int(y)), 3, color, -1)
30    # 建立 SVM 模型
31    svm = cv2.ml.SVM_create()
32    # 设置 SVM 参数
33    svm.setKernel(cv2.ml.SVM_RBF)
34    svm.setType(cv2.ml.SVM_C_SVC)
35    svm.setC(5.831)
36    svm.setGamma(0.01)
37    svm.setTermCriteria((cv2.TERM_CRITERIA_MAX_ITER, 100, 1e-6))
38    # 训练 SVM 模型
39    svm.train(data, cv2.ml.ROW_SAMPLE, labels)
40    # 保存训练好的 SVM 模型到 'svm_model.yml'
41    svm.save('./results/svm_model.yml')
42    print('模型训练完成并已保存.')
43    # 用模型对图像中的全部像素进行分类
44    classification_img = np.ones((480, 640, 3), dtype='uint8') * 255
45    for i in range(0, classification_img.shape[1]):
46        for j in range(0, classification_img.shape[0]):
47            sample = np.array([[i, j]], dtype='float32')
48            _, res = svm.predict(sample)
49            color = (211, 211, 211) if res == 0 else (0, 255, 225)
50            classification_img[j, i] = color
51    # 在分类结果图像中绘制原始数据点
52    for i in range(len(data)):
53        x, y = data[i]
54        color = (255, 0, 0) if labels[i] == 0 else (0, 0, 0)
55        cv2.circle(classification_img, (int(x), int(y)), 3, color, -1)
56    # 分别显示原始数据图像和分类结果图像
57    ...
```

首先,代码生成 200 个均匀分布的 x 值及其对应的正弦和余弦曲线 y 值,并在每条曲线附近生成两类数据点,每个曲线点周围生成 10 个随机点。接着,代码创建空白图像,使用 OpenCV 绘制正弦和余弦曲线及数据点。随后,建立 SVM 模型,使用 cv2.ml.SVM_create 函数创建一个新的 SVM 对象,使用 svm.setKernel 方法设置核函数为 RBF。然后通过调用 svm.setType 函数将模型类型指定为 C-SVC,并配置 C 和 Gamma 参数以及终止条件。通过调用 svm.train 方法,使用生成的数据和标签训练 SVM 模型,并将训练好的模型保存到文件中。最后,代码通过遍历图像的每个像素点,对其进行分类预测,并将分类结果绘制在新图像上,同时在分类结果图像中显示原始数据点。

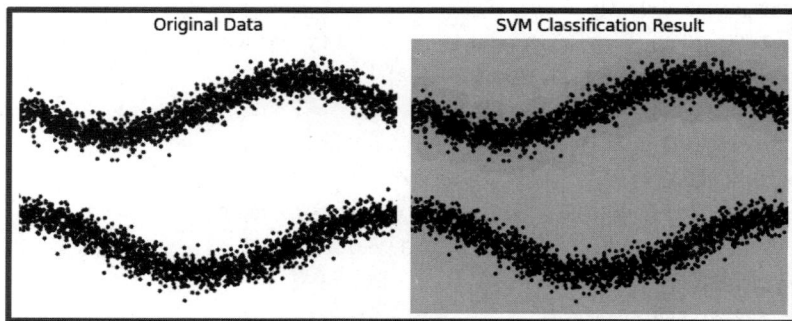

图 9-11　支持向量机算法的原数据与 SVM 分类结果图

9.3　深度学习基础

深度学习(deep learning)是近年来发展十分迅速的研究领域,并且在人工智能的很多子领域都取得了巨大的成功。从根源来讲,深度学习是机器学习的一个分支,是指一类问题以及解决这类问题的方法。在土木工程领域,深度学习也是赋能智能建造专业,成为智能建造专业不可或缺的重要技术手段。希望通过本部分对深度学习的介绍,能让大家对深度学习有初步的了解。

9.3.1　深度学习简介

深度学习是机器学习的一个重要子领域,它旨在通过构建深层神经网络来实现更高效的数据表示和特征学习。深度学习模型的"深度"指的是原始数据经过非线性特征转换的层数,通常可以视为从输入节点到输出节点之间的最长路径。这种深度结构使模型能够自动从数据中提取复杂的特征表示,从而避免了传统特征工程的烦琐过程(图 9-12)。

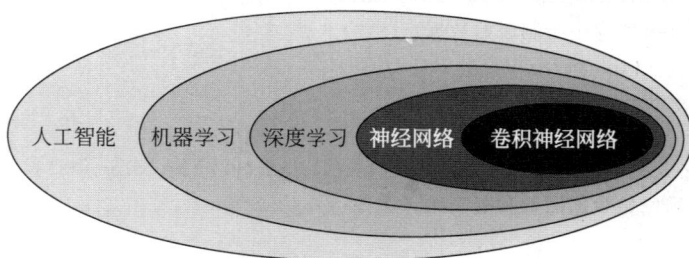

图 9-12　机器学习与深度学习关系

在深度学习中,神经网络是最常用的模型架构。它由多个层组成,包括输入层、隐藏层和输出层。每一层通过激活函数进行非线性变换,将输入的底层特征逐步转化为高层特征。模型的训练过程则是通过优化算法(如反向传播和梯度下降)来调整网络的权重,以使最终预测结果尽可能接近真实值。

深度学习的核心优势在于其强大的特征表示能力,可以自动从低层特征(如边缘和纹理)到中层特征(如形状和对象)再到高层特征(如场景理解)进行学习。这种自学习能力使其在图像识别、语音识别和自然语言处理等领域取得了显著成果。

以下围棋为例,每当下完一盘棋,最后的结果要么赢要么输。会思考哪几步棋导致了最后的胜利,或者又是哪几步棋导致了最后的败局。如何判断每一步棋的贡献就是贡献度分配问题,这是一个非常困难的问题。从某种意义上讲,深度学习可以看作一种强化学习(reinforcement learning,RL),每个内部组件并不能直接得到监督信息,需要通过整个模型的最终监督信息(奖励)得到,并且有一定的延时性。

这使得深度学习不仅是一种数据驱动的学习方式,更是一个需要不断探索和优化的复杂系统。通过这样的方式,深度学习不断推动着人工智能的发展,成为研究和应用的热点领域。

目前,深度学习按应用领域分类,可以分为:计算机视觉中的深度学习,包括图像分类、目标检测、图像分割等任务;自然语言处理中的深度学习,包括文本分类、机器翻译、问答系统等任务;语音识别中的深度学习,用于将语音信号转换为文本;推荐系统中的深度学习,根据用户行为和偏好提供个性化推荐。

9.3.2 深度学习的发展

深度学习的历史可以追溯到 20 世纪 50 年代。当时,科学家们开始研究人工神经网络(artificial neural network,ANN)的理论和应用。

最早的神经网络模型是由 Warren McCulloch 和 Walter Pitts 在 1943 年提出的。

20 世纪 60 年代末和 70 年代初,神经网络的研究进入了一个低谷期。主要原因是当时的计算机性能不足以支持神经网络的研究和应用。

20 世纪 80 年代,随着计算机性能的提高和反向传播(back propagation,BP)算法的发明,神经网络再次成为热门话题。BP 算法用于训练神经网络,可以帮助神经网络识别和分类复杂的模式。

20 世纪 90 年代,深度学习的理论和应用开始发展起来。当时的研究主要集中在单层感知机和多层感知机上。Yann LeCun 等在 1998 年提出了卷积神经网络(convolutional neural network,CNN),并在手写字符识别任务上取得了重大突破。

进入 21 世纪,深度学习的研究和应用进入了一个快速发展的阶段。深度学习的主要发展包括以下几个方面。

(1)神经网络的深度和宽度不断增加。随着计算机性能的提高和算法的改进,神经网络的深度和宽度不断增加。2006 年,Geoffrey Hinton 等提出了深度信念网络(deep belief network,DBN),为深度学习的发展打下了基础。

(2)新的神经网络结构不断涌现。除了 CNN 和 DBN,还涌现了循环神经网络(recurrent neural network,RNN)。这些网络结构可以处理更加复杂的任务,例如语音识别、自然语言处理等。

(3)大数据和 GPU 的出现。随着大数据时代的到来,深度学习需要处理的数据量也越来越大。同时,GPU 的出现也大大提高了深度学习的计算速度,使得深度学习的应用范围进一步扩大。

(4)深度学习在各个领域的应用不断扩大。深度学习已经被广泛应用于计算机视觉、语音识别、自然语言处理、智能推荐等领域,例如:通过 CNN 进行图像分类、目标检测、图像分割等任务；在自然语言处理领域，深度学习可以通过 RNN 来进行机器翻译、文本生成、情感分析等任务。

总之，深度学习的发展历史可以追溯到 20 世纪 50 年代，经历了多个阶段的发展和低谷。随着计算机性能的提高、新的算法和网络结构的涌现以及大数据和 GPU 的出现，深度学习已经成为一种非常强大的机器学习算法，被广泛应用于各个领域。

9.3.3　深度学习模型

深度学习模型是基于深度学习技术构建的算法结构，旨在模拟人脑的神经网络以处理复杂数据。

目前，按照网络结构对深度学习模型进行分类，可以分成以下几类。

1. 前馈神经网络（feedforward neural networks）

前馈神经网络是最基本的神经网络架构之一，其结构由输入层、一个或多个隐藏层以及输出层组成。信息在网络中以单向流动的方式传递，从输入层经过隐藏层，最终到达输出层。每个神经元接收前一层神经元的加权输入，通过激活函数（如 ReLU、Sigmoid 或 Tanh）进行非线性变换，从而生成该神经元的输出。训练过程包括前向传播和反向传播。在前向传播中，输入数据通过网络传递并生成预测结果；而在反向传播中，通过计算损失函数的梯度，调整网络中每个神经元的权重，以减小预测误差。常见的损失函数包括均方误差（MSE）和交叉熵损失。

经典的具体模型是多层感知器（MLP），在 20 世纪 80 年代，MLP 被用于识别手写数字，这是早期神经网络应用的重要示例之一。通过训练，MLP 能够识别邮政编码中的数字，帮助自动化邮政处理。到了 21 世纪，MLP 被用于人脸识别任务。

前馈神经网络以其简单易懂的结构和灵活性，广泛应用于分类和回归任务，如图像分类、文本分类、房价预测等。尽管其在许多应用场景中表现良好，但也存在一些局限性。例如，模型可能容易过拟合，尤其是在训练数据量不足时。此外，前馈神经网络不适合处理序列数据，因为它无法捕捉数据中的时序关系。尽管如此，前馈神经网络仍然是深度学习的基础，并为后续的复杂模型奠定了基础。

2. 卷积神经网络（CNN）

卷积神经网络在前面详细进行了介绍，是一种专门用于处理网格状数据（如图像）的深度学习模型。CNN 通过卷积层、池化层和全连接层等构建，能够自动提取输入数据的特征，减少手动特征工程的需求。卷积层使用滤波器在输入数据上滑动，提取局部特征，而池化层则通过下采样减少数据维度，保留最显著的特征，从而提高计算效率和模型鲁棒性。CNN 的多层结构使其能够逐层学习从简单到复杂的特征，并在图像分类、目标检测和语义分割等任务中表现出色。

一些经典的卷积神经网络模型包括：LeNet-5，由 Yann LeCun 等在 1998 年提出，主要用于手写数字识别，奠定了 CNN 的基础；AlexNet，在 2012 年 ImageNet 竞赛中取得了显著成功，标志着深度学习在计算机视觉领域的广泛应用；VGGNet，以其深层结构和统一的卷积层设计闻名，常用于特征提取；GoogLeNet（Inception），通过引入"网络中的网络"结构，提高了模型的效率和精度；ResNet，通过残差连接解决了深层网络训练中的梯度消失问题,允许构建更深的网络。以上模型在各自的应用领域都取得了重要成果,推动了卷积神经网络的进一步发展和应用。

YOLO(you only look once)是一种基于 CNN 的实时目标检测模型。其设计目标是通过将目标检测任务视为一个回归问题,在单个神经网络中同时预测多个边界框和相应的类别概率。与传统目标检测方法常需要多个步骤(如区域提取和分类)不同,YOLO 能够在保持高检测速度的同时,实现较高的检测精度,因而被广泛应用于监控、自动驾驶、机器人视觉等领域,成为目标检测任务中的一个重要模型。对于智能建造领域,YOLO 也是一个重要模型,可以帮助建造师实时检测结构状态。

3. 循环神经网络(RNN)

循环神经网络是一类专门用于处理序列数据的神经网络模型。与前馈神经网络不同,RNN 存在着反馈连接,该连接让隐藏层神经元能在不同时间步之间传递信息,进而记住序列中的历史输入。借助时间反向传播(BPTT)算法进行训练,RNN 能够在序列的时间维度上构建依赖关系,使网络具备捕捉长短期上下文信息的记忆能力。这种结构使得 RNN 在处理时序数据(如文本、音频和时间序列数据)时,能够有效捕捉上下文信息和长短期依赖关系。

RNN 的基本单元是循环单元,每个单元在处理当前输入时,会结合之前的状态信息。这种机制使得 RNN 可以记住之前的信息,从而适应动态变化的输入序列。然而,标准 RNN 在处理长序列时可能面临梯度消失或梯度爆炸的问题,导致学习效率降低。

为了克服这些局限,出现了一些变种网络,比如长短期记忆网络(LSTM)和门控循环单元(GRU)。LSTM 通过引入记忆单元和门控机制,有效管理信息的存储和遗忘,从而在长序列学习中表现优异。GRU 作为 LSTM 的简化版本,保留了门控机制,但减少了参数量,训练速度更快。

循环神经网络广泛应用于自然语言处理、语音识别、时间序列预测等领域。例如,在机器翻译任务中,RNN 可以有效处理句子的上下文信息,从而生成更准确的翻译结果。此外,RNN 还被用于生成文本、情感分析和视频分析等多种应用。

4. 变换器(transformer)

transformer 是一种由 Google 在 2017 年提出的深度学习模型,旨在解决序列数据处理中的长程依赖问题。与传统的循环神经网络不同,transformer 完全依赖自注意力机制(self-attention)来处理输入序列,而不使用递归结构。其结构包括编码器和解码器两个主要部分,每个部分由多个相同的层堆叠而成。

在编码器中,输入序列通过自注意力机制进行处理,使得模型能够为每个输入单元分配不同的权重,从而动态地关注序列中的不同部分。此外,transformer 还使用了位置编码,以保留序列中各元素的位置信息,因为自注意力机制本身并不具备顺序信息。

解码器的结构与编码器类似,但它还包括了一个交叉注意力机制,能够关注编码器的输出,从而生成目标序列。transformer 模型能够并行处理序列数据,极大提高了训练效率,特别适合大规模数据集。

自提出以来,transformer 在自然语言处理领域取得了显著成功,成为许多先进模型的基础,例如 BERT(bidirectional encoder representations from transformers)、GPT(generative pre-trained transformer)系列和 T5(text-to-text transfer transformer)。这些模型在机器翻译、文本生成、情感分析等任务中表现出色,推动了深度学习在语言理解和生成中的应用发展。

5. 自编码器(autoencoder)

自编码器是一种无监督学习模型,旨在学习输入数据的有效表示。它由两个主要部分组成:编码器和解码器。编码器将输入数据压缩成一个较低维的表示,称为潜在空间;解码器则试图从该潜在空间重建原始输入。通过这种方式,自编码器可以捕捉数据的核心特征,从而实现数据的压缩和特征提取。

自编码器的训练过程通常使用重构损失,评估原始输入与重建输出之间的差异。常见的自编码器类型包括基本自编码器、去噪自编码器(denoising autoencoder)和变分自编码器(variational autoencoder)。去噪自编码器通过向输入数据添加噪声来增强模型的鲁棒性,而变分自编码器则引入概率模型,为生成新样本提供了一种有效的方法。

自编码器在多个领域有广泛应用,包括数据降维、特征学习、图像去噪和生成模型。例如,在图像处理任务中,自编码器可以有效地提取图像特征并用于分类或重建。此外,自编码器还在推荐系统中用于学习用户和物品的潜在特征,以提高推荐的准确性。总体而言,自编码器通过学习压缩表示,促进了深度学习在无监督学习任务中的发展。

6. 生成对抗网络(generative adversarial network,GAN)

生成对抗网络是由 Ian Goodfellow 等在 2014 年提出,旨在生成与真实数据相似的新样本。GAN 的核心思想是通过对抗训练,利用生成器(generator)和判别器(discriminator)两个神经网络之间的博弈来优化模型。

生成器的任务是根据随机噪声生成样本,试图创造出尽可能接近真实数据的结果。判别器则负责区分输入样本是来自真实数据集还是由生成器生成的。训练过程中,生成器和判别器不断相互对抗,生成器试图欺骗判别器,而判别器则努力提高辨别能力。通过这种对抗过程,两个网络的性能不断提升,最终生成器能够生成高质量的样本。

GAN 在多个领域展现出强大的生成能力,广泛应用于图像生成、图像修复、超分辨率重建以及风格迁移等任务。例如,在图像生成方面,GAN 可以生成高分辨率的人脸图像,这些图像在视觉上几乎无法与真实人脸区分。此外,GAN 还在艺术创作、视频生成和语音合成等领域取得了显著成果。

虽然 GAN 在生成任务中取得了巨大成功,但也面临一些挑战,如训练不稳定、模式崩溃等问题。尽管如此,GAN 的创新性和灵活性使其成为现代深度学习领域的重要工具,推动了生成模型的研究与应用。

7. 扩散模型(diffusion models)

扩散模型是一类基于随机过程的生成模型,用于生成高质量的图像和其他类型的数据。其基本思想是通过模拟逐步引入噪声和逐步去噪的过程来生成数据。扩散模型的训练过程可以分为两个阶段:前向扩散过程和反向生成过程。

在前向扩散过程中,模型逐步向训练数据中添加噪声,直到数据变得不可辨识。这个过程通常是通过一系列固定的步骤实现的,每一步都会引入一些随机噪声,使得数据逐渐向标准正态分布转变。

在反向生成过程中,模型则学习如何从噪声中恢复出原始数据。通过训练一个神经网络,模型逐步去噪,从随机噪声开始生成样本。这一过程与马尔可夫链相似,逐步推断出数据的潜在结构。

扩散模型的优势在于生成的图像质量较高,能够捕捉复杂的图像细节,且在处理多样性方面表现良好。它们在图像生成、图像修复和视频生成等领域得到了广泛应用。例如,DALL-E 2 和 Stable Diffusion 等先进模型就是基于扩散过程的生成模型,能够生成具有高保真度的图像和艺术作品。

总之,扩散模型通过模拟数据的噪声过程和去噪过程,为生成任务提供了一种新颖且有效的方法,推动了生成模型的研究与应用发展。

8. 图神经网络(graph neural networks,GNN)

图神经网络是一类专门处理图结构数据的深度学习模型。图是一种非欧几里得数据结构,由节点(vertices)和边(edges)组成,广泛应用于社交网络、推荐系统、生物信息学和交通网络等领域。GNN 的核心思想是通过节点之间的连接关系,聚合邻居节点的信息,从而有效地学习节点的表示。

GNN 采用消息传递机制,在每一层中,每个节点会从其邻居节点接收信息,并根据这些信息更新自身的表示。通过多层堆叠,GNN 能够逐步捕捉更高阶的图结构特征,进而学习到更丰富的节点表示。这种灵活的架构使 GNN 能够处理不同类型的图,如无向图、有向图和带权图。

GNN 在多种任务中表现出色,包括节点分类、图分类、链路预测和图生成等。例如,在社交网络中,GNN 可以用于预测用户的兴趣或行为;在化学分子结构中,GNN 能够用于分子属性预测和药物发现。此外,GNN 也在推荐系统中发挥了重要作用,通过建模用户和物品之间的关系,提升推荐的准确性。

总的来说,图神经网络作为一种强大的模型,能够有效捕捉图数据的结构信息,推动了图数据分析和学习的研究进展。

9.3.4 神经网络基础

神经网络是深度学习中的一类。随着神经科学和认知科学的发展,人类的智能行为被逐渐证实与大脑活动密切相关。人类大脑是一个可以产生意识、思想和情感的器官,受到人脑神经系统的启发,早期的神经科学家构造了一种模仿人脑神经系统的数学模型,称为人工神经网络,简称神经网络。在机器学习领域,神经网络是指由很多人工神经元构成的网络结构模型,这些人工神经元之间的连接强度是可学习的参数。

人工神经网络是为模拟人脑神经网络而设计的一种计算模型,它从结构、实现机理和功能上模拟人脑神经网络。人工神经网络与生物神经元类似,由多个节点(人工神经元)互相连接而成,可以用来对数据之间的复杂关系进行建模,不同节点之间的连接被赋予了不同的权重。每个权重代表了一个节点对另一个节点的影响大小,每个节点代表一种特定函数。来自其他节点的信息经过其相应的权重综合计算,输入一个激活函数中并得到一个新的活性值(兴奋或抑制)。从系统观点看,人工神经元网络是由大量神经元通过极其丰富和完善的连接而构成的自适应非线性动态系统。

1. 感知器(perceptron)

1957 年美国计算机科学家 Rosenblatt 发明了感知器。它是一种通过权重对输入信号进行权衡的决策方法:随着权重和阈值的变化,感知器的输出会相应改变,从而形成不同的决策行为。下面看一下感知器是如何工作的。假设一个感知器接收 3 个二进制的输入 x_1,x_2,x_3,产生一个二进制的输出,如图 9-13 所示。Rosenblatt 提出了一个简单算法来计算输出:通过带权重 w_1,w_2,w_3 的连接,表示相应输入对输出的重要性。神经元的输出由加权、$\sum_{i=1}^{n} w_i x_i$ 和阈值 θ 决定,具体的表达形式如下:

$$\text{output} = \begin{cases} 0, & \sum_{i=1}^{n} w_i x_i \leqslant \theta \\ 1, & \sum_{i=1}^{n} w_i x_i > \theta \end{cases} \tag{9-1}$$

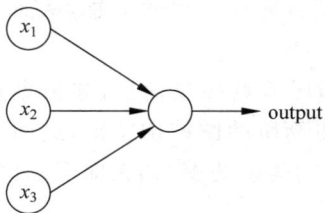

图 9-13　感知器

2. 神经元(neuron)

神经元是构成神经网络的基本单元,通过调整内部节点之间的相互连接关系来处理信息。神经元与感知器非常类似,都是模拟生物神经元特性,接收一组输入信号并产生输出。在生物神经网络中,每个神经元都有一个阈值,当某神经元获得的输入信号超过了这个阈值,它就会被激活,即处于兴奋状态;否则,处于抑制状态。

3. 激活函数(activation function)

激活函数在神经元中非常重要,神经元使用一个非线性的激活函数,负责将神经元的输入映射到输出端。如果没有激活函数,该网络仅能够表达线性映射,此时即便有再多的隐藏层,整个网络跟单层神经网络也是等价的。而使用激活函数能给神经元引入非线性因素,使得神经网络可以以任意精度逼近任何非线性函数,进而使神经网络能够应用于众多非线性模型。可以认为,只有加入了激活函数之后,深度神经网络才具备了分层的非线性映射学习能力。

为了增强网络的表示能力和学习能力,激活函数需要具备以下几种性质:

(1)连续并可导(允许少数点上不可导)的非线性函数,可导的激活函数可以直接利用数值优化的方法来学习网络参数。

(2)激活函数及其导数要尽可能简单,有利于提高网络计算效率。

(3)激活函数的导函数的值域要在一个合适的区间内,不能太大也不能太小,否则会影响训练的效率和稳定性。

常用的激活函数有 Sigmoid 函数、Tanh 函数、修正线性函数(rectified linear unit,ReLu)、Leaky ReLu 函数等,如图 9-14 所示。

4. 层级结构

一般的神经网络是层级结构,每层神经元与下一层神经元相互连接,同层神经元及跨层神经元之间相互无连接,每一层神经元的输出作为下一层神经元的输入,这种网络被称为前

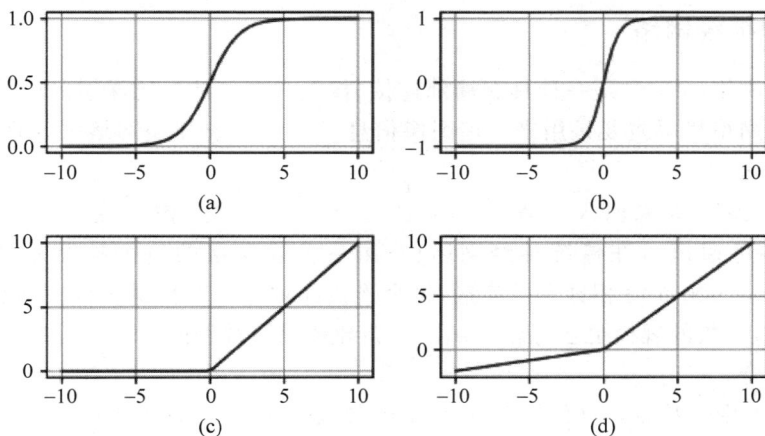

图 9-14　常用激活函数图像
(a) Sigmoid；(b) Tanh；(c) ReLu；(d) Leaky ReLu

馈神经网络(feedforward neural network，FNN)。例如，假设有一个四层神经网络，如图 9-15 所示，在前馈神经网络中，各神经元分别属于不同的层。每一层的神经元可以接收前一层神经元的信号，并产生信号输出到下一层。第 0 层称为输入层，其中的神经元称为输入神经元，最后一层称为输出层，其中的神经元称为输出神经元。其他中间层称为隐藏层，既不是输入层也不是输出层。在实际应用中神经网络可以有多个输出层和多个隐藏层，这种多层网络有时被称为多层感知器。

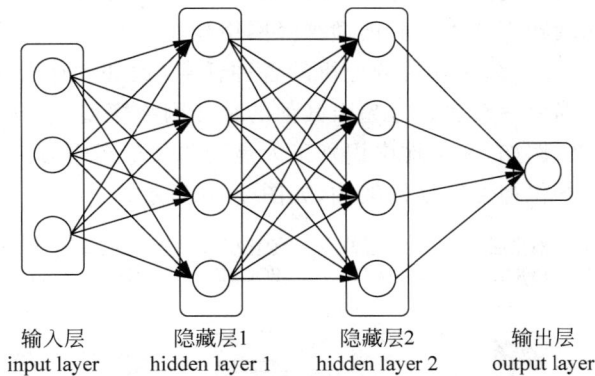

输入层　　隐藏层1　　隐藏层2　　输出层
input layer　hidden layer 1　hidden layer 2　output layer

图 9-15　层级结构

人工神经网络诞生之初并不是用来解决机器学习问题，由于人工神经网络可以用作一个通用的函数逼近器(一个两层的神经网络可以逼近任意的函数)，因此可以将人工神经网络看作一个可学习的函数，并将其应用到机器学习中。理论上，只要有足够的训练数据和神经元数量，人工神经网络就可以学到很多复杂的函数。可以把一个人工神经网络塑造复杂函数的能力称为网络容量(network capacity)，与可以被储存在网络中的信息的复杂度以及数量相关。

9.3.5 卷积神经网络

卷积神经网络(CNN)是一种具有局部连接、权重共享等特性的深层前馈神经网络。

卷积神经网络最早主要是用来处理图像信息。在用传统神经网络来处理图像时,会存在以下两个问题:

(1) 参数太多:如果输入图像大小为 $100 \times 100 \times 3$(即图像高度为 100,宽度为 100,RGB 为 3 个颜色通道),在传统神经网络中,第一个隐藏层的每个神经元到输入层都有 $100 \times 100 \times 3 = 30000$ 个互相独立的连接,每个连接都对应一个权重参数。随着隐藏层神经元数量的增多,参数的规模也会急剧增加。这会导致整个神经网络的训练效率非常低,也很容易出现过拟合。

(2) 局部不变性特征:自然图像中的物体都具有局部不变性特征,比如尺度缩放、平移、旋转等操作不影响其语义信息。而传统神经网络很难提取这些局部不变性特征,一般需要进行数据增强来提高性能。

卷积神经网络是受生物学上感受野机制的启发而提出的。感受野(receptive field)机制主要是指听觉、视觉等神经系统中一些神经元的特性,即神经元只接收其所支配的刺激区域内的信号。在视觉神经系统中,视觉皮层中的神经细胞的输出依赖于视网膜上的光感受器。视网膜上的光感受器受刺激兴奋时,将神经冲动信号传到视觉皮层,但不是所有视觉皮层中的神经元都会接收这些信号。一个神经元的感受野是指视网膜上的特定区域,只有这个区域内的刺激才能够激活该神经元。

目前,卷积神经网络一般是由卷积层、池化层和全连接层交叉堆叠而成。卷积神经网络有三个结构上的特性:局部连接、权重共享以及汇聚,这些特性使得卷积神经网络具有一定程度上的平移、缩放和旋转不变性。和前馈神经网络相比,卷积神经网络的参数更少。

卷积神经网络主要用于图像和视频分析的各种任务(比如图像分类、人脸识别、物体识别、图像分割等),其准确率一般也远远超出其他的神经网络模型。目前,在土木工程领域也广泛应用卷积神经网络,例如,在工地中识别工人是否佩戴安全帽等。

接下来,认识一下卷积神经网络的架构,如图 9-16 所示。

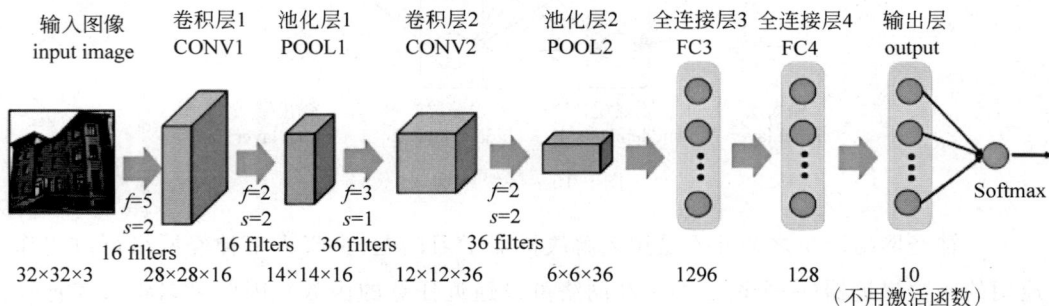

图 9-16 卷积神经网络架构

1. 卷积层(convolution layer)

卷积层是卷积神经网络的核心层,该层由数量不定的卷积核加上偏置项组成。与全连接层不同,它保留了输入图像的空间特征。每一个卷积层包含一组参数可学习的卷积核

(kernel),一般同一个卷积层中的所有卷积核具有相同尺寸。在进行正向传播时,每个卷积核对输入数据进行滑动卷积操作,计算局部输入数据与卷积核的点积,产生一个二维的特征图,所有卷积核产生的特征图组成该卷积层的输出数据。卷积层参数包括卷积核大小、步长和填充,共同决定了卷积层输出特征图的尺寸,是卷积神经网络的超参数。

特征图(feature map)是指图像或上一层卷积层输出的特征图经过卷积操作后得到的抽象化的特征集合,每个特征图对应一种通过卷积核提取的图像特征。为了提高卷积网络的表示能力,可以在每一层使用多个不同的特征映射,以更好地表示图像的特征。

卷积(convolution)是卷积层的核心。通常形式中,卷积是对两个实变函数的一种数学运算,是一种特殊的线性运算。这样表述应该很难理解,下面用一个一维卷积实例来进行说明。图 9-17 是一维卷积计算过程示意图。

数学上的卷积,比如信号处理,卷积核需要翻转;卷积神经网络处理卷积时,卷积核不需要翻转。

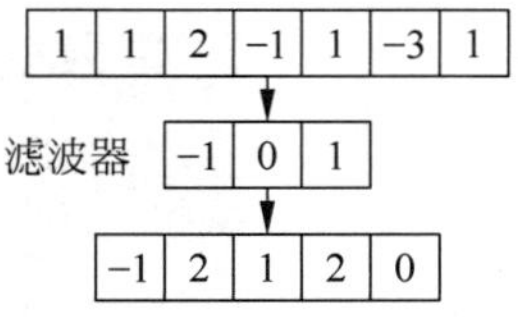

图 9-17　一维卷积计算过程示意图

因此,二维卷积的计算过程如图 9-18 所示,输入为 5×5 矩阵,卷积核为一个 3×3 矩阵。用卷积核中每个元素乘以对应输入矩阵中的对应元素再求和,即为卷积操作后对应特征图的值。

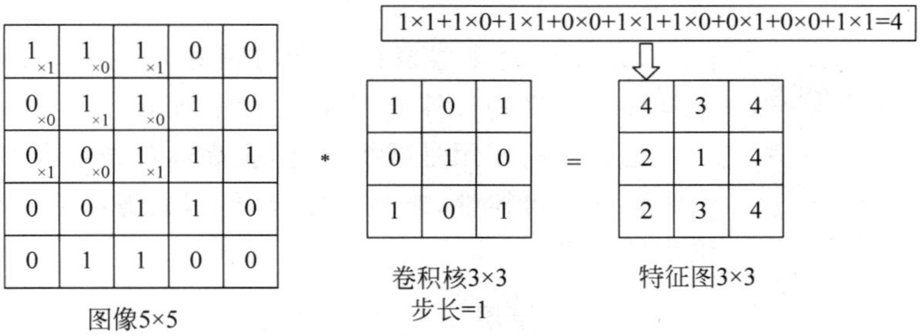

图 9-18　二维卷积计算过程示意图

卷积核也可称为滤波器(filter),一般形状为奇数,如 $3\times3,5\times5,7\times7$。常用于边缘检测,增强图像中心区域权重等。

卷积步长(stride)指的是卷积核在特征图上进行扫描操作时,相邻两次扫描位置之间的距离。如卷积步长为 1 时,卷积每次移动 1 个像素,卷积核会逐个扫过特征图的元素;步长为 n 时会在下一次扫描跳过 $n-1$ 个像素。卷积步长为 1 与卷积步长为 2 时的二维卷积操作示意图如图 9-19 所示。

当输入图像与卷积核不匹配时或卷积核超过图像边界时,可采用边界填充(padding),即把图像尺寸进行扩展,扩展区域补零,如图 9-20 所示。

2. 池化层(pool layer)

池化(pooling)又称为下采样,用来实现非线性降采样操作,将输入数据分成若干不重叠的矩形块,对每一个矩形块中的数据进行非线性操作达到单个数值。池化可分为全局池化、局部池化。池化不进行矩阵运算,只是选择部分数据输出。池化层不需要学习参数。

最大池化(max pooling)是选择池化窗口中的最大值作为采样值。而平均池化(average

Step1　Step2　Step3

二维卷积，卷积核：3×3；步长：1

Step1　Step2　Step3

二维卷积，卷积核：3×3；步长：2

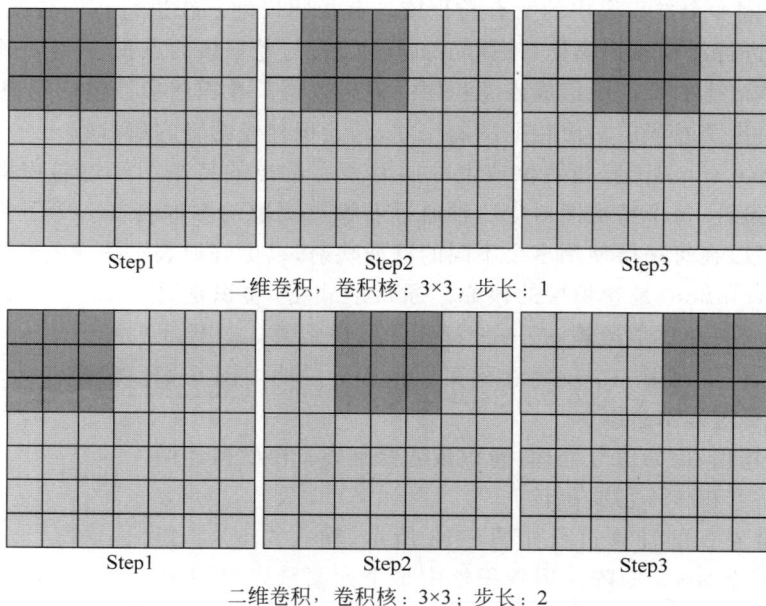

图 9-19　不同卷积步长的卷积操作示意图

图 9-20　边界填充示意图

pooling)是将池化层窗口中所有值相加取平均，以平均值作为采样值。两者的计算差别如图 9-21 所示。

池化层的作用是减少尺寸，提高运算速度及减少噪声影响，增强特征的鲁棒性，避免过拟合，保留显著特征、降低特征维度、增大感受野。

3．全连接层

全连接层(fully connected layer)相当于在最后面加一层或多层传统神经网络层。全连接层的每一个节点都与前层的节点全部互连，整合前层网络提取的特征，并把这些特征映射到样本标记空间。全连接层对前层输出的特征进行加权求和，并把结果输入激活函数，最终完成目标的分类。在全连接层中所有神经元都有权重连接，通常全连接层在卷积神经网络末端。当前面卷积层抓取到足以用来识别图片的特征后，接下来就是如何进行分类。通常卷积网络的最后会将末端得到的长方体平摊成一个长长的向量，并送入全连接层配合输出层进行分类。

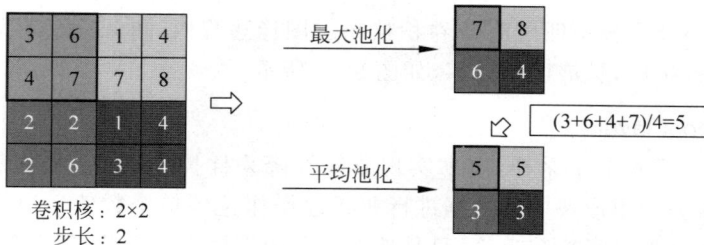

(3+6+4+7)/4=5

卷积核：2×2
步长：2

图 9-21　最大池化与平均池化

9.4　计算机视觉与深度学习

本章将深入探讨机器学习在计算机视觉领域中的广泛应用,具体包括图像分类、目标检测、实例分割和图像生成等关键任务。图像分类用于识别图像中的主要对象,目标检测则用于定位并标记这些对象,实例分割不仅能将图像细分为语义区域,还能区分同一类别中的不同个体,而图像生成则展示了如何利用深度学习创造全新的视觉内容。

9.4.1　图像分类

常见的图像分类任务包括动物分类、花卉分类、医疗影像分类、食品分类、交通标志分类识别等。在智能建造领域,图像识别与分类算法常用于设备和材料识别、安全帽佩戴检测、裂缝检测及损伤识别等。

图像分类通常采用多类别分类方法,将图像输入神经网络,通过训练得到类别之间的区分特征。

常用的图像分类深度学习模型有:AlexNet、GoogleNet、ResNet。

2012 年,Alex Krizhevsky 等设计的一个深层的卷积神经网络 AlexNet,夺得了 2012 年 ImageNet 大规模视觉识别竞赛(imagenet large scale visual recognition challenge, ILSVRC)的冠军,且准确率远超第二名(top5 错误率为 15.3%,第二名为 26.2%),引起了很大的轰动,掀起了一波深度学习的热潮。AlexNet 可以说是具有历史意义的一个网络结构。

GoogleNet 是一种卷积神经网络模型,其在 2014 年的 ILSVRC-2014 中获得了冠军,它从网络宽度的维度来增加网络能力,每个单元包含多个并行计算的层,使网络在宽度维度上有效扩展。

2015 年,ILSVRC-2015 中获得图像分类和物体识别的冠军网络是 ResNet,其层数非常深,已经超过百层。ResNet 的提出是革命性的,它为解决神经网络中因网络深度导致的"梯度消失"问题提供了一个非常好的思路。

下面将介绍使用 TensorFlow 库创建基础 CNN 模型以实现图像分类方法。

使用 TensorFlow 实现图像分类的过程包括以下步骤:

(1)收集并预处理图像数据,包括缩放、归一化和数据增强;

(2)构建一个 CNN 模型;

(3)编译模型并设置优化器和损失函数;

(4)使用训练数据训练模型,并在验证集上进行评估和调整;

(5)训练完成后,在测试集上评估模型的准确性;

(6)根据需要进行模型优化,如调整超参数或应用正则化技术;

(7)保存并部署模型,以便对新图像进行分类预测。

例 9-6 给出了示例程序。

【例 9-6】　使用 TensorFlow 库构建一个 CNN 模型,并对所给数据集进行训练和验证,以便对新图像进行分类预测。

代码如下,运行结果如图 9-22 所示。

例 9-6

```
1    import ...
2    # 自定义加载图像的函数
3    def load_images(folder):
4        ...
5    # 训练模型部分
6    train_images, train_labels, _ = load_images('train_image')
7    # 数据预处理
8    train_images = train_images / 255.0  # 归一化到 [0, 1]
9    train_images = train_images.reshape(-1, 100, 100, 1) # 重塑为 (样本数, 高度, 宽度, 通
道数)
10   # 划分训练和验证集
11   X_train, X_val, y_train, y_val = train_test_split(train_images, train_labels, test_size
= 0.2, random_state = 42)
12   # 构建 CNN 模型
13   model = keras.Sequential([
14       layers.Conv2D(32, (3, 3), activation = 'relu', input_shape = (100, 100, 1)),
15       layers.MaxPooling2D(pool_size = (2, 2)),
16     layers.Conv2D(64, (3, 3), activation = 'relu'),
17       layers.MaxPooling2D(pool_size = (2, 2)),
18   layers.Conv2D(128, (3, 3), activation = 'relu'),
19       layers.MaxPooling2D(pool_size = (2, 2)),
20         layers.Flatten(),
21     layers.Dense(128, activation = 'relu'),
22     layers.Dense(4, activation = 'softmax')   # 4 个类别])
23   # 编译模型
24   model.compile(optimizer = 'adam', loss = 'sparse_categorical_crossentropy', metrics =
['accuracy'])
25   # 训练模型
26   model.fit(X_train, y_train, epochs = 20, batch_size = 32, validation_data = (X_val, y_
val))
27   # 保存模型
28   model.save('results/cnn_model.h5')
29   print('模型训练完成并已保存.')
30   # 加载模型
31   model = keras.models.load_model('results/cnn_model.h5')
32   # 加载预测数据
33   test_images, test_labels, filenames = load_images('predict_image')
34   test_images = test_images / 255.0       # 归一化到 [0, 1]
35   test_images = test_images.reshape(-1, 100, 100, 1)       # 重塑为 (样本数, 高度, 宽度,
通道数)
36   # 进行预测
37   predictions = model.predict(test_images)
38   predicted_labels = np.argmax(predictions, axis = 1)
39   # 记录每种类别的正确预测和总预测数
40   ...
```

上述代码首先导入了必要的库,并定义了一个自定义函数 load_images 从指定文件夹中加载图像,将其转换为 100×100 像素的灰度图,并根据文件名中的前缀分配标签。然后,代码通过 load_images 函数加载训练数据,并将图像像素值归一化至 $[0,1]$。为了适应 CNN 的输入要求,图像被重塑为四维数组(样本数,100,100,1),表示单通道灰度图。最后,

使用 train_test_split 函数将数据集划分为训练集和验证集,其中 20% 的数据用于验证模型性能。

接下来,开始构建 CNN 模型。代码使用了 keras.Sequential 函数搭建了一个由多层堆叠的卷积神经网络。该模型包含三层卷积层,每层之后跟随一个最大池化层。第一层卷积层使用 32 个 3×3 大小的卷积核,输入图像的大小为 100×100×1(单通道灰度图)。每个卷积层的激活函数均为 ReLU(rectified linear unit),池化层通过 2×2 的窗口将特征图降采样。随着层数的增加,卷积核的数量也从 32 增加到 64 和 128,以提取更多高级特征。第二个卷积层 Conv2D(64,(3,3),activation='relu')继续深度提取特征,紧跟着再次通过池化层下采样。第三个卷积层 Conv2D(128,(3,3),activation='relu') 进一步扩大卷积核到 128 个,以捕捉更复杂的特征,后面同样跟随池化层。卷积层后,模型通过 Flatten 函数将三维特征图展平为一维向量,输入全连接层中。全连接层 Dense(128,activation='relu')包含 128 个神经元,最终输出层使用 Dense(4,activation='softmax')输出四个类别的概率,通过 softmax 激活函数计算每个类别的概率分布,完成多分类任务。这个模型结构适合处理图像分类问题,通过多个卷积层提取空间特征,并使用全连接层进行最终分类。

在模型编译阶段,使用 Adam 优化器和稀疏分类交叉熵损失函数,并以准确率为性能评估标准。训练过程中,模型在训练过程中迭代了 20 个轮次,每批处理 32 张图像,同时利用验证集来监控训练表现。训练结束后,模型被保存为“cnn_model.h5”文件。在预测阶段,使用 load_model 函数加载预训练模型,并再次调用 load_images 函数来加载和预处理测试数据。模型通过 model.predict 进行预测,并通过 np.argmax 从预测结果中提取最可能的类别标签。最终,代码计算并输出整体预测准确率以及每个类别的准确率。

```
Epoch 1/20
50/50 ━━━━━━━━━━━━━━━━━ 16s 116ms/step - accuracy: 0.3847 - loss: 1.2912 - val_accuracy: 0.6325 - val_loss: 0.8925
...
Epoch 20/20
50/50 ━━━━━━━━━━━━━━━━━ 5s 96ms/step - accuracy: 0.9981 - loss: 0.0109 - val_accuracy: 0.9575 - val_loss: 0.2085
7/7 ━━━━━━━━━━━━━━━━━ 0s 39ms/step
图像 circle_1.png 的预测类别为: 0, 实际类别为: 0
...
图像 triangle_9.png 的预测类别为: 0, 实际类别为: 3
预测完成。整体准确率为: 94.50%
类别 0 的准确率为: 90.00%
类别 1 的准确率为: 98.00%
类别 2 的准确率为: 100.00%
类别 3 的准确率为: 90.00%
```

图 9-22　图像分类结果

9.4.2　目标检测

在计算机视觉与深度学习领域,目标检测是一项重要任务。它不仅要求算法识别图像或视频中的所有对象,还要精确定位每个对象的位置。与图像分类不同,目标检测不仅要回答“是什么”,还要回答“在哪里”。这一技术广泛应用于裂缝识别、建筑损伤检测、自动驾驶等领域。随着深度学习的快速发展,目标检测技术取得了显著进展,涌现出了如 YOLO、Faster R-CNN、SSD 等一系列经典的检测算法。在本节中主要介绍 YOLO 系列算法的流程及原理。

　　YOLO 是 Joseph Redmon 和 Ali Farhadi 等于 2015 年提出的第一个基于单个神经网络的目标检测系统。它的全称是 You Only Look Once,指只需要浏览一次就可以识别出图中物体的类别和位置。目前,YOLO 已经发展到多个版本,从最初的 YOLOv1 到现在的 YOLOv8,每个版本都在前一个版本的基础上进行了改进和优化。

　　YOLO 系列算法首先需要为每个目标对象绘制边界框并分配类别标签,标注数据通常以 XML 或 JSON 格式保存,作为模型训练的输入。在训练过程中,模型接收输入图像及其对应的标注数据,这些数据包含目标的类别和位置信息,是模型学习的基础。通过卷积神经网络(CNN)提取图像特征,模型从输入图像中提取有用的信息,如边缘、纹理和形状等,生成的特征图用于后续的候选区域生成和分类。在某些模型(如 R-CNN 系列)中,通过选择性搜索等算法生成候选区域,这些区域是潜在的目标位置。模型对每个候选区域进行分类,判断是否包含目标对象及其类别,同时通过边界框回归预测目标对象的精确位置(即边界框的坐标)。随后,通过非极大值抑制(NMS)去除置信度较低的重叠框,最终保留最有可能包含目标对象的框。最后,模型输出目标对象的类别标签和对应的边界框坐标。图 9-23 展示了使用 YOLOv8 模型检测某古塔的表观损伤(裂缝、剥落)的结果。

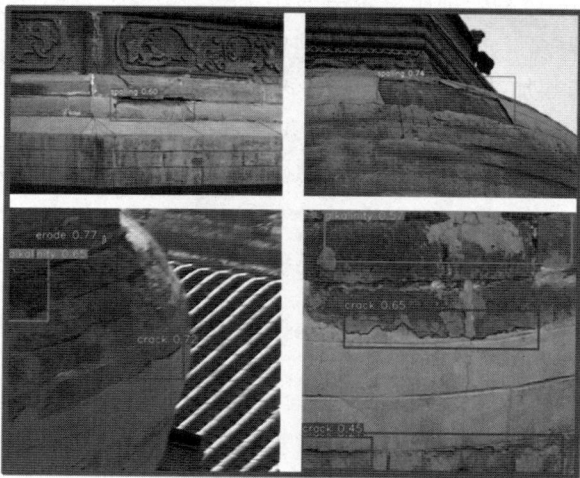

图 9-23　目标检测结构表观损伤

　　YOLOv8 是 YOLO 系列于 2023 年推出的目标检测算法,相对前几代进一步提升了检测的精度和速度。它引入了改进的模型架构和更高效的计算路径,同时采用更高效的训练策略,包括优化的学习率调整策略和数据增强技术,显著提高了模型的收敛速度和精度。YOLOv8 还增强了模型的泛化能力,优化了模型的宽度和深度设计,使其在不同规模的物体检测任务中表现更佳。除了传统的目标检测,YOLOv8 还支持多任务学习,如实例分割和关键点检测,扩展了其应用范围。推理速度也得到了进一步优化,能够在资源受限的环境中实现实时检测。改进后的非极大值抑制(NMS)算法减少了检测结果中的重复和冗余,进一步提升了检测精度。总体而言,YOLOv8 在保持 YOLO 系列高效和实时检测优势的同时,更加灵活,适用于裂缝检测、智能监控和机器人视觉等多种场景。其算法结构如图 9-24 所示。

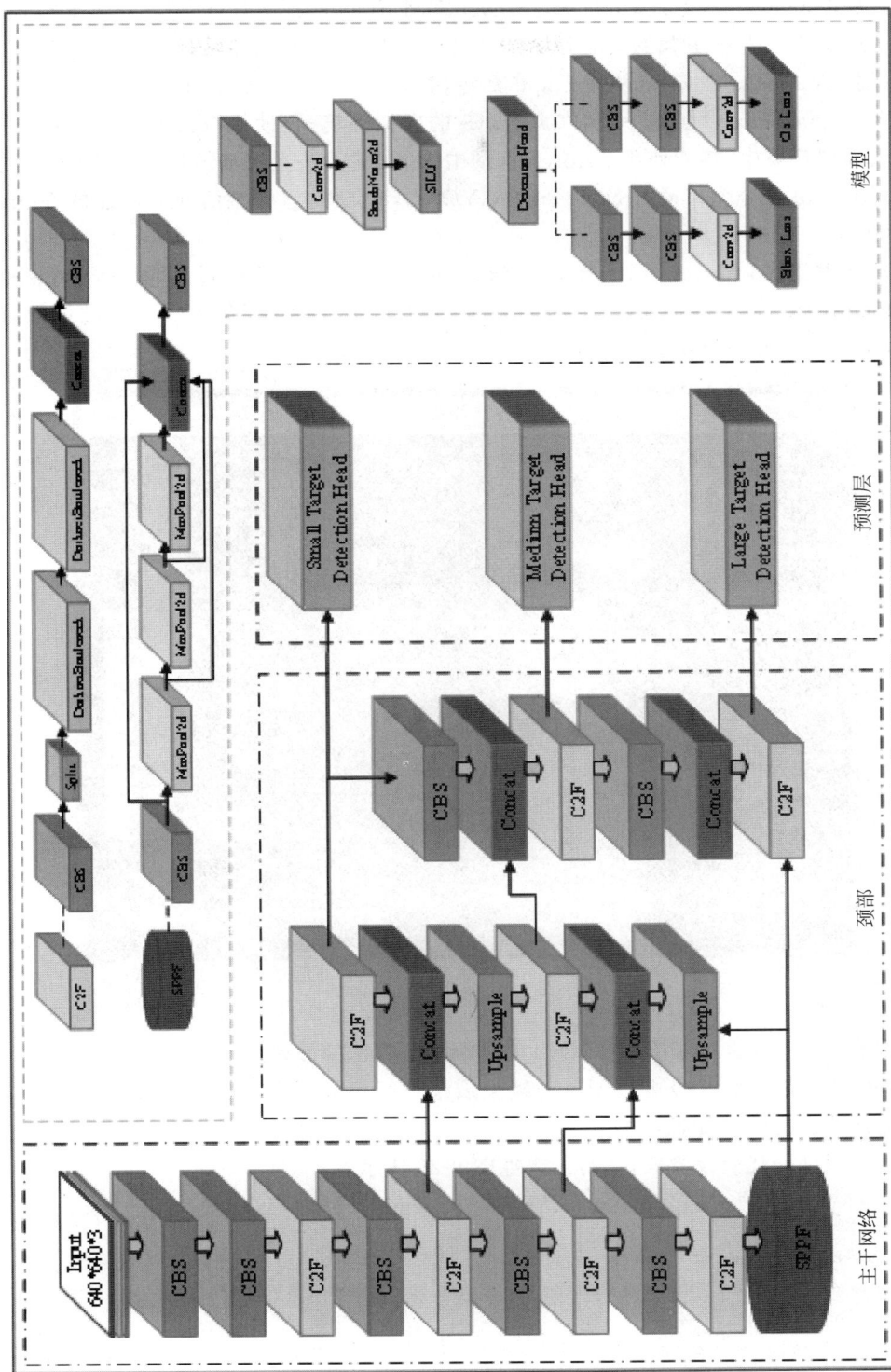

图 9-24　YOLOv8 算法结构图

在使用 YOLOv8 前需要进行环境配置与安装,配置步骤如下:

(1) 安装 anaconda,进入 Cuda 和 cuDNN 官网下载 12.1 版本安装包(需要支持相应版本的 nvidia 显卡),打开下载的安装程序(图 9-25),按默认完成安装后即可自动配置环境。

(2) 在"Anaconda Powershell Prompt"命令窗口中使用"conda create -n yolov8 python=3.9"命令在 anaconda 中创建一个名为 yolov8 的虚拟环境,再使用"conda activate yolov8"命令进入虚拟环境中,接着使用 pytorch 官网中的 pip 命令安装 pytorch2.2.2 版本。

(3) 在 cmd 命令窗口通过 cd 命令进入 YOLOv8 文件夹,并激活前面创建的 YOLOv8 虚拟环境。

(4) 使用"pip install ultralytics"命令安装 YOLOv8,最后使用"pip install -r requirements.txt -i https://pypi.mirrors.ustc.edu.cn/simple/"命令安装基础依赖,即可完成 YOLOv8 的安装与配置。

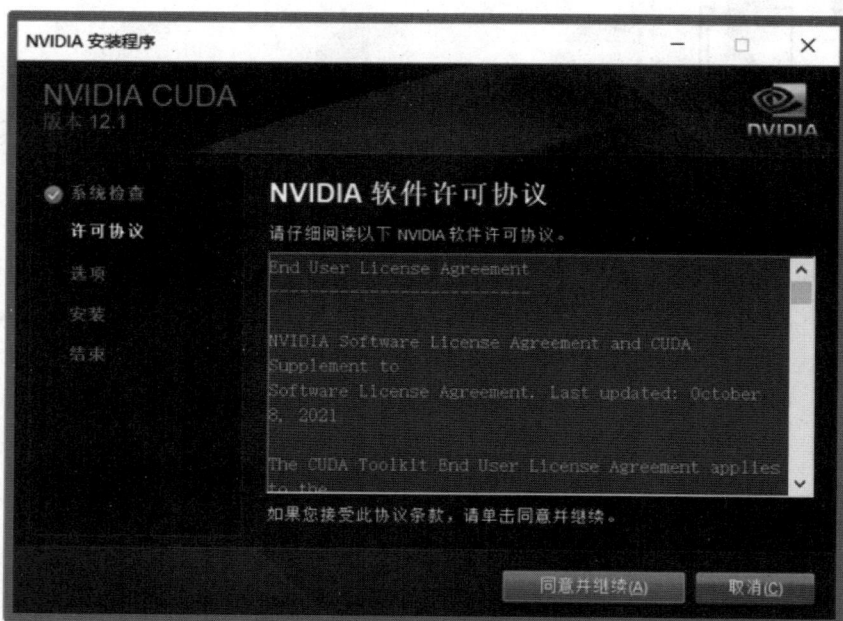

图 9-25　anaconda 安装界面

下面通过例 9-7 进行基于 YOLOv8 的目标检测算法实战讲解。

【例 9-7】　使用 YOLOv8 模型对混凝土裂缝进行目标识别。在使用 YOLOv8 进行目标检测前需要进行环境配置与安装。

下面展示部分代码及含义,运行结果如图 9-26 所示。

"yolov8\ultralytics\cfg\models\v8\yolov8.yaml"文件内容:

```
1   nc: 80 # number of classes
2   scales: # model compound scaling constants, i.e. 'model = yolov8n.yaml' will call yolov8.
yaml with scale 'n'
3     # [depth, width, max_channels]
4     n: [0.33, 0.25, 1024]    # YOLOv8n summary: 225 layers, 3157200 parameters, 3157184
gradients, 8.9 GFLOPs
```

```
5     ...
6     # YOLOv8.0n backbone
7     backbone:
8       # [from, repeats, module, args]
9       - [-1, 1, Conv, [64, 3, 2]]           # 0 - P1/2
10      - [-1, 1, Conv, [128, 3, 2]]          # 1 - P2/4
11      - [-1, 3, C2f, [128, True]]
12      - [-1, 1, Conv, [256, 3, 2]]          # 3 - P3/8
13      - [-1, 6, C2f, [256, True]]
14      - [-1, 1, Conv, [512, 3, 2]]          # 5 - P4/16
15      - [-1, 6, C2f, [512, True]]
16      - [-1, 1, Conv, [1024, 3, 2]]         # 7 - P5/32
17      - [-1, 3, C2f, [1024, True]]
18      - [-1, 1, SPPF, [1024, 5]]            # 9
19    # YOLOv8.0n head
20    head:
21      - [-1, 1, nn.Upsample, [None, 2, "nearest"]]
22      - [[-1, 6], 1, Concat, [1]]           # cat backbone P4
23      - [-1, 3, C2f, [512]]                 # 12
24      - [-1, 1, nn.Upsample, [None, 2, "nearest"]]
25      - [[-1, 4], 1, Concat, [1]]           # cat backbone P3
26      - [-1, 3, C2f, [256]]                 # 15(P3/8 - small)
27      - [-1, 1, Conv, [256, 3, 2]]
28      - [[-1, 12], 1, Concat, [1]]          # cat head P4
29      - [-1, 3, C2f, [512]]                 # 18(P4/16 - medium)
30      - [-1, 1, Conv, [512, 3, 2]]
31      - [[-1, 9], 1, Concat, [1]]           # cat head P5
32      - [-1, 3, C2f, [1024]]                # 21 (P5/32 - large)
33      - [[15, 18, 21], 1, Detect, [nc]]     # Detect(P3, P4, P5)
```

该 YOLOv8 配置文件定义了一个用于 YOLOv8 神经网络的架构与参数设置,旨在用于目标检测任务。文件中首先定义了类的数量(nc:80),代表该模型可以检测 80 类目标。随后,文件列出了不同 YOLOv8 版本的缩放因子(scales),用于对模型进行复合缩放,如 YOLOv8n 的缩放因子为[0.33,0.25,1024],其具有 225 层、3157200 个参数和 8.9GFLOPs(每秒浮点运算数)。接下来,定义了 YOLOv8 的骨干网络(backbone),其功能是提取输入图像的特征。骨干网络使用多个卷积层(Conv)和 C2f 模块来提取特征,层级逐渐加深,从较低的空间分辨率(P1/2,P2/4 等)到更高的语义特征。骨干网络的最后一层使用 SPPF(空间金字塔池化)来进一步聚合特征。最后部分定义了 YOLOv8 的头部网络(head),它负责将从骨干网络提取的特征进行融合和处理,以实现不同尺度的目标检测。头部网络使用上采样(nn.Upsample)和特征级联(Concat)将不同分辨率的特征进行拼接,形成用于小目标(P3)、中目标(P4)和大目标(P5)的检测特征图。最后,Detect 层基于 P3、P4 和 P5 的特征图进行目标检测,输出检测结果。

"yolov8\ultralytics\cfg\datasets\crack-seg.yaml"文件内容:

```
1    path: ../datasets/crack - seg # dataset root dir
2    train: train/images       # train images (relative to 'path') 3717   images
3    val: valid/images         # val images (relative to 'path') 112 images
```

```
4    test: test/images        # test images (relative to 'path') 200 images
5    # Classes
6    names:
7    0: crack
```

"crack-seg. yaml"文件是 YOLOv8 中用于配置数据集的信息,主要指定数据集路径和类别。它定义了数据集的根目录为"../datasets/crack-seg",并分别列出了训练图像、验证图像和测试图像的相对路径,包含 3717 张训练图像、112 张验证图像和 200 张测试图像。文件中还标明了类别信息,类别 0 被命名为 crack,即裂缝。通过这样的配置,模型能够正确加载和处理数据并进行训练和评估。

"yolov8\train_detection. py"文件内容:

```
1    from ultralytics import YOLO
2    if __name__ == '__main__':
3.       # 加载预训练模型,从 YAML 构建并转移权重
4        model = YOLO('ultralytics/cfg/models/v8/yolov8.yaml')
5        model.load('yolov8n.pt') # loading pretrain weights
6        # 训练模型
7        model.train(data = 'ultralytics/cfg/datasets/crack - seg.yaml', imgsz = 640, epochs =
100, batch = 16, workers = 1, device = '0', project = 'runs/train', name = 'Yuancrackstrain')
```

这段代码是一个用于在裂缝检测数据集上训练 YOLOv8 模型的脚本,运行该脚本文件即可进行目标检查模型训练。它首先从 ultralytics 库导入 YOLO 类,并在主程序块中执行以下步骤:通过加载 YOLOv8 的配置文件 yolov8. yaml 来初始化模型架构,然后加载预训练权重文件 yolov8n. pt,赋予模型基础的目标检测能力。接着,通过调用 model. train 方法,使用 crack-seg. yaml 定义的裂缝检测数据集开始训练过程。在训练中,输入图像大小设定为 640×640 像素,训练将持续 100 个周期,每批次处理 16 张图片,并利用设备号为 0 的 GPU 进行加速。训练结果和日志将保存至"runs/train/Yuancrackstrain"目录。这些设置使模型能够针对裂缝检测任务进行优化,并生成相应的权重和训练输出。

从图 9-26 左上图的运行结果的相关文件中可得出,YOLOv8 裂缝检测模型在总体表现上达到了较高水平,mAP@0.5 为 0.831,表明在预测置信度大于 0.5 的情况下,模型具有较好的平均精度。模型的 F1 分数在置信度为 0.46 时达到最高点(约为 0.81),意味着在这一置信度下,模型在精度和召回率之间达到了最佳平衡(见 F1-Confidence Curve 图)。图 9-26 右图部分为对混凝土或墙体表面裂缝进行检测的结果图。

从混淆矩阵来看(见 Confusion Matrix 和 Normalized Confusion Matrix 图),模型能够正确识别 209 个裂缝样本,并且正确检测了 100 个背景样本,但也存在 40 个裂缝样本被误分类为背景,表现出一定的误检率。然而,对于背景样本,模型的表现非常好,归一化后的准确率达到 1.0。在精度与置信度曲线(见 Precision-Confidence Curve 图)中,精度随着置信度的增加而提升,最终在置信度约为 0.87 时达到 100%的精度。这表明当模型有较高信心时,其分类准确性非常高。另外,召回率与置信度曲线(见 Recall-Confidence Curve 图)显示,随着置信度的提高,召回率逐渐下降,表明在高置信度下,模型可能会漏检部分裂缝。Precision-Recall 曲线(见 PR Curve 图)进一步表明,模型在各置信度下的精度和召回率均衡表现良好。特别是在较低召回率的情况下,精度能够保持在较高水平。总体上,模型在裂

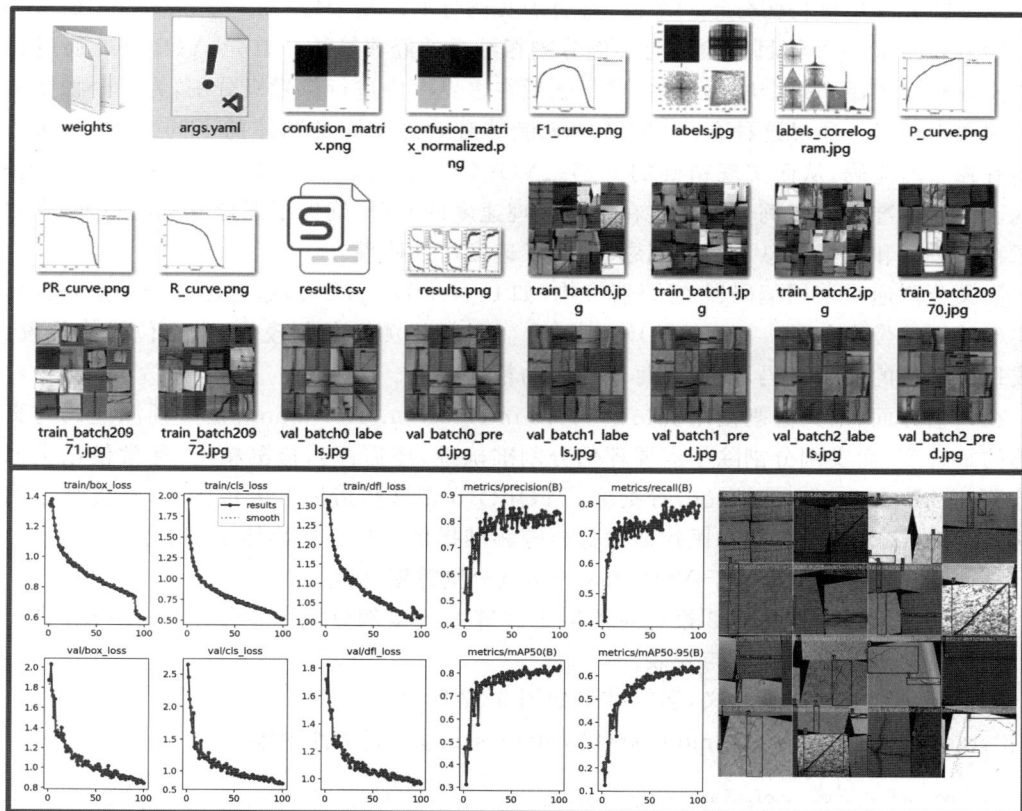

图 9-26　混凝土表面裂缝目标检测结果

缝检测中的表现相对稳定,尤其是在置信度较高时能够保持较高的精度。在训练和验证损失曲线(见 results. png 图)中,可以看到随着训练过程的进行,模型的 box_loss(边界框损失)、cls_loss(分类损失)和 dfl_loss(分布损失)逐步下降,表明模型在定位和分类裂缝方面的能力逐渐提升。此外,验证集上的损失也表现出下降趋势,说明模型不仅在训练集上表现良好,在验证集上也有良好的泛化能力。

9.4.3　实例分割

实例分割(instance segmentation)是计算机视觉中一项复杂任务,要求对图像中的物体进行像素级别的分类,并区分同类物体的不同个体,为每个实例生成独立的像素掩码。相比语义分割,实例分割不仅对每个像素进行分类,还要求区分同类物体的不同实例。语义分割的目标是将同类物体的像素归为同一区域,不区分个体;而实例分割则进一步细化,标定每个物体的类别与边界。

由于实例分割包含物体检测和分割两项任务,研究中形成了两种主要技术路线:自下而上的基于语义分割的方法和自上而下的基于检测的方法。自下而上的方法首先通过语义分割得到像素级分类结果,再进行实例区分。这种方法可以充分利用语义分割网络,但在分离紧邻或相似物体时较为困难。而自上而下的方法,如 Mask R-CNN 和 YOLOv8,则首先通过目标检测识别物体的边界框(bounding box),然后在框内进行像素级分割。相比之下,自上而下的方法更擅长区分不同个体,避免了实例分离的复杂性。

YOLOv8 是一种将目标检测与实例分割相结合的经典算法。首先,YOLOv8 通过目标检测模块确定图像中每个物体的边界框,然后在边界框内进行像素级分割,为每个物体生成独立的像素掩码。通过这种方法,YOLOv8 能够有效区分同类物体的不同个体,确保每个实例有独立的掩码,从而实现精确的分割。YOLOv8 通过轻量化架构和优化的特征提取,实现了快速且准确的实例分割。它在保持处理速度的同时,确保了图像分割的精度,有效避免了特征丢失和位置信息不足的问题,平衡了速度与准确性。

语义分割通常采用编码器-解码器架构(如 U-Net、DeepLab),通过逐步恢复空间分辨率以实现精细的像素分类。而 YOLOv8 则结合了目标检测和分割模块,先定位物体位置,再生成每个实例的像素掩码,确保对每个物体的精确分割。

在评估方面,语义分割使用 mIoU(mean intersection-over-union)衡量预测掩码与真实掩码的重合度,而实例分割除了需要评估分割准确性,还需评估检测精度,通常使用类似目标检测的 AP(average precision)等指标。YOLOv8 在这些指标上表现优异,既提高了图像理解的精度,又为自动驾驶和医疗影像分析等领域提供了精细的物体识别能力。

下面通过例 9-8 进行基于 YOLOv8 的实例分割算法实战讲解。

【例 9-8】 使用 YOLOv8 模型对混凝土裂缝进行实例分割。在使用 YOLOv8 进行实例分割前需要进行环境配置与安装。

下面展示部分代码及含义,运行结果如图 9-27 所示。

"yolov8\ultralytics\cfg\models\v8\yolov8-seg. yaml"文件内容:

```
1   nc: 80 # number of classes
2   scales: # model compound scaling constants, i.e. 'model = yolov8n - seg. yaml' will call yolov8 - seg. yaml with scale 'n'
3     # [depth, width, max_channels]
4     n: [0.33, 0.25, 1024]
5     s: [0.33, 0.50, 1024]
6     m: [0.67, 0.75, 768]
7     l: [1.00, 1.00, 512]
8     x: [1.00, 1.25, 512]
9   # YOLOv8.0n backbone
10  backbone:
11    # [from, repeats, module, args]
12    - [-1, 1, Conv, [64, 3, 2]]          # 0 - P1/2
13    - [-1, 1, Conv, [128, 3, 2]]         # 1 - P2/4
14    - [-1, 3, C2f, [128, True]]
15    - [-1, 1, Conv, [256, 3, 2]]         # 3 - P3/8
16    - [-1, 6, C2f, [256, True]]
17    - [-1, 1, Conv, [512, 3, 2]]         # 5 - P4/16
18    - [-1, 6, C2f, [512, True]]
19    - [-1, 1, Conv, [1024, 3, 2]]        # 7 - P5/32
20    - [-1, 3, C2f, [1024, True]]
21    - [-1, 1, SPPF, [1024, 5]]           # 9
22  # YOLOv8.0n head
23  head:
24    - [-1, 1, nn.Upsample, [None, 2, "nearest"]]
```

```
25      - [[-1, 6], 1, Concat, [1]]                  # cat backbone P4
26      - [-1, 3, C2f, [512]]                        # 12
27      - [-1, 1, nn.Upsample, [None, 2, "nearest"]]
28      - [[-1, 4], 1, Concat, [1]]                  # cat backbone P3
29      - [-1, 3, C2f, [256]]                        # 15 (P3/8-small)
30      - [-1, 1, Conv, [256, 3, 2]]
31      - [[-1, 12], 1, Concat, [1]]                 # cat head P4
32      - [-1, 3, C2f, [512]]                        # 18 (P4/16-medium)
33      - [-1, 1, Conv, [512, 3, 2]]
34      - [[-1, 9], 1, Concat, [1]]                  # cat head P5
35      - [-1, 3, C2f, [1024]]                       # 21 (P5/32-large)
36      - [[15, 18, 21], 1, Segment, [nc, 32, 256]]  # Segment(P3, P4, P5)
```

上述"yolov8-seg.yaml"文件定义了 YOLOv8 网络模型的结构,具体用于分割任务。文件首先定义了模型的类别数量(nc:80),以及不同模型缩放系数(scales),例如 n,s,m,l,x 分别对应不同深度和宽度配置。模型分为主干网络(backbone)和头部(head)两部分。backbone 部分包括卷积层(Conv)和 C2f 结构,主要用于提取特征,并经过多次池化以减小特征图尺寸。SPPF(空间金字塔池化)用于提取多尺度信息。head 部分负责特征融合与上采样,通过 Concat 将不同层特征连接,结合 Upsample 逐步恢复分辨率,最后通过 Segment 层将不同尺度的特征图整合,用于目标分割输出。这种分层次的设计使得网络能够在不同尺度上进行有效的特征提取与预测。

"yolov8\train_segmentation.py"文件内容:

```
1    from ultralytics import YOLO
2    if __name__ == '__main__':
3        # 加载预训练模型,从 YAML 构建并转移权重
4        model = YOLO('ultralytics/cfg/models/v8/yolov8n-seg.yaml')
5        model.load('yolov8n-seg.pt') # loading pretrain weights
6        # 训练模型
7        model.train(data = 'ultralytics/cfg/datasets/crack-seg.yaml', imgsz = 640, epochs =
100, batch = 16, workers = 1, device = '0', project = 'runs/train', name = 'Yuancrackstrain')
```

这段代码是一个用于在裂缝检测数据集上训练 YOLOv8 模型的脚本,运行该脚本文件即可进行实例分割模型训练。它首先从 ultralytics 库导入 YOLO 类,并在主程序块中执行以下步骤:①通过加载 YOLOv8 的配置文件 yolov8n.yaml 来初始化模型架构,然后加载预训练权重文件 yolov8n.pt,赋予模型基础的目标检测能力。②通过调用 model.train 方法,使用 crack-seg.yaml 定义的裂缝检测数据集开始训练过程。在训练中,输入图像大小设定为 640×640 像素,训练将持续 100 个周期,每批次处理 16 张图片,并利用设备号为 0 的 GPU 进行加速。训练结果和日志将保存至 runs/train/Yuancrackstrain 目录。这些设置使得模型能够针对裂缝检测任务进行优化,并生成相应的权重和训练输出。

从图 9-27 中的运行结果中可得出,在使用 YOLOv8 对裂缝数据集进行实例分割的过程中,验证结果显示模型(best.pt)在包含 200 张图像和 249 个裂缝实例的测试集上表现出良好的性能。该模型采用 YOLOv8n-seg 架构,拥有 195 层网络结构和 3258259 个参数,计算量为 12.0GFLOPs。验证结果表明,边界框检测的精度 P(precision)为 0.842,召回率 R(recall)为 0.799,mAP@0.5 为 0.824,而 mAP@0.5-0.95 为 0.643,显示出在较低 IoU 阈

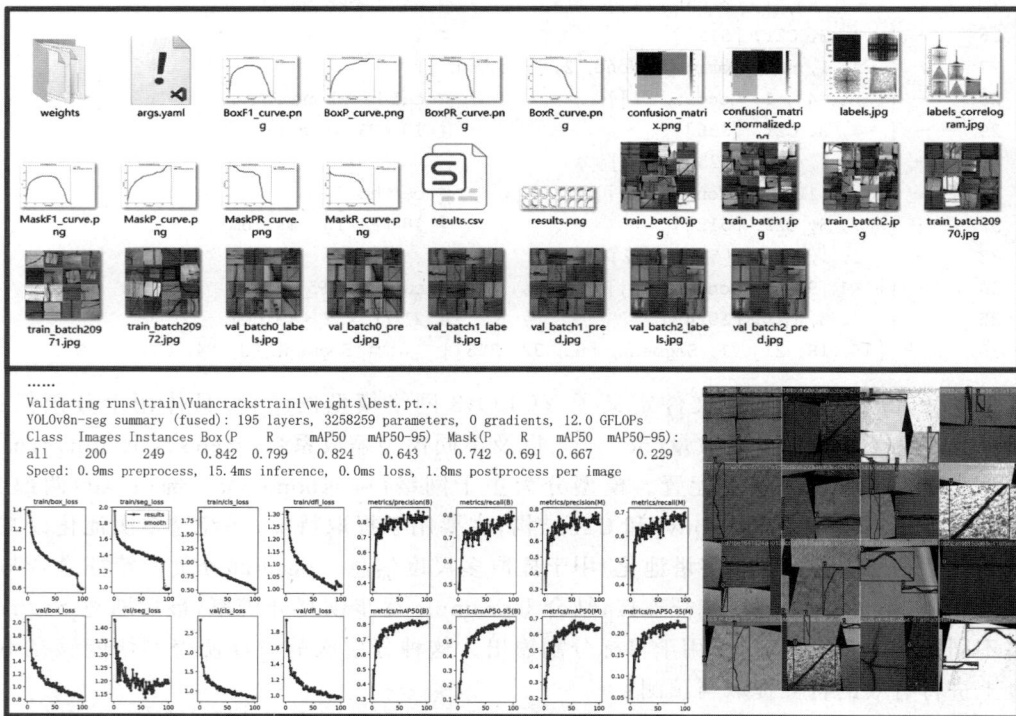

图 9-27　混凝土表面裂缝实例分割结果

值下的较高检测效果。然而,掩码分割任务的精度为 0.742,召回率为 0.691,mAP@0.5 为 0.667,mAP@0.5-0.95 则降至 0.229,表明在更严格的评估标准下模型的表现相对较弱,这反映出模型在不同的 IoU 阈值上的能力差异。

在模型分析中,F1-置信度曲线显示 F1 分数的最大值为 0.82(见 F1-Confidence Curve 图),且在置信度为 0.446 时,模型在精确率和召回率之间取得了良好平衡。精确率-置信度曲线则在置信度达到 0.886 时,精确率达到了 1.00(见 Precision-Confidence Curve 图),表明在高置信度下模型预测非常精确。召回率-置信度曲线显示,召回率随着置信度的提高逐渐下降(见 Recall-Confidence Curve 图),表明提高精确率会导致检测到的裂缝数量减少。

从混淆矩阵来看(见 Confusion Matrix 和 Normalized Confusion Matrix 图),模型成功预测了 207 个裂缝(真阳性),79 个误报(假阳性)和 42 个漏检(假阴性),揭示了模型的优缺点。掩码性能曲线的分析表明,模型在实例分割任务中同样表现良好,但仍需在精细度上进行改进(见 Mask Metrics 图)。

训练与验证过程中,损失函数(box_loss、seg_loss、cls_loss、dfl_loss)逐渐下降(见训练与验证损失曲线图),说明模型在不断收敛。精确率和召回率均有明显提升,显示出较好的检测效果。总体而言,该 YOLOv8 模型在裂缝检测任务中表现良好,尽管在某些复杂场景下仍可能出现误检和漏检,但其整体性能和处理速度(每张图像推理时间为 15.4ms)表明该模型适合于实时应用场景。

9.4.4 图像生成

图像生成是指通过计算机算法生成图像的过程,它的应用范围十分广泛,包括仿真的照片、艺术绘画、3D 渲染以及完全虚构的图像等。随着技术的发展,图像生成从早期的规则和统计学方法逐渐演变为以深度学习为主导的技术手段,特别是在智能建造、虚拟现实和艺术创作等领域,图像生成发挥了重要作用。其中,生成对抗网络(generative adversarial network,GAN)的出现推动了图像生成领域的革命性进展,以及后续的扩展模型等。

生成对抗网络(GAN)是 Ian Goodfellow 等于 2014 年提出的一种通过对抗学习生成数据的深度学习模型,其核心由生成器(generator)和判别器(discriminator)两个神经网络构成。生成器负责从随机噪声中生成逼真图像,而判别器则用于区分输入图像是真实样本还是生成器的输出。在训练过程中,二者通过零和博弈式的对抗学习不断优化:生成器试图生成足以迷惑判别器的图像,而判别器则努力提升区分真伪的能力。这种互相对抗的过程促使生成器逐渐逼近真实图像的分布,判别器的鉴别精度也同步提升,最终达到动态平衡——生成器输出高质量图像,判别器难以准确分辨真伪。

具体到实现,以 PyTorch 框架为例,生成一个由生成器和判别器两个神经网络结构组成的 GAN。首先定义生成器网络结构,它是由多个全连接层(linear layers)组成,通过如 LeakyReLU、Tanh 和 Sigmoid 等非线性激活函数引入非线性特性,同时使用 BatchNorm 等规范化技术,对每层输出进行正则化,防止模式崩溃和加快收敛速度。生成器输入的是一个 n 维的随机噪声向量,通过一系列层的变换,最后在输出层生成一个与真实图片尺寸一致的图像数据。与生成器类似,判别器的网络结构同样由多个全连接层、激活函数和规范化层构成。判别器的输入为生成器生成的假数据或真实图片数据,并通过网络结构对这些输入进行处理。判别器的输出层输出一个表示输入图像数据来自真实图片的可能性概率值。

在训练过程中,GAN 通过生成器和判别器之间的对抗进行优化。判别器的损失函数包括对真实图片的判断损失和对生成的假图片的判断损失,目标是最大化对真实图片的识别能力,同时最小化对假图片的识别错误。而生成器的损失函数旨在欺骗判别器,使其认为生成的图片是真实的,因此生成器的损失是通过判别器对生成的假图片的输出与真实图片的标签之间的差异来衡量的。最后为了优化生成器和判别器的参数,采用了 Adam 优化器。Adam 优化器是一种基于梯度下降的自适应学习率优化算法,能够加快收敛速度并有效应对稀疏梯度问题。通过这种对抗机制与高效的优化方法,GAN 能够不断提升生成图像的质量与真实性。

例 9-9 为利用 GAN 对手写数字进行图像生成程序示例。

【例 9-9】 使用 PyTorch 实现和训练一个简单的生成对抗网络(GAN)来生成 MNIST 数据集中的手写数字,并显示结果。

代码如下,运行结果如图 9-28 所示。

例 9-9

```
1    import ...
2    # 创建文件夹
3    ...
```

```
4   # 超参数配置
5   parser = argparse.ArgumentParser()
6   parser.add_argument("--n_epochs", type = int, default = 50, help = "number of epochs of
training")
7   parser.add_argument("--batch_size", type = int, default = 64, help = "size of the
batches")
8   parser.add_argument("--lr", type = float, default = 0.0002, help = "adam: learning rate")
9   parser.add_argument("--b1", type = float, default = 0.5, help = "adam: decay of first
order momentum of gradient")
10  parser.add_argument("--b2", type = float, default = 0.999, help = "adam: decay of first
order momentum of gradient")
11  parser.add_argument("--n_cpu", type = int, default = 2, help = "number of cpu threads to
use during batch generation")
12  parser.add_argument("--latent_dim", type = int, default = 100, help = "dimensionality of
the latent space")
13  parser.add_argument("--img_size", type = int, default = 28, help = "size of each image
dimension")
14  parser.add_argument("--channels", type = int, default = 1, help = "number of image
channels")
15  parser.add_argument("--sample_interval", type = int, default = 500, help = "interval
between image samples")
16  opt = parser.parse_args()
17  print(opt)
18  ...
19  # mnist 数据集下载
20  ...
21  # 配置数据到加载器
22  dataloader = DataLoader(mnist, batch_size = opt.batch_size, shuffle = True)
23  # 定义判别器
24  class Discriminator(nn.Module):
25      def __init__(self):
26          super(Discriminator, self).__init__()
27          self.model = nn.Sequential(
28              nn.Linear(img_area, 512),
29              nn.LeakyReLU(0.2, inplace = True),
30              nn.Linear(512, 256),
31              nn.LeakyReLU(0.2, inplace = True),
32              nn.Linear(256, 1),
33              nn.Sigmoid(), )
34      def forward(self, img):
35          img_flat = img.view(img.size(0), -1)
36          validity = self.model(img_flat)
37          return validity
38  # 定义生成器
39  class Generator(nn.Module):
40      def __init__(self):
41          super(Generator, self).__init__()
42          # 模型中间块
43          def block(in_feat, out_feat, normalize = True):
44              layers = [nn.Linear(in_feat, out_feat)]
45              if normalize:
```

```
46                  layers.append(nn.BatchNorm1d(out_feat, 0.8))
47                  layers.append(nn.LeakyReLU(0.2, inplace = True))
48                  return layers
49          self.model = nn.Sequential(
50              * block(opt.latent_dim, 128, normalize = False),
51              * block(128, 256),
52              * block(256, 512),
53              * block(512, 1024),
54              nn.Linear(1024, img_area),
55              nn.Tanh() )
56      def forward(self, z):
57          imgs = self.model(z)
58          imgs = imgs.view(imgs.size(0), * img_shape)
59          return imgs
60  # 创建生成器,判别器对象
61  generator = Generator()
62  discriminator = Discriminator()
63  # 首先需要定义 loss 的度量方式 (二分类的交叉熵)
64  criterion = torch.nn.BCELoss()
65  # 其次定义优化函数,优化函数的学习率为 0.0003
66  # betas:用于计算梯度以及梯度平方的指数移动平均系数
67  optimizer_G = torch.optim.Adam(generator.parameters(), lr = opt.lr, betas = (opt.b1,
opt.b2))
68  optimizer_D = torch.optim.Adam(discriminator.parameters(), lr = opt.lr, betas = (opt.b1,
opt.b2))
69  # 如果有显卡,都在 cuda 模式中运行
70  ...
71  # 进行多个 epoch 的训练
72  for epoch in range(opt.n_epochs):
73      for i, (imgs, _) in enumerate(dataloader):
74          # 训练判别器
75          imgs = imgs.view(imgs.size(0), -1)
76          real_img = Variable(imgs).cuda()
77          real_label = Variable(torch.ones(imgs.size(0), 1)).cuda()
78          fake_label = Variable(torch.zeros(imgs.size(0), 1)).cuda()
79          # 计算真实图片的损失
80          optimizer_D.zero_grad()
81          validity_real = discriminator(real_img)
82          d_real_loss = criterion(validity_real, real_label)
83          d_real_loss.backward(retain_graph = True)
84          # 计算假图片的损失
85          z = Variable(torch.randn(imgs.size(0), opt.latent_dim)).cuda()
86          fake_img = generator(z)
87          validity_fake = discriminator(fake_img)
88          d_fake_loss = criterion(validity_fake, fake_label)
89          d_fake_loss.backward(retain_graph = True)
90          optimizer_D.step()
91          # 训练生成器,只需要保证生成的假图像判别为真
92          optimizer_G.zero_grad()
93          validity = discriminator(fake_img)
94          g_loss = criterion(validity, real_label)
```

```
95              g_loss.backward(retain_graph = True)
96              optimizer_G.step()
97              # 打印损失
98              ...
99              # 保存每 500 个 batch 生成的图片
100             ...
101 # 保存模型(生成器与判别器)
102 ...
```

代码首先导入了必要的库,用于构建模型、处理数据和图像,并使用 os. makedirs 函数创建文件夹,用于保存训练结果和数据集。接着在超参数配置部分,使用 argparse. ArgumentParser 定义了可调的超参数,如训练轮数、批次大小、学习率等,这些参数可以通过命令行传入并存储在 opt 中。随后,代码根据图像的形状和像素面积计算出图像的大小,并根据 CUDA 的可用性设置 cuda 变量,决定是否在 GPU 上运行模型。接下来,代码通过 datasets. MNIST 函数下载并加载 MNIST 数据集,设置了数据集存放路径、是否为训练集等,并使用 torchvision. transforms. Compose 函数对图像进行预处理操作,包括调整大小、转换为张量和归一化。加载数据后,通过 DataLoader 函数创建数据加载器,批量读取数据,并通过设置 shuffle = True 随机打乱每个 epoch 的数据顺序。

在网络结构部分,定义了两个神经网络:判别器(discriminator)和生成器(generator)。判别器通过 nn. Sequential 函数构建,由多个全连接层和激活函数组成,其中输入的图像展平为 784 维向量,并输出有效性概率。生成器则以 100 维的随机噪声为输入,经过多层全连接网络生成大小为 28×28 的图像。接下来,使用 torch. nn. BCELoss 函数作为判别器和生成器的损失函数,并使用 torch. optim. Adam 函数为生成器和判别器定义优化器,其学习率和动量参数可以通过命令行传入。代码还会检测是否有可用的 CUDA 设备,如果有,则将模型和损失函数移至 GPU。

训练过程包含双重循环:外层循环遍历多个 epoch,内层循环遍历每个批次的数据。首先训练判别器,将输入图像展平为 784 维,并通过网络计算其有效性概率,使用真实图像和假图像的标签分别计算损失,反向传播更新参数。接着训练生成器,使其生成的假图像尽可能被判别器判定为真实图像,并通过损失函数计算生成器的损失,反向传播更新生成器的参数。训练过程中,定期保存生成的假图像以跟踪训练进展。训练完成后,使用 torch. save 函数保存生成器和判别器的模型状态,以便后续加载和使用,确保训练后的模型可用于推断或微调。

运行结果如图 9-28 所示,随着训练时间的增加,生成器的输出从随机噪声逐渐变得清晰且逼真。在训练初期(第 0 轮),生成器的输出完全是随机噪声,图像没有任何结构,表明生成器还未学习到有意义的图像生成。在中期阶段(每隔 500 个 batch 采样),生成器逐步学到一些图像的基本特征,尽管图像仍然模糊,但可以隐约看到类似数字的轮廓。到了训练的末期(第 50 轮),生成器已经能够生成接近真实手写数字的图像,与 MNIST 数据集中的真实数字几乎无法区分,显示出生成器已经掌握了手写数字的主要特征。同时,图像上方展示了训练过程中判别器和生成器的损失变化,训练初期损失较高,但随着训练进行,损失逐渐趋于稳定,表明生成器和判别器达到了较为均衡的状态。

```
Namespace(n_epochs=50, batch_size=64, lr=0.0002, b1=0.5, b2=0.999, n_cpu=2, latent_dim=100, img_size=28, channels=1,
sample_interval=500)
[Epoch 0/50][Batch 0/938]      [D loss: 1.405746]     [G loss: 0.667356]
[Epoch 0/50][Batch 1/938]      [D loss: 1.247142]     [G loss: 0.664617]
......
[Epoch 49/50][Batch 936/938]    [D loss: 1.322932]     [G loss: 1.322176]
[Epoch 49/50][Batch 937/938]    [D loss: 0.930421]     [G loss: 1.491074]
```

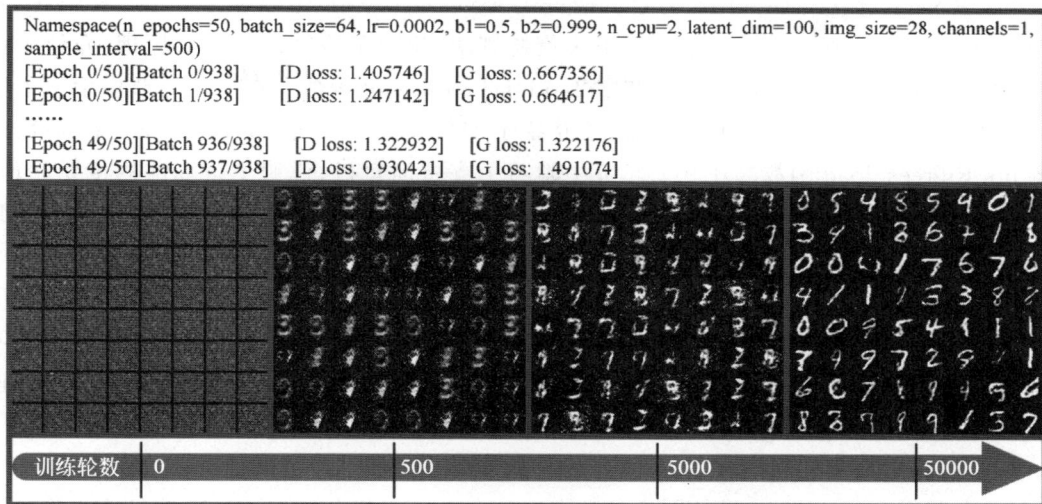

图 9-28　基于 GAN 网络的手写数字生成结果

本章总结

本章主要介绍了计算机视觉中最关键的组成部分之一——机器学习。机器学习通过从有限的数据中学习规律,自动识别模式并进行决策,是人工智能的重要分支,并且在计算机视觉中起着关键作用。本章内容分为两大部分:机器学习基础和深度学习应用,具体可以概括为以下几个方面:

(1)机器学习:包括 9.1 节机器学习基础与 9.2 节计算机视觉与机器学习,这部分首先介绍了机器学习的定义和发展历程,并深入探讨了监督学习与无监督学习的基本概念,介绍了如何使用 OpenCV、scikit-learn 等机器学习类库进行算法实现。学习了 K-均值聚类、K-近邻、决策树、随机森林和支持向量机等常见算法。

(2)深度学习:包括 9.3 节深度学习基础与 9.4 节计算机视觉与深度学习,主要介绍了深度学习的概念、发展、神经网络基础与卷积神经网络基础及其在计算机视觉中的应用,包括图像分类、目标检测、语义分割和图像生成等任务。

下面将总结相关内容以及对应的函数代码:

(1)在 9.1.1 节中介绍了机器学习的概念,激发读者的学习兴趣。在 9.1.2 节简述了机器学习的发展历程,在 9.1.3 节中说明了机器学习的类型,可分为监督学习与无监督学习两类。最后,在 9.1.4 节中介绍了常用的机器学习相关类库 OpenCV 库 StatModel 类、scikit-learn、TensorFlow 库和 Pytorch 库。

(2)在 9.2.1 节中学习了 K-均值聚类算法,说明了该算法的步骤与优缺点,介绍了如何使用 cv2.kmeans 函数。在 9.2.2 节中学习了 K-近邻算法,这是监督学习中最典型的算法之一,可以实现分类,说明了 K-近邻算法存在的主要问题,介绍了如何使用 cv2.ml.StatModel.train 函数、cv2.ml.StatModel.predict 函数、cv2.ml.KNearest_create 函数、

cv2.ml.KNearest.setDefaultK 函数、cv2.ml.KNearest.load 函数和 cv2.ml.KNearest.findNearest 函数。在 9.2.3 节中学习了决策树算法,说明了该算法的主要原理,介绍了如何使用 cv2.ml.DTrees_create 函数和 cv2.ml.DTrees_load 函数。在 9.2.4 节中学习了随机森林算法,它是决策树算法的改进,还介绍了如何使用 cv2.ml.RTrees_create 函数和 cv2.ml.RTrees_load 函数。在 9.2.5 节中学习了支持向量机,说明了该算法的主要原理,介绍了如何使用 cv2.ml.SVM_create 函数、cv2.ml.SVM_load 函数、cv2.ml.SVM.setKernel 函数和 cv2.ml.SVM.setType 函数。

（3）在 9.3.1 节中介绍了深度学习的概念。在 9.3.2 节中介绍了深度学习的发展历程。在 9.3.3 节中学习了神经网络的由来,神经网络的主要组成部分。在 9.3.4 节中学习了卷积神经网络的基本概念,讲解了卷积神经网络主要架构,包括卷积层、池化层和全连接层。

（4）在 9.4.1 节中学习了深度学习的一些图像分类模型,包括 AlexNet、GoogleNet、ResNet 和基于 Tensorflow 库的图像分类方法。在 9.4.2 节中学习了深度学习的一些目标检测模型,包括 R-CNN、Fast R-CNN、Faster R-CNN 及 YOLO。在 9.4.3 节中学习了深度学习中的实例分割模型,如 YOLOv8 模型。在 9.4.4 节中学习了基于 Pytorh 框架的生成对抗网络的 GAN 方法来实现图像生成。

思考题与练习题

思考题

9-1　简述机器视觉的类型及每种类型的区别。

9-2　简述 K-均值聚类算法的步骤。

9-3　简述 K-近邻算法的步骤。

9-4　简述 K-近邻算法中 K 值选择对算法结果的影响。

9-5　简述决策树算法的深度对结果的影响。

9-6　简述随机森林算法。

9-7　绘制 Sigmoid 函数、Logistic 函数、Thah 函数、ReLU 函数的图像。

9-8　简述卷积神经网络的组成及各组成部分的作用。

9-9　简述卷积神经网络的优势。

9-10　简述图像分类、目标检测、实例分割的概念,它们之间有什么不同。

9-11 简述如何使用生成对抗网络进行图像生成。

练习题

9-1　从网上下载或自行拍摄数据集,使用 K-均值聚类算法对数据集进行颜色分割。

9-2　从网上下载或自行拍摄数据集,使用 K-近邻算法对数据集进行分类训练和预测。

9-3　从网上下载或自行拍摄数据集,使用决策树算法对数据集进行分类训练和预测。

9-4　从网上下载或自行拍摄数据集,使用随机森林算法对数据集进行分类训练和预测。

9-5　从网上下载、自行拍摄或生成包含像素的 yml 文件,使用支持向量机算法对 yml

文件进行分割,最后直观展示分割预测结果。

9-6 从网上下载或自行拍摄数据集,使用卷积神经网络对数据集进行图像分类。

9-7 使用例 9-7 中的拍摄数据集,用 YOLO 分别对数据集进行目标检测与实例分割。

9-8 从网上下载或自行拍摄数据集,使用 YOLO 对数据集分别进行目标检测与实例分割。

9-9 从网上下载或自行拍摄数据集,使用生成对抗网络(GAN)对数据集进行图像生成。

参 考 文 献

[1] 冯振,陈亚萌.OpenCV 4 详解:基于 Python[M].北京:人民邮电出版社,2021.

[2] 李立宗.OpenCV 轻松入门:面向 Python[M].北京:电子工业出版社,2019.

[3] SZELISKI R. Computer vision:algorithms and applications[M]. Switzerland:Springer Nature,2022.

[4] LAKSHMANAN V,GÖRNER M,GILLARD R. Practical machine learning for computer vision[M]. California:O'Reilly Media,Inc,2021.

[5] DAVIES E R. Computer vision:principles, algorithms, applications, learning[M]. California:Academic Press,2017.

[6] HOWSE J,JOSHI P,BEYELER M. Opencv:computer vision projects with python[M]. Birmingham:Packt Publishing Ltd,2016.

[7] SOLEM J E. Programming Computer Vision with Python:Tools and algorithms for analyzing images[M]. California:O'Reilly Media,Inc,2012.

[8] BAI X,ZHU Q,WANG X,et al. Modal-Weighted Super-Sensitive phase optical flow method for structural Micro-Vibration modal identification[J]. Mechanical Systems and Signal Processing,2025, 224:112095.

[9] WANG J,ZHU Q,ZHANG Q,et al. Bayesian continuous wavelet transform for time-varying damping identification of cables using full-field measurement[J]. Automation in Construction,2024, 168:105791.

[10] WANG J,ZHU Q,ZHANG Q,et al. Phase-based motion estimation and SVR smooth for target-free 3D deformation measurement using stereophotogrammetry[J]. Mechanical Systems and Signal Processing,2024,206:110893.

[11] ZHOU X,ZHU Q,ZHANG Q,et al. The full-field displacement intelligent measurement of retaining structures using UAV and 3D reconstruction[J]. Measurement,2024,227:114311.

[12] ZHU Q,CUI D,ZHANG Q,et al. A robust structural vibration recognition system based on computer vision[J]. Journal of Sound and Vibration,2022,541:117321.

[13] 朱前坤,王军营,杜永峰,等.基于计算机视觉的结构应变无靶标鲁棒监测[J].建筑结构学报,2023, 44(10):211-221.

[14] 朱前坤,崔德鹏,刘艺,等.基于计算机视觉的复杂背景人行桥振动识别[J].土木工程学报,2023, 56(6):75-86.

[15] 朱前坤,崔德鹏,杜永峰.基于网络摄像机的桥梁挠度非接触识别[J].工程力学,2022,39(6): 146-155.

[16] 朱前坤,陈建邦,张琼,等.基于计算机视觉人行桥挠度影响线非接触式识别[J].工程力学,2021, 38(8):145-153.

[17] 陈建邦.基于计算机视觉人行桥挠度影响线及模态参数非接触识别[D].兰州:兰州理工大学,2021.

[18] 崔德鹏.基于计算机视觉的结构振动鲁棒识别[D].兰州:兰州理工大学,2022.

[19] 胡剑琇.基于计算机视觉的人行桥全域振动舒适度评估[D].兰州:兰州理工大学,2022.

[20] 王军营.基于相位估计的视觉无靶标结构三维形变鲁棒监测[D].兰州:兰州理工大学,2023.

[21] 刘禧.基于多视角三维重建的古建筑表面损伤检测[D].兰州:兰州理工大学,2023.

［22］　赵严亮.基于视觉与惯性传感系统的结构监测数据融合［D］.兰州：兰州理工大学,2023.

［23］　王婷婷.基于视觉相位估计的结构三维变形监测与模态参数识别［D］.兰州：兰州理工大学,2024.

［24］　周叙霖.基于深度学习的支挡结构三维重建及全场位移高精度测量［D］.兰州：兰州理工大学,2024.

［25］　崔亚歌.基于计算机视觉复杂背景的斜拉桥索力识别［D］.兰州：兰州理工大学,2024.